国家电网公司

生产技能人员职业能力培训专用教材

用电检查

国家电网公司人力资源部　组编

吴琦　主编

中国电力出版社
CHINA ELECTRIC POWER PRESS

内容提要

《国家电网公司生产技能人员职业能力培训教材》是按照国家电网公司生产技能人员模块化培训课程体系的要求，依据《国家电网公司生产技能人员职业能力培训规范》（简称《培训规范》），结合生产实际编写而成。

本套教材作为《培训规范》的配套教材，共 72 册。本册为专用教材部分的《用电检查》，全书共 7 个部分 28 章 104 个模块，主要内容包括常用测量仪表、仪器的使用与维护，业务扩充管理，供用电合同，配网降损与电能质量，业务咨询与变更用电，客户用电服务，电气设备试验过程的技术要求。

本书可作为供电企业用电检查工作人员的培训教学用书，也可作为电力职业院校教学参考书。

图书在版编目（CIP）数据

用电检查/国家电网公司人力资源部组编. —北京：中国电力出版社，2010.9（2021.11重印）
国家电网公司生产技能人员职业能力培训专用教材
ISBN 978-7-5123-0785-8

Ⅰ. ①用… Ⅱ. ①国… Ⅲ. ①用电管理-技术培训-教材 Ⅳ. ①TM92

中国版本图书馆 CIP 数据核字（2010）第 161173 号

中国电力出版社出版、发行
（北京市东城区北京站西街 19 号 100005 http://www.cepp.sgcc.com.cn）
三河市航远印刷有限公司印刷
各地新华书店经售
*
2010 年 9 月第一版 2021 年11月北京第十二次印刷
880 毫米×1230 毫米 16 开本 24.75 印张 785 千字
印数 42001—43000 册 定价 **40.00** 元

《国家电网公司生产技能人员职业能力培训专用教材》

编　委　会

前　　言

为大力实施“人才强企”战略，加快培养高素质技能人才队伍，国家电网公司按照“集团化运作、集约化发展、精益化管理、标准化建设”的工作要求，充分发挥集团化优势，组织公司系统一大批优秀管理、技术、技能和培训教学专家，历时两年多，按照统一标准，开发了覆盖电网企业输电、变电、配电、营销、调度等34个职业种类的生产技能人员系列培训教材，形成了国内首套面向供电企业一线生产人员的模块化培训教材体系。

本套培训教材以《国家电网公司生产技能人员职业能力培训规范》（Q/GDW 232—2008）为依据，在编写原则上，突出以岗位能力为核心；在内容定位上，遵循“知识够用、为技能服务”的原则，突出针对性和实用性，并涵盖了电力行业最新的政策、标准、规程、规定及新设备、新技术、新知识、新工艺；在写作方式上，做到深入浅出，避免烦琐的理论推导和验证；在编写模式上，采用模块化结构，便于灵活施教。

本套培训教材涵盖34个职业的通用教材和专用教材，共72个分册、5018个模块，每个培训模块均配有详细的模块描述，对该模块的培训目标、内容、方式及考核要求进行了说明。其中：通用教材涵盖了供电企业多个职业种类共同使用的基础、专业基础、基本技能及职业素养等知识，包括《电工基础》、《电力安全生产及防护》等38个分册、1705个模块，主要作为供电企业员工全面系统学习基础理论和基本技能的自学教材；专用教材涵盖了单一职业种类专用的所有专业知识和专业技能，按照供电企业生产模式分职业单独成册，每个职业分为Ⅰ、Ⅱ、Ⅲ等3个级别，包括《变电检修》、《继电保护》等34个分册、3313个模块，可以分别作为供电企业生产一线辅助作业人员、熟练作业人员和高级作业人员的岗位技能培训教材，也可作为电力职业院校的教学参考书。

本套培训教材的出版是贯彻落实国家人才队伍建设总体战略，充分发挥企业培养高技能人才主体作用的重要举措，是加快推进国家电网公司发展方式和电网发展方式转变的迫切要求，也是有效开展电网企业教育培训和人才培养工作的重要基础，必将对改进生产技能人员培训模式，推进培训工作由理论灌输向能力培养转型，提高培训的针对性和有效性，全面提升员工队伍素质，保证电网安全稳定运行、支撑和促进国家电网公司可持续发展起到积极的推动作用。

本套教材共72个分册，本册为专用教材部分的《用电检查》。

本书中第一部分常用测量仪表、仪器的使用与维护，由江苏省电力公司陈明华编写；第二部分业务扩充管理，由安徽省电力公司秦光洁、山西省电力公司李万有编写；第三部分供用电合同，由安徽省电力公司秦光洁编写；第四部分配网降损与电能质量，由山西省电力公司杨守辰、河南省电力公司刘光辉编写；第五部分业务咨询与变更用电，由安徽省电力公司秦光洁编写；第六部分客户用电服务，由安徽省电力公司吴琦，山西省电力公司杨守辰、李万有，河南省电力公司刘光辉，陕西省电力公司来亚俊，江苏省电力公司陈明华编写；第七部分电气设备试验过程的技术要求，由安徽省电力公司吴琦，山西省电力公司李万有编写。全书由安徽省电力公司吴琦担任主编。河北省电力公司秦强担任主审，国家电网公司营销部王子龙，河北省电力公司崔增坤、张军朝参审。

由于编写时间仓促，本套教材难免存在疏漏之处，恳请各位专家和读者提出宝贵意见，使之不断完善。

目　录

第四部分　配网降损与电能质量

第五部分　业务咨询与变更用电

第六部分　客户用电服务

第七部分　电气设备试验过程的技术要求

第一部分

常用测量仪表、仪器的使用与维护

第一章　常用测量仪表的使用和维护

模块 1　绝缘电阻表的使用（ZY2200101002）

【模块描述】本模块包含绝缘电阻表的选择、测量前的准备、测量方法等内容。通过结构介绍、原理分析、图解示意及应用说明，掌握绝缘电阻表的使用方法。

【正文】

一、用途

绝缘电阻表俗称兆欧表，它是一种专门用来测量电气设备绝缘电阻的直读式指示仪表。目前使用的绝缘电阻表有两类，一种是机电式绝缘电阻表，俗称绝缘摇表；一种是电子式绝缘电阻表。

二、基本工作原理和结构

绝缘电阻表主要由直流高压发生器、测量回路、显示三部分组成。以电子式绝缘电阻表为例，图 ZY2200101002-1 所示为电子式绝缘电阻表面板结构图。

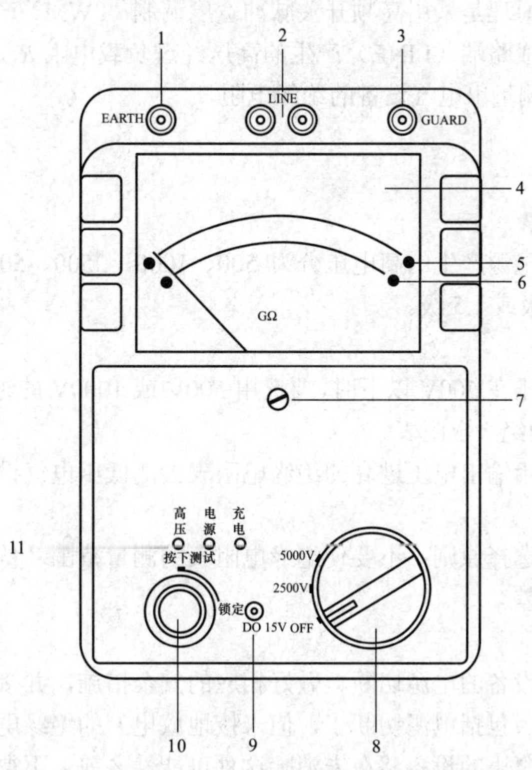

图 ZY2200101002-1　电子式绝缘电阻表面板结构图

其面板部分的功能说明如表 ZY2200101002-1 所示。

表 ZY2200101002-1　　电子式绝缘电阻表功能介绍表

序号	名　称	功　能
1	地端（EARTH）	接于被试设备的外壳或地上
2	线路端（LINE）	高压输出端口，接于被试设备的高压导体上
3	屏蔽端（GUARD）	接于被试设备的高压护环，以消除表面泄漏电流的影响

续表

序号	名 称	功 能
4	双排刻度线	上挡为绿色：500V/0.2～20GΩ， 1000V/0.4～40GΩ， 2500V/1～100GΩ， 5000V/2～200GΩ。 下挡为红色：500V/0～400MΩ， 1000V/0～800MΩ， 2500V/0～2000MΩ， 5000V/0～4000MΩ
5	绿色发光二极管	发光时读绿挡（上挡）刻度
6	红色发光二极管	发光时读红挡（下挡）刻度
7	机械调零	调整机械指针位置，使其对准∞刻度线
8	波段开关	可实现输出电压选择，电池检测，电源开关等功能
9	充电插孔	外接充电
10	测试键	按下开始测试，按下后如顺时针旋转可锁定此键
11	状态显示灯	可显示高压输出，电源工作状态，充电状态等信息

电子式绝缘电阻表基本原理是采用高频开关脉冲宽度调制（PWM）产生高压，经内部倍压整流输出负极性直流高压，由仪表线路端（LINE）产生的高压经过负载电阻 R_x，流回仪表地端（EARTH），经 V/I 转换驱动指针表头，测量出电气设备的绝缘电阻。

三、测量前的准备

（一）选择适当的仪表

1. 绝缘电阻表的类型

常用的绝缘电阻表按其电源产生的高电压分为 500、1000、2500、5000V 几种，按绝缘电阻表的准确度等级分一般分为 1.0 级或 1.5 级。

2. 绝缘电阻表的选择

一般被测设备的额定电压在 500V 以下时，要选用 500V 或 1000V 的绝缘电阻表；在 500V 以上时，则要选用 1000V 或 2500V 的绝缘电阻表。

特别要注意的是，不要用输出电压过高的绝缘电阻表去测低压电气设备，否则就有可能把设备的绝缘击穿。

绝缘电阻表测量范围的选择原则：不要使绝缘电阻表的测量范围（量程）超出被测电阻的阻值太大，以免产生较大的读数误差。

（二）其他准备工作

（1）测试前必须将被测设备的电源切断、做好相应的安全措施，并接地短路 2～3min。绝不允许用绝缘电阻表测量带电设备（包括电源切断了，但未接地放电）的绝缘电阻。

（2）对有可能感应出高电压的设备，在未消除这种可能性之前，不得进行测量。例如测量线圈的绝缘电阻时，应将该线圈所有端钮用导线短路连接后，再测量。

（3）用干净的布或棉纱将被测物表面擦干净，保持测量触点与仪表接触良好，以保证测量结果的准确性。

四、具体操作步骤

1. 电子式绝缘电阻表

电子式绝缘电阻表种类较多，具体操作可见其说明书。但须注意以下几个方面：

（1）测试前应检查仪表显示屏所显示的内部电池信息，确定电池电压在允许的范围内。若电池电压在操作电压下限以下，不能保证精确度。

确定测试线绝缘良好，并插入相应的端口。

（2）将波段开关切换到相应的电压量程范围内。

（3）接地线连接被测设备的接地端，测试线连接被测设备端，屏蔽线连接被测设备需要屏蔽的部位，按下测试按钮。测量中，间歇地发出蜂鸣声音。

（4）表屏 LCD 显示测量值，测量后显示值不变。

（5）电子式绝缘电阻表一般配备自动放电功能，因此，测量完成后，请勿立即取下测试线，应先放开测试开关，让表计自动释放测试时产生的电压，直至表屏上电压监视器的显示是“0V”。

（6）移开测试线，断开被测电路，将波段开关切换到“OFF”位置，取下测试线，将被测设备对地放电。

2. 机电式绝缘电阻表

下面以 ZC–7 型绝缘电阻表操作为例，简单介绍机电式绝缘电阻表。

（1）绝缘电阻表应远离大电流导体和外磁场，并应放在平稳的地方。以免摇动手柄时，因绝缘电阻表晃动而影响读数。

（2）未接被测绝缘电阻前，应对表计进行校准，顺时针摇动发电机手柄到额定转速，看指针能否指到“∞”处。若指不到，对于装有“无穷大”调节器的绝缘电阻表，则可调节绝缘电阻表上的“无穷大”调节器，使指针指到“∞”处；再将“L”和“E”两个接线柱短路，缓慢摇动手柄，看指针是否回零。

（3）将被测绝缘物与绝缘电阻表连接。

一个绝缘电阻表有三个接线柱：“线路”接线柱 L、“地”接线柱 E 和“屏蔽”接线柱 G。对测量有屏蔽层和屏蔽端的设备时，应接“屏蔽”接线柱 G。

1）作一般绝缘测量时，可将被测物的两端分别接在绝缘电阻表的“L”和“E”两个接线柱上，如图 ZY2200101002-2（a）所示。

2）作对地测量时，将被测物的一端接绝缘电阻表的“L”端，而以良好的地线接于“E”端，如图 ZY2200101002-2（b）所示。同样，测电机绕组绝缘电阻时，将电机绕组接于绝缘电阻表的“L”端，机壳接于“E”端。

3）进行电缆线芯对缆壳的绝缘电阻测量时，除将被测线芯导体接于绝缘电阻表的“L”端、缆壳接于“E”端外，还应将电缆壳与线芯导体之间的内层绝缘物接屏蔽端钮“G”，如图 ZY2200101002-2（c）所示，以消除因表面泄漏电流的影响。另外，在进行图 ZY2200101002-2（b）和图 ZY2200101002-2（c）所示测量，绝缘电阻表“L”端应接被测物，“E”端应接地（或电缆外壳），不能接反。

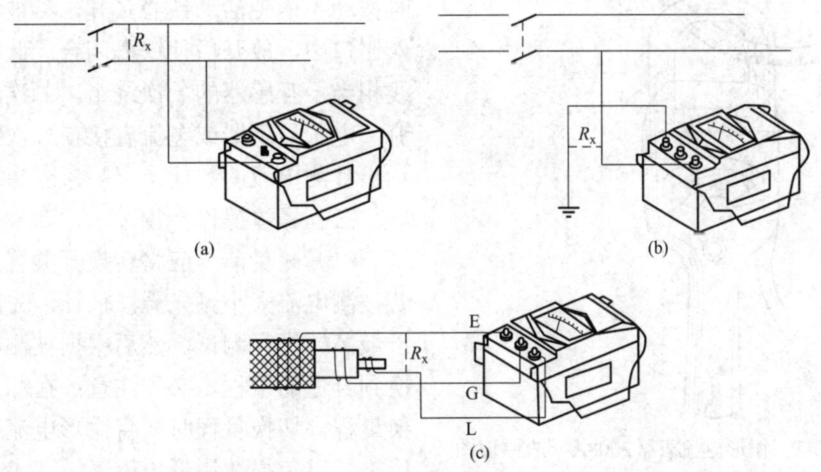

图 ZY2200101002-2　绝缘电阻表测量绝缘电阻的正确接线

（a）测量导线间的绝缘电阻；（b）测量电路与地间的绝缘电阻；（c）测量电缆的绝缘电阻

（4）由慢到快顺时针转动发电机手柄，直到 120r/min 左右的恒速，根据指针指在绝缘电阻表标尺上的位置，读取被测绝缘电阻的数值。

绝缘电阻随着测量时间长短的不同而不同，一般采用 1min 以后的读数为准，遇到电容量特别大的被测物时，应等到指针稳定不动时方可读数。

摇动手柄时，切忌忽快忽慢，以免指针摆动不停，影响读数。如发现指针指零时，不许继续用力摇动，以防损坏绝缘电阻表。

（5）测量完毕，须待绝缘电阻表停止转动和被测物放电后方可拆线，以免触电。如被测物电容量很大，必须先将 L 端拆离被测物，再停止绝缘电阻表的转动，以免电容器对绝缘电阻表放电而损坏绝缘电阻表，然后还必须对被测物充分放电。

最后还要注意，禁止在雷电时或在附近有高压带电导体的场合用绝缘电阻表测量，以防发生人身或设备事故。

五、日常维护事项

（1）将绝缘电阻表及测试线整理好放入箱包中。

（2）仪表在不使用时应放在固定的地方，环境温度不宜太热和太冷，切勿放在潮湿、污秽的地面上。并避免置于含腐蚀作用的空气附近。

（3）对于电子式绝缘电阻表仪表长期不使用时，应确保电源开关关闭。并且每 1~2 个月进行一次充电维护。

【思考与练习】

1. 用绝缘电阻表测量绝缘电阻前应做哪些准备？

2. 如何用绝缘电阻表测量 10kV/0.4kV 变压器高、低压绕组对地绝缘电阻？

模块 2 钳形电流表的使用（ZY2200101003）

【模块描述】本模块包含钳形电流表的原理、使用方法与注意事项等内容。通过结构介绍、原理分析、图解示意及应用说明，掌握钳形电流表的使用方法。

【正文】

一、用途

使用钳形电流表可以在不断开电路的情况下测量电流。

二、基本工作原理和结构

图 ZY2200101003-1 为钳形电流表的原理图。钳形电流表由互感器和电子显示器或电流表组成。互感器的铁心有一活动部分，并与手柄相连，使用时按动手柄使活动铁心张开，将被测电流的导线放入钳口中，放开后使铁心闭合。此时通过电流的导线相当于互感器的一次绕组，二次绕组出现感应电流。电子显示器或电流表接在二次绕组两端从而指示出被测电流的数值。

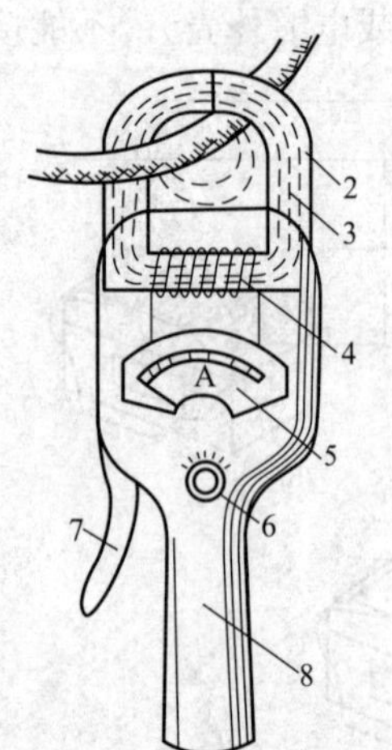

图 ZY2200101003-1 钳形电流表（2608A）的原理图

1—被测导线；2—钳口；3—铁心；4—二次绕组；5—电流表；6—量程旋钮；7—手柄；8—把手

三、具体操作步骤

（1）测量前，应将转换开关置于合适的量程。若被测电流大小预先无法估计，先应将转换开关置于最高挡进行测试，然后根据被测电流的大小，变换到合适的量程。必须注意：在测量过程中不能切换量程，切换量程时要将钳形电流表从被测电路中移去，以免损坏钳形电流表。

（2）进行测量时，被测导线应放在钳口中央，以减小误差。

（3）注意保持固定和活动铁心钳口两个结合面衔合良好，测量时如有杂音，可将钳口重新开合一次。钳口若有污垢，可用汽油擦净。

（4）测量小于 5A 的电流时，为了获得较准确的测量值，在条件允许的情况下，可将被测导线多绕几圈，再放进钳口进行测量。这时实际的被测电流数值等于仪表的读数除以放进钳口内的导线根数。

（5）不能用钳形电流表测量裸导线中的电流，以防触电和短路。

（6）通常不可用钳形电流表测量高压电路中的电流，以免发生事故。

（7）对于交流电流、电压两用表，测电压时，应将表笔连线插入专用的电压插孔中、然后用两表笔按测量电压的方法进行测量。

（8）测量时，只能卡一根导线。单相电路中，如果同时卡进相线和中性线，则因两根导线中的电流相等，方向相反，使电流表的读数为零。三相对称电路中，同时卡进两相相线。与卡进一相相线的电流读数相同；同时卡进三根相线的读数为零。三相不对称电路中，也只能一相一相地测量，不能同时卡两相或三相相线。

（9）交直流两用钳形电流表要区别使用。

（10）测量完毕一定要把仪表的量程开关置于最大量程位置上，以防下次使用时，因疏忽大意未选择量程就进行测量，而造成损坏仪表的意外事故。

四、注意事项

（1）测量电流时，应按动手柄使铁心张开，把被测导线穿到钳口中央，就可以直接从表盘上读出被测电流的数值。

（2）测量前应先估计被测电流的大小，选择合适的量程，或在不知大小的情况下先选用较大的量程测量，然后再视读数的大小，逐渐减小量程。

（3）为使读数准确，应使钳口两个面很好结合。如有杂音，可将钳口重新开合一次。如果声音依然存在，可检查合面上有无污垢存在。如有污垢，可用汽油擦拭干净。

（4）测量完毕后一定要把调节开关放在最大电流量程的位置上，以免下次使用时，由于未经选择量程而造成仪表损坏。

（5）测量小于 5A 以下的电流时，为了得到较准确的读数，若条件允许，可将导线多绕几圈放进钳口进行测量，但实际电流值应为读数除以放进钳口内的导线圈数。

五、日常维护事项

（1）不用时将量程开关切换至电流最大挡位。

（2）钳口保持清洁，接触良好。

（3）按使用说明书要求存放在专用箱包内，注意防潮、防震。

（4）长期不用应将电池取出。

【思考与练习】

1. 钳形电流表使用时应注意哪些事项？

2. 怎样正确使用钳形电流表？

模块 3　相序表的使用（ZY2200101004）

【模块描述】本模块包含相序表的原理、使用方法与注意事项等内容。通过结构介绍、原理分析、图解示意及应用说明，掌握相序表的使用方法。

【正文】

一、用途

相序表是用来判别三相交流电源电压相序的一种电工工具仪表。

二、基本工作原理和结构

相序测量的方法有阻容式相序指示器测量法、电阻电感式相序指示器测量法、相序表测量法。相序表主要分为电动机式和指示灯式两种。电动机式（如 XZ–1 型）有一个可旋转铝盘，其工作原理与异步电动机转子旋转原理相同，铝盘旋转方向取决于三相电源的相序，因此可通过铝盘转动方向来指示相序。指示灯式相序表如图 ZY2200101004-1 所示，一般有指示来电接入状况的接电指示灯，以及

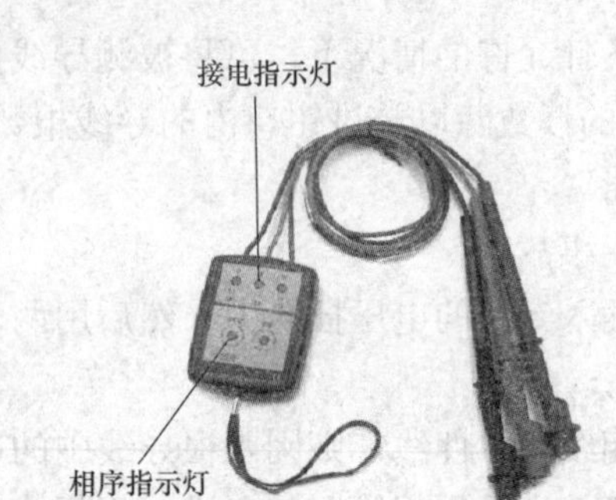

图 ZY2200101004-1 指示灯式相序表外形图

显示来电相序的相序指示灯，通过表内专用电路对三相电源间相位进行判断，并通过相序指示灯来指示相序。

三、具体操作步骤

（1）测试前，检查测试线绝缘是否良好，对不接电的裸露金属部件用绝缘胶带裹缠。

（2）将三色测试线夹按顺序夹住三相电源的三个线头上。

（3）用电动机式时，“点”按接电按钮，当相序表铝盘顺时针转动，为顺相序，反之为逆相序。用指示灯式时，当接电指示灯全亮，此时点亮的相序指示灯即为测试结果。

（4）拆除测试线路。

四、注意事项

（1）当任一测试线已经与三相电路接通时，应避免用手触及其他测试线的金属端防止发生触电。

（2）对不接电的裸露金属部件进行绝缘处理时，应尽可能减少裸露面积。

（3）应在允许电压范围内进行测量，否则可能损坏相序表或测试结果不准确。

（4）对于有接电按钮的相序表，不宜长时间按住按钮不放，以防烧坏触点。

（5）如果接线良好，相序表铝盘不转动或接电指示灯未全亮，表示其中一相断相。

五、日常维护事项

（1）将相序表、三色测试线夹放入专用箱包中。

（2）按仪表使用说明书要求存放，特别注意防潮。

【思考与练习】

1. 如何使用相序表判别三相交流电源电压顺相序或逆相序？

2. 相序表的使用应注意哪些事项？

模块 4 相位伏安表的使用（ZY2200101005）

【模块描述】本模块包含相位伏安表的原理、使用方法与注意事项等内容。通过结构介绍、原理分析、图解示意及应用说明，掌握相位伏安表的使用方法。

【正文】

一、用途

相位伏安表能够直接测量交流电压值、交流电流值、电压之间、电流之间及电压、电流之间的相位。通过测量分析，可判别感性电路和容性电路；检测变压器、互感器的接线组别；测量三相电压的相序；确定电能表、保护装置接线正确与否。

二、基本工作原理和结构

图 ZY2200101005-1 为数字双钳相位伏安表，采用钳形电流互感器，测量电流无需断开被测线路。对双通道输入的两电气量进行比较，测量电气量之间相位角。

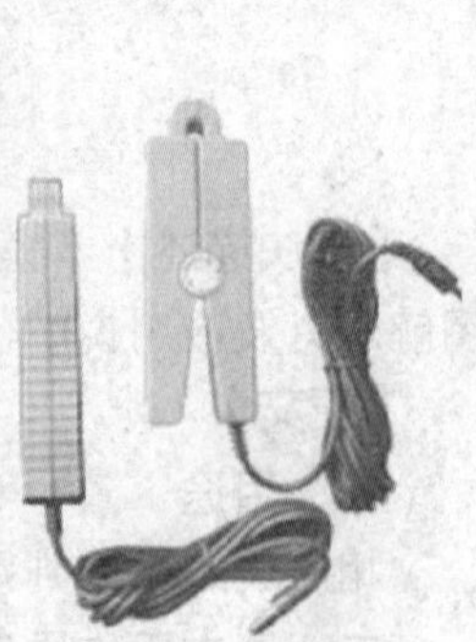
图 ZY2200101005-1 数字双钳相位伏安表

数字相位伏安表面板由显示器、转换开关、插孔组成。转换开关位置：电流有 I1、I2 两档，电流量程有 200mA/2A/10A 三档；电压有 U1、U2 两档，电压量程有 20V/200V/500V 三档；相位有 U1–U2、U1–I2、I1–I2、U2–I1 四档。接线插孔：设有 U1、±，U2、±，I1、I2 六个插孔。

三、具体操作步骤

1. 电压测量

（1）将测量线插入 U1 或 U2 输入端口内；

（2）将量程开关置于 U1 或 U2 功能位置及相应量程档位上；

（3）将测试线另一头并接在被测负载或信号源上，仪表显示值即为被测电压值。

注意：测量高压时注意安全，身体不要触及带电设备；测量时间不要太长。

2. 电流测量

（1）将钳型夹插头插入 I1 或 I2 相应孔内；

（2）将量程开关置于 I1 或 I2 功能位置及相应量程位置；

（3）将钳型夹夹于被测电流导线，仪表显示值即为被测电流值。

3. 相位角测量

（1）电压—电压：

1）将两副电压测量线按颜色之分，分别插入 U1、U2 端口内；

2）将量程开关置于φ 功能 U1–U2 功能位置；

3）依所测电压矢量方向及仪表参考方向，将测试线另一头分别并接于被测电压 U1、U2 上，仪表显示值即为被测两电压相位差值，参考量为 U1，测量结果单位为“度”。

测量时注意保持两电压参考方向一致。

（2）电压—电流：

1）将一副电压测量线按颜色之分插入 U1 端口内，I2 对应钳夹插头插入 I2 孔内；

2）将量程开关置于φ 功能 U1–I2 功能位置；

3）依所测电压、电流矢量方向及仪表参考方向，将电压测试线并接于被测电压上，钳型夹夹于被测电流导线上，仪表显示值即为被测电压 U1 与电流 I2 相位差值，参考量为 U1，测量结果单位为“度”。

测量时注意 U1、I2 参考方向。

（3）电流—电流：

1）将 I1、I2 钳夹插头分别插入 I1、I2 孔内；

2）将量程开关置于φ 功能 I1–I2 功能位置；

3）依所测两电流矢量方向及钳子参考方向，将两钳型夹分别夹于对应被测电流导线上，仪表显示值即为被测两电流 I1 与 I2 相位差值，参考量为 I1，测量结果单位为“度”。

测量时注意保持两电流参考方向一致。

四、注意事项

（1）仪表使用前要转动量程开关若干圈，以消除长期不使用时接触不良之影响。

（2）测量前转动开关应可靠转到测量位置，在不知被测信号大小时，应先将开关置于高档量程，然后逐步降低。

（3）电流信号输入通过钳型互感器，为保证精确度，两把钳子应对号插入测量孔，不要随意更换。为可靠测量，夹线后用力开合两三次，并将测量电流线放入钳口中间位置。

（4）插拔测试线小心，上下垂直，勿歪斜，勿用力直接拉拽测试线，以免插孔开裂、断线等。

（5）测量相位时，应注意电流钳的夹入方向，避免电流反极性流入，造成测量差错。

（6）严禁带电切换量程开关。

（7）测量中应做好数据记录，测量完毕后，将量程开关切换至电压最高档位，拔出测试线，关闭仪表电源。

五、日常维护事项

（1）使用完毕后，应将仪表及其附件按厂方设计的位置整齐、有序地摆放在专用仪表箱包内。长期不用时，应取下电池。

（2）保持电流钳的接触良好。若长期不用时，最好在钳口张合处涂上硅脂，以免生锈。

（3）注意防潮、防尘、防锈，保持测试线与仪表插孔的接触良好。

（4）经常擦拭，保持整套仪器洁净，不留污垢。

【思考与练习】

1. 钳型相位伏安表能测量电路中得哪些参数？

2. 用钳型相位伏安表如何判别计量装置的接线错误？

模块 5　单、双臂电桥的使用和维护（ZY2200102003）

【模块描述】本模块包含单、双臂电桥的原理、使用方法及维护事项等内容。通过结构介绍、原理分析、图解示意及应用说明，掌握单、双臂电桥的使用和维护方法。

【正文】

一、用途

直流电桥主要是用来精确测量电阻值。测量中值电阻（1～10^6Ω）时选用单臂电桥，测量低值电阻（10^{-5}～1Ω）选用双臂电桥。

二、基本工作原理和结构

单、双臂电桥都是利用电桥平衡的原理调节比率电阻来测量电阻。双臂电桥采用四端钮接法接入电路，可以消除接线电阻和接触电阻带来的测量误差。

1. 单臂电桥面板功能

单臂电桥面板如图 ZY2200102003-1 所示。

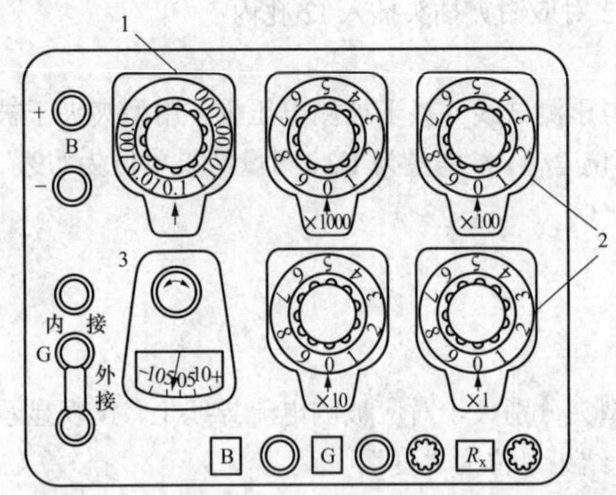

图 ZY2200102003-1　QJ23 型直流单臂电桥的面板图

1—倍率旋钮；2—比较臂读数；3—检流计

QJ23 型电桥的比率臂 R2、R3 由 8 个电阻构成，组成 7 个不同的固定比率，分别是×0.001、×0.01、×0.1、×1.0、×10、×100、×1000，标示于面板左上方的读数盘上，由转换开关换接；比较臂 R4 由四个可调电阻箱串联组成，而这四个电阻箱分别由 9 个 1Ω、9 个 10Ω、9 个 100Ω、9 个 1000Ω的电阻组成，它们示于面板右上方的读数盘上，比较臂 R4 的阻值就是由这四个读数盘所示的阻值相加得到的，通过调节读数盘上的旋钮可以改变 R4 的串联阻值，R4 的阻值范围是 0～9999Ω。

QJ23 型直流单臂电桥可用内附检流计，也可外接检流计，在面板的左下方有三个接线柱，若用内附检流计，只要用接线柱上的金属片将下面两个接线柱短接即可；若要外接检流计时，用金属片将上面两个接线柱短接，并将外接检流计接在下面两个接线柱上即可。检流计上还有锁扣，可将可动部分锁住，以免搬动时损坏悬丝。

电桥的面板中下方有两个按钮开关，其中 B 是电源支路开关，G 是检流计支路开关。面板右下方有一对标有“R_x”的接线柱，是用来连接被测电阻的。电桥内还附有电源，需装入三节 2 号电池，若有需要时（如测量大电阻）也可外接电源，外接电源接在面板左上方标有“+”、“−”符号的一对接线柱上。

2. 双臂电桥面板功能

双臂电桥面板图如图 ZY2200102003-2 所示。

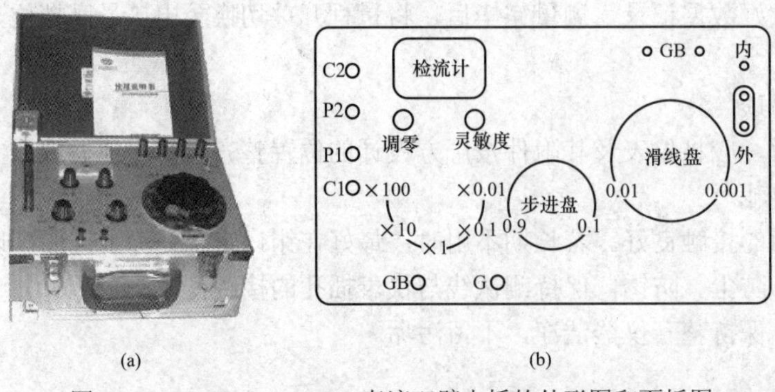

图 ZY2200102003-2　QJ44 直流双臂电桥的外形图和面板图

（a）外形图；（b）面板图

该电桥共有×0.01、×0.1、×1.0、×10、×100 五个固定的倍率，由面板左下方的机械联动转换开关 S 进行倍率的转换。比较盘标准电阻 R_n 由两部分构成。一部分是步进式叫步进盘，其阻值范围为 0.1～1.0Ω；另一部分是滑线式的，叫滑线盘，其阻值范围为 0.001～0.01Ω。

在面板的右上方的端钮“GB”为外接电源，当右方上端开关置于“外”，时，电桥就用外接电源；置于“内”时，电桥就用内接电源。左下方两个端钮“GB”、“G”分别是电源、检流计的开关按钮，检流计有调零旋钮，用来调节指针至零位；C1、P1、C2、P2 是被测电阻的连接端钮。

测量时，先估计被测电阻的大小，然后选择适当的倍率，调节标准电阻，即调节步进盘和滑线盘，使检流计指示为零，此时电桥平衡，被测电阻值=倍率读数×标准电阻读数（步进盘读数+滑线盘读数）。

三、具体操作步骤

1. 使用单臂电桥测量中值电阻

（1）先打开检流计锁扣，即将 G 接线柱处的金属片由“内接”移到“外接”，打开检流计开关，将指针调到零位。

（2）用短而粗的铜导线将被测电阻接到标有“R_x”的两个接线柱之间并拧紧，根据被测电阻的近似值（可先用万用表预测一下），选择合适的比率臂倍率。

（3）测量时，先按下电源按钮 B 并锁住，再按下检流计按钮 G，根据检流计指针偏转方向和速度，加大或减少比较臂电阻：若指针向正方向偏转，应加大比较臂电阻；若指针向反方向偏转，应减少比较臂电阻。如此反复调节直至指针指到零位，这时电桥达到平衡。读取比较臂电阻，于是被测电阻值=比率臂倍率×比较臂总阻值（Ω）。

（4）在上述调节平衡的过程中，电桥未接近平衡的时候，应每调节一次比较臂电阻，短时按下一次 G 按钮，当指针偏转较小时，才可锁住 G 按钮，继续调节比较臂电阻直至电桥平衡。

（5）测量完毕后，应先松开 G 按钮，再松开 B 按钮，断开电源，拆除被测电阻，将各比较臂旋钮置于零，并将检流计金属片从“外接”换到“内接”，锁住检流计，以免搬动时震坏悬丝。

2. 使用双臂电桥测量低值电阻

直流双臂电桥与直流单臂电桥的使用基本相同，但还要注意以下几点：

（1）双臂电桥属精密仪器，故在使用时要特别细心，仔细阅读面板上的说明书，并严格遵守操作程序。当被测电阻没有专门的电位端钮和电流端钮时，也要设法引出四根线和双臂电桥相连接，连接导线应尽量用短线和粗线，接头要接牢，且不要彼此绞在一起。

（2）被测电阻的电流端钮和电位端钮应和双臂电桥的对应端钮正确连接，注意 P1、P2 所接导线应靠近被测电阻。不允许将电流端钮和电位端钮接于同一点，否则会造成测量误差。

（3）通电前，根据粗测或估计电阻值设置好倍率臂和步进旋钮，使用时不得随意扭动。

（4）在选择适当的灵敏度时要细心。

（5）所选用的标准电阻 R_n 应尽量与被测电阻 R_x 相接近，最好在同一个数量级，以选择 $0.1R_x < R_n < 10R_x$ 为准。

（6）测量时若用外附电源，可在允许范围内适当提高电源电压，以提高灵敏度。

（7）双桥电桥比单桥电桥工作电流大，测量时动作应尽量迅速，测量时间尽量短，以免消耗电桥电池较快，影响测量准确度。

四、注意事项

（1）电桥内电池电压不足会影响灵敏度，应及时更换。若用外接电源应注意极性及电压要符合要求。

（2）测量未知阻值的电阻时，先用万用表粗测，根据粗测电阻的阻值大小，合理选择单、双臂电桥进行测量。测量结果应保持合适的小数点位数。

（3）测量带电感的电阻时（如电机绕组、变压器绕组），一定要先接通电源按钮，再接通检流计按钮；断开时，应先断开检流计按钮，再断开电源按钮，以免在电源接通和断开的瞬间，电感线圈上产生很大的自感电动势而使检流计损坏。

（4）测量操作尽量简短，避免较大的工作电流长时间通电运行，引起测量误差或危及仪表的安全。

五、日常维护事项

（1）电桥属于精密测量仪器，搬运时应轻拿轻放，避免较大的震动。

（2）平时不用时将检流计锁死，避免来回晃动，影响精度。

（3）保持测量端钮和测试线的清洁，避免较大的接触电阻。

（4）平时保存电桥应放置在清洁、干燥、避免阳光直射的地方，并定期清洁仪器的各零部件，注意防潮除尘，保证桥臂和各接触点接触良好。

（5）将电桥及测试线整理好放入箱包中，长期不用应取下电池。

【思考与练习】

1. 使用单臂电桥测量电动机或变压器绕组时应怎样操作按钮?为什么?

2. 使用双臂电桥时，被测电阻应如何接线?

3. 使用 QJ23 型单臂电桥测量一个阻值为 150Ω左右的电阻时比率臂应如何选择?

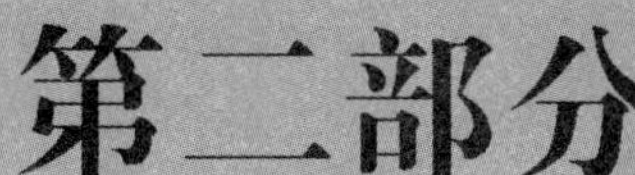

业务扩充管理

第二章 客户供电方案制定

模块1 业扩内容及流程（ZY2200201001）

【模块描述】本模块包含业务扩充的含义、业务扩充的范围及主要内容。通过概念描述、术语说明、要点归纳、流程示例介绍，掌握业务扩充的主要内容及流程。

【正文】

一、业务扩充的含义

业务扩充又称业扩报装工作。根据《国家电网公司业扩报装管理规定（试行）》（国家电网公司营销［2007］49号）的规定，业扩报装工作包括从受理客户用电申请到向其正式供电为止的全过程。

《中华人民共和国电力法》、《电力供应与使用条例》、《供电营业规则》及国家电网公司相关文件对业扩报装工作都有明确规定，任何单位或个人需要新装用电或增加用电容量、变更用电，应事先到供电企业用电营业场所提出申请，供电企业应在用电营业场所公告办理各项用电业务的程序、制度和收费标准。

二、业务扩充的范围

（1）申请新装或增容正式用电的业务；

（2）申请新装临时用电的业务；

（3）申请自备电源、备用电源用电（含多电源用电）的业务；

（4）申请改变进线位置、改变供电方式引起供电点或用电容量增加的业务；

（5）迁移用电地址引起的供电点变更的业务；

（6）迁移电力设施引起供电点变更的业务；

（7）申请改为高一等级电压供电且超过原用电容量的业务；

（8）在破产用户原址上申请用电的业务。

三、业务扩充的主要内容

（1）客户新装或增容用电申请受理及申请资料审核；

（2）根据客户需求和电网情况，勘察确定供电方案；

（3）相关业务费用收取；

（4）客户受电工程的设计审查；

（5）客户受电工程的中间检查和竣工验收；

（6）签订供用电合同和有关协议；

（7）装设电能计量装置和办理接电事宜；

（8）建立电费账户和客户用电档案。

四、业务扩充流程示例

1. 低压居民新装业务流程（见图 ZY2200201001-1）
2. 低压非居民新装业务流程（见图 ZY2200201001-2）
3. 小区新装业务流程（见图 ZY2200201001-3）
4. 低压批量新装业务流程（见图 ZY2200201001-4）

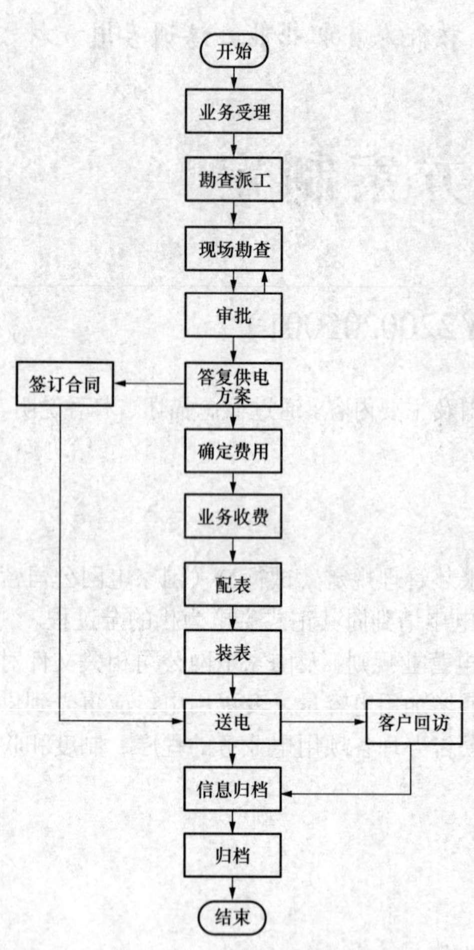

图 ZY2200201001-1 低压居民新装业务流程

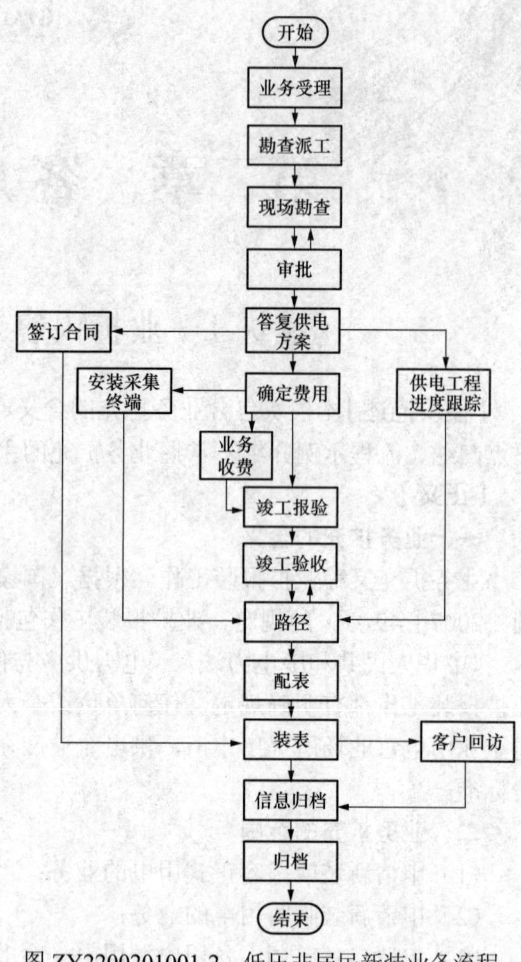

图 ZY2200201001-2 低压非居民新装业务流程

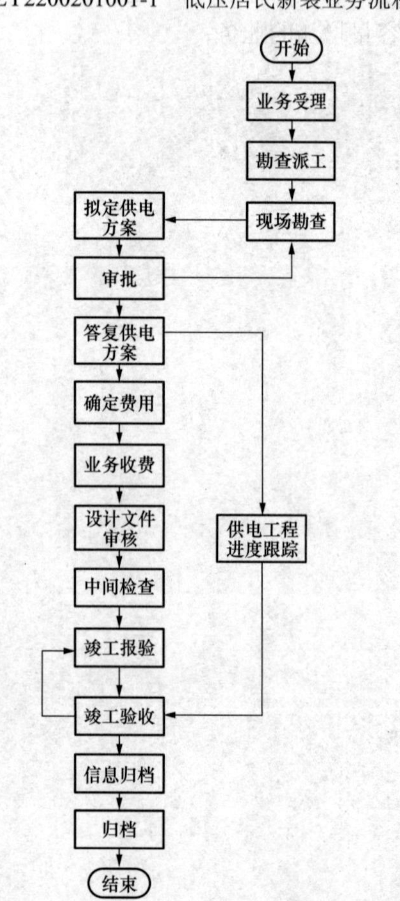

图 ZY2200201001-3 小区新装业务流程

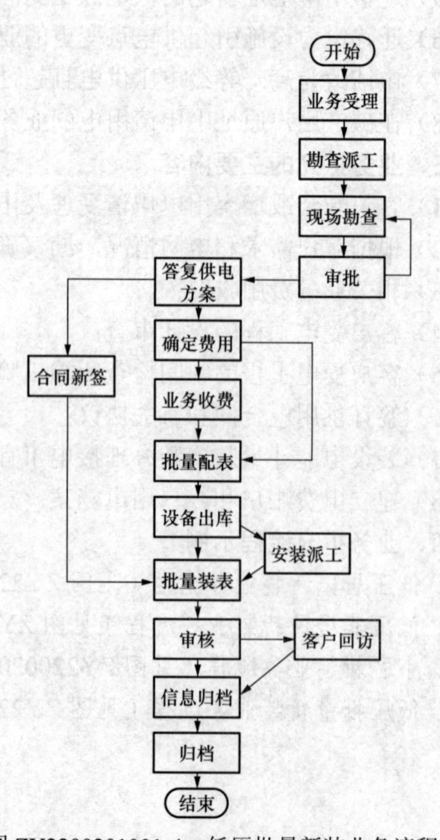

图 ZY2200201001-4 低压批量新装业务流程

5. 高压新装业务流程（见图 ZY2200201001-5）

6. 低压居民增容业务流程（见图 ZY2200201001-6）

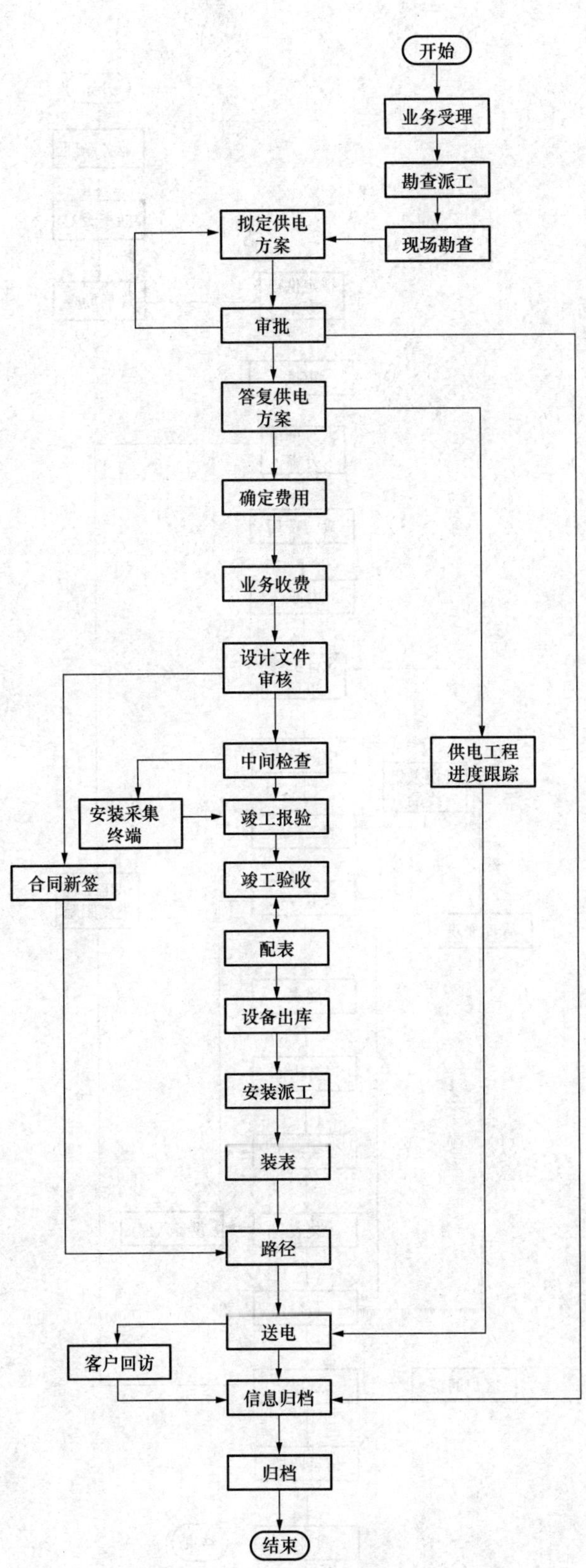

图 ZY2200201001-5　低压批量新装业务流程

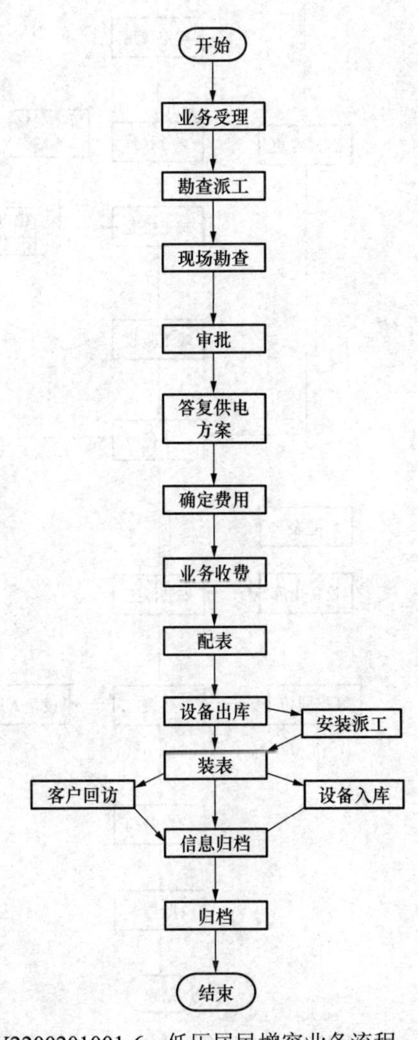

图 ZY2200201001-6　低压居民增容业务流程

7. 低压非居民增容业务流程（见图 ZY2200201001-7）
8. 高压增容业务流程（见图 ZY2200201001-8）

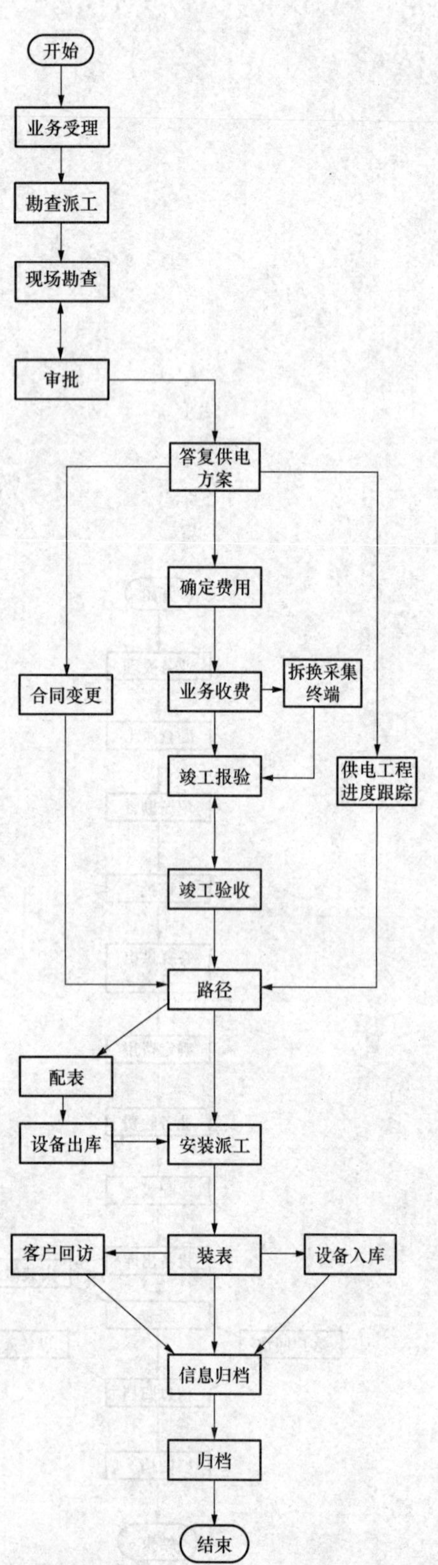

图 ZY2200201001-7 低压非居民增容业务流程

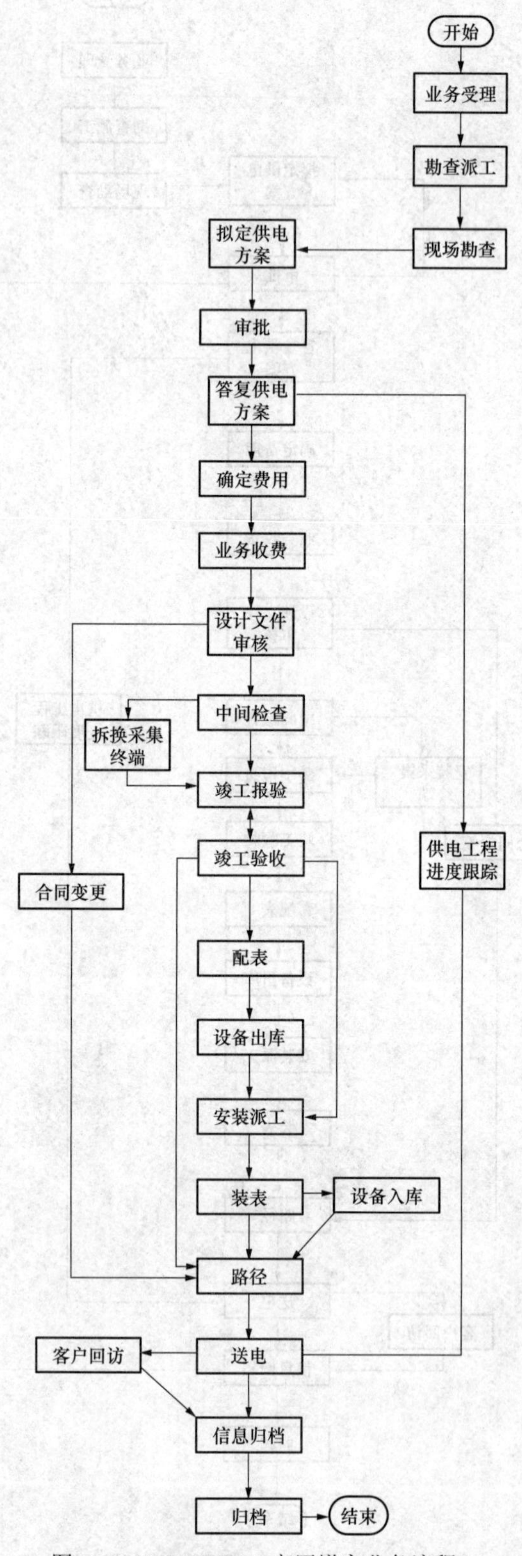

图 ZY2200201001-8 高压增容业务流程

9. 装表临时用电业务流程（见图 ZY2200201001-9）

10. 无表临时用电业务流程（见图 ZY2200201001-10）

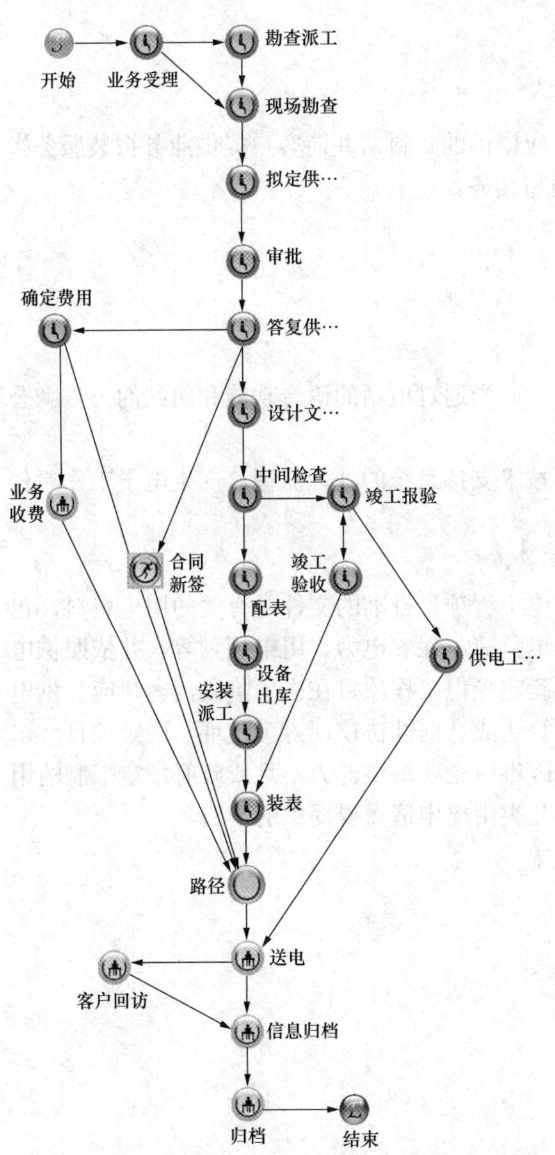

图 ZY2200201001-9　装表临时用电业务流程

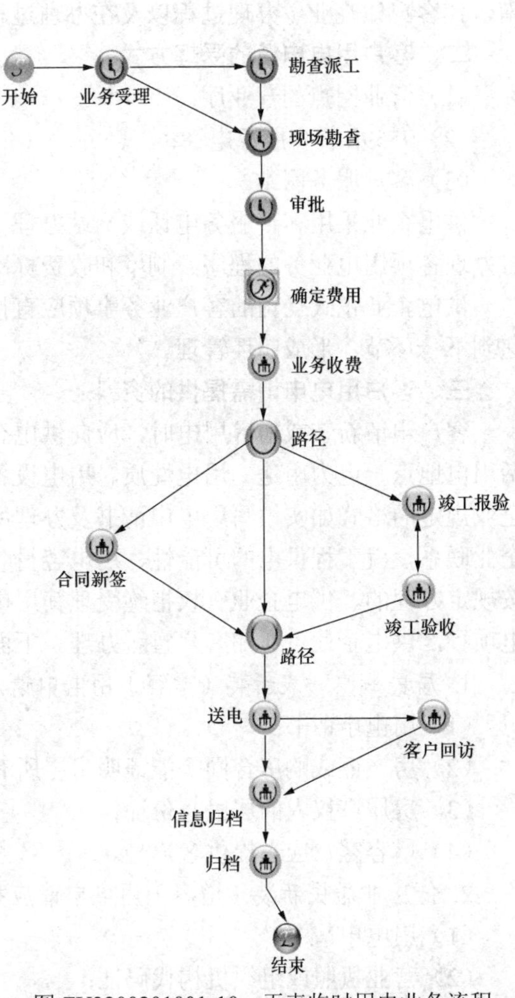

图 ZY2200201001-10　无表临时用电业务流程

【思考与练习】

1. 业务扩充的含义是什么?
2. 业务扩充的范围是什么?
3. 业务扩充的主要内容有哪些?

模块 2　客户用电申请（ZY2200201002）

【模块描述】本模块包含客户用电申请的方式、用电申请受理注意事项等内容。通过用电申请表填写的示例，掌握客户用电申请受理的内容和方法。

【正文】

用电申请是指客户需要新装、增容用电或变更用电等而向供电企业提出的书面申请，供电企业的用电营业机构统一归口办理用电申请受理工作。

一、客户用电申请受理的基本工作内容

（1）用电申请书及相关申请材料的发放；

（2）客户用电申请受理及申请材料的审核；

（3）客户用电申请的答复；

（4）业务手续的办理及相关业务费用的收取；

（5）客户用电业务咨询的解答及相关业务服务；

（6）其他相关业务服务工作。

供电企业的业务受理人员应详细告知客户办理业务应提供的资料，并向客户提供业务报装服务指南，使客户知晓业务办理过程以及在办理过程中的权利和义务。

二、客户用电申请的受理方式

（1）营业网点的营业厅；

（2）95598 客户服务电话；

（3）客户服务网站。

供电企业采用客户服务电话或网站办理用电业务时，应当通过电话的语音功能和网站的公告牌公告办理各项用电业务的程序、制度和收费标准。

供电企业正式受理的客户业务事项应直接进入营销技术支持系统的处理流程，产生电子工作票传递到下一环节，形成闭环管理。

三、客户用电申请需提供的资料

客户申请新装或增容用电时，应向供电企业提供用电工程项目批准的文件及有关的用电资料，包括用电地点、电力用途、用电性质、用电设备清单、用电负荷、保安电力、用电规划等，并依照供电企业规定的格式如实填写用电申请书及办理所需手续。新建受电工程项目在立项阶段，客户应与供电企业联系，就工程供电的可能性、用电容量和供电条件等达成意向性协议，方可定址，确定项目。未按规定办理的，供电企业有权拒绝受理其用电申请。如因供电企业供电能力不足或政府规定限制的用电项目，供电企业可通知客户暂缓办理。下面列举办理几类用电申请需要提供的资料。

1. 居民一户一表新装（增容）用电申请应提供的资料

（1）用电申请书；

（2）房产证或购房合同等能证明房屋所有权的材料；

（3）房屋产权人的居民身份证；

（4）增容客户应当提供客户号。

2. 低压非居民新装（增容）用电申请应提供的资料

（1）用电申请书；

（2）营业执照或组织机构代码证；

（3）法人代表身份证；

（4）房产证或房屋租赁合同；

（5）用电设备清单；

（6）高污染企业应当提供环保部门出具的环保评价书；

（7）增容客户应当提供客户号；

（8）如委托他人代为办理用电手续，应当提供授权委托书和受托人身份证。

3. 高压新装（增容）用电申请应提供的资料

（1）用电申请书（内容包括：客户名称、工程项目名称、用电地点、项目性质、申请容量、所属行业及主要产品、供电时间要求、联系人和联系电话等）；

（2）营业执照或组织机构代码证；

（3）法人代表身份证；

（4）房产证或房屋租赁合同；

（5）用电设备清单；

（6）规划平面图；

（7）政府立项批复文件及规划选址意见书；

（8）高污染企业应当提供环保部门出具的环保评价书；

（9）采矿等特种生产企业，应当提供政府核发的许可证照；

（10）增容客户应当提供客户号；

（11）如客户委托他人办理，应当提供授权委托书及受托人身份证。

4. 住宅小区建设项目办理新装用电申请应提供以下材料

（1）用电申请报告（内容包括：客户名称、工程项目名称、用电地点、项目性质、申请容量、供电时间要求、联系人和联系电话、小区建成后的供电管理方式等）；

（2）小区建筑面积、户数、计划建成期限、规划平面图；

（3）小区立项文件、规划许可证、土地使用证、规划红线图；

（4）营业执照；

（5）法人代表身份证；

（6）如客户委托他人办理，应当提供授权委托书及受托人身份证。

四、客户用电申请受理应注意的事项

（1）客户用电申请资料是否与相关业务规定相符；

（2）申请书的填写是否清晰、正确、完整；

（3）有关证件或证明材料的真伪性和时效性辨识；

（4）增容或变更用电客户是否欠电费、是否存在其他用电业务尚未办理完毕；

（5）新建或改建项目地址上原有客户是否已办理销户手续；

（6）有关业务费用是否已收取；

（7）客户是否委托他人代为办理用电业务；

（8）其他需要注意的事项等。

五、用电申请书填写的示例

用 电 申 请 书

<table>
<tr><td colspan="2">客户编号</td><td colspan="2">××××××</td><td>客户名称</td><td colspan="2">××金属制品厂</td></tr>
<tr><td colspan="2">用电地址</td><td colspan="2">××市××路22号</td><td>邮政编码</td><td colspan="2">××××××</td></tr>
<tr><td colspan="2">通信地址</td><td colspan="5"></td></tr>
<tr><td colspan="2">证件类别</td><td colspan="2">☑ 营业执照
☐ 法人证明
☐ 部队证明
☑ 组织机构代码证
☐ 房产证
☐ 其他</td><td>证件号码</td><td colspan="2">××××××
××××××</td></tr>
<tr><td colspan="2">联系人</td><td colspan="2">×××</td><td>联系电话</td><td colspan="2">×××</td></tr>
<tr><td colspan="2">联系人手机</td><td colspan="2">×××</td><td>电子邮件地址</td><td colspan="2">×××</td></tr>
<tr><td colspan="2">联系人证件类别</td><td colspan="2">☐ 身份证
☐ 士官证
☐ 其他</td><td>联系人证件号码</td><td colspan="2">××××××</td></tr>
<tr><td>申请容量</td><td>2000kVA</td><td>重要性等级</td><td>☐ 特级
☐ 一级
☐ 二级
☐ 临时性</td><td>用电类别</td><td>☑ 大工业
☐ 非工业
☐ 非居民照明
☐ 农业生产</td><td>☐ 普通工业
☐ 商业
☐ 居民生活
☐ 趸售</td></tr>
<tr><td colspan="7">客户在以下业务项中选择：（√）
一、新装增容业务
☑ 高压新装　☐ 低压非居民新装　☐ 低压居民新装　☐ 小区新装
☐ 装表临时用电　☐ 无表表临时用电　☐ 高压增容　☐ 低压非居民增容
☐ 低压居民增容</td></tr>
</table>

续表

<table>
<tr><td colspan="6">二、变更业务
□ 减容 □ 减容恢复
□ 暂停 □ 暂停恢复 □ 暂换 □ 暂换恢复
□ 迁址 □ 移表 □ 暂拆 □ 复装 □ 更名
□ 过户 □ 分户 □ 并户 □ 销户 □ 改压
□ 改类 □ 计量装置故障 □ 更改交费方式 □ 批量销户 □ 申请校表
□ 无表临时用电延期 □ 无表临时用电终止</td></tr>
<tr><td colspan="6">申请事由：
本厂新上年产 100 万吨金属制品系统，需要新装 10kV 电压等级供电、用电容量 2000kVA。</td></tr>
<tr><td>客户申明：</td><td colspan="5">本表及附件中的信息和提供的相关文件资料真实准确，谨此确认。
经办人（签字）：×××
填表日期：××××年××月××日</td></tr>
<tr><td>申请编号</td><td>×××</td><td>受理人</td><td>×××</td><td>受理时间</td><td>×××</td></tr>
</table>

【思考与练习】

1. 低压非居民新装用电申请应提供哪些资料？
2. 高压新装、增容用电申请应提供哪些资料？
3. 受理客户用电申请应注意哪些事项？

模块 3 低压供电方案的制定（ZY2200201003）

【模块描述】本模块包含供电方案的含义、低压供电方案的审批权限、答复时限和有效期、制定方案的依据、低压供电方案的制定等内容。通过概念描述、术语说明、要点归纳、案例分析，掌握制定低压供电方案的方法。

【正文】

一、供电方案的含义

供电方案是供电企业对客户电力供应的具体实施计划，是对客户供电的各种技术条件的特指及其相应的供电工程实施方案。供电方案是客户受电工程设计的依据，也是签订供用电合同的重要依据。

供电方案由客户接入系统方案及客户受电系统方案和相关说明组成。

客户接入系统方案包括：供电电压等级、供电容量、供电电源位置、供电电源数（单电源或多电源）、供电回路数、路径、出线方式，供电线路敷设等。

客户受电系统方案包括：进线方式、受电装置容量、主接线、运行方式、继电保护方式、调度通信、保安措施、电能计量装置及接线方式、安装位置、产权及维护责任分界点、主要电气设备技术参数等。

供电方案按照供电电压等级分为低压供电方案和高压供电方案。

二、低压供电方案的审批权限、答复时限和有效期

1. 低压供电方案的审批权限

低压供电方案一般由供电企业的客户服务中心审批。

2. 低压供电方案的答复时限

《国家电网公司业扩报装管理规定（试行）》（国家电网公司营销［2007］49 号）规定：供电方案应在下述时限内书面答复客户，若不能如期确定供电方案时，应主动向客户说明原因。自受理之日起，

居民客户不超过3个工作日；低压电力客户不超过7个工作日。

3. 低压供电方案的有效期

供电方案的有效期，是指从供电方案正式通知书发出之日起至受电工程开工日为止。低压供电方案的有效期为3个月，逾期注销。用户遇有特殊情况，需延长供电方案有效期的，应在有效期到期前10天向供电企业提出申请，供电企业应视情况予以办理延长手续。但延长时间不得超过上述规定期限。

三、制定低压供电方案的依据

制定客户供电方案时，需要了解客户以下信息：

（1）用电地点；

（2）电力用途；

（3）用电性质；

（4）用电设备清单；

（5）用电负荷性质；

（6）保安电力；

（7）用电规划等。

方案勘察人员应当根据客户的用电申请，主动到客户现场核查上述信息，并将核查后的资料信息作为制定供电方案的依据。

四、低压供电方案的制定

（一）制定供电方案的基本原则和基本要求

1. 制定供电方案的基本原则

（1）在满足客户供电质量的前提下，方案要经济合理；

（2）符合电网发展规划，避免重复建设；方案的实施应注意与改善电网运行的可靠性和灵活性结合起来；

（3）施工建设和运行维护方便；

（4）考虑客户发展的前景；

（5）特殊客户，要考虑用电后对电网和其他客户的影响。

2. 制定供电方案的基本要求

（1）根据客户的用电容量、用电性质、用电时间，以及用电负荷的重要程度，确定高压供电、低压供电、临时供电等供电方式；

（2）根据用电负荷的重要程度确定多电源供电方式，提出保安电源、自备应急电源、非电性质的应急措施的配置要求；

（3）客户的自备应急电源、非电性质的应急措施、谐波治理措施应与供用电工程同步设计、同步建设、同步投运、同步管理。

（二）低压供电方式及适用范围

1. 低压供电方式

低压供电方式是指采用单相为220V或三相为380V电压等级的供电。

2. 低压供电方式适用范围

根据《国家电网公司业扩供电方案编制导则（试行）》（国家电网公司营销［2007］49号）规定，低压供电方式的适用范围为：

（1）客户单相用电设备总容量在10kW及以下时可采用低压220V供电。在经济发达地区用电设备总容量可扩大到16kW。

（2）客户用电设备总容量在100kW及以下或受电变压器容量在50kVA及以下者，可采用低压380V供电。在用电负荷密度较高的地区，经过技术经济比较，采用低压供电的技术经济性明显优于高压供电时，低压供电的容量可适当提高。

（3）农村地区低压供电容量，应根据当地农村电网综合配电小容量、多布点的配置特点确定。

（三）制定低压方案的步骤

1. 用电负荷性质及级别的确定

根据负荷用途，明确负荷性质。根据《国家电网公司业扩供电方案编制导则（试行）》（国家电网公司营销［2007］49号）规定的用电负荷分级原则及分级标准，分析客户用电负荷级别，明确客户的分类，以便确定供电方式。

2. 供电电压的确定

客户的供电电压等级应根据用电最大需量、用电设备容量或受电设备总容量确定。除有特殊需要，低压供电电压等级一般可参照下表确定。

表 ZY2200201003-1　　低压供电电压等级的确定

供电电压等级	用电设备容量	受电变压器总容量
220V	10kW 及以下单相设备	—
380V	100kW 及以下	50kVA 及以下

3. 供电电源的确定

根据用电负荷性质和重要程度确定单电源、双电源或多电源供电，以及是否需要配置自备应急电源等。根据《国家电网公司业扩供电方案编制导则（试行）》（国家电网公司营销［2007］665号）规定结合实际进行确定。

4. 供电容量的确定

（1）根据《国家电网公司业扩报装管理规定（试行）》（国家电网公司营销［2007］49号）规定，居住区住宅用电容量配置：

1）居住区住宅以及公共服务设施用电容量的确定应综合考虑所在城市的性质、社会经济、气候、民族、习俗及家庭能源使用的种类。

2）建筑面积在 $50m^2$ 及以下的住宅用电每户容量宜不小于 4kW；大于 $50m^2$ 的住宅用电每户容量宜不小于 8kW。

（2）根据客户提供的用电设备清单并经现场核实的负荷情况，合理选用需要系数法、二项式系数法、产品单耗定额法或负荷密度法等方法计算负荷，并确定供电容量。

5. 电价执行

电价执行按照国家新国民经济行业分类标准、国家电价政策及各省、自治区、直辖市电价说明执行。

6. 计量方式的确定、计量装置配置及电价执行

（1）电能计量点原则上应设定在供电设施与受电设施的产权分界处；

（2）低压供电的客户，负荷电流为60A及以下时，电能计量装置接线宜采用直接接入式；负荷电流为60A以上时，宜采用经电流互感器接入式；

（3）有两路及以上线路分别来自不同供电点或有多个受电点的客户，应分别装设电能计量装置；

（4）客户一个受电点内不同电价类别的用电，应分别装设计费电能计量装置；

（5）计量装置的配置应根据《电能计量装置技术管理规程》（DL/T 448—2000）规定的电能计量装置的分类及技术要求进行配置。

（6）电价执行

应按照国家新国民经济行业分类标准、国家电价政策和各省、自治区、直辖市电价政策及说明执行。

7. 电气主接线型式的确定

低压电气主接线的主要型式有单母线、单母线分段，根据实际需要合理确定。

8. 配电站位置及型式的确定

配电站分为屋内式和屋外式。屋内式运行维护方便，占地面积少。根据现场具体情况确定所选配电站型式。

（四）低压供电方案制定示例

案例：某金属加工厂在××市××路12号用电，需220/380V电源供电，现有金属切削机床共20台（其中10.5kW，4台；7.5kW，8台；5kW，8台），另有380V、20kVA电焊机2台（ε_N=65%，$\cos\varphi_N$=0.5），11kW吊车1台（ε_N＝25%）。（金属切削机床需要系数和功率因数：K_d=0.2，$\cos\varphi$＝0.5，$\tan\varphi$＝1.73，电焊机组需要系数和功率因数：K_d=0.35，$\cos\varphi$＝0.35，$\tan\varphi$＝2.68，吊车组需要系数和功率因数：K_d=0.15，$\cos\varphi$＝0.5，$\tan\varphi$＝1.73，有功功率、无功功率同时系数均取0.8）。请为该户拟订供电方案（现场可由10kV开发620线路所带的GOO2公用配变提供220/380V电源）。

在制定供电方案时，还应注意以下几点：

（1）根据该客户所提供的用电设备技术参数，应采用需要系数法计算负荷，从而确定供电容量（计算过程从略）。

（2）注意核实客户现场用电性质与容量是否与用电申请一致。

（3）方案制定其他分析过程从略。下面给出低压电力客户供电方案答复单样例（见表ZY2200201003-2）。

表ZY2200201003-2　　低压电力客户供电方案答复单

低压电力客户供电方案答复单

某金属加工厂电力客户：

根据贵单位提出的＿正式＿（正式/临时）用电申请，按照安全、经济、合理的原则，结合当地供电条件及用电负荷性质，经现场勘察研究，确定的供电方案答复如下：

一、用电地址

××市××路12号

二、供电容量

根据客户提供的用电设备技术参数，确定主电源供电容量为＿30＿千瓦；备用电源供电容量为＿/＿千瓦；自备电源容量为＿/＿千瓦。

三、供电方式

根据供电条件和客户用电需求，采用＿单＿（单、双、多）电源供电方式，主供电源采用＿380V＿电压等级，备用电源采用＿/＿电压等级，自备电源采用＿/＿电压等级。其中：

主供电源：由＿10＿kV＿开发620＿线路所带的＿GOO2＿公用配变供电。采用＿电缆＿（架空线/电缆）由＿6号低压分支箱2号出线断路器＿向＿1号＿受电点供电，线路型号为＿VV42–0.4–4×16mm^2＿。供电容量为＿30＿kW。

备用电源：由＿/＿kV＿/＿线路所带的＿/＿公用配变供电。采用＿/＿（架空线/电缆）由＿/＿向＿/＿受电点供电，线路型号为＿＿＿。备用容量为＿/＿kW。

自备电源：采用＿/＿（发电机/UPS不间断电源/蓄电池），容量为＿/＿kW，安装地点为＿/＿，采用＿/＿与主电源联锁，联锁方式为＿/＿。

四、受电方式

1. 受电设施：

配电站位置及型式：于该厂内××处新建室内低压配电站。

电气装置配置：计量柜＿1＿台，进线柜（总柜）＿1＿台，馈电柜根据用电人需求进行配置。

2. 主接线型式：

采用＿低压单母线＿接线，与供电电源连接的控制设备应采用＿低压断路器＿。

3. 计量方案及电价执行：

客户用电类别分别为＿1kV以下一般工商业–普通工业用电＿。电能计量装置应按用电类别分别对应配置、安装。

计量点＿1号＿：用于计量用电人＿1kV以下一般工商业–普通工业用电＿类别用电量，计量装置设在＿受电装置的电源进线＿处，计量方式为＿低供低计＿，接线方式为＿三相四线＿；电能表规格＿3×1.5（6）A＿，精度＿2.0＿；电流互感器规格＿50/5A＿，精度＿0.5S＿，数量＿3＿只。

4. 功率因数考核标准及无功补偿装置配置：

根据用电人的用电性质及用电容量应执行__/__功率因数考核标准，为保证电能质量，用电人配制的无功补偿装置应采用成套装置，且具备自动投切功能。

5. 接地、保护及自动装置等按相关规程规定设计安装。

五、业务费用

根据相关规定，临时用电客户应交纳临时接电费__/__元。

根据相关规定，双（多）电源客户应缴纳高可靠性供电费__/__元。

六、其他说明

1. 客户供配电工程应委托有相应设计资质的设计单位，依据供电公司批复的供电方案及相关标准、规范、供用电规章制度和用电人的需求进行设计，设计方案应经供电公司审核同意后方可据以施工。

2. 供配电工程施工应委托具有电监会颁发的“承装（修、试）电力设施许可证”的企业进行施工。

3. 电气设备应选择具有生产许可证、产品合格证及入网许可证的电气产品。

4. 请在接火电缆线路敷设、接地装置埋设、继电保护调试等隐蔽工程施工前，通知供电公司进行中间检查。

5. 设计、施工单位资质应在工程设计、施工前送供电公司审核确认。

本方案有效期自____年____月____日至____年____月____日止，有效期__三__个月，逾期注销。本方案如需变更，应报经供电公司重新审核确认。

×××供电公司（盖业务专用章）

××××年××月××日

【思考与练习】

1. 制定供电方案应遵循的基本原则是什么？

2. 低压供电方案包含哪些主要内容？

模块4　10kV供电方案的制定（ZY2200201004）

【模块描述】本模块包含制定10kV供电方案应遵循的原则、供电方案的主要内容和注意事项等内容。通过概念描述、术语说明、要点归纳、案例分析，掌握10kV供电方案制定的内容和方法。

【正文】

一、10kV供电方案的审批权限、答复时限和有效期

1. 10kV供电方案的审批权限

10kV供电方案，容量为315kVA以下的一般由供电公司客户服务中心审批；容量为315kVA及以上的由供电公司营销部审批。

2. 高压供电方案的答复时限

《国家电网公司业扩报装管理规定（试行）》（国家电网公司营销［2007］49号）规定：供电方案应在下述时限内书面答复客户，若不能如期确定供电方案时，应主动向客户说明原因。自受理之日起，高压单电源客户不超过15个工作日；高压双电源客户不超过30个工作日。

3. 高压供电方案的有效期

供电方案的有效期，是指从供电方案正式通知书发出之日起至受电工程开工日为止。高压供电方案的有效期为1年，逾期注销。客户遇有特殊情况，需延长供电方案有效期的，应在有效期到期前10天向供电企业提出申请，供电企业应视情况予以办理延长手续。但延长时间不得超过上述规定期限。

二、制定10kV供电方案的依据

制定客户供电方案时，需要了解客户以下信息：

（1）用电地点；

（2）电力用途；

（3）用电性质；

（4）用电设备清单；

（5）用电负荷性质；

（6）保安电力；

（7）用电规划等。

方案勘察人员应当根据客户的用电申请，主动到客户现场核查上述信息，并将核查后的资料信息作为制定供电方案的依据。

供电企业对申请用电的客户提供的供电方式，应从供用电的安全、经济、合理和便于管理出发，依据国家的有关政策和规定、电网的规划、用电需求以及当地供电条件等因素，进行技术经济比较，与客户协商确定。

新建受电工程项目在立项阶段，客户应与供电企业联系，就工程供电的可能性、用电容量和供电条件等达成意向性协议，方可定址，确定项目。否则，供电企业有权拒绝受理其用电申请。如因供电企业供电能力不足或政府规定限制的用电项目，供电企业可通知客户暂缓办理。

三、10kV 供电方案的制定

（一）制定 10kV 供电方案应遵循的原则

制定 10kV 供电方案应遵循的原则与低压供电方案相同，参见低压供电方案的制定模块（ZY2200201003）。

（二）10kV 电压等级供电方式的范围

（1）客户用电设备总容量在 100～8000kVA 时（含 8000kVA），宜采用 10kV 供电。无 35kV 电压等级的地区，10kV 电压等级的供电容量可扩大到 15 000kVA。

（2）下列情况下，用电容量不足 100kW，也可采用 10kV 供电：

1）客户提出对供电可靠性有特殊要求，如通信、医疗、广播、计算中心、机要部门等用电；

2）对供电质量产生不良影响的负荷，如整流器、电焊机等；

3）边远地区的客户，为了利于变压器的运行维护和故障的及时处理，经供用双方协商同意的。

（三）制定 10kV 供电方案的步骤

1. 用电负荷性质及级别

根据负荷用途，明确负荷性质。根据用电负荷分级原则及分级标准，分析客户用电负荷级别，明确客户的分类，以便确定供电方式。

2. 供电容量

根据客户提供并经现场核实的负荷情况，合理选用需要系数法、二项式系数法、产品单耗定额法或负荷密度法等方法计算负荷，并确定供电容量。

3. 供电电源

根据用电负荷性质和重要程度确定单电源、双电源或多电源供电，以及是否需要配置自备应急电源。

（1）供电电源配置的一般原则：

1）供电电源应依据客户的负荷等级、用电性质、用电容量、当地供电条件等因素进行技术经济比较，与客户协商确定。

对具有一、二级负荷的客户应采用双电源或多电源供电，其保安电源应符合独立电源的条件。该类客户应自备应急电源，同时应配备非电性质的应急措施；

对三级负荷的客户可采用单电源供电。

2）双电源、多电源供电时宜采用同一电压等级电源供电。

3）应根据客户的负荷性质及其对用电可靠性要求和城乡发展规划，选择采用架空线路、电缆线路或架空–电缆线路供电。

（2）一、二级负荷供电电源配置规定：

1）一级负荷的供电除由双电源供电外，应增设保安电源，并严禁将其他负荷接入应急供电系统。

2）一级负荷的设备的供电电源应在设备的控制箱内实现自动切换，切换时间应满足设备允许中断供电的要求。

3）二级负荷的供电应由双电源供电，当一路电源发生故障时，另一路电源不应同时受到损坏。

4）二级负荷的设备供电应根据电源条件及负荷的重要程度采用下列供电方式之一：① 双电源供电，在最末一级配电装置内切换；② 双电源供电到适当的配电点互投装置后，采用专线送到用电设备或其控制装置上；③ 小容量负荷可以用一路电源加不间断电源装置，或一路电源加设备自带的蓄电池组在末端实现切换。

（3）自备应急电源配置的一般原则：

1）自备应急电源配置容量标准必须达到保安负荷的120%。

2）启动时间满足安全要求。

3）客户的自备应急电源与电网电源之间应装设可靠的电气或机械闭锁装置，防止倒送电。

4. 电气主接线及主设备配置

（1）确定电气主接线的一般原则：

1）根据进出线回路数、设备特点及负荷性质等条件确定。

2）满足供电可靠、运行灵活、操作检修方便、节约投资和便于扩建等要求。

3）在满足可靠性要求的条件下，宜减少电压等级和简化接线。

（2）电气主接线形式。

电气主接线主要有桥形接线、单母线、单母线分段、双母线、线路变压器组，根据需要进行合理选择。具体可参照《国家电网公司业扩供电方案编制导则（试行）》中，受电变配电站10kV典型主接线形式。

（3）受电主变压器的配置：

1）主变压器台数和容量应根据地区供电条件、负荷性质、用电容量和运行方式等条件综合考虑；设备选型应考虑低损耗、低噪声设备。我国目前常用的10kV变压器型式主要有：S11、SC10、SG10、SCB10、SCR10以及各种新型箱式变等。

2）安装于有特殊安全要求场所（如高层建筑、地下配电房等）的变压器应选择干式变压器。

3）装设有两台变压器及以上的配电站，其中任何变压器断开时，其余变压器容量应不小于全部负荷容量的60%，并应能满足全部一类和二类负荷的用电。

（4）高压配电装置的配置：

1）配电装置的布置和导体、电器的选择，应满足在正常运行、检修、短路和过电压情况下的要求，并应不危及人身安全和周围设备。配电装置的布置，应便于操作、搬运、检修和试验，并应考虑电缆和架空线进、出线方便；

2）受电变电站的绝缘等级应与受电的电压等级相配合，并应考虑工作环境的污秽程度；

3）配电装置相邻的带电部分电压等级不同时，应按照较高电压确定安全净距；

4）高压配电装置均应装设闭锁装置及联锁装置，以防止带负荷拉合隔离开关、带地线合闸、带电挂接地线、误拉合断路器、误入带电间隔等电气误操作事故；

5）受电线路截面应按照经济电流密度进行选择，并验算线路电压降；

6）受电容量50kVA及以上的高压客户应装设负荷管理终端装置。

5. 计量方式的确定、计量装置配置及电价执行

（1）电能计量点设定。

电能计量点应设定在供电设施与受电设施的产权分界处。如产权分界处不适宜装表的，对专线供电的高压客户，可在供电变电站的出线侧出口装表计量；对公用线路供电的高压客户，可在客户受电装置侧计量。

（2）电能计量方式：

1）高压供电的客户，宜在高压侧计量；但对10kV供电且容量在315kVA及以下高压侧计量确有困难时，可在低压侧计量，即采用高供低计方式。

2）有两路及以上线路分别来自不同供电点或有多个受电点的客户，应分别装设电能计量装置。

3）客户一个受电点内不同电价类别的用电，应分别装设计费电能计量装置。

4）有并网自备电厂的客户，应在并网点上装设送、受电电能计量装置。

（3）电能计量装置的配置。

根据《电能计量装置技术管理规程》（DL/T 448—2000）规定的电能计量装置的分类及技术要求进行配置。

1）Ⅰ、Ⅱ、Ⅲ电能计量装置应按计量点配置计量专用电压、电流互感互感器。电能计量专用电压、电流互感器及其二次回路不得接入与电能计量无关的设备。

2）计量装置中电压互感器二次回路，应不装设隔离开关辅助接点和熔断器。

3）应配置全国统一标准的专用电能计量柜或计量箱。

4）高压电能计量装置应装设电压失压计时器。

5）互感器二次回路的连接导线应采用铜质单芯绝缘线。对电流二次回路，连接导线截面积应按电流互感器的额定二次负荷计算确定，至少应不小于 4mm^2。对电压二次回路，连接导线截面积应按允许的电压降计算确定，至少应不小于 2.5mm^2。

6）互感器实际二次负荷应在 25%～100%额定二次负荷范围内；电流互感器额定二次负荷的功率因数应为 0.8～1.0；电压互感器额定二次功率因数应与实际二次负荷的功率因数接近。

7）电流互感器额定一次电流的确定，应保证其在正常运行中的实际负荷电流达到额定值的 60%左右，至少应不小于 30%。否则应选用高动热稳定电流互感器以减小变化。

8）为提高低负荷计量的准确性，应选用过载 4 倍及以上的电能表。

9）经电流互感器接入的电能表，其标定电流宜不超过电流互感器额定二次电流的 30%，其额定最大电流应为电流互感器额定二次电流的 120%左右。直接接入式电能表的标定电流应按正常运行负荷电流的 30%左右进行选择。

10）执行功率因数调整电费的客户，应安装能计量有功电量、感性和容性无功电量的电能计量装置；按最大需量计收基本电费的客户应装设具有最大需量计量功能的电能表；实行分时电价的客户应装设复费率电能表或多功能电能表。

11）带有数据通信接口的电能表，其通信规约应符合《多功能电能表通信协议》（DL/T 645）的要求。

12）具有正、反向送电的计量点应装设计量正向和反向有功电量以及四象限无功电量的电能表。

（4）电价执行。

应按照国家新国民经济行业分类标准、国家电价政策和各省、自治区、直辖市电价政策及说明执行。

6. 功率因数要求及无功补偿装置配置

（1）无功补偿装置的配置原则：

1）无功电力应分层分区、就地平衡。客户应在提高自然功率因数的基础上，按有关标准设计并安装无功补偿设备；

2）并联电容器装置，其容量和分组应根据就地补偿、便于调整电压及不发生谐振的原则进行配置；

3）无功补偿装置宜采用成套装置，并应装设在变压器低压侧。

（2）功率因数要求。

100kVA 及以上高压供电的电力客户，在高峰负荷时的功率因数不宜低于 0.95；其他电力客户和大、中型电力排灌站、趸购转售电企业，功率因数不宜低于 0.90；农业用电功率因数不宜低于 0.85。

（3）无功补偿容量计算：

1）电容器的安装容量，应根据客户的自然功率因数计算后确定；

2）当不具备设计计算条件时，10kV 变电所电容器安装容量可按变压器容量的 20%～30%确定。

7. 继电保护及调度通信自动化配置

（1）继电保护设置的基本原则：

1）客户变电所中的电力设备和线路，应装设反应短路故障和异常运行的继电保护和安全自动装置，满足可靠性、选择性、灵敏性和速动性的要求；

2）客户变电所中的电力设备和线路的继电保护应有主保护、后备保护和异常运行保护，必要时可增设辅助保护；

3）10kV及以上变电所宜采用数字式继电保护装置。

（2）保护方式的配置：

1）继电保护和自动装置的设置应符合《电力装置的继电保护和自动装置设计规范》（GB 50062）、《继电保护和安全自动装置技术规程》（GB 14285）的规定；

2）10kV进线装设速断或延时速断、过电流保护。对小电阻接地系统，宜装设零序保护；

3）容量在0.4MVA及以上车间内油浸变压器和0.8MVA及以上油浸变压器，均应装设瓦斯保护。其余非电量保护按照变压器厂家要求配置；

4）10kV容量在10MVA及以下的变压器，采用电流速断保护和过电流保护分别作为变压器主保护和后备保护。

（3）备用电源自动投入装置：

1）备用电源自动投入装置，应具有保护动作闭锁的功能；

2）10kV侧进线断路器处，不宜装设自动投入装置；

3）0.4kV侧，采用具有故障闭锁的“自投不自复”“手投手复”的切换方式，不宜采用“自投自复”的切换方式；

4）一级负荷客户，宜在变压器低压侧的分段开关处，装设自动投入装置。其他负荷性质客户，不宜装设自动投入装置。

（4）需要实行电力调度管理的客户：

1）受电电压在10kV及以上的专线供电客户；

2）有多电源供电、受电装置的容量较大且内部接线复杂的客户；

3）有两回路及以上线路供电，并有并路倒闸操作的客户；

4）有自备电厂并网的客户；

5）重要客户或对供电质量有特殊要求的客户等。

（5）通信和自动化：

1）35kV及以下供电、用电容量不足8000kVA且有调度关系的客户，可利用电能量采集系统采集客户端的电流、电压及负荷等相关信息，配置专用通信市话与调度部门进行联络；

2）其他客户应配置专用通信市话与当地供电公司进行联络。

8. 变电站位置及型式的确定

（1）变电站站址选择应根据下列要求综合考虑确定：

1）接近负荷中心；

2）接近电源侧；

3）进出线方便；

4）运输设备方便；

5）不应设在有剧烈振动或高温的场所；

6）不应设在多尘或有腐蚀性气体的场所；如无法远离，不应设在污染源的主导风向的下风侧；

7）不应设在厕所、浴室或其他经常积水场所的下方（指相邻楼层的正下方），也不宜与上述场所相贴邻；

8）不应设在地势低洼和可能积水的场所；

9）不应设在有爆炸危险的区域内；

10）不应设在有火灾危险区域的正上方或正下方。

所选变电站站址需要经规划定位的，应当由客户报规划部门审批同意。

（2）变电站型式选择。变电站分为屋内式和屋外式。屋内式运行维护方便，占地面积少。

1）变电站一般为独立式建筑物，也可附设于负荷较大的厂房或建筑物。

2）变电站的型式应根据用电负荷的状况和周围环境情况综合考虑。

① 负荷较大的车间和站房，宜附设变电站或半露天变电站；

② 负荷较大的多跨厂房，负荷中心在厂房中部且环境许可时，宜设车间内变电站或组合式成套变电站；

③ 高层或大型民用建筑物内，宜设室内变电站或组合式成套变电站；

④ 负荷小而分散的工业企业和大中城市的居民区，宜设独立的变电站，有条件时也可设附设式变电站或户外箱式变电站。

四、10kV 供电方案制定示例

案例：某有色金属矿业公司 10kV 供电方案制定。

（一）新装高压客户申请正式用电的基本信息

客户名称：某有色金属矿业有限责任公司

用电地址：××市经济开发区经三路 220 号

该公司于经济开发区新上铜钼矿业项目工程，规划建设用地面积 5000m^2，申请用电负荷情况如下：

（1）该户一期工程用电设备均为低压设备，用电设备清单表 ZY2200201004-1。

表 ZY2200201004-1　　**用电设备清单表**

序号	用电设备名称	用电设备台数	用电设备总容量（kW）	需要系数 K_d	$\cos\varphi$	$\tan\varphi$
1	选矿机	20	200	0.8	0.8	0.75
2	运输机械	10	150	0.65	0.75	0.88
3	通风机	4	8	0.8	0.8	0.75
4	电阻炉	10	100	0.7	0.98	0.2
5	照明（办公楼）		50	0.9	1.0	0

注　有功、无功同时系数取 0.9。

（2）所有负荷均为三级负荷。

（3）该客户二期工程规划生产规模与一期相同。

（4）配电站建在规划定位处。

（二）现场供电条件

经现场勘查，该客户所在地址和电源情况如图 ZY2200201004-1 所示。

110kV 开发区变电所 I 段母线 103 断路器出线的公用 10kV 经纬 103 架空线路已有最大负荷为 7500kVA。此线路与该公司配电站的垂直距离为 200m。

110kV 城郊变电所Ⅱ段母线 106 开关出线的公用 10kV 经纬 106 线路已有最大负荷为 6000kVA，此线路与该公司配电站的垂直距离为 300m。

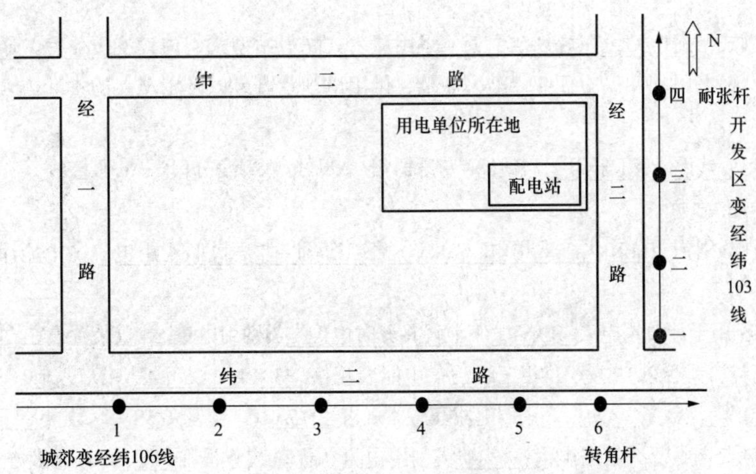

图 ZY2200201004-1　某有色金属矿业有限责任公司地理图

在制定供电方案时，还应注意以下几点：

（1）根据该客户所提供的用电设备技术参数，应采用需要系数法计算负荷，从而确定供电容量。计算过程从略。

（2）注意核实客户现场用电性质与容量是否与用电申请一致。

（3）对于大工业客户，在确定基本电费收取方式时，应将按照变压器容量或最大需量计算基本电费进行经济比较，以便合理确定基本电费计算方式。

（4）方案制定其他分析过程从略。下面给出高压电力客户供电方案答复单样例（见表ZY2200201004-2）。

表 ZY2200201004-2　　高压电力客户供电方案答复单

高压电力客户供电方案答复单

某有色金属矿业有限责任公司电力客户：

根据贵单位提出的__正式__（正式/临时）用电申请，按照安全、经济、合理的原则，结合当地供电条件及用电负荷性质，经现场勘察研究，确定的供电方案答复如下：

一、用电地址

××市经济开发区经三路220号__。

二、供电容量

根据客户提供的用电设备技术参数、建设规划和用电需求，确定主电源供电容量__400__千伏安，备用电源供电容量__/__千伏安。自备电源容量__/__千伏安（千瓦）。

三、供电方式

根据供电条件和用电需求，采用__单__（单、双、多）电源供电方式，主供电源采用__10kV__电压等级，备用电源采用__/__电压等级，自备电源采用__/__电压等级。其中：

主供电源：由__110__千伏__城郊__变电所__II__段母线的__经纬106__断路器供出的公配线路10kV经纬106线路5号杆"T"接__（公配线路、"T"接、专线）供电，与供电电源连接的控制设备采用__跌开式熔断器__（跌开式熔断器/负荷开关/断路器/…），供电线路采用（架空线/电缆）__高压电缆入地直埋__方式引入，接电支线需安装"故障指示器"。

备用电源：由__/__千伏__/__变电所__/__段母线的__/__断路器供出的____（公配线路、"T"接、专线）供电，与供电电源连接的控制设备采用__跌开式熔断器__（跌开式熔断器/负荷开关/断路器/……），供电线路采用（架空线/电缆）__/__方式引入，接电支线需安装"故障指示器"。联锁装置设于__/__处，采用__/__与__/__供电电源联锁，联锁方式为__/__。

自备电源：采用__/__（发电机/UPS电源/EPS电源/蓄电池等），容量为__/__千伏安（千瓦），安装地点为__/__。联锁装置设于__/__处，采用__/__与__/__供电电源联锁，联锁方式为__/__。

四、受电方式

1. 受电设施。

配电站位置及型式：配电站设在规划定位处，采用屋内式配电站型式，内设变压器室、低配室和值班室。

电气装置配置：根据国家和电力行业标准、规范、供用电规章制度以及用电人的实际需求进行设计配置。

2. 接线方式。

电气主接线采用__线路–变压器组__（线路–变压器组/单母线/单母线分段/……）接线。

3. 计量方案及电价执行。

客户的用电类别分别为__10kV大工业用电、10kV一般工商业–非居民照明用电__。电能计量装置按用电类别分别对应配置、安装。

主电源总计量点：用于计量用电人__10kV大工业峰谷分时电价__类别用电量，计量装置设在__主电源高压进线__处，计量方式为__高供高计__，接线方式为__三相三线__；电能表规格__3×1.5（6）A__，精度__1.0__；电压互感器规格__10/0.1kV__，精度__0.5__，数量__两__只；电流互感器规格__25/5A__，精度__0.5S__，数量__两__只。

备用电源总计量点：用于计量用电人__/__类别用电量，计量装置设在__/__处，计量方式为__/__，接线方式为__/__；电能表规格__/__，精度__/__；电压互感器规格__/__，精度__/__，数量__/__只；电流互感器规格__/__，精度__/__，数量__/__只。

低压分计量点：用于计量用电人__10kV一般工商业-非居民照明__类别用电量，计量装置设在__该类别用电配电装置出线__处，计量方式为__高供低计__，接线方式为__三相四线__；电能表规格__3×1.5（6）A__，精度__1.0__；电压互感器规格__/__，精度__/__，数量__/__只；电流互感器规格__75/5A__，精度__0.5S__，数量__三__只。

基本电费按__变压器容量__（变压器容量/最大需量）方式计算。按变压器容量计收基本电费的，基本电费计算容量为__400__千伏安（含不通过变压器供电的高压电动机）；按最大需量计算的，基本电费计算容量为__/__千瓦。

4. 功率因数考核标准及无功补偿装置。

根据客户的用电容量和用电性质应执行的功率因数考核标准为__0.9__，为保证电能质量，客户配置的无功补偿装置应采用成套装置，且具备自动投切功能，总容量按不低于变压器容量的30%配制。

5. 保护装置。

接地、继电保护应按相关电气规程进行设计。

客户受电装置电源侧的主备电源间应设置可靠的闭锁装置；客户应急保安电源应与主备电源间加装可靠的闭锁装置。

负荷管理装置应与电气工程同时设计、同时投入运行。

6. 污染源监测及治理要求。

客户应按相关规定安装谐波监测及电能质量监测装置，其注入电网谐波应符合国家标准。客户用电设备产生的谐波，应按照"谁污染、谁治理"的原则进行治理，治理装置与工程同步设计、同步施工、同步投运。

五、业务费用

根据相关规定，临时用电客户应交纳临时接电费__/__元。

根据相关规定，双（多）电源客户应缴纳高可靠性供电费__/__元。

六、其他说明

1. 供配电设施应委托具备相应设计资质的单位进行设计，依据供电公司批复的供电方案及相关标准、规范、供用电规章制度和用电人的需求进行设计设计方案应经供电公司审核同意后方可施工。

2. 供配电工程施工应委托具有电监会颁发的"承装（修、试）电力设施许可证"的企业进行施工。

3. 电气设备应选择具有生产许可证、产品合格证及入网许可证的产品。

4. 请在接火电缆线路敷设、接地装置埋设、继电保护调试等隐蔽工程施工前，应向供电公司申请中间检查，如客户工程未经中间检查的，供电公司将拒绝受理其竣工检验申请。

5. 设计、施工单位资质应在设计、施工前送供电公司审核确认。

6. 供电方案如在本模板无法全部说明的，可另附件加以说明，附件说明作为供电方案的组成部分。

7. 本方案有效期自____年___月____日至_____年___月____日止，有效期__一__年，逾期注销。本方案如需变更，应经供电公司重新审核确认。

×××供电公司（盖业务专用章）

××××年××月××日

【思考与练习】

1. 10kV电压等级供电方式的范围是什么？

2. 10kV供电方案的主要内容有哪些？

模块5　35kV及以上供电方案的制定（ZY2200201005）

【模块描述】本模块包含制定35kV供电方案应遵循的原则、供电方案的主要内容和注意事项等内容。通过概念描述、术语说明、要点归纳，掌握35kV供电方案制定的内容和方法。

【正文】

一、35kV及以上供电方案的审批权限、答复时限和有效期

1. 供电方案的审批权限

35kV及以下供电方案由市供电公司审批；35kV以上供电方案由省公司审批。

2. 高压供电方案的答复时限

《国家电网公司业扩报装管理规定（试行）》（国家电网公司营销［2007］49 号）规定：供电方案应在下述时限内书面答复客户，若不能如期确定供电方案时，应主动向客户说明原因。自受理之日起，高压单电源客户不超过 15 个工作日；高压双电源客户不超过 30 个工作日。

3. 高压供电方案的有效期

供电方案的有效期，是指从供电方案正式通知书发出之日起至受电工程开工日为止。高压供电方案的有效期为 1 年，逾期注销。客户遇有特殊情况，需延长供电方案有效期的，应在有效期到期前 10 天向供电企业提出申请，供电企业应视情况予以办理延长手续。但延长时间不得超过上述规定期限。

二、制定 35kV 及以上供电方案的依据

制定客户低压供电方案时，需要了解客户以下信息：

（1）用电地点；

（2）电力用途；

（3）用电性质；

（4）用电设备清单；

（5）负荷性质；

（6）保安电源；

（7）用电规则。

方案勘察人员应当根据客户的用电申请，主动到客户现场核查上述信息，并将核查后的资料信息作为制定供电方案的依据。

三、35kV 及以上供电方案的制定

（一）制定 35kV 及以上供电方案应遵循的原则

制定 35kV 及以上供电方案应遵循的原则与低压供电方案相同，参见低压供电方案的制定（ZY2200201003）。

（二）35kV 及以上供电方式的范围

（1）客户用电设备总容量在 5～40MVA 时，宜采用 35kV 供电；

（2）有 66kV 电压等级的电网，客户用电设备总容量在 15～40MVA 时，宜采用 66kV 供电；

（3）客户用电设备总容量在 20～100MVA 时，宜采用 110kV 及以上电压等级供电；

（4）客户用电设备总容量在 100MVA 及以上，宜采用 220kV 及以上电压等级供电。

（三）制定 35kV 及以上供电方案的步骤

1. 确定用电负荷性质及级别

根据负荷用途，明确负荷性质。根据用电负荷分级原则及分级标准，分析客户用电负荷级别，明确客户的分类，以便确定供电方式。

2. 确定供电容量

根据客户提供并经现场核实的负荷情况，合理选用需要系数法、二项式系数法、产品单耗定额法或负荷密度法等方法计算负荷，并确定供电容量。

3. 确定供电电源

根据用电负荷性质和重要程度确定单电源、双电源或多电源供电，以及是否需要配置自备应急电源。

（1）供电电源配置的一般原则：

1）供电电源应依据客户的负荷等级、用电性质、用电容量、当地供电条件等因素进行技术经济比较，与客户协商确定。

对具有一、二级负荷的客户应采用双电源或多电源供电，其保安电源应符合独立电源的条件。该类客户应自备应急电源，同时应配备非电性质的应急措施。

对三级负荷的客户可采用单电源供电。

2）双电源、多电源供电时宜采用同一电压等级电源供电。

3）应根据客户的负荷性质及其对用电可靠性要求和城乡发展规划，选择采用架空线路、电缆线路或架空一电缆线路供电。

（2）一、二级负荷供电电源配置规定：

1）一级负荷的供电除由双电源供电外，应增设保安电源，并严禁将其他负荷接入应急供电系统。

2）一级负荷的设备的供电电源应在设备的控制箱内实现自动切换，切换时间应满足设备允许中断供电的要求。

3）二级负荷的供电应由双电源供电，当一路电源发生故障时，另一路电源不应同时受到损坏。

4）二级负荷的设备供电应根据电源条件及负荷的重要程度采用下列供电方式之一：① 双电源供电，在最末一级配电装置内切换；② 双电源供电到适当的配电点互投装置后，采用专线送到用电设备或其控制装置上；③ 小容量负荷可以用一路电源加不间断电源装置，或一路电源加设备自带的蓄电池组在末端实现切换。

（3）自备应急电源配置的一般原则：

1）自备应急电源配置容量标准必须达到保安负荷的120%。

2）启动时间满足安全要求。

3）客户的自备应急电源与电网电源之间应装设可靠的电气或机械闭锁装置，防止倒送电。

4. 确定电气主接线及主设备配置

（1）确定电气主接线的一般原则：

1）根据进出线回路数、设备特点及负荷性质等条件确定。

2）满足供电可靠、运行灵活、操作检修方便、节约投资和便于扩建等要求。

3）在满足可靠性要求的条件下，宜减少电压等级和简化接线。

（2）电气主接线形式。

电气主接线主要有桥形接线、单母线、单母线分段、双母线、线路变压器组，根据需要进行合理选择。具体可参照《国家电网公司业扩供电方案编制导则（试行）》中，受电变配电站35kV及以上典型主接线形式。

（3）受电主变压器的配置：

1）主变压器台数和容量应根据地区供电条件、负荷性质、用电容量和运行方式等条件综合考虑；设备选型应考虑低损耗、低噪声设备。

2）安装于有特殊安全要求场所（如高层建筑、地下配电房等）的变压器应选择干式变压器。

3）装设有两台变压器及以上的配电站，其中任何变压器断开时，其余变压器容量应不小于全部负荷容量的60%，并应能满足全部一类和二类负荷的用电。

（4）高压配电装置的配置：

1）配电装置的布置和导体、电器的选择，应满足在正常运行、检修、短路和过电压情况下的要求，并应不危及人身安全和周围设备；配电装置的布置，应便于操作、搬运、检修和试验，并应考虑电缆和架空线进、出线方便。

2）受电变电站的绝缘等级应与受电的电压等级相配合，并应考虑工作环境的污秽程度。

3）配电装置相邻的带电部分电压等级不同时，应按照较高电压确定安全净距。

4）高压配电装置均应装设闭锁装置及联锁装置，以防止带负荷拉合隔离开关、带地线合闸、带电挂接地线、误拉合断路器、误入带电间隔等电气误操作事故。

5）受电线路截面应按照经济电流密度进行选择，并验算线路电压降。

6）50kVA及以上高压客户应装设负荷管理终端装置。

5. 计量方式的确定、计量装置配置及电价执行

（1）电能计量点设定。

电能计量点应设定在供电设施与受电设施的产权分界处。如产权分界处不适宜装表的，对专线供电的高压客户，可在供电变电站的出线侧出口装表计量；对公用线路供电的高压客户，可在客户受电装置侧计量。

（2）电能计量方式。

1）高压供电的客户，宜在高压侧计量；但对 35kV 供电且容量在 500kVA 及以下的，高压侧计量确有困难时，可在低压侧计量，即采用高供低计方式；

2）有两路及以上线路分别来自不同供电点或有多个受电点的客户，应分别装设电能计量装置；

3）客户一个受电点内不同电价类别的用电，应分别装设计费电能计量装置；

4）有并网自备电厂的客户，应在并网点上装设送、受电电能计量装置。

（3）电能计量装置的配置。

根据《电能计量装置技术管理规程》（DL/T 448—2000）规定的电能计量装置的分类及技术要求进行配置。

1）35kV Ⅰ、Ⅱ、Ⅲ类电能计量装置应按计量点配置计量专用电压、电流互感器；35kV 以上Ⅰ、Ⅱ、Ⅲ类电能计量装置应按计量点配置计量专用电压、电流互感器或者专用二次绕组；电能计量专用电压、电流互感器或专用二次绕组及其二次回路不得接入与电能计量无关的设备。

2）35kV 以上电能计量装置电电压互感器二次回路，应不装设隔离开关辅助接点，但可装设熔断器；35kV 电能计量装置中电压互感器二次回路，应不装设隔离开关辅助接点和熔断器。

3）35kV 及以上电压供电的用户，宜配置全国统一标准的专用电能计量柜。

4）高压电能计量装置应装设电压失压计时器，未配置计量柜（箱）的，其互感器二次回路的所有接线端子、试验端子应能实施铅封。

5）互感器二次回路的连接导线应采用铜质单芯绝缘线。对电流二次回路，连接导线截面积应按电流互感器的额定二次负荷计算确定，至少应不小于 $4mm^2$；对电压二次回路，连接导线截面积应按允许的电压降计算确定，至少应不小于 $2.5mm^2$。

6）互感器实际二次负荷应在 25%～100%额定二次负荷范围内；电流互感器额定二次负荷的功率因数应为 0.8～1.0；电压互感器额定二次功率因数应与实际二次负荷的功率因数接近。

7）电流互感器额定一次电流的确定，应保证其在正常运行中的实际负荷电流达到额定值的 60%左右，至少应不小于 30%，否则应选用高动热稳定电流互感器以减小变化。

8）为提高低负荷计量的准确性，应选用过载 4 倍及以上的电能表。

9）经电流互感器接入的电能表，其标定电流宜不超过电流互感器额定二次电流的 30%，其额定最大电流应为电流互感器额定二次电流的 120%左右；直接接入式电能表的标定电流应按正常运行负荷电流的 30%左右进行选择。

10）执行功率因数调整电费的用户，应安装能计量有功电量、感性和容性无功电量的电能计量装置；按最大需量计收基本电费的用户应装设具有最大需量计量功能的电能表；实行分时电价的用户应装设复费率电能表或多功能电能表。

11）带有数据通信接口的电能表，其通信规约应符合 DL/T 645 的要求。

12）具有正、反向送电的计量点应装设计量正向和反向有功电量以及四象限无功电量的电能表。

（4）电价执行。

应按照国家新国民经济行业分类标准、国家电价政策和各省、自治区、直辖市电价政策及说明执行。

6. 功率因数要求及无功补偿装置配置

（1）无功补偿装置的配置原则：

1）无功电力应分层分区、就地平衡；客户应在提高自然功率因数的基础上，按有关标准设计并安装无功补偿设备；

2）并联电容器装置，其容量和分组应根据就地补偿、便于调整电压及不发生谐振的原则进行配置；

3）无功补偿装置宜采用成套装置，并应装设在变压器低压侧。

（2）功率因数要求。

100kVA 及以上高压供电的电力客户，在高峰负荷时的功率因数不宜低于 0.95；其他电力客户和大、中型电力排灌站、趸购转售电企业，功率因数不宜低于 0.90；农业用电功率因数不宜低于 0.85。

（3）无功补偿容量计算：

1）电容器的安装容量，应根据客户的自然功率因数计算后确定；

2）当不具备设计计算条件时，35kV 及以上变电所电容器安装容量可按变压器容量的 10%～30% 确定。

7. 继电保护及调度通信自动化配置

（1）继电保护设置的基本原则：

1）客户变电所中的电力设备和线路，应装设反应短路故障和异常运行的继电保护和安全自动装置，满足可靠性、选择性、灵敏性和速动性的要求；

2）客户变电所中的电力设备和线路的继电保护应有主保护、后备保护和异常运行保护，必要时可增设辅助保护；

3）35kV 及以上变电所宜采用数字式继电保护装置。

（2）保护方式配置：

1）继电保护和自动装置的设置应符合《电力装置的继电保护和自动装置设计规范》（GB 50062）、《继电保护和安全自动装置技术规程》（GB 14285）的规定；

2）35kV 进线应装设延时速断及过电流保护；对于有自备电源的客户也可采用阻抗保护；

3）35kV 及以上、容量在 10MVA 及以上的变压器，采用纵差保护和过电流保护（或复压过电流）分别作为变压器主保护和后备保护。

4）220kV 主变压器除非电量保护外，应采用两套完整、独立的主保护和后备保护；

5）220kV 母线及 110kV 双母线宜配置专用母线保护。

（3）备用电源自动投入装置：

1）备用电源自动投入装置，应具有保护动作闭锁的功能；

2）10～220kV 侧进线断路器处，不宜装设自动投入装置；

3）一级负荷客户，宜在变压器低压侧的分段开关处，装设自动投入装置。其他负荷性质客户，不宜装设自动投入装置。

（4）需要实行电力调度管理的客户：

1）受电电压在 10kV 及以上的专线供电客户；

2）有多电源供电、受电装置的容量较大且内部接线复杂的客户；

3）有两回路及以上线路供电，并有并路倒闸操作的客户；

4）有自备电厂并网的客户；

5）重要客户或对供电质量有特殊要求的客户等。

（5）通信和自动化：

1）35kV 及以下供电、用电容量不足 8000kVA 且有调度关系的客户，可利用电能量采集系统采集客户端的电流、电压及负荷等相关信息，配置专用通信市话与调度部门进行联络；

2）35kV 供电、用电容量在 8000kVA 及以上或 110kV 及以上的客户宜采用专用光纤通道或其他通信方式，通过远动设备上传客户端的遥测、遥信信息，同时应配置专用通信市话或系统调度电话与调度部门进行联络。

3）其他客户应配置专用通信市话与当地供电公司进行联络。

8. 变电站站址及型式的确定

（1）变电站站址选择应根据下列要求综合考虑确定：

1）接近负荷中心；

2）接近电源侧；

3）进出线方便；

4）运输设备方便；

5）不应设在有剧烈振动或高温的场所；

6）不应设在多尘或有腐蚀性气体的场所；如无法远离，不应设在污染源的主导风向的下风侧；

7）不应设在厕所、浴室或其他经常积水场所的下方（指相邻楼层的正下方），也不宜与上述场所相贴邻；

8）不应设在地势低洼和可能积水的场所；

9）不应设在有爆炸危险的区域内；

10）不应设在有火灾危险区域的正上方或正下方。

所选站址需要经规划定位的，应当由客户报规划部门审批同意。

（2）变电站型式选择。

变电站分为屋内式和屋外式。屋内式运行维护方便，占地面积少。

1）变电站一般为独立式建筑物，也可附设于负荷较大的厂房或建筑物；

2）变电站的型式应根据用电负荷的状况和周围环境情况综合考虑。

① 负荷较大的车间和站房，宜附设变电站或半露天变电站；

② 负荷较大的多跨厂房，负荷中心在厂房中部且环境许可时，宜设车间内变电站或组合式成套变电站；

③ 高层或大型民用建筑物内，宜设室内变电站或组合式成套变电站；

④ 负荷小而分散的工业企业和大中城市的居民区，宜设独立的变电站，有条件时也可设附设式变电站或户外箱式变电站。

【思考与练习】

1. 35kV 及以上电压等级供电方式的范围是什么？
2. 35kV 及以上供电方案的主要内容有哪些？

模块6 客户自备电源审查（ZY2200201006）

【模块描述】本模块包含客户自备电源概述、自备电源的类型、自备电源审查的主要内容和注意事项等内容。通过概念描述、术语说明、要点归纳、案例分析，掌握客户自备电源审查的内容和方法。

【正文】

一、概述

《供电营业规则》规定：客户需要备用、保安电源时，供电企业应按其负荷重要性、用电容量和供电的可能性，与客户协商确定。客户重要负荷的保安电源，可由供电企业提供，也可由客户自备。遇有下列情况之一者，保安电源应由客户自备：

（1）电力系统瓦解或不可抗力造成供电中断时，仍需保证供电的；

（2）客户自备电源比从电力系统供给更为经济合理的。

供电企业向有重要负荷的客户提供的保安电源，应符合独立电源的条件。有重要负荷的客户在取得供电企业供给的保安电源的同时，还应有非电性质的应急措施，以满足安全的需要。

客户自备电厂应自发自供厂区内的用电，不得将自备电厂的电力向厂区外供电。自发自用有余的电量可与供电企业签订电量购销合同。自备电厂如需伸入或跨越供电企业所属的供电营业区供电的，应经省电网经营企业同意。

二、主要类型

（1）独立于正常电源的发电机组；包括应急燃气轮机发电机组、应急柴油发电机组；快速自起动发电机组适用于允许中断供电时间为 15s 以上的供电。

（2）供电网络中独立于正常电源的专用馈电线路；带有自投装置的专用馈电线路适用于允许中断供电时间为 1.5s 或 0.6s 以上的负荷。

（3）UPS 不间断电源、EPS 应急电源等其他新型电源；UPS 不间断供应电源适用于允许中断供电时间为毫秒级的负荷；EPS 应急电源是一种将蓄电池的直流电能逆变为交流电源的应急电源，适用于允许中断供电时间为 0.25s 以上的负荷。

（4）蓄电池，适用于有可能采用直流电源者且容量不大的特别重要负荷供电。

（5）干电池。

（6）其他新型自备应急电源技术（设备）。

三、审查主要内容和注意事项

（一）自备电源配置基本要求

1. 自备应急电源配置的一般原则

（1）自备应急电源配置容量标准必须达到保安负荷的120%；

（2）起动时间满足安全要求；

（3）客户的自备应急电源与电网电源之间应装设可靠的电气或机械闭锁装置，防止倒送电。

2. 自备应急电源的选择

（1）允许中断供电时间为15s以上的供电，可选用快速自起动的发电机组；

（2）自投装置的动作时间能满足允许中断供电时间的，可选用带有自动投入装置的独立于正常电源的专用馈电线路；

（3）允许中断供电时间为毫秒级的供电，可选用蓄电池静止型不间断供电装置、蓄电池机械储能电机型不间断供电装置或柴油机不间断供电装置。

3. 应急电源工作时间

应急电源工作的时间应按客户生产技术上要求的停车时间考虑。当与自动起动的发电机组配合使用时，不宜少于10min。

（二）受理与许可

（1）凡符合条件需要装设自备电源的客户，均应向当地供电公司办理书面申请手续，供电公司应予受理；

（2）客户应根据供电公司批复的供电方案，向供电公司报送下列资料：

1）上级主管机关的批准文件；

2）电气主接线及有关参数；

3）各电源回路间的联锁装置图；

4）供电范围及厂区平面布置图；

5）自备电源的额定容量等参数；

6）重要负荷的设备清单。

7）调度通信设施。

上述图纸、资料经供电公司审核同意后，方可施工。

（3）电气装置的投入运行前，应向供电公司报送以下竣工资料：

1）工程竣工说明书；

2）电气设备及保护的试验，整定报告；

3）隐蔽工程的施工记录；

4）运行操作的规章和制度；

5）通信设备及持证电工名单。

（4）供电企业在接到竣工报告后，应及时到现场检查验收，合格后，双方应签订供用电合同，合同生效后方可投运。

（三）自备电源装置技术要求

（1）自备电源客户的电气装置必须符合国家相关规范、规程和标准；

（2）自备电源与电网电源之间必须装可靠的联锁装置，防止向电网倒送电；

（3）自备电源与电网电源间必须采用“先断后通”的切换方式；

（4）自备电源和电网电源的中性线与相线必须同步切换；

（5）自备电源客户必须具备低压配电柜，切换点必须装设在低压配电室的总柜处，不得装备在用电设备终端；

（6）具有两台以上自备发电机组时，也必须具备可靠的机械（或电气）联锁，“实行多并车，一点切换”的方式；

（7）自备电源不得向客户区域外供电；

（8）自备电源的接地网应独立设置，接地电阻应符合规程规定；

（9）严禁使用自备发电机以流动方式给由电网供电的客户提供电源。

（四）运行管理

（1）客户必须根据《国家电网公司电力安全工作规程（试行）》及有关规定，结合本单位实际制订相应的运行操作和规章制度；

（2）客户必须配备合格的进网作业电工操作自备电源；

（3）多路供电客户，凡操作调度许可设备必须根据调度命令进行，不得擅自操作；

（4）经验收合格的客户，不得随意更换接线方式；拆除联锁装置或移位，确需变更的，应按新装程序办理有关申请手续；

（5）客户拆除自备电源应向供电公司申请备案，同时修订供用电合同的相关内容。

（五）违章处理

（1）私自迁移、更动和擅自操作约定由供电企业调度的客户受电设备者，应承担每次 5000 元的违约使用电费；

（2）未经供电企业同意，擅自引入（供出）电源或将备用电源和其他电源私自并网的，除当即拆除接线外，应承担其引入（供出）或并网电源容量每千瓦（千伏安）500 元的违约使用电费。

四、客户自备电源审查的示例

如图 ZY2200201006-1 所示，某移动公司的信号站有二级负荷 30kW，客户要求配备 50kW 自起动自备发电机一台，自备发电机与系统电源采用双投隔离开关联锁，请审查如下自备电源主接线能否满足客户需求。

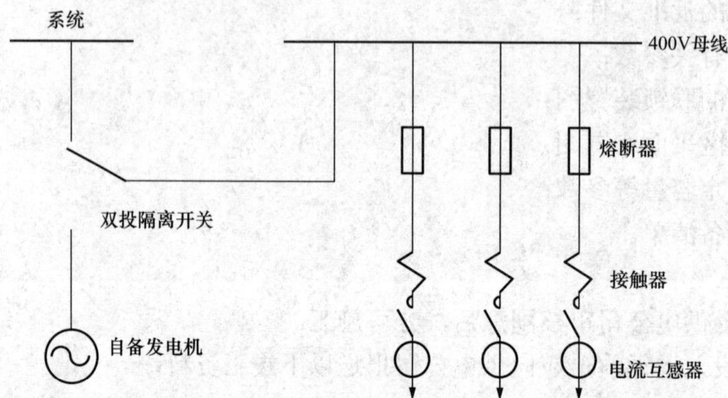

图 ZY2200201006-1 用户自备发电机组与系统电源切换主电路图

审查情况：

（1）该户为二级小容量负荷，可以用一路电源加不间断电源装置实现切换，保证双电源供电。

（2）采用低压双投隔离开关联锁，能够满足安全要求。

（3）自备应急电源配置容量标准已达到保安负荷 120%的要求。

因此，上述自备电源主接线能满足客户的用电需求。

【思考与练习】

1. 遇有哪些情况，保安电源应由客户自备？
2. 自备电源种类有哪些？
3. 自备应急电源配置的一般原则是什么？

第三章　客户图纸审查

模块1　低压受电工程设计审查（ZY2200202001）

【模块描述】本模块包含低压受电工程设计审查应提供的资料、设计审查的要点、设计审查依据的标准、规程，审查意见的填写及答复等内容。通过概念描述、术语说明、要点归纳、案例分析，掌握低压受电工程设计审查的内容和方法。

【正文】

根据《供电营业规则》第三十九条规定，客户电力工程设计文件和有关资料应一式两份送交供电企业审核。

一、审查依据

对低压受电工程设计进行审查，应依据国家和电力行业的有关设计标准、规程进行，同时应按照当地供电部门确定的供电方案要求进行设计。如果确实需要修改供电方案的，必须经过供电方案批复部门同意。设计时倡导采用节能环保的先进技术和产品，禁止使用国家明令淘汰的产品。设计审查主要的标准、规程包括：

GB 50053—1994《10kV及以下变电所设计规范》

DL/T 5220—2005《10kV及以下架空配电线路设计技术规程》

DL/T 5219—2005《架空送电线路基础设计技术规定》

DL/T 601—1996《架空绝缘线路设计技术规程》

GB 14549—1993《电能质量　公用电网谐波》

DL/T 620—1997《交流电气装置的过电压保护和绝缘配合》

DL/T 621—1997《交流电气装置的接地》

GBJ 63—1990《电力装置的电测量仪表装置设计规范》

DL/T448—2000《电能计量装置技术管理规程》

Q/GDW 161—2007《线路保护及辅助装置标准化设计规范》

DL/T 5222—2005《导体和电器选择设计技术规定》

GB 5008—1992《爆炸和火灾危险环境电力装置设计规范》

GB 50045—1995《高层民用建筑设计防火规范》（2005年版）

JGJ 16—2008《民用建筑电气设计规范》

GB 50096—1999《住宅设计规范》（2003年版）

GB 50217—2007《电力工程电缆设计规范》

GB 50057—1994《建筑物防雷设计规范》（2000年版）

GB 50054—1995《低压配电设计规范》

GB 50052—1995《供配电系统设计规范》

GB 50038—2005《人民防空地下室设计规范》

GB 50034—2004《建筑照明设计规范》

GB 50227—1995《并联电容器装置设计规范》

二、审查要点

（一）低压受电工程设计审查应提供的资料

（1）受电工程设计及说明书；

（2）负荷组成、保安负荷及用电设备清单；

（3）影响电能质量的用电设备清单；

（4）主要电气设备一览表；

（5）受电装置接线图及平面布置图；

（6）继电保护及电能计量的方式；

（7）隐蔽工程设计资料；

（8）自备电源及接线方式；

（9）设计单位资质审查材料；

（10）供电企业认为必要提供的其他资料。

（二）设计单位资质的审查

低压受电工程设计单位必须取得相应的设计资质。根据中华人民共和国建设部2007年修订的《工程设计资质标准》规定，只要取得工程设计综合资质、电力行业工程设计丙级（变电工程、送电工程）以上资质、电力专业工程设计丙级（变电工程、送电工程）以上资质的企业就可进行客户低压受电工程的设计。

（三）设计图纸的审查

1. 低压受电工程设计图纸包括的内容

（1）配电专业电气主接线图、电气总平面布置图、主配电装置配置图、平断面图、防雷接地布置图、照明系统图、电气设备安装图、电缆敷设图、动力箱接线图、各卷册设备材料汇总表、电气施工图设计主要设备材料清册、照明施工图、电缆支架图、电缆清册、零部件图；

（2）送电专业的线路路径图、全线基础一览图、全线杆塔一览图、施工图设计材料总表、全线导线换位图、导线和地线力学特性曲线、线路平断面定位图、杆塔明细表、与电信线路平行接近位置图、各类杆塔单线图（含组装图）、导线和地线放线曲线、导线和地线和绝缘子及金具组装图、防震措施和接地装置安装图、防雷保护接地及安装图、杆塔间隙圆图、各种直线杆塔摇摆角监界曲线、基础施工图、杆塔加工及施工详图、屏蔽地线接地和放电管接地装置安装图、部件组装图和零件图等。

2. 低压受电工程设计图纸审查要点

（1）设备选择、配置合理，无淘汰和高耗能设备；

（2）低压各出线回路是否合理，大负荷设备尽量单独出线；

（3）审查是否装有无功补偿设备，补偿容量是否合理；

（4）有冲击、不对称和谐波负载的客户应有谐波治理措施；

（5）执行力率调整电费的客户是否安装无功电能表，电能计量装置准确度等级是否符合规程，电流互感器的变比是否适当；

（6）双（多）电源的联锁装置是否合理，是否能确保客户和电网双重安全要求；

（7）线路路径是否符合规程要求，选择的导线截面积载流量能否满足负荷要求。

三、审查答复

1. 低压受电工程设计资料审查时限

供电企业对客户送审的低压受电工程设计文件和有关资料，应根据有关规定时限进行审核。低压供电客户的审核时间最长不超过10天。审查时间指从客户提供齐全审查资料，并报《客户受电工程图纸审核申请表》（见表ZY2200202001-1）开始，到客户签收《客户受电工程图纸审核结果通知单》（见表ZY2200202001-2）止所需要的时间。

2. 低压受电工程设计资料审查结果的填写与答复

供电企业必须依照国家标准、行业标准以及相关规程和规定对客户受电工程设计文件和有关资料进行审核，并将审核结果填写在《客户受电工程图纸审核结果通知单》中，以书面形式答复客户。客户若更改审核后的设计文件，应将变更后的设计再送供电企业复核。客户受电工程的设计文件，未经供电企业审核同意，客户不得施工。否则，供电企业将不予检验和接电。

四、图纸审核案例

例：某物业管理站申请从低压公用线路接电 50kW 用电容量，现场勘察需建低压配电室一座，客户委托××电力设计有限公司对其进行设计，设计后客户向供电企业营销部门申请审查图纸，并填写《客户受电工程图纸审核申请表》（见表 ZY2200202001-1），经有关专家审查发现图纸中的低压配电室主接线图（见图 ZY2200202001-1）存在一定的问题，供电企业营销部门将审图结果填写在《客户受电工程图纸审核结果通知单》（见表 ZY2200202001-2）上，以书面形式进行答复。

表 ZY2200202001-1　　客户受电工程图纸审核申请表

报 装 号	2009128	户 号	03A006589
户 名	××物业管理站	用电地址	城区迎宾街 30 号
客户联系人	×××	联系电话	139××××2688
设计单位	××电力设计有限公司	设计资质	丙级
设计单位联系人	×××	联系电话	138××××1666
设计内容	1. 从公用低压线路“T”接，新建架空线路 150m。 2. 建低压配电室一座。 3. 在配电室内安装计量装置。		
序号	资 料 名 称		份 数
1	设计单位资质证书复印件		2
2	物业管理站受电工程送电部分图		2
3	物业管理站受电工程土建部分图		2
4	物业管理站受电工程变电部分图		2
事项说明：设计完成，请进行审核。			
用电单位签章： ××××年××月××日		供电公司签章： ××××年××月××日	
供电公司受理人	×××	供电公司受理日期	××××年××月××日

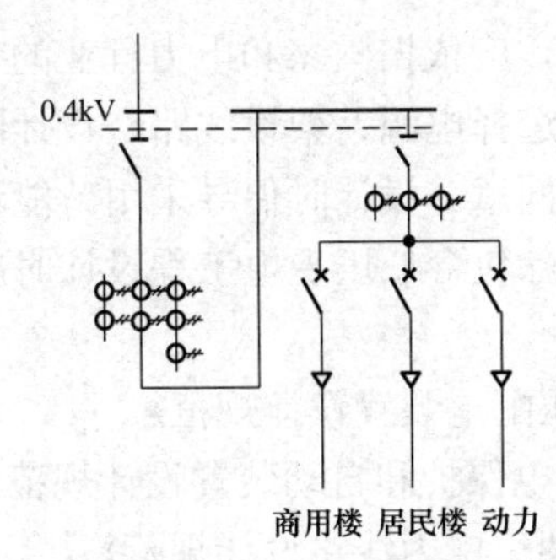

图 ZY2200202001-1　低压配电室主接线图

表 ZY2200202001-2　　　　客户受电工程图纸审核结果通知单

报装号	2009128	户号	03A006589		
户名	××物业管理站	用电地址	城区迎宾街30号		
客户联系人	×××	联系电话	139××××2688		
设计单位	××电力设计有限公司	设计资质	丙级		
设计单位联系人	×××	设计单位联系电话	138××××1666		
审核开始时间	××××年××月××日	审核完成时间	××××年××月××日		
审核部门	××供电支公司	审核人员	×××		
图纸审核内容和结果（可另附）： 经审核，设计图纸存在下列问题： 1. 0.4kV 进线未装断路器。 2. 0.4kV 配电室出线柜内应增加两套计量表计，分别作为商业、动力用电的计量装置。 3. 从 0.4kV 配电室出线柜母线应直接出三路电源，不需要进总开关再分成三路电源。					
供电公司意见： 1. 经审查设计单位资质符合要求。 2. 设计单位应尽快按供电企业要求对所设计图纸进行更改，客户应将变更后的设计再送供电企业复核。 3. 客户受电工程的设计文件，未经供电企业审核同意，客户不得据以施工，否则，供电企业将不予检验和接电。					
客户签收	×××	签收日期	××××年××月××日	联系电话	139××××2688
提示：客户在组织进行隐蔽工程施工前需告知供电公司，以便进行中间检查，否则供电公司有权对竣工的隐蔽工程提出返工暴露检查。					

【思考与练习】

1. 低压受电工程设计审查时，客户应提供哪些资料？
2. 低压受电工程设计单位应具备哪一级设计资质？
3. 简述供电部门对低压受电工程设计审查的主要内容和要点。

模块2　10kV 受电工程设计审查（ZY2200202002）

【模块描述】本模块包含 10kV 受电工程设计审查应提供的资料、设计审查的要点、审查依据的标准、规程，设计审查意见的填写及答复等内容。通过概念描述、术语说明、要点归纳、案例分析，掌握 10kV 受电工程设计审查的内容和方法。

【正文】

一、审查依据

对 10kV 受电工程设计进行审查，应依据国家和电力行业的有关设计标准、规程进行，同时应按照当地供电部门确定的供电方案要求选择电源、架设线路、设计配电设备等，如果确实需要修改供电方案的，必须经过供电方案批复部门同意。设计时倡导采用节能环保的先进技术和产品，禁止使用国家明令淘汰的产品。具体标准、规程除包含低压受电工程设计时应用的标准、规程外，还应包含下列具体标准、规程：

GB 50060—1992《3～110kV 高压配电装置设计规范》

GB 50062—1992《电力装置的继电保护和自动装置设计规范》

GB 50061—1997《66kV 及以下架空电力线路设计规范》

GB 311.1—1997《高压输变电设备的绝缘配合》

DL/T5003—2005《电力系统调度自动化设计技术规程》

DL/T 5352—2006《高压配电装置设计技术规程》

DL/T 5044—2004《电力工程直流系统设计技术规程》

DLT 401—2002《高压电缆选用导则》

DL/T 5154—2002《架空送电线路杆塔结构设计技术规定》

DL/T 5221—2005《城市电力电缆线路设计技术规定》

二、审查要点

（一）审查应提供的资料

客户提供的 10kV 受电工程设计审查资料，除包含低压受电工程设计审查应提供的资料外，还应提供以下资料：

（1）用电负荷分布图；

（2）用电负荷性质；

（3）主要生产设备、生产工艺耗电以及允许中断供电时间；

（4）高压受电设备一、二次接线图及平面布置图；

（5）用电功率因数计算及无功补偿方式；

（6）继电保护、过电压保护及电能计量的方式；

（7）配电网络布置图；

（8）对有冲击负荷、不对称负荷、非线性负荷等有可能影响电网供电的客户，还应提供消除其对电网不良影响的技术措施及有关的设计资料；

（9）供电企业认为应提供的其他资料。

（二）设计单位资质的审查

10kV 受电工程设计单位必须取得相应的设计资质，根据中华人民共和国建设部 2007 年修订的《工程设计资质标准》规定，只要取得工程设计综合资质、电力行业工程设计丙级（变电工程、送电工程）以上资质、电力专业工程设计丙级（变电工程、送电工程）以上资质的企业就可进行客户 10kV 受电工程的设计。

（三）设计图纸的审查

1. 10kV 受电工程设计图纸包括的内容

10kV 受电工程设计图纸包括的内容，除低压受电工程设计图纸包括的内容外，还应包括：

（1）供配电专业的各级电压主配电装置配置图、主控制室和继电器室平面布置图、主变压器及高压电抗器继电保护原理图及接线图、计算机监控系统方框图、所用电系统图、直流系统图、控制保护逻辑图、二次接线回路图和屏面布置图、同期系统图、UPS 系统接线图、蓄电池布置图、所用电屏布置图、二次线安装接线图、端子排图等。

（2）送电专业的两端变电所进出线平面布置图、单相短路电流曲线、拦江线组装图等。

（3）变电土建专业的所址位置图、总平面布置图、竖向布置及所址排水图、所区综合管道平面图、主控制楼和屋内配电装置建筑平立面图、屋外构架透视图、构架组装图、基础平面布置图、设备支架平面布置图、主控制楼和主配电装置结构和基础及沟道布置图、通信调度楼建筑与结构布置图、辅助建筑施工图、所区沟道施工图、道路平面布置图、围墙和挡土墙施工图、屋外构架及基础施工图、设备支架及基础施工图、土方平衡图、梁板柱沟道及楼梯配筋图、建筑构配件加工图、节点大样图、门窗加工订货图；变电其他专业的自动控制盘盘面布置图、采暖通风系统布置图、管道施工图、控制信号原理接线图、采暖通风设备制造总图、非标准设备制造图、热工仪表单元接线图及控制盘背面接线图、排水计量装置安装图等。

2. 10kV 受电工程设计图纸审查要点

（1）所有高低压设备的选型是否合理，是否有淘汰和高耗能设备；

（2）变电站（所）的总布置是否合理；

（3）变电站（所）进线方式、一次主接线及出线方式是否满足客户安全要求，是否满足国家和电力行业的规程及标准。

（4）无功补偿设备配置是否合理，配置容量是否满足就地平衡要求；根据《国家电网公司业扩供电方案编制导则（试行）》规定，当不具备设计计算条件时，10kV 变电站（所）可按变压器容量的 20%～30%确定；

（5）有冲击、不对称和谐波负载的客户应有谐波治理措施；

（6）电能计量装置准确度等级是否符合规程，电流互感器、电压互感器的变比和准确度等级是否满足规程规定；

（7）母联断路器与总进线断路器的联锁与配合是否满足有关规定；

（8）双（多）电源的联锁装置是否合理，是否能确保客户和电网双重安全；

（9）调度自动化及通信是否满足国家和电力行业规定；

（10）线路路径是否符合规程要求，选择的导线截面积载流量能否满足负荷要求；

（11）配置的保护装置是否齐全；

（12）当地供电部门对客户要求的其他注意事项。

三、审查答复

1. 10kV 受电工程设计资料审查时限

供电企业对客户送审的 10kV 受电工程设计文件和有关资料，应根据有关规定时限进行审核。高压供电的客户审核的时间最长不超过一个月。客户申请审核设计资料时，经供电部门清点资料后，应填写《客户受电工程图纸审核申请表》（见表 ZY2200202002-1），作为审核时限的开始。

2. 10kV 受电工程设计资料审查结果的填写与答复

供电企业必须依照国家标准、行业标准以及相关规程和规定对客户受电工程设计文件和有关资料进行审核，并将审核结果填写在《客户受电工程图纸审核结果通知单》（见表 ZY2200202002-2）中，以书面形式答复客户。答复时，应将审核过的受电工程设计文件和有关资料一并退还客户，以便客户据此施工。客户若更改审核后的设计文件时，应将变更后的设计再送供电企业复核。客户受电工程的设计文件，未经供电企业审核同意，客户不得施工。否则，供电企业将不予检验和接电。

四、图纸审核案例

例：某铸造厂申请新装 1000kVA×1、315kVA×1 变压器，申请安装三台 10kV 高压电机。供电方案确定新建 10kV 配电室一座。××铸造厂委托××电力设计研究有限公司对其受电工程进行设计，所有设计完成后，由××铸造厂向供电企业营销部门提供设计资料，申请审查，并填写《客户受电工程图纸审核申请表》（见表 ZY2200202002-1）作为申请依据。经供电企业营销部门组织有关专家审查，发现《××铸造厂一次接线图》（见图 ZY2200202002-1）存在部分问题，供电企业营销部门将审核结果填写在《客户受电工程图纸审核结果通知单》（见表 ZY2200202002-2）中，以书面形式按时答复客户。

表 ZY2200202002-1　　客户受电工程图纸审核申请表

报 装 号		2009316	户 号	03A006668
户 名		××铸造厂	用电地址	××区××村东
客户联系人		×××	联系电话	136××××2188
设计单位		××电力设计研究有限公司	设计资质	乙级
设计单位联系人		×××	联系电话	137××××7966
设计内容	1. 从 110kV 南郊变电站 518 间隔出 10kV 专线一回，新建架空线路 3km。 2. 建 10kV 配电室一座，安装 1000kVA×1、315kVA×1 变压器。 3. 计量装置安装在变电站。 4. 低压配电设备。 5. 继电保护装置。			

续表

序号	资 料 名 称			份 数
1	设计单位资质证书复印件			2
2	××铸造厂受电工程施工设计送电部分图			2
3	××铸造厂受电工程施工设计土建部分图			2
4	××铸造厂受电工程施工设计变电部分电气一次图			2
5	××铸造厂受电工程施工设计变电部分电气二次图			2
事项说明：设计完成，请进行审核。				
用电单位签章： ××铸造厂 ××××年××月××日		供电公司签章： ××供电公司 ××××年××月××日		
供电公司受理人	×××	供电公司受理日期	××××年××月××日	

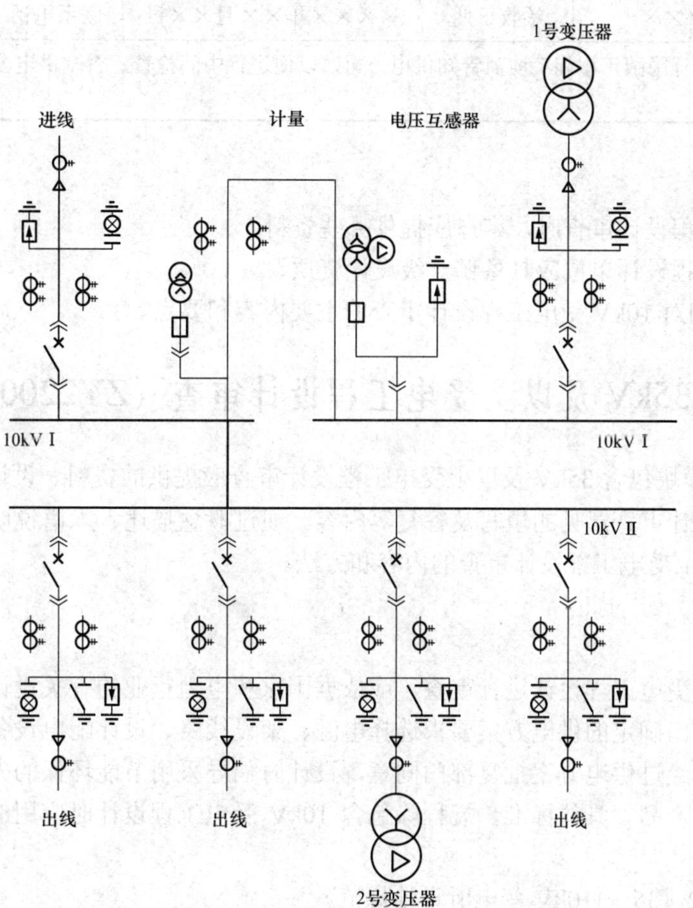

图 ZY2200202002-1 ××铸造厂一次接线图

表 ZY2200202002-2　　客户受电工程图纸审核结果通知单

报装号	2009316	户号	03A006668
户名	××铸造厂	用电地址	××区××村东
客户联系人	×××	联系电话	136××××2188
设计单位	××电力设计研究有限公司	设计资质	乙级
设计单位联系人	×××	设计单位联系电话	137××××7966
审核开始时间	××××年××月××日	审核完成时间	××××年××月××日
审核部门	客户服务中心、生技处等部门	审核人员	×××、×××

图纸审核内容和结果（可另附）：
经审核，设计图纸存在下列问题：
1. 3 回 10kV 出线及 2 号变压器均不计量，母线桥位置不对。
2. 变压器接线组别不对，应改为 Dyn11。

×××供电公司
××××年××月××日

供电公司意见：
1. 经审查设计单位资质符合要求。
2. 设计单位应尽快按供电企业要求对所设计图纸进行更改，客户应将变更后的设计再送供电企业复核。
3. 客户受电工程的设计文件，未经供电企业审核同意，客户不得据以施工，否则，供电企业将不予检验和接电。

客户签收	×××	签收日期	××××年××月××日	联系电话	136××××2188

提示：客户在组织进行隐蔽工程施工前需告知供电公司，以便进行中间检查，否则供电公司有权对竣工的隐蔽工程提出返工暴露检查。

【思考与练习】

1. 10kV 受电工程设计审查时，客户应提供哪些资料？
2. 10kV 受电工程设计单位应具备哪一级设计资质？
3. 简述供电部门对 10kV 受电工程设计审查的主要内容和要点。

模块 3　35kV 及以上受电工程设计审查（ZY2200202003）

【模块描述】本模块包含 35kV 及以上受电工程设计审查应提供的资料、设计审查的要点、审查依据的标准、规程，设计审查意见的填写及答复等内容。通过概念描述、术语说明、要点归纳、案例分析，掌握 35kV 及以上受电工程设计审查的内容和方法。

【正文】

一、审查依据

对 35kV 及以上受电工程设计进行审查，应依据国家和电力行业的有关设计标准、规程进行，同时应按照当地供电部门确定的供电方案要求选择电源、架设线路、设计配电设备等，如果确实需要修改供电方案的，必须经过供电方案批复部门同意。设计时倡导采用节能环保的先进技术和产品，禁止使用国家明令淘汰的产品。具体标准、规程除包含 10kV 受电工程设计时应用的标准、规程外，还应包含下列标准、规程：

GB 50059—1992《35～110kV 变电所设计规范》

DL/T 5103—1999《35kV～110kV 无人值班变电所设计规程》

DL/T 5216—2005《35kV～220kV 城市地下变电站设计规定》

DL/T 5092—1999《110kV～500kV 架空送电线路设计技术规程》

DL/T 5218—2005《220kV～500kV 变电所设计技术规程》

二、审查要点

（一）审查应提供的资料

35kV 及以上受电工程客户用电容量较大，并且多数采用专线供电，这类客户除按 10kV 受电工程设计审查应提供的资料明细提供资料外，还应提供对应供电设备的图纸，以审核 35kV 及以上受电工程设备、保护、调度远动等是否与供电设备配套。

（二）设计单位资质的审查

35kV 及以上受电工程设计单位必须取得相应的设计资质，根据中华人民共和国建设部 2007 年修订的《工程设计资质标准》规定，设计资质分为四个序列：工程设计综合资质、工程设计行业资质、工程设计专业资质、工程设计专项资质。

工程设计综合资质是指涵盖 21 个行业的设计资质；工程设计行业资质是指涵盖某个行业资质标准中的全部设计类型的设计资质；工程设计专业资质是指某个行业资质标准中某一个专业的设计资质；工程设计专项资质是指为适应和满足行业发展的需要，对已形成产业的专项技术独立进行设计以及设计、施工一体化而设立的资质。

根据《工程设计资质标准》规定 35kV 及以上受电工程设计单位资质应符合下列要求：

（1）35kV 及 110kV 受电工程的设计单位必须取得工程设计综合资质、电力行业工程设计丙级（变电工程、送电工程）以上资质、电力专业工程设计丙级（变电工程、送电工程）以上资质；

（2）220kV 受电工程的设计单位必须取得工程设计综合资质、电力行业工程设计乙级（变电工程、送电工程）以上资质、电力专业工程设计乙级（变电工程、送电工程）以上资质；

（3）330kV 及以上受电工程的设计单位必须取得工程设计综合资质、电力行业工程设计甲级（变电工程、送电工程）资质、电力专业工程设计甲级（变电工程、·送电工程）资质。

（三）设计图纸的审查

1. 35kV 及以上受电工程设计图纸包括的内容

35kV 及以上受电工程设计图纸包括的内容和 10kV 受电工程设计图纸包括的内容明细一样，但安装调相机的还应包括设计调相机的有关图纸。

2. 35kV 及以上受电工程设计图纸审查要点

（1）设计图纸是否依据有关技术标准、规程、规范、设计手册和图集要求。

（2）设计图纸是否按照供电部门批复的供电方案进行设计。

（3）工程概况叙述是否详细，应分析该受电工程在系统中的地位，对系统有无影响。

（4）提供的设计图纸内容明细是否齐全。

（5）电力系统供电电源是否满足客户用电的可靠性。

（6）电源线路路径是否合理，地形与交通对线路有无影响，主要交叉跨越是否满足安全要求等；导线截面积选择的规格能否满足客户长远用电负荷增长的需求。

（7）变电站（所）地址选择的是否合理，各级电压的电气设备布置是否合理。

（8）所有高低压设备的选型是否合理，是否有淘汰和高耗能设备。

（9）变电站（所）主接线方式、各级电压出线方式是否满足客户用电负荷、安全要求。

（10）是否有专用的电容器室，安装电容器容量是否满足就地平衡要求；是否满足《供用电营业规则》对无功补偿的规定。

（11）有冲击、不对称和谐波负载的客户应有谐波治理措施。

（12）电能计量装置准确度等级是否符合规程，电流互感器、电压互感器的变比和准确度等级是否满足规程规定。

（13）双（多）电源供电的客户电气设备运行方式是否合理，是否满足用电负荷的要求。

（14）调度自动化及通信是否满足国家和电力行业规定。

（15）安装的保护装置是否能满足所有电气设备对保护的要求。

（16）当地供电部门对客户要求的其他注意事项。

三、审查答复

1. 35kV 及以上受电工程设计资料审查时限

供电企业对客户送审的 35kV 及以上受电工程设计文件和有关资料，应根据有关规定时限进行审核。高压供电的客户审核时间最长不超过一个月。客户申请审核设计资料时，经供电部门清点资料后，应填写《客户受电工程图纸审核申请表》（表 ZY2200202003-1），作为审核时限的开始。

2. 35kV 及以上受电工程设计资料审查结果的填写与答复

供电企业必须依照国家标准、行业标准以及相关规程和规定对客户受电工程设计文件和有关资料进行审核，并将审核结果填写在《客户受电工程图纸审核结果通知单》（表 ZY2200202003-2）中，以书面形式答复客户。答复时，应将审核过的受电工程设计文件和有关资料一并退还客户，以便客户据以施工。客户若更改审核后的设计文件时，应将变更后的设计再送供电企业复核。客户受电工程的设计文件，未经供电企业审核同意，客户不得施工。否则，供电企业将不予检验和接电。

四、图纸审查案例

例：某矿药厂申请安装两台 3150kVA 变压器，供电企业确定由 110kV××变电站出 35kV 专线，××矿药厂将设计单位的相关资料及设计图纸报供电企业进行审查，同时填写《客户受电工程图纸审核申请表》（表 ZY2200202003-1）作为报送依据，审查后发现二次保护图中差动保护电流互感器接线图（图 ZY2200202003-1）存在问题，供电企业营销部门填写《客户受电工程图纸审核结果通知单》（表 ZY2200202003-2），以书面形式答复客户。

表 ZY2200202003-1　　客户受电工程图纸审核申请表

<table>
<tr><td>报装号</td><td colspan="2">2009312</td><td>户号</td><td>03A0863489</td></tr>
<tr><td>户名</td><td colspan="2">××矿药厂</td><td>用电地址</td><td>×××市××区××村村东</td></tr>
<tr><td>客户联系人</td><td colspan="2">×××</td><td>联系电话</td><td>139××××2666</td></tr>
<tr><td>设计单位</td><td colspan="2">××电力设计有限公司</td><td>设计资质</td><td>甲级</td></tr>
<tr><td>设计单位联系人</td><td colspan="2">×××</td><td>联系电话</td><td>138××××7777</td></tr>
<tr><td>设计内容</td><td colspan="4">1. 扩建 110kV××变电站 35kV 出线间隔。
2. 新建 35kV 架空线路 5km。
3. 新建 35kV 客户变电站一座，变电站内安装 3150kVA 变压器两台。
4. 计量装置安装在 110kV××变电站 35kV 出线处。</td></tr>
<tr><td>序号</td><td colspan="3">资料名称</td><td>份数</td></tr>
<tr><td>1</td><td colspan="3">设计单位资质证书复印件</td><td>2</td></tr>
<tr><td>2</td><td colspan="3">×××矿药厂受电工程施工设计送电部分图</td><td>2</td></tr>
<tr><td>3</td><td colspan="3">×××矿药厂受电工程施工设计土建部分图</td><td>2</td></tr>
<tr><td>4</td><td colspan="3">×××矿药厂受电工程施工设计变电部分电气一次图</td><td>2</td></tr>
<tr><td>5</td><td colspan="3">×××矿药厂受电工程施工设计变电部分电气二次图</td><td>2</td></tr>
<tr><td>6</td><td colspan="3">110kV××变电站 35kV 间隔扩建部分电气一次图</td><td>2</td></tr>
<tr><td></td><td colspan="3"></td><td></td></tr>
<tr><td></td><td colspan="3"></td><td></td></tr>
<tr><td colspan="5">事项说明：设计完成，请进行审核。</td></tr>
<tr><td colspan="3">用电单位签章：

××矿药厂
××××年××月××日</td><td colspan="2">供电公司签章：

××供电公司
××××年××月××日</td></tr>
<tr><td>供电公司受理人</td><td colspan="2">×××</td><td>供电公司受理日期</td><td>××××年××月××日</td></tr>
</table>

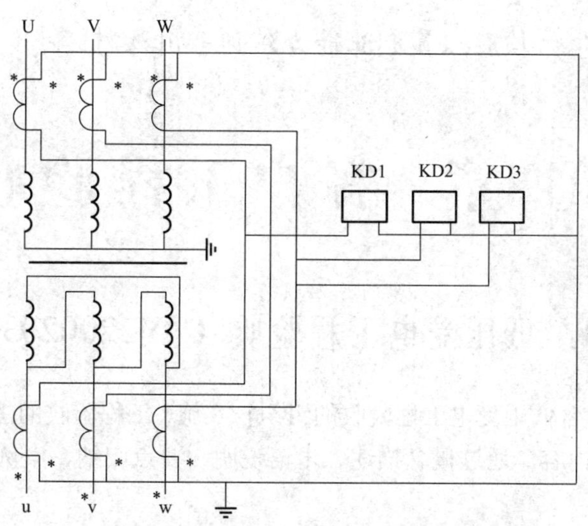

图 ZY2200202003-1　差动保护电流互感器接线图

表 ZY2200202003-2　　客户受电工程图纸审核结果通知单

<table>
<tr><td>报　装　号</td><td colspan="2">2009312</td><td colspan="2">户　　号</td><td>03A0863489</td></tr>
<tr><td>户　　名</td><td colspan="2">×××矿药厂</td><td colspan="2">用电地址</td><td>×××市××区××村村东</td></tr>
<tr><td>客户联系人</td><td colspan="2">×××</td><td colspan="2">联系电话</td><td>139××××2666</td></tr>
<tr><td>设计单位</td><td colspan="2">××电力设计有限公司</td><td colspan="2">设计资质</td><td>甲级</td></tr>
<tr><td>设计单位联系人</td><td colspan="2">×××</td><td colspan="2">设计单位联系电话</td><td>138××××7777</td></tr>
<tr><td>审核开始时间</td><td colspan="2">××××年××月××日</td><td colspan="2">审核完成时间</td><td>××××年××月××日</td></tr>
<tr><td>审核部门</td><td colspan="2">营销部门、生技部门等</td><td colspan="2">审核人员</td><td>×××、×××、×××</td></tr>
<tr><td colspan="6">图纸审核内容和结果（可另附）：
经审核，设计图纸存在下列问题：
差动保护电流互感器在变压器的高压侧接线错误，应改成三角形接线形式。</td></tr>
<tr><td colspan="6">供电公司意见：
1. 经审查设计单位资质符合要求。
2. 设计单位应尽快按供电企业要求对所设计图纸进行更改，客户应将变更后的设计再送供电企业复核。
3. 客户受电工程的设计文件，未经供电企业审核同意，客户不得据以施工，否则，供电企业将不予检验和接电。</td></tr>
<tr><td>客户签收</td><td>×××</td><td>签收日期</td><td>××××年××月××日</td><td>联系电话</td><td>139××××2666</td></tr>
<tr><td colspan="6">提示：客户在组织进行隐蔽工程施工前需告知供电公司，以便进行中间检查，否则供电公司有权对竣工的隐蔽工程提出返工暴露检查。</td></tr>
</table>

【思考与练习】

1. 简述对 35kV 及以上受电工程设计进行审查的依据。
2. 对 35kV 及以上受电工程设计资料进行审查的时限有何规定？
3. 简述供电部门对 35kV 及以上受电工程设计审查的主要内容和要点。

第四章 客户工程验收

模块 1 低压受电工程验收（ZY2200203001）

【模块描述】本模块包含低压受电工程验收的组织与实施、工程验收的主要内容和注意事项、工程验收依据的标准、规程等内容。通过概念描述、术语说明、要点归纳、案例分析，掌握低压受电工程验收的内容和方法。

【正文】

受电工程验收是指客户新装受电工程接入系统电网运行或原受电工程发生变更、改造，供电企业对客户受（送）电装置工程施工是否符合国家和电力行业施工规范要求，是否符合并网所需的安全、计量、调度等管理要求进行的检验。

一、验收前应提供的资料

低压受电工程竣工后，由客户向供电企业递交《客户受电工程竣工验收申请表》（见表 ZY2200203001-1），同时客户还应提供下列资料：

（1）设计图纸变更的证明文件；

（2）施工单位的施工资质；

（3）竣工图纸、电缆走向图、电缆路径协议文件、制造厂提供的产品说明书、合格证件等技术文件；

（4）电气设备相关调试记录、电缆试验报告、接地系统试验报告、隐蔽工程施工报告等；

（5）计量装置校验合格证书。

二、资料审查

（1）客户委托的低压受电工程施工单位，不仅取得由建设行政部门颁发的施工企业资质及安全施工许可证，还必须取得电监会颁发的《承装、修、试电力设施许可证》，所有证件均必须对照审查原件后复印存档；

（2）客户提供的竣工图齐全，低压受电工程应提供的竣工图明细和低压受电工程设计单位提供的设计图纸明细相符；

（3）根据《电气装置安装工程电气设备交接试验标准》（GB 50150—2006）规定，凡应试验的电气设备均提供试验报告，如：开关柜、断路器、电缆、避雷器等的试验报告；审查试验报告内容是否合格。

三、验收依据标准

验收低压工程时，应依据供电企业批复的供电方案和经审查批准的低压工程设计图纸以及国家和电力行业的规范、标准等进行验收。

GBJ 149—1990《电气装置安装工程母线装置施工及验收规范》

GB 50150—2006《电气装置安装工程电气设备交接试验标准》

GB 50168—2006《电气装置安装工程电缆线路施工及验收规范》

GB 50169—2006《电气装置安装工程接地装置施工及验收规范》

DL/T 602—1996《架空绝缘配电线路施工及验收规范》

GB 50254—1996《电气装置安装工程低压电器施工及验收规范》

GB 50255—1996《电气装置安装工程电力变流设备施工及验收规范》

GB 50257—1996《电气装置安装工程爆炸和火灾危险环境电气装置施工及验收规范》

GB 50258—1996《电气装置安装工程 1kV 及以下配线工程施工及验收规范》

GB 50259—1996《电气装置安装工程电气照明装置施工及验收规范》

DL/T 448—2000《电能计量装置技术管理规程》

DL 447—1991《电能计量柜》

四、工程验收

（一）低压受电工程验收的组织

（1）低压受电工程竣工后，施工单位项目负责人应对工程质量进行自查自改，确认工程质量无缺陷后向业主（客户）提交工程验收报告。

（2）业主（客户）收到施工单位工程验收报告后，组织设备运行单位的工程技术人员按照设计要求对工程进行预验收。

1）对不符合设计要求的工程单元提出建议或整改方案；

2）工程项目符合设计要求后，由业主（客户）向供电企业（业扩部门）递交工程验收申请；

3）验收时业主（客户）应通知设计单位、施工单位及主要设备供货商。

（3）供电企业收到业主（客户）工程验收申请后应在规定时限内组织相关部门的人员到现场进行受电侧工程的验收，从接受客户报验申请到实际现场验收的时限一般不超过三个工作日。

1）由供电企业的营销、生产等部门的专业人员组成专家组进行验收；

2）营销部门是工程项目验收的总牵头，负责协调各相关专业人员到位的有关工作和履职情况；

3）对业主（客户）受电侧工程的验收应严格按照设计要求和安全规范组织实施。

（二）低压受电工程验收的范围

（1）“T”接点及以后的架空线路及电缆；

（2）电能计量装置；

（3）与供电电压同等级的受电装置，重点是一次配电设备、继电保护装置（含整定值）、工作接地、保护接地装置等；

（4）低压配电装置；

（5）多电源客户受电工程验收时，必须验电源（含自备应急电源）联锁装置。

（6）无功补偿装置、谐波抑制装置等；

（7）供电企业认为应该验收的其他部分。

（三）低压受电工程验收内容

（1）所提供的设备试验报告、校验报告、调试记录等项目齐全，结论合格；

（2）低压专用计量柜（箱）安装合格，计量装置准确度符合规程要求，接线正确规范，安装工艺符合规定，所有设备外壳接地良好，计量装置的型号、规格符合设计要求；

（3）采用的设备、器材的型号、规格符合设计要求及运行需要；

（4）所安装设备外观检查完好，安装方式符合产品技术文件的要求；

（5）电器设备的型号、规格符合设计及产品技术文件的要求；电器设备安装牢固、平正，电器的连接线排列整齐、美观；

（6）电器设备调试合格，活动部件动作灵活、可靠，联锁传动装置动作灵敏；

（7）电缆规格应符合规定；截面选择满足载流量要求；排列整齐、无机械损伤；标志牌应装设齐全、正确、清晰，路径标志清晰；

（8）电缆终端、电缆接头应固定牢靠；电缆接线端子与所接设备端子应接触良好；弯曲半径、相序排列等应符合要求；

（9）电缆线路所有应接地的接点应与接地极接触良好，接地电阻值应符合设计要求；

（10）电缆终端的相色应正确，电缆支架等的金属部件防腐层应完好，电缆管口应为喇叭口，光滑无毛刺，管口应封堵密实；

（11）电缆沟内应无杂物，盖板齐全，隧道内应无杂物，照明、通风、排水等设施应符合设计要求；

（12）直埋电缆路径标志，应与实际路径相符，路径标志应清晰、牢固；

（13）架空线路杆号，相序标志正确齐备，沿线障碍、树木清理完毕；

（14）架空线路杆塔档距、导线的型号、规格、弧垂符合设计要求，对地距离、与其他通信、有线线路距离、交叉跨越距离及对建筑物距离符合设计要求和安全规定，绝缘器件无裂纹，金具无锈蚀，金属拉线应加装绝缘子并装设夜光防撞标志；

（15）配电柜、配电箱、计量箱、电器外壳的接零、接地可靠；

（16）整个接地网外露部分的连接可靠，接地线规格正确，防腐层完好，标识齐全明显；

（17）电力接户线的安装，其各部电气距离应满足设计要求；

（18）接户线档距内不应有接头；

（19）接户线两端应设绝缘子固定，绝缘子安装应防止瓷裙积水；

（20）接户线采用绝缘线时，外露部位应进行绝缘处理；

（21）接户线两端遇有铜铝连接时，应设有过渡措施；

（22）接户线进户端支持物应牢固；

（23）接户线跨越道路时，对地距离符合要求，接户线在最大摆动时，不能接触树木和其他建筑物；

（24）1kV 及以下的接户线不能跨越铁路、穿越高压引线；

（25）由两个不同电源引入的接户线不能同杆架设；

（26）下接户线固定端当采用绑扎固定时，其绑扎长度应符合如下要求：

导线截面积（mm^2）	绑扎长度（mm）	导线截面（mm^2）	绑扎长度（mm）
10 及以下	≥50	25～50	≥120
16 及以下	≥80	70～120	≥200

（27）低压客户安装容量与报装容量相符；

（28）验收低压受电工程时，供电企业业扩报装人员必须复核施工单位的施工资质，检验施工单位是否提供虚假资质，或转借资质，遇有提供虚假资质或转让资质情况，应立即书面通知客户；

（29）配电室应急照明及通风设备安装调试合格，沟道及孔洞封堵完毕，安全工器具及消防设备齐全；

（30）各种标志齐全完好、字迹清晰；

（31）配电室管理制度建立并完善；

（32）供电企业验收专家认为应该验收的其他部分。

客户受电工程竣工验收申请表见表 ZY2200203001-1。

表 ZY2200203001-1　　客户受电工程竣工验收申请表

户　名	××物业管理站	报装号	2009128	用电地址	城区迎宾街 61 号
客户联系人	×××			联系电话	139××××2688
报验内容	1. 低压架空线路。 2. 低压配电室。 3. 计量装置。				
序号	相关资料名称				份　数
1	施工单位的施工资质				2
2	××物业管理站受电工程竣工图				2
3	低压柜、低压开关产品说明书、合格证件				10
4	低压柜、接地、计量装置交接试验报告等				5
5	电缆沟等隐蔽工程中间检查记录等				2

续表

事项说明：工程已竣工，申请验收。			
用电单位签章： ××物业管理站 ××××年××月××日		供电单位签章： ××供电公司 ××××年××月××日	
业务受理人	×××	受理日期	××××年××月××日

五、验收结果的汇总及答复

对低压受电工程进行验收后，应对专家组提出的建议和整改措施进行一次性汇总，确认无误后，与客户、施工单位进行答疑，将答疑后的结果填写在《客户受电工程竣工验收单》（见表ZY2200203001-2）上，经专家组会签，以书面形式通知客户，再由客户通知施工单位进行整改。

施工单位和客户应依据专家组意见逐项整改，整改后，再报供电企业进行复验，直至合格。自第二次复验起，每次复验前客户须按规定交纳重复检验费。

表 ZY2200203001-2　　　　客户受电工程竣工验收单（正面）

户名	物业管理站	报装号	2009128	用电地址	城区迎宾街61号
申请种别	新装	客户联系人	×××	联系电话	139××××2688

以下由验收人员现场填写

电源性质（主/备）	出线变电站/配变	供电电压（kV）	线路名称	线路杆号	专线/T接	用电总容量（kVA/kW）	自备线路型号	自备线路长度（km）	产权分界点
主供	迎宾街10号台	0.38	王和线	67号	T接	21	JKLYJ–50mm²	0.1	67号杆隔离开关

保安负荷容量（kW）	无	保安电源类型	无	非电性质保安措施	应急性预案

验收项目	验收结果	验收人	验收项目	验收结果	验收人
线路（电缆）	合格	×××	继电保护	无	
备用电源	无		计量装置	合格	×××
自备（保安）电源	无		隐蔽工程质量	合格	×××
变压器	无		电气试验结果	合格	×××
电容器	无		安全工器具配备	齐全	
避雷器	合格	×××	消防器材	无	
配电装置	合格	×××	进网作业人员资格	取得进网作业许可证	×××
接地网	合格	×××	安全措施规章制度	已建立，并完善	×××
其他			其他		

受电设备类型	台数	型号	容量	一次侧电压	二次侧电压	一次侧电流	二次侧电流	接线组别	空载损耗	短路电压
热水器	2	AG–90	5kW							

计量组号	计量电压	电价类别	TA变比	TV变比	TA准确度	TV准确度	倍率	备注：
001145378	380V	一般工商业	50/5		0.5S		10	

表 ZY2200203001-2 客户受电工程竣工验收单（背面）

<table>
<tr><td colspan="4">验收总体结论（可另附）：
受电工程各项内容全部验收合格。

验收负责人：×××
××××年××月××日</td></tr>
<tr><td>初次验收日期</td><td>××××年××月××日</td><td>验收合格日期</td><td>××××年××月××日</td></tr>
<tr><td colspan="4">客户意见：
同意供电企业验收结果，望尽快给予送电。

客户签章：××物业管理公司
××××年××月××日</td></tr>
<tr><td colspan="4">核准意见：
该客户受电工程验收合格，设备具备送电条件，签订供用电合同后，同意装表接电。

核准人：×××
××××年××月××日</td></tr>
</table>

【思考与练习】

1. 验收低压受电工程时一般由供电企业哪些部门参加？
2. 低压受电工程验收时间有何规定？
3. 低压受电工程验收时客户应提供哪些资料？
4. 简述低压受电工程验收的主要内容。

模块 2 10kV 受电工程验收（ZY2200203002）

【模块描述】本模块包含 10kV 受电工程验收资料的审查、土建验收、中间检查、竣工验收及注意事项、检查验收意见的填写及答复等内容。通过概念描述、术语说明、要点归纳，掌握 10kV 受电工程验收的内容和方法。

【正文】

一、验收前应提供资料

10kV 受电工程验收前，客户应向供电企业提供报验资料，以备对照检查。具体提供的报验资料如下：

（1）工程竣工图及说明（工程竣工图应加盖施工单位“竣工图专用章”）；
（2）变更设计说明书；
（3）电气设备调试记录（继电保护定值单、传动记录，直流系统、断路器及操作机构调试报告等）；
（4）主电气设备（变压器、断路器、隔离开关、互感器、避雷器、电缆、开关柜等）试验报告；
（5）接地电阻测试记录；
（6）隐蔽工程的施工及试验记录；
（7）安全工具的试验报告（含常用绝缘、安全工器具）；
（8）电气工程监理报告和质量监督报告；
（9）主电气设备的厂家说明书、产品合格证等；
（10）运行管理的有关规定和制度；
（11）用电负荷明细及重点保安负荷，影响电网电能质量的设备清单及相应限定措施；
（12）计量装置校验合格证书；
（13）值班人员名单及《电工进网作业许可证》资格证书；
（14）施工单位的资质；
（15）供电企业认为必要的其他资料或记录。

对有冲击负荷、不对称负荷、非线性负荷等有可能影响电网供电的客户，还应提供消除其对电网不良影响的技术措施及有关的设计资料。

二、资料审查

1. 10kV 受电工程施工单位应具备的资质

客户受电工程施工单位必须具有相应的施工资质，且取得承装（修、试）电力设施许可证。其中10kV 受电工程施工单位必须取得建设行政部门颁发的三级以上施工资质和电监会颁发的四级以上承装（修、试）电力设施许可证及合法的营业执照、安全施工许可证等。

2. 10kV 受电工程竣工图审查

竣工图是根据设计变更说明和工程竣工的实际情况，对原设计图纸进行修改后而形成的最终图纸。竣工图为客户电气设备的日常维护、故障处理提供技术支撑，所以要求凡涉及改动的设计图纸都应进行必要的修改，修改的和未修改的进行重新整理后，形成最终的竣工图，也就是最终的客户电气设备图。10kV 受电工程应提供的竣工图明细和 10kV 受电工程设计单位提供的设计图纸明细相符。

3. 10kV 受电工程电气设备的试验

根据《电气装置安装工程电气设备交接试验标准》（GB 50150—2006）规定，500kV 及以下电压等级安装的、按照国家相关出厂试验标准试验合格的电气设备必须进行交接试验。

受电工程竣工后，需进行交接试验的电气设备包括：电力变压器、电抗器及消弧线圈、互感器、油断路器、空气及磁吹断路器、真空断路器、六氟化硫断路器、六氟化硫封闭式组合电器、隔离开关、负荷开关及高压熔断器、套管、悬式绝缘子和支柱绝缘子、电力电缆线路、电容器、绝缘油和 SF_6 气体、避雷器、电除尘器、二次回路、1kV 以上架空电力线路、接地装置、低压电器等。

三、验收依据

验收 10kV 受电工程时，应依据供电企业批复的供电方案、经审查批准的受电工程设计图纸以及国家和电力行业的规范、标准等进行验收。

GBJ 147—1990《电气装置安装工程高压电器施工及验收规范》
GBJ 148—1990《电气装置安装工程 电力变压器、油浸电抗器、互感器施工及验收规范》
GBJ 149—1990《电气装置安装工程母线装置施工及验收规范》
GB 50150—2006《电气装置安装工程电气设备交接试验标准》
GB 50168—2006《电气装置安装工程电缆线路施工及验收规范》
GB 50169—2006《电气装置安装工程接地装置施工及验收规范》
GB 50170—2006《电气装置安装工程旋转电机施工及验收规范》
GB 50171—1992《电气装置安装工程盘、柜及二次回路结线施工及验收规范》

GB 50172—1992《电气装置安装工程蓄电池施工及验收规范》

GB 50173—2006《电气装置安装工程 35kV 及以下架空电力线路施工及验收规范》

DL/T 602—1996《架空绝缘配电线路施工及验收规范》

DL/T 596—1996《电气设备预防性试验规程》

GB 50254—1996《电气装置安装工程低压电器施工及验收规范》

GB 50255—1996《电气装置安装工程电力变流设备施工及验收规范》

GB 50256—1996《电气装置安装工程起重机电气装置施工及验收规范》

GB 50257—1996《电气装置安装工程爆炸和火灾危险环境电气装置施工及验收规范》

GB 50258—1996《电气装置安装工程 1kV 及以下配线工程施工及验收规范》

GB 50259—1996《电气装置安装工程电气照明装置施工及验收规范》

GB 50303—2002《建筑电气工程施工质量验收规范》

DL 447—1991《电能计量柜》

DL/T 448—2000《电能计量装置技术管理规程》

四、工程验收

受电工程验收一般分为土建工程验收和电气工程验收。其中电气工程验收包括中间检查和送电前竣工验收两个阶段。土建工程验收系指在土建施工完毕后，对受电工程的土建部分进行的验收，同时要对电缆接地装置预埋件、暗敷管线等隐蔽工程配合土建事先验收。变电所（站）土建必须符合规定标准。

1. 10kV 受电工程中间检查

电气工程的中间检查是指电气设备安装约 2/3 时，按照原批准的设计文件对客户变电所的电气设备、变压器容量、继电保护、防雷设施、接地装置等方面进行的检查，是对整个变（配）电工程的施工质量进行的一次初步而又全面的检查。

（1）10kV 受电工程中间检查的目的

中间检查的目的是及时发现不符合设计要求或不符合施工工艺等问题，并一次性向客户提出整改意见，确保施工质量，避免工程返工。

（2）10kV 受电工程中间检查时的要求

1）对于有隐蔽工程的项目，应在隐蔽工程完工前赴现场检查，合格后方能封闭，再进行下道工序；

2）对现场施工未实施中间检查的隐蔽工程，供电企业有权对已竣工的隐蔽工程暴露检查，并按要求督促整改；

3）遇有受电工程未按设计要求组织施工的应立即返工。

（3）10kV 受电工程中间检查主要内容

1）检查工程是否符合设计要求；

2）检查有关的技术文件是否齐全，如设备的规格及其说明书、产品出厂合格证、产品试验报告等；

3）检查所有的安全措施是否符合安全技术规程的规定。对于电气距离小于规定的安全净距的设备，应在其周围采取相应的安全措施，如：加强绝缘、加装遮拦等，为变电所的运行、检修人员创造安全的工作条件；

4）对于全部电气装置进行外观检查，确定工程质量是否符合规定；

5）检查隐蔽工程，如电缆沟和隧道的施工、暗敷管线及重要构架的预埋、电缆头的制作、接地装置的埋设、连接处焊接工艺等是否符合规定；

6）检查所有高压开关的闭锁装置，双电源的客户必须加装防误闭锁装置；

7）在中间检查期间应通知客户的运行人员、检修人员、电气管理人员参加《电工进网作业许可证》资质培训；

8）要求客户着手配备安全工具、消防器材、必要的规程、管理制度，以及各种必要的记录表格；

9）检查通信联络装置是否安装完毕，明确联络电话、负责人或停送电联系人。

2. 10kV 受电工程竣工验收

受电工程竣工后，供电企业根据施工单位提供的竣工报告和资料，组织营销、生产、调度等部门按设计图、设计规程、运行规程、验收规范和各种防范措施等要求，对受电工程的工程质量进行全面检查、验收。

（1）10kV 受电工程竣工验收申请及验收时间的确定。

10kV 受电工程竣工后，施工单位应先进行质量自查自改，然后向业主（客户）报告，由业主（客户）组织工程内部预验收，并完成整改。在此基础上，由客户向供电企业提交《客户受电工程竣工验收申请表》（和低压客户的表单格式一样），申请验收。供电企业对客户提供资料进行审查，确认具备验收条件后，应在 5 个工作日内完成验收。

（2）10kV 受电工程竣工验收部门。

10kV 受电工程竣工验收时，根据客户受电方式不同参加验收部门可进行适当的增减。验收工作应由营销部门牵头组织。验收人员应由营销、生产、调度等部门人员组成。验收时，应由客户通知设计单位、施工单位、设备供货单位、工程监理单位到验收现场。

（3）10kV 受电工程竣工验收范围：

1）专线客户受电工程验收范围：上一级变电站或开闭所专用配电间隔、专用架空及电缆线路；专用电能计量装置；相关的电力自动化及通信装置；与供电电压同等级的受电装置（含过电压保护），重点是进线柜的一次装置和继电保护装置（含整定值）；高低压变、配电装置。

2）公用供电线路上“T”接的受电工程验收范围：“T”接点及以后的架空线路及电缆；电能计量装置；与供电电压同等级的受电装置，重点是进线柜的一次装置和继电保护装置（含整定值）；高低压变、配电装置。

（4）10kV 受电工程竣工验收内容：

1）检查受电工程施工单位资质；

2）检查受电工程是否按照批复供电方案建设，工程施工是否符合原审定的设计要求；

3）检查一次设备接线和安装容量与名牌容量和供电企业批准容量是否一致；

4）检查受电工程电气设备的安装施工工艺、工程选用材料是否符合有关规范要求；

5）检查受电工程的隐蔽部分是否有施工记录和图纸（隐蔽标识）；

6）检查影响电能质量的用电设备是否采取限制措施；

7）检查无功补偿装置是否安装完毕，并具备投运条件；

8）检查电能计量装置安装配置是否正确、合理、可靠，防窃电功能是否完备；

9）检查各项安全防护措施（硬、软防护遮拦、警示标志）是否到位；

10）检查电气设备试验是否合格，试验单位是否具备相应资质；

11）检查继电保护装置试验是否合格，保护定值是否按要求进行调整；

12）检查电气系统接地是否符合规范要求；

13）检查双（多）电源的防误闭锁装置是否可靠齐全，并符合安全规程要求；

14）检查各种操作机构是否安全可靠；电气设备外观是否清洁；充油设备是否不漏不渗；设备编号是否正确、醒目；

15）检查客户变电所（站）模拟图板的接线、设备编号等是否规范，是否与实际相符；

16）检查客户变电所（站）是否配备齐全合格的安全工器具、测量仪表、消防器材；安全工器是否经过试验；

17）检查变电所（站）是否配置倒闸操作、运行、检修、管理制度及相关记录；

18）检查变电所（站）内是否备有一套全站设备技术资料和调试报告；

19）检查客户运行值班人员、进网作业电工是否取得电工进网作业资格；

20）检查是否建立调度通信联系机制，调度通信联络是否畅通；

21）检查验收人员认为应该检查的其他项目。

（5）10kV 受电工程竣工验收缺陷的汇总和答疑。

10kV受电工程竣工验收前，现场验收负责人应将供电企业批准的供电方案、客户电气设备的接线方式、供电容量等信息通报给专家组成员，并按专业不同进行分组，以提高验收效率和质量。

验收专家组成员应将验收建议和整改方案形成统一意见，作为参加受电工程验收答疑会的评审依据，答疑会由专家组成员与客户、设计单位、施工单位、设备供货单位、工程监理单位的人员组成，专家组应将验收建议和整改方案进行复述，由相关单位人员进行解答，确认后形成最终结果。

五、验收结果的汇总及答复

将答疑会形成的所有建议和整改方案要一次性进行汇总，并将汇总的建议和整改方案填写在《客户受电工程竣工验收单》（和低压客户的表单格式一样）上，经各方会签后，以书面形式通知客户，再由客户通知施工单位进行整改。

客户应依据供电企业提出的验收建议和整改方案逐项进行整改，整改后，再报供电企业进行复验。自复验起，每次复验前客户须按规定交纳重复检验费。

【思考与练习】

1. 10kV受电工程施工单位应具备的资质有哪些？
2. 10kV受电工程中间检查的目的是什么？
3. 10kV受电工程竣工验收内容是什么？
4. 10kV受电工程竣工验收时间如何规定？

模块3 35kV及以上受电工程验收（ZY2200203003）

【模块描述】本模块包含35kV及以上受电工程验收资料的审查、土建验收、中间检查、竣工验收及注意事项、检查验收意见的填写及答复等内容。通过概念描述、术语说明、要点归纳，掌握35kV及以上受电工程验收的内容和方法。

【正文】

一、验收前应提供资料

35kV及以上受电工程验收前，客户及施工单位应向供电企业提供的报验资料和10kV受电工程验收前提供的报验资料基本一样，但由于35kV及以上受电工程一般都是从供电企业新建专线进行供电，这样必然会引起供电企业变电站的扩建或改造，客户在无法等待供电企业扩建或改造变电站情况下，往往由客户先行投资进行扩建或改造，所以35kV及以上受电工程验收前，客户应提供对应变电站扩建或改造的图纸及其他相关资料。在此基础上，应提供客户变电所与供电企业调度部门的通信、遥测、遥信、遥调、遥控等联络方式的信息。

二、资料审查

1. 35kV及以上受电工程施工单位应具备的资质

受电工程的施工单位必须取得相应施工资质和承装（修、试）电力设施许可证后，方可进行受电工程的施工。

（1）35kV受电工程施工单位必须取得建设行政部门颁发的施工企业三级及以上资质和电监会颁发的三级及以上《承装（修、试）电力设施许可证》。

（2）110kV受电工程施工单位必须取得建设行政部门颁发的施工企业三级及以上资质和电监会颁发的二级及以上《承装（修、试）电力设施许可证》。

（3）220kV受电工程施工单位必须取得建设行政部门颁发的施工企业二级及以上资质和电监会颁发的一级《承装（修、试）电力设施许可证》。

（4）220kV以上受电工程施工单位必须取得建设行政部门颁发的施工企业一级或特级资质和电监会颁发的一级《承装（修、试）电力设施许可证》。

审查施工单位的资质时，施工单位应将工商行政部门颁发的有效营业执照、建设行政部门颁发的施工企业资质、安全施工许可证、电监会颁发的《承装（修、试）电力设施许可证》原件与复印件一起报供电企业业扩审核，确认复印件与原件一致后，将原件退回施工单位。施工单位施工前，必须经供电企业审核资质，方可进行受电工程施工。

2. 35kV 及以上受电工程竣工图审查

35kV 及以上受电工程竣工前，客户和施工单位提供的竣工图，供电企业营销部门应会同生产、调度等相关部门进行认真审核，要分析竣工图与设计图纸不同的原因，以确保电力系统和客户电气设备运行安全。

3. 35kV 及以上受电工程电气设备的试验

根据《电气装置安装工程电气设备交接试验标准》（GB 50150—2006）规定，500kV 及以下电压等级安装的、按照国家相关出厂试验标准试验合格的电气设备应进行交接试验。

对 110kV 及以上电压等级的电气设备进行交流耐压试验时，如果《电气装置安装工程电气设备交接试验标准》（GB 50150—2006）中没有规定，可不进行交流耐压试验。进行绝缘试验时，除制造厂装配的成套设备外，宜将连接在一起的各种设备分离开来单独试验。同一试验标准的设备可以连在一起试验。为便于现场试验工作，已有出厂试验记录的同一电压等级不同试验标准的电气设备，在单独试验有困难时，也可以连在一起进行试验。试验标准应采用连接的各种设备中的最低标准。

35kV 及以上受电工程竣工后，需进行交接试验和耐压试验的电气设备明细和 10kV 受电工程进行交接试验和耐压试验的电气设备明细相一致，只是交接试验和耐压试验的电气设备更多。

三、验收依据

35kV 及以上受电工程验收时，应依据供电企业批复的供电方案、经审查批准的受电工程设计图纸以及国家和电力行业的规范、标准等进行验收。具体遵循的国家和电力行业规范、标准在 10kV 受电工程基础上，还应包括《110～500kV 架空送电线路施工及验收规范》（GB 50233—2005）。

四、工程验收

35kV 及以上受电工程验收一般分为土建工程验收和电气工程验收，其中电气工程验收包括中间检查和送电前竣工验收两个阶段。送电前竣工验收时，供电企业营销部门必须和生产部门进行协调，以确保供电工程不影响受电工程的按时验收送电。

35kV 及以上受电工程中间检查的目的、要求、内容和 10kV 受电工程中间检查的各项内容一致，只是验收的内容增加了 35kV 及以上电压等级部分。

35kV 及以上受电工程竣工验收时，要增加供电企业生产部门验收专家，特别是要对客户端的遥测、遥信、遥调、遥控信息和通信等部分进行全面检查，供电企业要与客户签订调度协议。35kV 及以上受电工程其他部分的竣工验收与 10kV 及以上受电工程竣工验收基本一致，这里不再赘述。

五、验收结果的汇总和答复

供电企业各部门对 35kV 及以上受电工程竣工验收后，应一次性汇总所有建议和整改方案，所有建议和整改方案应与客户、设计单位、施工单位、设备供货单位进行最终答疑，答疑后形成统一的整改意向，将统一的整改意向由供电企业营销部门进行汇总，形成 35kV 及以上受电工程验收结果，验收结果要以书面形式一次性通知客户，再由客户通知施工单位进行整改。

客户应依据供电企业提出的验收建议和整改方案组织落实。整改完毕后，由客户向供电企业申请复验。自复验起，每次复验前客户须按规定交纳重复检验费。

【思考与练习】

1. 35kV 及以上受电工程施工单位应具备的资质有哪些？
2. 35kV 及以上受电工程电气设备验收一般分为哪几个阶段？
3. 简述 35kV 及以上受电工程竣工验收的主要内容。

第五章 客户工程启动投运

模块1 10kV启动方案的编制（ZY2200204001）

【模块描述】本模块包含启动方案的含义、10kV启动方案的编制原则、启动方案的主要内容及注意事项等内容。通过概念描述、术语说明、要点归纳、案例分析，掌握10kV启动方案的编制方法。

【正文】

一、含义

启动方案是指客户受电工程送电启动的计划与措施、操作内容与程序以及相关说明的总称。

客户受电工程安装结束，经验收合格后，在正式启动投运前，需编制送电启动方案。启动方案经本单位具有审批权的人员批准后，在正式启动投运时实施。对于重要客户的启动方案应经本单位总工程师批准后执行。

二、编制原则

（1）满足供用电安全可靠性的要求；

（2）启动操作内容与程序应正确、规范；

（3）符合国家相关标准、电力行业技术标准及规程，进行经济技术比较后，确定最佳启动方案。

三、主要内容及注意事项

启动方案是由供电企业营销部门协调调度部门与客户进行编写，并经相关技术主管部门批准，在受电变电站送电前分送到参加启动的供电企业有关部门及客户。对于涉及电网安全要进行复杂操作的，或者客户内部涉及电源并、解列等复杂操作，必要时应通过会议协调启动方案，明确双方的准备工作、操作任务及相互配合。启动方案的主要内容及注意事项：

（1）预定启动投运的时间；

（2）启动投运应具备的条件；

（3）客户概况及一次主接线图；

（4）启动送电操作步骤及操作注意事项；

（5）送电当前受电变电站一、二次设备的巡视检查内容及向调度汇报人（送电发令人）；

（6）送电前供电设施需要进行的巡视检查、电气试验、缺陷处理及期限、责任人；

（7）电网需要进行的操作；

（8）受电变电站内的送电范围及相应的操作票（包括检查相序正确、多电源相位核对）；

（9）送电过程中可能发生的异常、缺陷及故障处理的预想；

（10）参加启动的人员、客户负责人（与供电企业调度部门联系送电）、受电变电站操作人、监护人。

四、10kV启动方案编制的示例

某移动通信公司10kV变电站双电源投运启动方案

（一）客户概况

某移动通信公司原由10kV城中线供电，现为提高供电可靠性，申请采用双电源供电，主供电源仍由10kV城中线供电，备用电源由10kV开元线供电，双电源运行方式为一主一备，高压侧电气加机械闭锁。高压配电装置设SAFE型高压开关柜7块（设在高压开关室内），SC10—500/10干式变压器二台（设在二变压器间隔内，其中 1 号主变压器已处于运行状态），采用直流控制微机监控保护；低压配电装置采用原有 MNS 型低压开关柜 9 块（设在低压开关室内）；在其低压侧设置自发电机组一台，在低压侧采用电气加机械闭锁。

（二）一次主接线及设备编号

一次主接线及设备编号如图 ZY2200204001-1 所示。

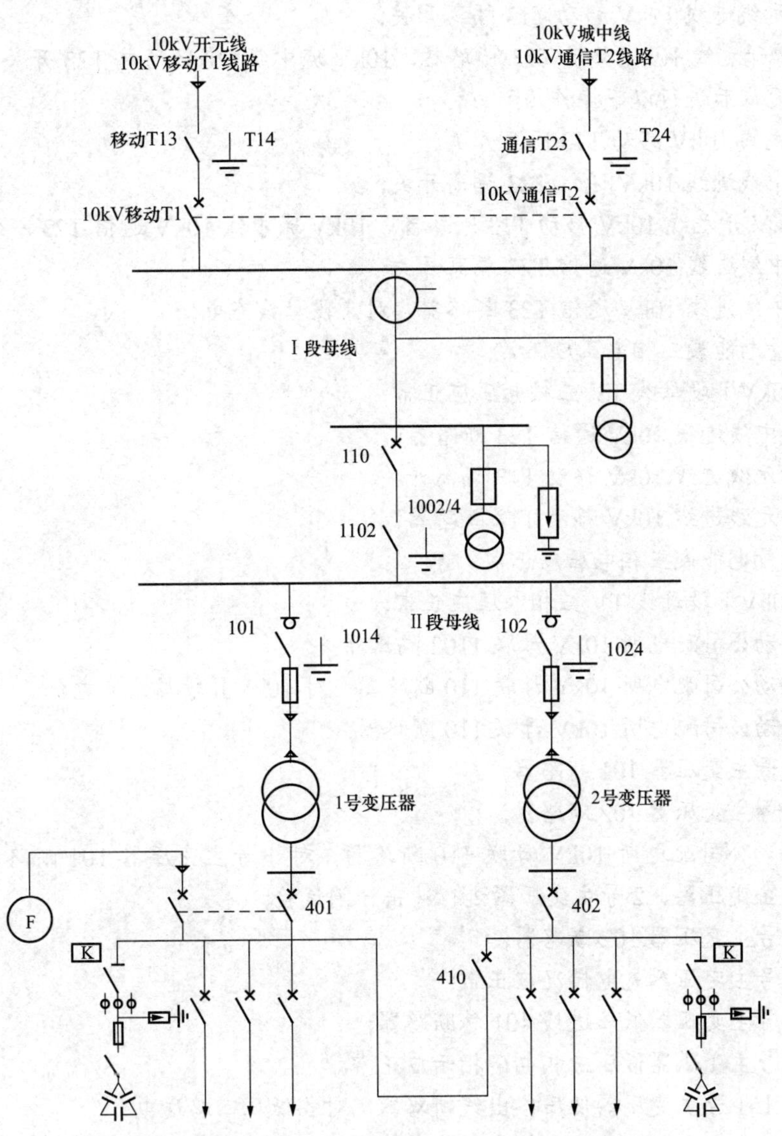

图 ZY2200204001-1　某移动通信公司配电一次主接线图

（三）启动投运前应具备的条件

（1）所有变配电装置验收合格；

（2）计量装置安装完毕并经验收合格；

（3）所有高低压开关安装调试结束，继电保护定值按运行定值放入；

（4）10kV 开元线 10kV 移动 T1 断路器及移动 T13 隔离开关、10kV 城中线 10kV 通信 T2 断路器及通信 T23 隔离开关、某移动通信公司配电所 10kV 母联 110 断路器及 1102 隔离开关、1 号、2 号主变压器均处于冷备用状态，开关柜前后网门关闭，变压器门关闭上锁，临时接地线拆除，防误装置投入运行；

（5）消防工器具配备齐全且经试验合格；

（6）供用电合同、电力调度协议已签订完毕；

（7）操作票填写完毕，经审核合格；

（8）分开 10kV 开元线 10kV 移动 T1 断路器、10kV 城中线 10kV 通信 T2 开关柜后网门，在此设专人监护；

（9）值班操作人员确定且具备相应资格。

（四）启动操作步骤

（1）合上城中线进线 10kV 通信 T23 隔离开关；

（2）合上开元线进线 10kV 移动 T13 隔离开关；

（3）在 10kV 开元线 10kV 移动 T13 断路器、10kV 城中线 10kV 通信 T23 开关柜后网门处对二路电源核对相位，无误后进行以下操作；

（4）分开开元线 10kV 移动 T13 隔离开关；

（5）分开城中线进线 10kV 通信 T23 隔离开关；

（6）关闭 10kV 开元线 10kV 移动 T13 断路器、10kV 城中线 10kV 通信 T23 断路器柜后网门；

（7）合上城中线进线 10kV 通信 T23 隔离开关；

（8）合上城中线进线 10kV 通信 T23 断路器，对Ⅰ段母线充电；

（9）检查计量电能表三相电压应正常；

（10）检查 10kVⅠ段母线 TV 三相电压应正常；

（11）分开城中线进线 10kV 通信 T23 断路器；

（12）合上开元线进线 10kV 移动 T13 隔离开关；

（13）合上开元线进线 10kV 移动 T13 断路器；

（14）检查计量电能表三相电压应正常；

（15）检查 10kVⅠ段母线 TV 三相电压应正常；

（16）合上移动公司配电所 10kV 母联 1102 隔离开关；

（17）合上移动公司配电所 10kV 母联 110 断路器，对 10kVⅡ段母线充电；

（18）分开移动公司配电所 10kV 母联 110 断路器；

（19）合上 1 号主变压器 101 断路器；

（20）合上 2 号主变压器 102 断路器；

（21）合上移动公司配电所 10kV 母联 110 断路器，对 1 号主变压器 101 断路器、2 号主变压器 102 断路器、1 号主变压器、2 号主变压器进行冲击合闸试验；

（22）分开 2 号主变压器 102 断路器；

（23）检查 1 号主变压器充电情况应正常；

（24）合上 1 号主变压器低压进线 401 总断路器；

（25）检查 1 号主变压器低压三相电压指示应正常；

（26）依次合上 1 号主变压器低压各出线断路器，对各低压回路送电；

（27）检查 1 号主变压器低压三相相序应正常；

（28）合上 2 号主变压器 102 断路器，对 2 号主变压器进行第二次冲击合闸试验；

（29）分开 2 号主变压器 102 断路器；

（30）合上 2 号主变压器 102 断路器，对 2 号主变压器进行第三次冲击合闸试验，试验结束后不再分开，将 2 号主变压器投入运行；

（31）检查 2 号主变压器充电情况应正常；

（32）合上 2 号主变压器低压进线 402 总断路器；

（33）检查 2 号主变压器低压三相电压指示应正常；

（34）在低压母联 410 断路器处，对 1 号、2 号主变压器低压侧核相，应正常；

（35）依次合上 2 号主变压器低压各出线断路器，对各低压回路送电；

（36）检查 2 号主变压器低压三相相序应正常；

（37）根据负荷情况，确定退出一台主变压器，移动公司配电所送电操作结束，转入正常运行（根据需要，合上低压母联 410 断路器）。

（五）预定操作送电时间

××××年××月××日××点。

（六）送电操作注意事项

（1）操作必须由两人进行，一人操作，一人监护；

（2）送电操作时，严格履行操作票手续；

（3）操作时使用合格的安全工器具；

（4）低压送电操作前，必须将自发电源停用；

（5）调度许可设备的操作，需由当值调度人员发令进行，客户侧设备需由客户负责接收调度命令的人员发令进行操作。

（七）启动操作送电

上述各项工作完成后，按照批准的启动方案，在启动负责人的统一指挥下，由客户值班电气工作人员进行启动送电操作，操作结束后，供电企业参加启动的人员应检查电能计量装置运行情况、各主设备运行情况，一切正常后，填写相关业务工作传票，按照业务流程流转并归档。

【思考与练习】

1. 启动方案的含义是什么？
2. 编制启动方案的原则是什么？
3. 10kV 启动方案的主要内容有哪些？

模块 2　35kV 及以上启动方案的编制（ZY2200204002）

【模块描述】本模块包含 35kV 及以上启动方案的编制原则、启动方案的主要内容及注意事项等内容。通过概念描述、术语说明、要点归纳、案例分析，掌握 35kV 及以上启动方案的编制方法。

【正文】

一、编制原则

（1）满足供用电安全可靠性的要求；

（2）启动操作程序应正确、规范；

（3）符合国家相关标准、电力行业技术标准及规程，进行经济技术比较后，确定最佳启动方案。

二、主要内容及注意事项

（1）预定启动投运时间；

（2）启动投运应具备的条件；

（3）客户概况及一次主接线图；

（4）启动送电操作步骤及操作注意事项；

（5）送电当前受电变电站一、二次设备的巡视检查内容及向调度汇报人（送电发令人）；

（6）送电前供电设施需要进行的巡视检查、电气试验、缺陷处理及期限、责任人；

（7）电网需要进行的操作；

（8）受电变电站内的送电范围及相应的操作票（包括检查相序正确、多电源相位核对）；

（9）送电过程中可能发生的异常、缺陷及故障处理的预想；

（10）参加启动的人员、客户负责人（与供电企业调度部门联系送电）、受电变电站操作人、监护人。

三、35kV 及以上启动方案编制示例

某客户 110kV 新烧变电站送电启动方案

（一）客户概况

某钢铁公司建设的烧结厂，建一座 110kV 新烧变电站，该变电站由供电公司 220kV 恒创变电站

110kVⅠ母出线的恒烧 717 专线、110kVⅡ母出线的恒烧 724 专线供电，两台主变压器为 SFZ9–40000/110，一次接线为单母线分段，工程已验收合格，要求启动送电到主变压器，10kV 侧冲击由该公司自行安排。

（二）一次接线及设备编号

一次接线及设备编号如图 ZY2200204002-1 所示。

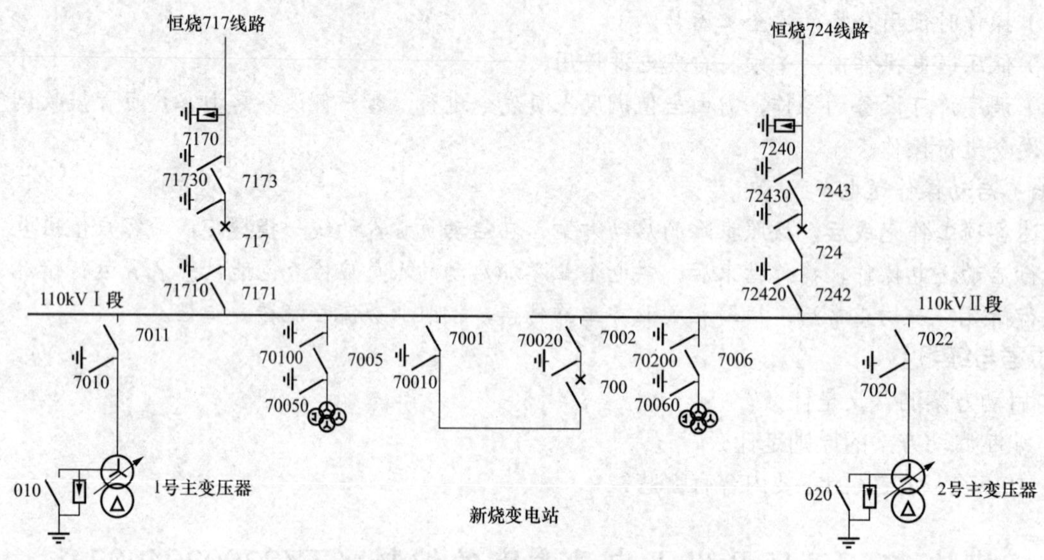

图 ZY2200204002-1 新烧变电站一次接线图

（三）启动投运前应具备的条件

（1）所有变配电装置验收合格；

（2）计量装置安装完毕并经验收合格；

（3）所有高低压设备安装调试和继电保护整定调试结束；

（4）所有开关均处于冷备用状态，开关柜前后网门关闭，变压器门关闭上锁，临时接地线拆除，防误装置投入运行；

（5）安全、消防工器具配备齐全且经试验合格；

（6）供用电合同、电力调度协议已签订完毕；

（7）确定值班操作人员具备相应上岗资格。

（四）启动范围

（1）新烧变 110kV 恒烧 717 线路及间隔、恒烧 724 线路及间隔；

（2）新烧变 110kVⅠ段母线及Ⅰ母压变、Ⅱ段母线及母压变、母联 700 断路器；

（3）新烧变 110kV 1 号主变压器；

（4）恒创变 110kV 恒烧 717 线路及间隔、恒烧 724 线路及间隔。

（五）启动步骤

1. 恒创变：

（1）110kV 恒烧 717 断路器保护定值按对应定值单调整并投入（重合闸不投）；

（2）将 110kV 恒烧 724 断路器保护定值按对应定值单调整并投入（重合闸不投）；

（3）将恒烧 717 断路器、恒烧 724 断路器由冷备用转为热备用。

2. 新烧变：

（1）将 110kV 恒烧 717 断路器由冷备用转运行；

（2）将 110kVⅠ母压变由冷备用转运行；

（3）将 110kV 1 号主变压器保护定值按对应定值单调整并投入。

3. 恒创变：合上 717 断路器。

4. 新烧变：

（1）许可现场检查 110kV Ⅰ母电压正常，并在Ⅰ母压变二次侧核对相序，正确后汇报；

（2）拉开 717 断路器；

（3）将 110kV 母联 700 断路器由冷备用转运行；

（4）将 110kVⅡ母压变由冷备用转运行；

（5）合上 717 断路器；

（6）许可现场检查 110kVⅡ母电压正常，并在Ⅱ母压变二次侧核对相序，在Ⅰ—Ⅱ母压变二次侧核对相位，正确后汇报；

（7）拉开 700 断路器，并将 700 断路器转为非自动；

5. 恒创变：合上 724 断路器，拉开 724 断路器。

6. 新烧变：将 110kV 恒烧 724 断路器由冷备用转运行。

7. 恒创变：合上 724 断路器。

8. 新烧变：

（1）许可现场检查 110kVⅡ母电压正常，并在Ⅱ母压变二次侧核对相序，在 110kVⅠ、Ⅱ母压变二次之间核对相位，正确后汇报；

（2）拉开 724 断路器；

（3）拉开 717 断路器；

（4）合上 7011 隔离开关；

（5）合上 717 断路器；

（6）拉开 717 断路器，合上 717 断路器，拉开 717 断路器；

（7）将 110kV 1 号主变压器低压侧 9501 断路器转为热备用；

（8）合上 717 断路器；

（9）停用 1 号主变压器差动保护；

（10）许可现场 110kV 1 号主变压器带负荷测向量，正确后汇报。

备注：现场要求主变压器冲击 3 次。

9. 恒创变：

停用恒烧 717 线路保护，并许可现场恒烧 717 线路保护向量、110kV 母差保护向量测试工作可以开工，正确后汇报。

10. 恒创变：

投入恒烧 717 线路保护。

11. 新烧变：

（1）合上 724 断路器；

（2）将 700 断路器转为自动，并合上 700 断路器；

（3）拉开 717 断路器；

（4）许可现场 110kV 1 号主变压器带负荷测向量，正确后投入主变压器差动保护。

12. 恒创变：

停用恒烧 724 线路保护，并许可现场恒烧 724 线路保护向量、110kV 母差保护向量测试工作可以开工，正确后汇报。

13. 恒创变：

投入恒烧 724 线路保护；投入 110kV 母差保护；停用 110kV 母差充电保护。

14. 新烧变：

合上 717 断路器，拉开 700 断路器。

15. 备注：

（1）新烧变主变压器保护的投停及中性点的拉合由现场按规程执行；主变压器启动后主变压器中性点接地开关拉开。

（2）主变压器保护测向量方案需报地调审批。

（3）主变压器冲击三次正常后由该钢铁公司自行安排 10kV 冲击。

（六）预定操作送电时间

××××年××月××日。

（七）送电操作注意事项

（1）操作必须由两人进行，一人操作，一人监护；

（2）送电操作时，严格履行操作票手续；

（3）操作时使用合格的安全工器具；

（4）调度许可设备的操作，需由当值调度人员发令进行，客户侧设备需由客户负责接收调度命令的人员发令进行操作。

（八）启动操作送电

上述各项工作完成后，按照批准的启动方案，在启动负责人的统一指挥下，由客户值班电气工作人员进行启动送电操作，操作结束后，供电企业参加启动的人员应检查电能计量装置运行情况、各主设备运行情况，一切正常后，填写相关业务工作传票，按照业务流程流转并归档。

【思考与练习】

1. 编制启动方案的原则是什么？

2. 35kV 及以上启动方案的主要内容有哪些？

模块 3 高压客户受电工程启动投运（ZY2200204003）

【模块描述】本模块包含高压客户工程启动投运前的准备、工程启动投运的组织、工程启动投运的内容及注意事项等内容。通过概念描述、术语说明、要点归纳，掌握高压客户受电工程启动投运的内容和方法。

【正文】

一、启动投运前的准备工作

（一）客户受电工程启动投运前的相关要求

（1）高压客户受电工程的启动试运行和工程的竣工验收必须以批准的文件、设计图纸、设备合同、国家及行业主管部门颁发的有关送变电工程建设的现行标准、规范、规程和法规为依据。

（2）凡是新（扩、改）建的客户工程项目的质量必须经过电力建设质量监督机构审查认可，否则严禁启动试运行和并入电网运行。

（3）客户运行管理单位应在工程建设过程中提前介入，以便熟悉设备特性，参与编写或修订运行规程。通过竣工验收检查和启动试运行，客户电气负责人应进一步熟悉操作，摸清设备特性，检查原订运行规程是否符合实际情况，必要时修订运行规程。

（4）启动投运工作和工程竣工移交完成以前，全部工程和整套设备由施工单位负责保管和维护，试运行完成后，即交由产权单位代为运行管理。待条件具备时，经启动投运委员会审查和决定，办理工程移交手续后正式移交产权单位负责。

（5）工程的验收和启动投运工作必须由启委会进行审议、决策。

（二）启动投运前总体应具备的条件

（1）新建外部供电工程验收已合格。

（2）客户土建和受电装置工程竣工检验已合格。

（3）供用电合同、调度协议等有关协议均已签订。

（4）相关的业务费用已全部结清。

（5）电能计量装置安装、检验已合格。

（6）客户电气工作人员配备齐全并具备相应上岗资格。

（7）客户安全运行管理制度、运行维护规程已经建立。

（8）客户受电工程启动投运方案编制完成并已批准。

（三）启动投运前应移交的技术资料

1. 施工单位应移交的资料

需在试运前移交的资料，施工单位应根据客户运行管理单位的需要提前移交。工程需移交的资料主要包括：

（1）全套设计图纸及技术资料；设计变更图纸、施工变更图纸、变更通知单、竣工图纸、电缆清册。

（2）由施工单位负责办理的全部协议文件。

（3）生产制造部门出具的说明书、合格证明、工厂试验检验记录单、材料及半成品出厂质量证明及检验记录。

（4）工程质量检查及缺陷处理记录，隐蔽工程检查记录。

（5）工程各种参数测试记录、调试报告和验收试验报告。

2. 监理单位应移交的资料

（1）监理单位应按规定提交全套监理记录和证明文件。

（2）监理单位应移交全部监理认可文件。

二、启动投运的组织分工

（一）成立启动投运委员会

（1）启动投运委员会一般由投资方、建设项目法人、监理、施工、调试、运行、设计、电网调度、质量监督等有关单位代表组成，必要时可邀请制造厂参加。启动投运委员会设主任委员一名、副主任委员和委员若干名，由建设项目法人与有关部门协调，确定组成人员名单；

（2）启动投运委员会必须在客户工程投运前根据工作需要尽早成立并开始工作，直到办理完竣工验收移交手续为止。

（二）启动投运委员会的组成和职责

启动投运委员会组织批准成立下设的工作机构，根据需要应成立启动试运指挥组和工程验收检查组。在启动试运前审核批准主要启动调试方案，审查启动调试准备工作；审查工程验收检查组的报告，工程是否已按设计完成，质量是否符合验收规范的要求，交接验收试验是否全面、合格，安全卫生设施是否同时完成；协调工程启动外部条件，决定工程启动试运时间和其他有关事宜。在启动试运后审核有关启动调试、试运及交接验收报告，主持移交生产的事宜、办理工程竣工交接手续，决定工程质量评级、签署工程交接验收鉴定书，并附上未完工程或需要处理的遗留问题清单（包括内容、要求、负责完成单位和应完成的日期），部署工程总结、系统调试总结等工作。

1. 启动试运指挥组的组成和职责

（1）启动试运指挥组一般由建设、调度、调试、生产、施工安装、监理等单位组成。设组长 1 名，由启动投用委员会任命，副组长 2 名，调度、调试单位各 1 名。

（2）启动试运指挥组的主要职责：按照启动投运委员会审定的启动和系统调试方案负责工程启动、调试工作，组织有关单位编制启动调试方案、大纲；对试运中的安全、质量、进度全面负责。启动试运指挥组根据工作需要下设调度组、系统调试组、工程配合组、后勤服务组，分别负责调度操作、系统调试测试、提出测试报告、工程检查、安全设施装置检查、巡视抢修、现场安全、治安保卫、生活服务等工作。启动试运指挥组在工作完成后向启动投运委员会报告。

2. 工程验收检查组的组成和职责

（1）工程验收检查组由建设、运行、设计、监理、施工、质量监督等单位组成。设组长 1 名，由工程建设单位出任；副组长 1 名，由运行单位代表出任。

（2）工程验收检查组的主要职责：组织各专业验收检查，听取各专业验收检查组的验收检查情况汇报，审查验收检查报告，组织有关单位消除缺陷并进行复查、检查和验收；确认验收范围内的工程是否符合设计和验收规范要求，是否具备试运行及系统调试条件，核查工程质量监督部门的监督报告，提出工程质量评级意见。

3. 参加启动投运的有关单位的主要职责

（1）建设项目法人应做好启动投运委员会成立之前的准备工作和全面协助启动投运委员会做好工

程启动试运全过程的组织管理，检查、协调启动试运和竣工验收的日常工作；协调解决合同执行中的问题和外部关系等；

（2）各施工单位应按设计图纸、施工工艺、制造厂的安装要求完成参加启动试运的建筑、安装工程；在启动投运前期间做好设备操作监护、配合、巡视检查、事故处理、试验配合和现场安全、消防、治安保卫、消除缺陷和文明环境等工作；提供工程设备安装调试等有关文件、资料、备品备件和专用机具等；

（3）调试单位应按合同负责编制调试大纲、启动试运措施，报启动投运委员会审查批准，在启动前全面检查启动试运系统的完整性、合理性和保证安全的措施；组织人员并配备测试手段，协调并完成启动试运中的调试、测试工作；提出调试报告和调试总结；

（4）客户运行管理单位应在工程启动试运前完成各项生产准备工作：生产运行人员定岗定编、上岗培训，编制运行规程，建立设备资料档案、运行记录表格，配备各种安全工器具、备品备件和保证安全运行的各种设施。参与编制调试方案和验收大纲。负责接受调度命令并进行各项运行操作，与其他有关方面共同处理事故；

（5）设计单位在启动调试期间对出现的问题从设计角度提出解决办法，并会同施工单位提供完整的符合实际的竣工图纸；

（6）监理单位应按合同进行启动试运阶段的监理工作；参加启动前的工程验收检查工作和启动调试方案、大纲的编制工作；

（7）电网调度部门应按时间要求提供归其管辖的各种继电保护装置的整定值；组织编制并审定启动方案和系统运行方式，核查工程启动试运的通信、远动、保护、安全自动装置的情况；审批工程启动试运申请和可能影响电网安全运行的调整方案，发布操作命令；负责在整个启动调试和试运行期间的系统安全；

（8）主要设备制造单位应按合同要求在启动调试期间做好现场技术服务。

对于 35kV 及以下客户受电工程的启动，在工程验收合格并具备启动送电条件时，可以只成立启动投运指挥小组，负责协调工程启动投运工作。

三、10kV 及以下客户受电工程的启动投运

（一）10kV 及以下客户工程启动投运应具备的条件

1. 10kV 及以下非专线客户启动投运必须具备的条件

（1）设备验收工作已结束，质量符合安全运行要求，施工单位向调度机构已提出新设备投运申请；

（2）所需资料已齐全，参数测量工作已结束，并以书面形式提供有关单位（如需要在启动过程中测量参数者，应在投运申请书中说明）；

（3）生产准备工作已就绪（包括运行人员的培训、调度管辖范围的划分、设备命名、厂站规程和制度等均已完备）；

（4）与调度部门已签订并网调度协议，有关设备及厂站具备启动条件；

（5）调度通信、自动化设备准备就绪，通道畅通。计量点明确，计量系统准备就绪；

（6）启动试验方案和相应调度方案已批准。

2. 10kV 专线客户启动投运必须具备的条件

（1）承担线路试运行及维护的人员已进行了生产运行培训和安全规程学习并经考试合格，启动投用委员会已将试运方案向参加试运人员交底；

（2）线路的杆塔号、相位标志和设计规定的有关防护设施等已经验收检查，影响安全运行的问题已处理完毕；

（3）线路上的障碍物与临时接地线（包括两端变电站）已全部拆除；

（4）已确认线路上无人登杆作业，且安全距离内的一切作业均已停止，已向沿线发出带电运行通告，并已做好试运前的一切检查维护工作；

（5）按照设计规定的线路保护（包括通道）和自动装置已具备投入条件；

（6）送电线路带电前的试验（线路绝缘电阻测定、相位核对、线路参数和高频特性测定）已完成；

（7）已安排在带电启动期间线路的巡视人员，并已准备好抢修的手段；

（8）新建线路的各种图纸、资料、试验报告等齐全、合格。运行所需的规程、制度、档案、记录及各种工器具、备品备件准备齐全。

（二）10kV及以下客户工程的启动运行

启动试运中发现的问题由建设单位（项目法人）全面负责处理，按启动投运委员会的决定组织有关单位消缺完善。

1. 10kV及以下非专线客户工程启动运行

（1）在客户受电装置上装表接电，严禁单人作业。必须严格执行保证作业人员安全的组织措施、安全措施和技术措施。工作票由作业人员所在单位有权签发工作票人员签发。签发工作票前，工作票签发人应到现场检查核对现场设备和接线正确无误。

（2）工作负责人工作前应持工作票与客户停送电联系人联系，按照《电力安全工作规程》规定，严格履行工作许可手续，工作许可人由客户停送电联系人担任。工作负责人在工作前应会同工作许可人对客户所做的安全措施进行全面检查，检查工作票所列的安全措施是否正确完备，是否符合现场实际，有无突然来电的危险。在工作许可人交代完安全措施的布置，并验明停电设备确无电压并签字后，方可开始工作。

（3）如客户确因人员技术水平限制，不能满足规程要求时，工作负责人应帮助客户按照票面要求，共同完成各项安全技术措施，保证作业安全。工作负责人在协助客户做好安全措施过程中，必须严格执行《电业安全工作规程》，做好验电和接地措施，防止触电伤害。

（4）新设备启动送电时，操作票由设备运行维护单位根据现场运行规程和送电方案填写，施工单位负责操作，设备运行维护单位负责监护。

（5）变压器操作：

1）变压器并列运行条件：① 相位相同，结线组别相同；② 电压比相等；③ 短路电压百分数相等（允许差值不超过 10%）。如果不符合上述条件，应经必要的计算和试验，经调度机构总工程师批准才能并列；

2）对长线路末端的变压器充电，要考虑空载线路电压升高危及变压器绝缘，故规定充电电压不准超过变压器分接头电压的10%，如有可能超过时应采取适当的降压措施后再充电；

3）在中性点直接接地电网中，为防止高压开关三相不同期时可能引起过电压，变压器停送电操作前，必须先将变压器中性点直接按地后，才可进行操作；

4）并列运行的变压器，其直接接地中性点由一台变压器改到另一台变压器时，应先合上原不接地变压器的中性点接地开关后，再拉开原直接接地变压器的中性点接地开关。

2. 10kV专线客户工程启动运行

（1）向线路充电前，应先将充电开关的重合闸停用，对电源联络线应在并列后，环状线路应在合环后，按有关规定投入相应重合闸。

（2）空充电线路、试运行线路、变压器本身保护因故全脱离而由上一级线路保护作变压器后备保护时，该线路重合闸停用。

（3）双回线线路同时送电时，应先将一回线送电，另一回线再由受端侧反充电，双回线的一回线送电时。应由受端侧充电，送端侧合环。

（4）向长距离线路充电时，一般不要带空载变压器，但对长线路上的中间变电站，可以先受电配出负荷，以降低末端电压的升高幅度。但严禁线路带主变及负荷一起送电，因这样可能由于开关不同期引起零序保护动作，延误送电。

（5）线路送电操作原则：

1）一般双电源线路送电时应先由小电源侧充电，大电源侧并列，以减小电压差和万一故障时对系统的影响。

2）线路变压器单元接线，送电时应由线路电源侧充电（带变压器一起充电）。

3）长距离单回联络线一般应由大电源侧充电，当需要由电源小的一侧充电时，须考虑线路充电容量对发电机自励磁的影响、线路保护灵敏度的要求等。

四、35kV 及以上客户受电工程的启动投运

（一）35kV 及以上客户工程启动投运应具备的条件

1. 变电站启动试运必须具备的条件

（1）变电站生产运行（包括远动和通信）及检修人员均已配齐，进行了生产培训和安全规程学习并经考试合格，启动投运委员会已将启动试运方案向参加试运人员交底。对无人值班站，负责运行管理的操作人员应完成生产、安全培训，并经考试合格；

（2）客户运行管理单位已将所需的规程、制度、系统图表、记录表格、安全用具等准备好，投入的设备等已有命名和编号；

（3）投入系统的建筑工程和生产区域的全部设备和设施，变电站的内外道路，上下水、防火、防洪工程等均已按设计完成并经验收检查合格。生产区域的场地平整，道路畅通，平台栏杆和沟道盖板齐全，脚手架、障碍物、易燃物、建筑垃圾等已经清除；

（4）变压器等大型电力设备的各项试验全部完成且合格，有关记录齐全完整。带电部位的接地线已全部拆除，施工临时设施不满足带电要求的经检查已全部拆除，带电区域已有明显标志；

（5）按工程设计所有设备及其保护（包括通道）、远动及其安全自动装置、微机检测、监控装置以及相应的辅助设施均已安装齐全，调试整定合格且调试记录齐全。验收检查发现的缺陷已经消除，具备投入运行条件；

（6）各种测量、计量装置、仪表齐全，符合设计要求并经校验合格；

（7）所用电源、照明、通信、采暖、通风等设施按设计要求安装试验完毕，能正常使用；

（8）必须的备品备件及工具已备齐；

（9）运行维护人员必须的生活福利设施已经具备；

（10）消防工程和消防设施齐全，并经消防主管部门验收合格，能投入使用。

2. 送电线路启动投运应具备的条件

（1）承担线路试运行及维护的人员已进行了生产运行培训和安全规程学习并经考试合格，启动投用委员会已将试运方案向参加试运人员交底；

（2）线路的杆塔号、相位标志和设计规定的有关防护设施等已经验收检查，影响安全运行的问题已处理完毕；

（3）线路上的障碍物与临时接地线（包括两端变电站）已全部拆除；

（4）已确认线路上无人登杆作业，且安全距离内的一切作业均已停止，已向沿线发出带电运行通告，并已做好试运前的一切检查维护工作；

（5）按照设计规定的线路保护（包括通道）和自动装置已具备投入条件；

（6）送电线路带电前的试验（线路绝缘电阻测定、相位核对、线路参数和高频特性测定）已完成；

（7）已安排在带电启动期间线路的巡视人员，并已准备好抢修的手段；

（8）新建线路的各种图纸、资料、试验报告等齐全、合格。运行所需的规程、制度、档案、记录及各种工器具、备品备件准备齐全。

（二）35kV 及以上客户工程的启动运行

启动试运中发现的问题由建设单位（项目法人）全面负责处理，按启动投用委员会的决定组织有关单位消缺完善。

1. 变电站的启动试运行

（1）启动试运行按照启动试运方案和系统调试大纲进行，系统调试完成后带电试运行时间不应少于 24h。对变压器冲击合闸试验如在系统调试时已经进行，则此时不必重复进行；

（2）带负荷试运完成后，应对各项设备作一次全面检查，处理发现的缺陷和异常情况。对暂时不具备处理条件而又不影响安全运行的项目，由启动投用委员会决定负责处理的单位和完工时间；

（3）由于设备制造质量缺陷，不能达到规定要求，由建设单位（项目法人）或总承包商通知制造厂负责消除设备缺陷，施工单位应积极配合处理，并作记录；

（4）试运行过程中，应对设备的各项运行数据作详细记录；

（5）国外引进设备的启动试运行，按合同规定执行，合同无明确规定时执行本规程。

2. 送电线路加压试验和试运行

（1）将电压由零值逐渐升高至额定电压（系统调试大纲有规定时）；

（2）一般以线路额定电压冲击合闸 3 次。如需增加试验项目和内容，由启动投用委员会根据具体条件做出决定；

（3）如线路试验结果符合要求，即以线路额定电压带负荷试运行，如在 24h 内正常运行未曾中断，试运行即告完成。

【思考与练习】

1. 高压客户受电工程启动投运前总体应具备哪些条件？

2. 10kV 及以下客户工程启动投运应具备哪些条件？

3. 35kV 及以上客户工程启动投运应具备哪些条件？

第三部分

供用电合同

第六章　供用电合同分类和管理

模块1　供用电合同的定义、分类、适用范围、基本内容（ZY2200301001）

【模块描述】本模块包含供用电合同的含义、分类、适用范围、基本内容等内容。通过概念描述、术语说明、要点归纳，掌握供用电合同的基本知识。

【正文】

供用电合同是供电企业与客户就供用电双方的权利与义务协商一致所形成的法律文书，是双方共同遵守的法律依据。供用电合同一经订立生效，双方均受到合同的约束。订立供用电合同有利于维护正常的供用电秩序，有利于促进社会经济的良性发展。

一、供用电合同的含义

《中华人民共和国合同法》规定：供用电合同是供电人向用电人供电，用电人支付电费的合同。供用电合明确了供用电双方在供用电关系中的权利与义务，是双方结算电费的法律依据。供用电合同包括供电企业与电力客户就电力供应与使用签订的合同书、协议书、意向书以及具有合同性质的函、意见、承诺、答复等。如并网调度协议、电费电价结算协议、错避峰用电协议及客户资产移交或委托维护协议等。

二、分类及适用范围

根据供电方式和用电需求的不同，供用电合同分为：高压供用电合同、低压供用电合同、临时供用电合同、转供电合同、趸购售电合同和居民供用电合同六种形式：

（1）高压供用电合同。适用于供电电压为10kV（含6kV）及以上的高压电力客户。

（2）低压供用电合同。适用于供电电压为220/380V的低压电力客户。

（3）临时供用电合同。适用于《供电营业规则》规定的非永久性用电的客户。如基建工地、农田水利、市政建设、抢险救灾等临时性用电。

（4）转供电合同。适用于公用供电设施尚未到达的地区，为解决公用供申设施尚未到达的地区用电人的用电问题，供电人在征得该地区有供电能力的用电人（委托转供人）的同意，委托其向附近的用电人（转供用电人）供电。供电人与委托转供人应就委托转供电事宜签订委托转供电合同，委托转供电合同是双方签订供用电合同的重要附件。供电人与转供用电人之间同时应签订供用电合同。转供用电人与其他用电人一样，享有同等的权利和义务。

（5）趸购售电合同。适用于供电人与趸购转售电人之间就趸购转售电事宜签订的供用电合同。

（6）居民供用电合同。适用于城乡居民生活用电性质的用电人。由于居民生活用电供电及计量方式简单，执行的电价单一，加之该类用电人数量众多，其供用电合同采用统一方式。用电人申请用电时，供电人应提请申请人阅读（对不能阅读合同的申请人，供电人应协助其阅读）后。由申请人签字（盖章）合同成立。

三、基本内容及双方的权利与义务

（一）供用电合同的基本内容

（1）当事人双方的法定名称、住所。

（2）供电方式、供电质量和供电时间。

（3）用电容量和用电地址、用电性质。

（4）计量方式和电价、电费结算方式。

（5）合同的履行地点。

（6）供用电设施维护责任的划分。

（7）合同的有效期限。

（8）违约责任。

（9）争议的解决方式。

（10）双方共同认为应当约定的其他条款。

完整的供用电合同还应有相关术语及其说明部分。

（二）供用电双方的权利与义务

1. 供电人的主要权利

（1）对本供电营业区范围内的新装、增容和变更用电的客户，依照规定和程序审核用电申请、办理用电手续、收取相关业务费用的权利。

（2）按照国家关于确定供电方案的基本原则及要求，根据电网规划、客户用电需求和当地供电条件，与客户协商确定供电方案的权利。

（3）按照国家标准或电力行业标准，对客户受送电工程进行设计审核、检查和验收的权利。

（4）按国家核准的电价和用电计量装置的记录，向客户计收电费的权利。

（5）依照供用电合同约定，对客户违约逾期未交电费者加收电费违约金的权利，对逾期未交电费，经催交仍未交付电费者，按照规定程序停止供电的权利。

（6）客户有违约用电行为的，应根据事实和造成的后果，追缴电费、加收违约使用电费的权利；对情节严重者按照规定程序停止供电的权利。

（7）对公用供电设施未到达的地区，委托有供电能力的客户就近向其他客户转供电的权利。

2. 供电人的主要义务

（1）对本供电营业区内申请用电的客户按国家规定提供电力的义务；

（2）按照供用电合同约定的数量、质量、时间、方式，合理调度和安全供电的义务；

（3）客户对供电质量有特殊要求的，根据其必要性和电网的可能性，对其提供相应电力的义务；

（4）在抢险救灾需要紧急供电时，有实施供电的义务；

（5）因故需要停电时，按规定事先通知客户或进行公告的义务；引起停电或限电的原因消除后，按照规定时限恢复供电的义务；

（6）在供电营业场所公告办理各项用电业务的程序、制度和收费标准的义务。

3. 用电人的主要权利

（1）新装用电、临时用电、增加用电容量、变更用电和终止用电的权利；

（2）按照安全、可靠、经济、合理和便于管理的原则，根据国家有关规定以及电网规划、用电需求和当地供电条件，有与供电企业协商确定供电方式的权利；

（3）有权获得符合国家标准或电力行业标准的供电质量，根据用电的必要性，有对供电质量提出特殊要求的权利；

（4）在当地电网发、供电系统正常情况下，有得到连续供电的权利。

4. 用电人的主要义务

（1）遵守《中华人民共和国电力法》和《电力供应与使用条例》等法律、法规及国家电力行政规章制度的义务；

（2）在行使各项用电权利之前，到当地供电企业办理用电手续并按国家规定交付相关业务费用的义务；

（3）自身的受电工程有接受供电企业对其设计审核、工程检查和验收的义务；

（4）按规定安装用电计量装置和保护装置的义务；

（5）按合同约定的数量、条件用电及交付电费的义务。

【思考与练习】

1. 供用电合同的含义是什么？供用电合同主要分为哪几类？
2. 供用电双方的主要权利与义务有哪些？
3. 供用电合同的基本内容有哪些？

模块 2　供用电合同管理（ZY2200301002）

【模块描述】本模块包含供用电合同管理的重要性、主要内容、监督执行等内容。通过概念描述、术语说明、流程讲解、要点归纳、案例分析，掌握供用电合同管理的内容和方法。

【正文】

一、供用电合同管理的重要性

供用电合同管理是指供用电合同起草、会审、会签、签约、履行、终止全过程的管理。包括资信调查、合同谈判、签约、履行、变更、解除、纠纷处理以及合同建档、保存等。

加强供用电合同管理，对企业依法规范经营、避免法律纠纷和防范经营风险具有十分重要的意义。

二、供用电合同管理的主要内容

（一）供用电合同管理的组织

（1）供电企业电力营销部门是供用电合同管理的职能部门，实行分级管理。

（2）供电企业承担供用电合同签订工作的部门对合同内容的合法性及正确性负责，并接受省、市公司电力营销部的监督、检查。

（3）供电企业应明确供用电合同签约人员及具体签约、承办部门，并进行职责划分。

（4）供电企业的电力营销部门应配备专（兼）职人员负责供用电合同日常管理工作。

（二）供用电合同管理的主要内容

（1）供电企业与客户签订供用电合同前，统一提供国家电网公司编制印发的《供用电合同》参考文本，双方经平等协商、讨论后，参考使用。

（2）《供用电合同》参考文本的内容是供用电合同的基本条款，供电企业应按法律法规的要求，向当地工商管理部门申请备案。

为使《供用电合同》更符合实际情况，双方可在此基础上增加认为需约定的其他条款以及附加协议，附加协议与供用电合同同等效力。

（3）供用电合同的条款应内容合法，权利、义务明确，责任分明，文字表达准确。

（4）合同签订前应详细了解对方的主体资格、资信情况、履约能力；对方情况不明的，应要求提供有效担保；对国家规定需持有许可证的项目，应严格审查许可证的有效期限。

（5）供用电合同必须由双方的法定代表人或其委托代理人签字，并加盖规定的印章；企事业单位的供用电合同应加盖单位公章；供电企业不得与以个人名义申请用电的企事业单位签订《供用电合同》。

在签订供用电合同时，电力客户必须出示法定代表人及其委托代理人身份证原件，并将原件复印件及授权委托书交给供电企业作为供用电合同的附件保存。

（6）供电企业的供用电合同签约人应参加供用电合同签约资格培训，培训合格，具备资质，并取得本单位法定代表（负责）人委托签订供用电合同的授权；电力客户法定代表人授权代理人签订供用电合同时，必须事先办理书面授权委托书。

（7）供电企业应按分层分级的原则组织签订供用电合同。

（8）重要客户以及 35kV 及以上电压供电的大工业客户和趸售客户的合同，须由本单位法定代表（负责）人签署；有特殊条款的客户的供用电合同，需经本单位法律顾问审核后签订，并报省电力公司备案。

月电费超过 1000 万元的大客户或有特殊条款的重要客户的供用电合同，需经本单位法律顾问审核，并报省电力公司审批后签订。

（9）供用电合同应通过营销管理信息系统或办公自动化系统实现网络审核、会签及审批。

（10）供电企业在签订供用电合同时一律使用“××供电企业供用电合同专用章”，并加盖骑缝章；供用电合同废止时，应在合同文本上加盖“××供电企业供用电合同废止章”；“供用电合同专用章”、“供用电合同废止章”应由专人保管。

（11）供用电合同签订后，必须全面履行，不因法定代表（负责）人或承办、签约人员的变动而变动或解除。

（12）供电公司应建立供用电合同台账，承办的合同应及时登录，编制新签、续签合同情况表及失效合同清单，对需重签的供用电合同制订工作计划。

（13）供用电合同文本、资料实行档案化管理，并建立供用电合同借阅管理制度。

（14）供用电合同实行电子化管理，文本以影印件或扫描件进行微机保存，并有备份。

（15）供用电合同管理以电子化为基础，实行信息化管理，实现根据设定自动检索、查阅、统计合同。

（16）及时清理破产、兼并企业及超期临时用电等失效的供用电合同。

（三）供用电合同签订、变更、终止的管理流程

1. 合同签订的管理流程

合同签订的管理流程图如图 ZY2200301002-1 所示。

2. 合同变更的管理流程

合同变更的管理流程如图 ZY2200301002-2 所示。

起草合同初稿
签约人员
重要合同
N
Y
合同初稿审查
法律顾问
与客户商谈，提请客户注意重要条款
对客户提出的异议，进行书面回复
签约人员
要求修改
N
Y
修改
讨论，法律顾问审查
通过
N
Y
法律顾问
合同签约
签约人员
资料归档

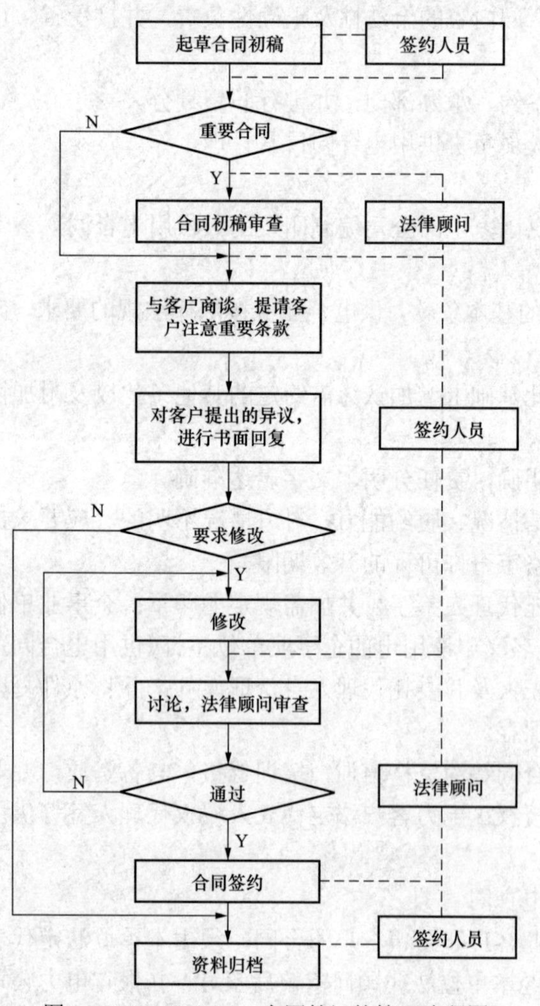

图 ZY2200301002-1 合同签订的管理流程图

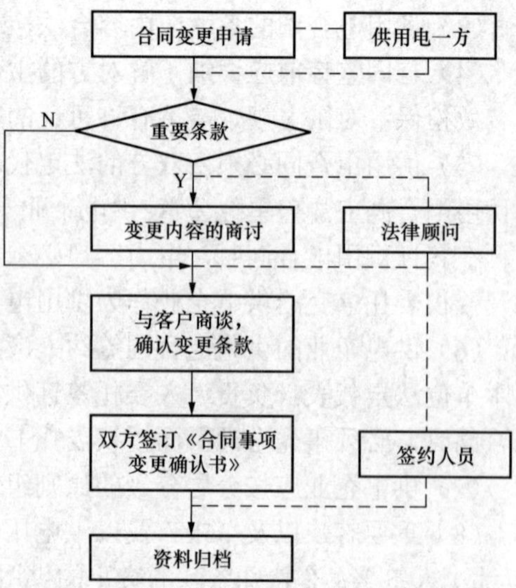

合同变更申请
供用电一方
重要条款
N
Y
变更内容的商讨
法律顾问
与客户商谈，确认变更条款
双方签订《合同事项变更确认书》
签约人员
资料归档

图 ZY2200301002-2 合同变更的管理流程图

3. 合同终止履行的管理流程

合同终止履行的管理流程如图 ZY2200301002-2 所示。

三、供用电合同的监督检查及考核

（1）供电企业应建立供用电合同内容的签约审查制度及供用电合同履行情况的检查制度，严禁先供电后补合同、合同尚未生效即提前履行等违规行为。

（2）供电企业用电检查部门负责对合同中供电方案的合理性、执行电价的正确性等条款进行审查，对供用电合同执行情况、管理情况定期进行分析，及时发现和解决存在的问题。

（3）建立供用电合同的法律联动机制，供电企业法律顾问应对供用电合同特殊条款及重要合同进行审查，并对相应条款的正确性、完整性及无歧义负责。

（4）供用电合同在履行中，双方发生纠纷，并导致不利后果的，供电企业应按照供电服务质量事故责任追究相关规定，追究签约人及相关责任人员的责任，督促重新签订合同。

（5）省级电力企业电力营销部对各地、市供用电合同管理情况不定期进行抽查或组织互查，实行目标管理考核。

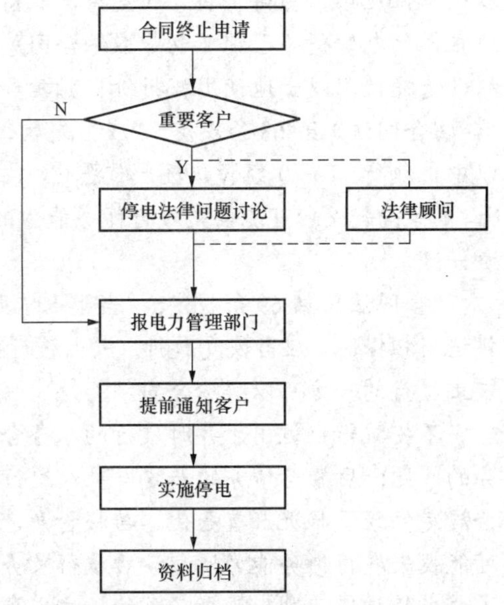

图 ZY2200301002-3　合同终止履行的管理流程

四、供用电合同纠纷的解决途径

供用电纠纷常见有计量纠纷、价格纠纷、违约供用电纠纷等。解决合同纠纷的途径主要有协商、调解、仲裁、诉讼等。供用电双方在合同中可就争议解决方式及管辖机构或管辖地予以约定。

五、供用电合同典型案例分析

某食品厂与某供电公司供用电合同纠纷案

1. 案情介绍

某食品厂由于受市场影响，产品严重滞销，经营严重恶化，导致欠某供电公司电费达 60 余万元。若不及时采取措施，如该厂破产倒闭，将给供电公司造成巨额经济损失。供电公司依据《电力法》、《合同法》规定，通知该厂于 3 日内缴清电费，同时告知客户，由于其经营状况严重恶化，供电公司已符合《合同法》第 68 条、第 69 条规定的行使不安抗辩权的法定条件，用电方必须为下期用电电费提供担保，否则将中止供电。该食品厂缴清了电费，却拒绝提供担保，供电公司按规定程序中止了该厂供电。

该食品厂以供电公司停电属违约行为为由，向某基层人民法院提起民事诉讼，认为供电公司要求其提供担保，《电力法》无明确规定，要求供电公司恢复供电，并赔偿停电导致的损失 15 万元。供电公司聘请律师积极应诉，向法庭提交了供用电合同、近半年来该厂电费发票存根（证明多次未按期缴纳电费、履约能力明显降低）、从工商行政管理局复制的该厂企业法人营业执照年审材料及从该厂主管部门复制的食品厂财务会计报表（证明该厂经营状况严重恶化）等证据材料。

经审理，人民法院认为，原告食品厂与被告供电公司在本案中系供用电合同关系，该法律关系属民事法律关系，应受《民法通则》、《合同法》等民事法律、规范调整。供用电合同为异时履行的双务合同，供电公司有先供电、后收费的义务，但当用电方出现《合同法》第 68 条所列的经营状况严重恶化，转移资产、抽逃资金以逃避债务，丧失商业信誉，有丧失或者可能丧失履行债务能力等项情形且供电方有确切的证据予以证明，供电方在履行了通知义务后，在用电方未恢复履行能力前，可以要求用电方提供电费担保，用电方拒绝提供担保的，可以中止供电。据此法院判令驳回原告的诉讼请求。

一审判决后，原告、被告均未提起上诉，不久，原告即与供电公司达成协议，自愿将其厂区内一块面积达 $1900m^2$ 的无地上定着物的土地使用权对将要发生的电费提供担保，双方签订了《电费缴纳合同》、《抵押合同》，并在土地行政管理部门办理了抵押物登记手续，使《抵押合同》合法生效。

2. 案件评析

在这起案例中，法院判决是正确的。供电公司依法行使不安抗辩权，同时在用电方不服起诉时，积极举证应诉，赢得了法院的支持，取得了该厂无地上定着物的土地使用权的优先受偿权，在抵押物所担保的电费债务已到《电费缴纳合同》约定清偿期而该厂未履行债务时，供电公司可通过行使抵押权，选择使用以土地使用权折价、拍卖和变卖等方式实现未受偿电费债权，有效地降低经营风险。

《合同法》第68条规定："应当先履行债务的当事人，有确切证据证明对方有下列情形之一的，可以中止履行:（一）经营状况严重恶化;（二）转移财产、抽逃资金，以逃避债务;（三）丧失商业信誉;（四）有丧失或者可能丧失履行债务能力的其他情形。当事人没有确切证据中止履行的，应当承担违约责任。"

《合同法》第69条规定："当事人依照本法第68条规定中止履行的，应当及时通知对方。对方提供适当担保时，应当恢复履行。中止履行后，双方在合理期限未恢复履行能力并且未提供适当担保的，中止履行的一方可以解除合同。"

不安抗辩权适用于异时履行的双务合同中，双方当事人在同一合同中互负债务，存在先后履行债务的问题；后履行债务的一方当事人履行能力明显降低，有不能履行债务的危险。即《合同法》第68条规定的经营状况严重恶化、转移资产、抽逃资金以逃避债务，严重丧失商品信誉或有其他丧失或者可能丧失履行债务能力情形；后履行义务的一方未提供适当担保。如果后履行义务的一方当事人提供了适当的担保，则先履行义务的一方当事人的债权将受到保障，不会受到损害，所以合同将继续得以履行，不能行使不安抗辩权。

法律为追求双务合同双方利益的公平，保障先给付一方免受损害而设立不安抗辩权，同时也为另一方面当事人考虑，又使不安抗辩权人负有以下义务，这是我们行使不安抗辩权时必须给予高度重视、引起充分注意的，否则将有可能承担违约责任。

（1）及时通知对方的义务。不安抗辩权人在行使权利之前，应将中止履行的事实、理由以及恢复履行的条件及时告知双方，应当尽量避免解除合同的情况出现。

（2）对方提供适当担保，应当恢复履行。"适当担保"是指在主合同不能履行的情况下担保人能够承担债务人履行债务的责任，即担保人有足够的财产履行债务。

（3）不安抗辩权人有举证的义务，应提出对方履行能力明显降低，有不能履行债务危险的确切证据，不安抗辩权人的举证责任可以防止此权利的滥用。

在行使不安抗辩权时，应高度重视不安抗辩权行使的法定条件，严格履行《合同法》要求不安抗辩权人必须承担的法律义务，客户提供担保的形式要件和实体要件都必须符合担保法及其司法解释的规定。面对电力市场风险，只有以法律为准绳，增强市场风险防范意识，规范供用电合同的签订和管理，让法治成为企业管理的有力支撑点，企业的合法权益才能更好地受到法律的保护。

【思考与练习】

1. 什么是供用电合同管理？供用电合同管理有何重要性？

2. 供用电合同管理的主要内容有哪些？

3. 供用电合同签订管理流程有哪些环节？

4. 供用电合同纠纷的解决途径有哪些？

第七章　供用电合同的签订

模块1　低压供用电合同的签订（ZY2200302001）

【模块描述】本模块包含签订供用电合同的法律依据、合同签约合法当事人、用电人签订合同前应提供的材料、合同签订的时限要求及注意事项等内容。通过概念描述、术语说明、流程讲解、要点归纳、案例分析，掌握低压供用电合同签订的内容和方法。

【正文】

一、签订供用电合同的法律依据

《中华人民共和国电力法》、《电力供应与使用条例》、《供电营业规则》均有规定，供电企业和客户应当在正式供电前，根据客户用电需求和供电企业的供电能力以及办理用电申请时双方已认可或协商一致的文件，签订供用电合同。电力供应与使用双方应当根据平等自愿、协商一致的原则签订供用电合同，确定双方的权利和义务。

二、供用电合同签约的合法当事人

供用电合同签约的合法当事人是供电人和用电人。

供电人是指具有国家行政许可部门核发的《供电营业许可证》、《供电业务许可证》、工商行政管理部门核发的《营业执照》或《企业法人营业执照》的供电企业。

用电人是指使用电网电力或需要电网提供生产备用、保安电源的发电厂、热电厂、水电站等的合法电力客户。

三、用电人签订供用电合同前应提供的材料

《供电营业规则》规定：供电企业和客户应当在正式供电前，根据客户用电需求和供电企业的供电能力以及办理用电申请时双方已认可或协商一致的下列文件，签订供用电合同：

（1）客户的用电申请报告或用电申请书；

（2）新建项目立项前双方签订的供电意向性协议；

（3）供电企业批复的供电方案；

（4）客户受电装置施工竣工检验报告；

（5）用电计量装置安装完工报告；

（6）供电设施运行维护管理协议；

（7）其他双方事先约定的有关文件。

对用电量大的客户或供电有特殊要求的客户，在签订供用电合同时，可单独签订电费结算协议和电力调度协议等。

四、签订低压供用电合同的时限要求

《国家电网公司业扩报装管理规定（试行）》（国家电网公司营销［2007］49 号）规定：根据相关法律法规和平等协商原则，正式接电前，合同条款应按照国家电网公司下发的《供用电合同》（参考文本）确定。未签订供用电合同的，不得接电。

五、低压供用电合同签订业务流程及注意事项

（一）合同签订业务流程

合同签订流程如图 ZY2200302001-1 所示。

（二）合同签订注意事项

（1）签订合同前，要对客户进行必要的资信情况调查核实。

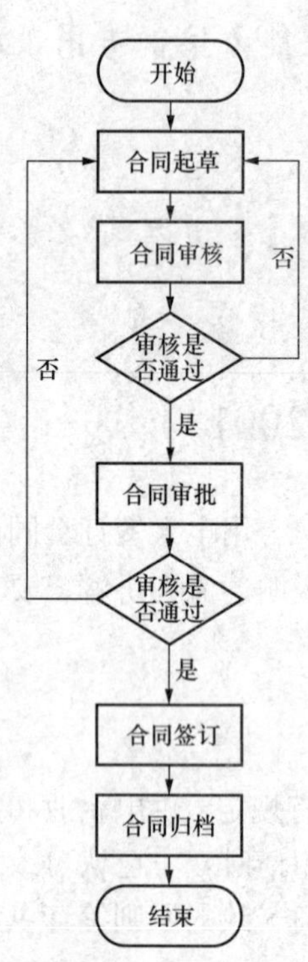

图 ZY2200302001-1 低压供用电合同签订业务流程

（2）文字表述、文理逻辑要明确严密，不产生歧义，双方权利义务要明确具体。

（3）电力客户法定代表人授权代理人签订供用电合同时，必须事先办理书面授权委托书。

（4）在签订合同时，电力客户应出示法定代表人及其委托代理人身份证原件，并将原件复印件及授权委托书交给供电企业作为供用电合同的附件保存。电力客户提交的相关资质证明包括客户应有的营业执照、税务登记证、组织机构代码等，国家规定的许可项目还应包括许可证。

（5）低压供用电合同期限一般不超过 10 年；实行定比定量的客户，不超过 2 年。

国家规定的许可项目，合同有效期限不得超过许可证的有效期限。

（6）合同的签订应严格履行审批流程。对供电方案的经济性、可行性、安全性以及核定的电价，签约人员必须认真审查。

（7）供用电合同在签约过程中，供电企业必须履行提请注意和异议答复程序；对电力客户书面提出的异议，供电企业必须书面答复，并留有相应的答复记录。

（8）供用电合同在具备合同约定条件和达到合同约定时间后生效。

（9）合同附件及有关资料要整理齐全，一并归入主合同档案。合同签订后应做好供用电合同的档案管理工作。

六、低压供用电合同样本示例

（一）居民供用电合同样本示例

某新装居民客户，用电地址为××市翡翠园小区 15 栋 106 室，供电公司批复的供电方案明确采用 50Hz 单相 220V 电源对其供电，供电容量为 8kW，用电性质为居民生活用电。供用电双方签订的居民供用电合同如下：

居民供用电合同

（参考文本）

为明确供电企业（以下简称供电人）和居民用电户（以下简称用电人）在电力供应与使用中的权利和义务，根据《中华人民共和国合同法》、《中华人民共和国电力法》、《电力供应与使用条例》、《供电营业规则》等有关法律法规规定，经双方协商一致，签订本合同。

一、用电地址、容量和性质

1. 用电地址：××市翡翠园小区 15 栋 106 室。

2. 用电容量：8 千瓦。

3. 用电性质: 居民生活用电。

用电人不得擅自改变用电性质用电、向上述用电地址外转供电力，不得超过上述容量用电。

二、电压

电压 单相 220 伏（单相/三相）。

三、用电计量

供电人按国家规定在用电人的受电点安装用电计量装置，其记录作为计算电费的依据。

供电人、用电人都有保护用电计量装置完好的义务；如发生用电计量装置丢失、损坏、封印脱落等异常情况，用电人应及时通知供电人；发生异常情况的，用电电量按供电营业规则的规定处理。

一方有理由认为用电计量装置失准，有权提出校验要求，对方不得拒绝。校验应由有资质的计量检定机构实施；如校验结论为合格，校验费用由提出请求方负担；如不合格，该费用由表计提供方负担。校验期间，电费按校前记录预付，再按校验结论相应退、补。任何一方对检验结果仍有异议的，可按法律规定的程序和要求提出行政检定和司法鉴定的申请。

四、电价

按照有电价管理权的管理部门批准的电价执行；若遇电价调整，按调价政策规定执行。用电人可选择执行以下第__2__种电价：

1. 居民生活电价。

2. 居民生活分时电价。

选择居民生活分时电价的，自确定之日起，一年内不得变更。

五、抄表和结费

供电人于__1__日至__15__日抄表，用电人在抄表结束日后，应在__30__日内向供电人或供电人委托代理收费的有关机构交付电费及随电费征收的有关费用。

计量装置异常或因故未能及时抄录时，按照上月电量预先结算电费。

计量装置因故未计量的电量，按正常用电月份3个月的日平均电量乘以未计量的时间计算；新装不足3个月的，按实际运行期间的日平均电量乘以未计量的时间计算。

用电人或供电人选择预付费结算方式时，应另行签订电费结算协议。

六、电力设施运行维护管理责任

电力设施运行维护管理责任分界点为__附图D__（见附图）。分界点电源侧电力设施由供电人负责运行维护管理，分界点负荷侧电力设施由用电人负责运行维护管理。

七、用电安全

用电人应当安装符合国家标准的剩余电流动作保护器等开关电器，并负责运行维护，以保障用电安全。

八、合同变更、转让和解除

用电人需要增加、减少用电容量，变更户名、改变用电性质、另行选择（分类/分时）电价、迁移用电地址、移动表位、过户等，应先行结清所欠电费，再与供电人办理变更手续；需要解除合同的，应及时办理合同解除手续。

合同未作变更的，不得擅自实施。

九、违约责任

（一）供电人

1. 违反国家规定的条件和程序中止供电，按《供电营业规则》相关规定处理。

2. 因电力运行事故引起居民家用电器损坏，依照《居民客户家用电器损坏处理办法》的有关规定处理。

（二）用电人

1. 未按约定期限足额缴纳电费，应继续交付，并自逾期之日至交付日，每日按欠费总额的千分之一支付电费违约金。经供电人催缴而仍不交付的，供电人可按规定的程序中止供电。

2. 违反《供电营业规则》发生《供电营业规则》第100条、第101条所列违约用电行为、窃电行为用电，按《供电营业规则》有关规定处理。

十、争议的解决方式

双方发生的合同争议，应先行协商解决。协商未果的，可提请相关行政或授权机关调解，也可以直接实施以下第__2__种行为：

1. 向________/________仲裁委员会申请仲裁；

2. 向__供电人所在地__人民法院提起诉讼。

十一、其他约定

1. 本合同中的条款用电人已认真阅读，供电人亦就询问作出了必要和合理的说明；签约各方对本合同的内容及含义认识一致。供、用电双方是在完全清楚、自愿的基础上签订本合同。

2. 本合同未尽事宜，供用电双方可另行签订协议；未另行签订协议的，按有关法律、法规、规章办理。

十二、附则

1. 本合同经双方签字或盖章后生效。

2. 本合同一式两份，双方各执其一。

供电人：（签章）	用电人：（签章）
×××	×××
时间：××××年××月××日	时间：××××年××月××日

附图：供电接线及产权分界示意图

附图A 架空方式进户

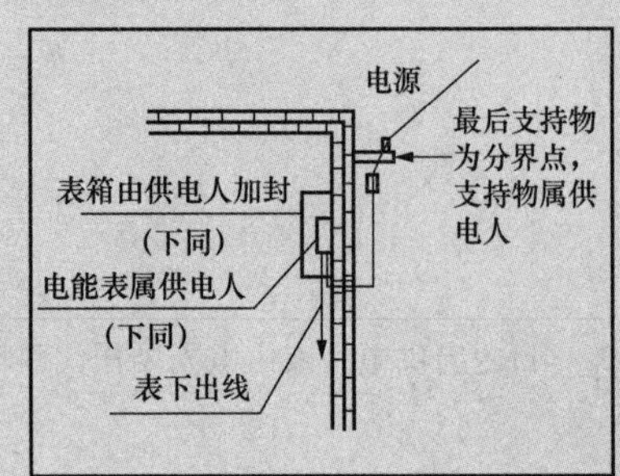

附图B 电缆方式进户

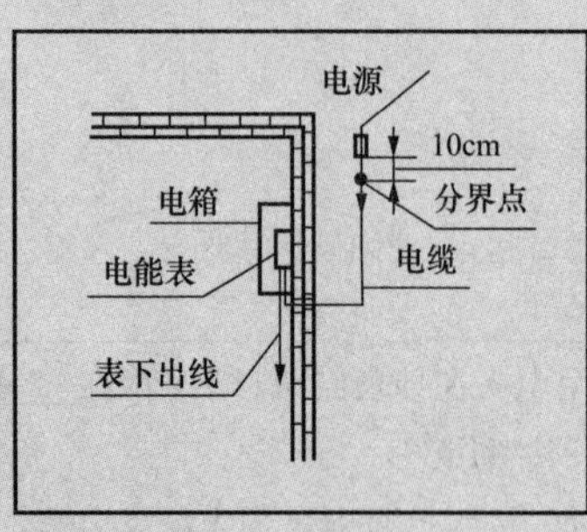

附图C 集中表箱（带出线控制）

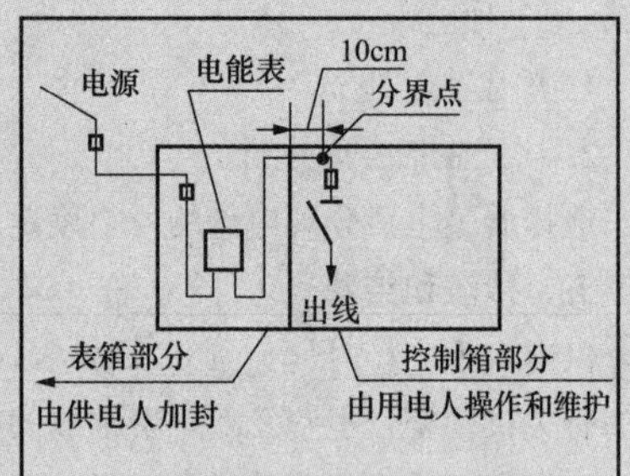

附图D 集中表箱（不带出线控制）

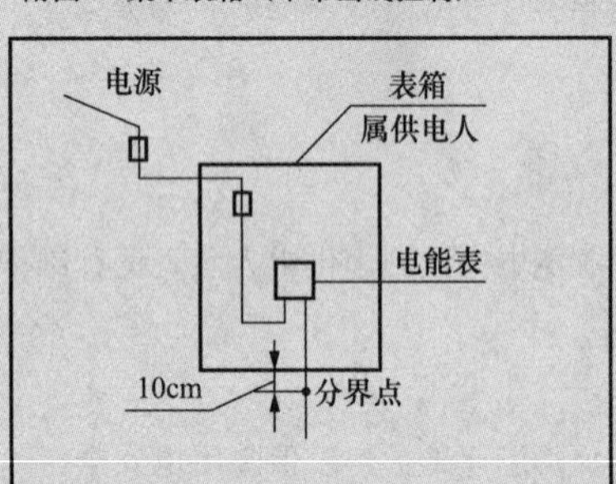

附图E 分层表箱

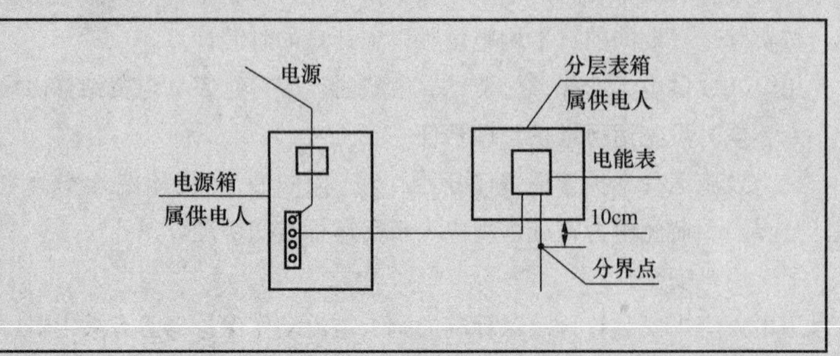

（二）低压单相供用电合同样本示例

某新装低压电力客户，用电地址为××市××路12号门面房，供电公司批复的供电方案中明确采用50Hz单相220V电源对其供电，供电容量为10kW，用电性质为商业用电。供用电双方签订的低压单相供用电合同如下：

合同编号：×××

低压单相供用电合同

（参考文本）

供电人	用电人
名　称：×××	名　称：×××
法定代表人/企业负责人：×××	法定代表人：×××
住所地：×××	住所地：×××
电　话：×××	电　话：×××
电　传：×××	电　传：×××
邮　编：×××	邮　编：×××
开户银行：×××	开户银行：×××
账　　号：×××	账　　号：×××
税务登记号：×××	税务登记号：×××

为明确供电企业（以下简称供电人）和低压单相用电户（以下简称用电人）在电力供应与使用中的权利和义务，根据《中华人民共和国合同法》、《中华人民共和国电力法》、《电力供应与使用条例》、《供电营业规则》等有关法律法规规定，经双方协商一致，签订本合同。

一、用电地址、容量和性质

1. 用电地址：××市××路12号门面房。
2. 行业分类：居民服务业。
3. 用电容量：10千瓦。

4. 用电分类：商业用电。

用电人不得擅自改变用电性质用电、向上述用电地址外转供电力，不得超过上述容量用电。

二、电压：电压单相220伏。

三、用电计量

1. 供电人按国家规定在用电人的受电点安装用电计量装置，其记录作为计算电费的依据。

2. 多种电价类别的电量因故未能分别计量的，各电价类别的用电量，每月按以下第/种方式确定：

（1）/电价类别定比为计量装置所计电量的：/%；

（2）/电价类别定量为/。

以上方式及核定值各方每年至少可以提出重新核定一次，对方不得拒绝。

3. 供电人、用电人都有保护用电计量装置完好的义务；如用电计量装置发生丢失、损坏、封印脱落等异常情况，用电人应及时通知供电人；发生异常情况的，用电电量按供电营业规则的规定处理。

4. 一方有理由认为用电计量装置失准，有权提出校验要求，对方不得拒绝。校验应由有资质的计量检定机构实施；如校验结论为合格，校验费用由提出请求方负担；如不合格，该费用由表计提供方负担。校验期间，电费按校前记录预付，再按校验结论相应退、补。任何一方对检验结果仍有异议的，可按法律规定的程序和要求提出行政检定和司法鉴定的申请。

四、电价

按照有电价管理权的管理部门批准的电价执行；若遇电价调整，按调价政策规定执行。

五、抄表和结费

供电人于1日至15日抄表，用电人在抄表结束日后，应在30日内向供电人或供电人委托代理收费的有关机构交付电费及随电费征收的有关费用。

计量装置异常或因故未能及时抄录时，按照上月电量预先结算电费。

计量装置因故未计量的电量，按正常用电月份3个月的日平均电量乘以未计量的时间计算；新装不足3个月的，按实际运行期间的日平均电量乘以未计量的时间计算。

用电人或供电人选择预付费结算方式时，应另行签订电费结算协议。

六、电力设施运行维护管理责任

电力设施运行维护管理责任分界点为附图D（见附图）。分界点电源侧电力设施由供电人负责运行维护管理，分界点负荷侧电力设施由用电人负责运行维护管理。

七、用电安全

用电人应当安装符合国家标准的剩余电流保护器等开关电器，并负责运行维护，以保障用电安全。

八、合同变更、转让和解除

用电人需要增加、减少用电容量，变更户名、改变用电性质、另行选择电价、迁移用电地址、移动表位、过户等，应先行结清所欠电费，再与供电人办理变更手续；需要解除合同的，应及时办理合同解除手续。

合同未作变更的，不得擅自实施。

九、违约责任

（一）供电人

1. 违反国家规定的条件和程序中止供电，按《供电营业规则》相关规定处理。

2. 由于供电企业电力运行事故造成客户突然停电导致损失的，供电企业应按客户在停电时间内可能用电量的电度电费的四倍给予赔偿。具体计算参照《供电营业规则》。

（二）用电人

1. 未按约定期限足额缴纳电费，应继续交付，并自逾期之日至交付日，每日按欠费总额的千分之二支付电费违约金。经供电人催缴而仍不交付的，供电人可按规定的程序中止供电。

2. 违反《供电营业规则》发生《供电营业规则》第100条、第101条所列违约用电行为、窃电行为用电，按《供电营业规则》有关规定处理。

十、争议的解决方式

双方发生的合同争议，应先行协商解决。协商未果的，可提请相关行政或授权机关调解，也可以直接实施以下第__2__种行为：

1. 向______/______仲裁委员会申请仲裁；

2. 向____供电人所在地______人民法院提起诉讼。

十一、其他约定

1. 本合同中的条款用电人已认真阅读，供电人亦就询问作出了必要和合理的说明；签约各方对本合同的内容及含义认识一致。供、用电双方是在完全清楚、自愿的基础上签订本合同。

2. 本合同未尽事宜，供用电双方可另行签订协议；未另行签订协议的，按有关法律、法规、规章办理。

十二、附则

1. 本合同经双方签字或盖章后生效。

2. 本合同一式两份，双方各执其一。

供电人：（签章）　　　　　　　　　　用电人：（签章）

×××　　　　　　　　　　×××

时间：××××年××月××日　　　　　　时间：××××年××月××日

附图：供电接线及产权分界示意图

附图A　架空方式进户

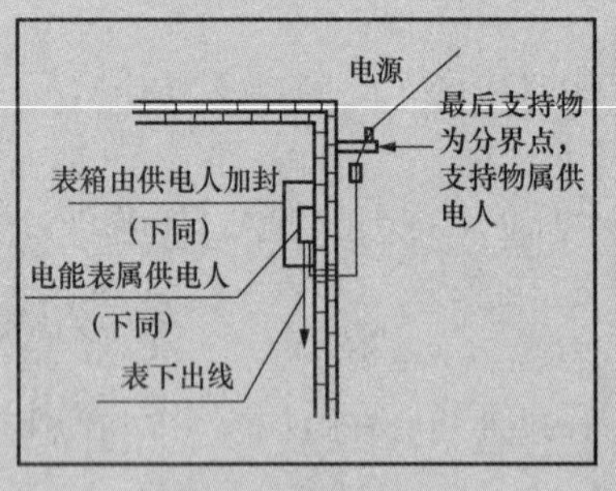

附图B　电缆方式进户

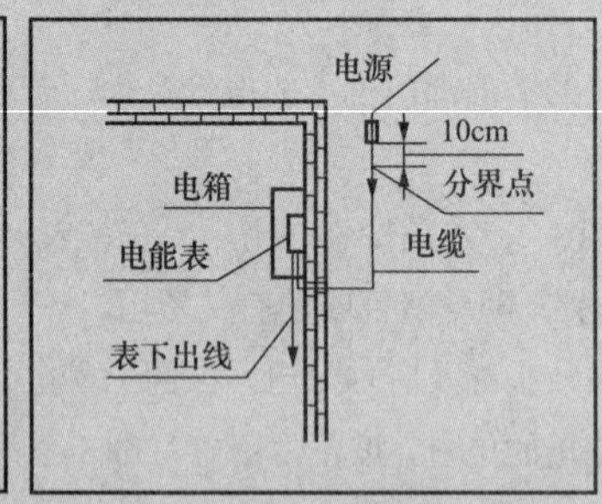

附图C　集中表箱（带出线控制）

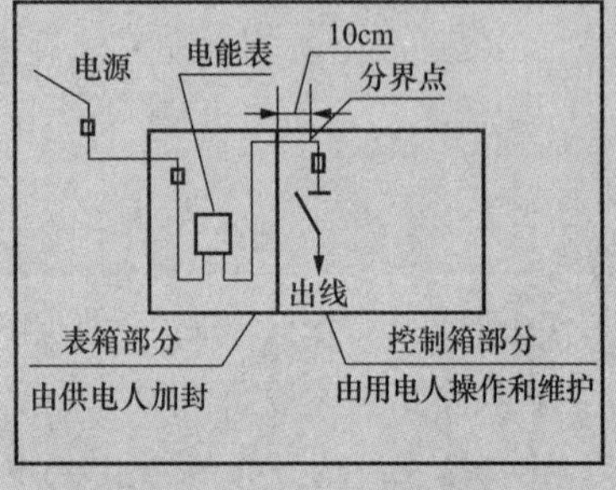

附图D　集中表箱（不带出线控制）

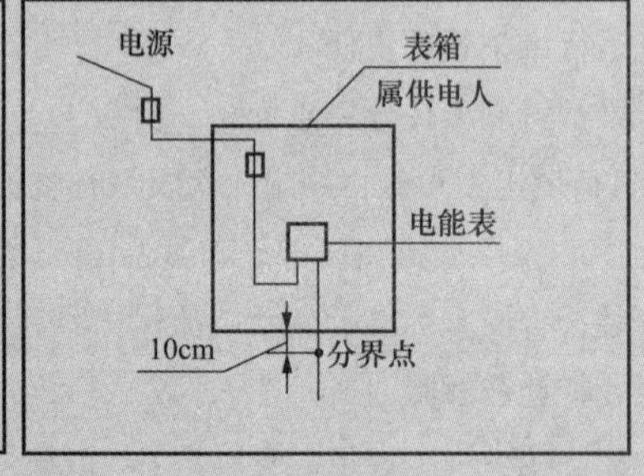

附图E　分层表箱

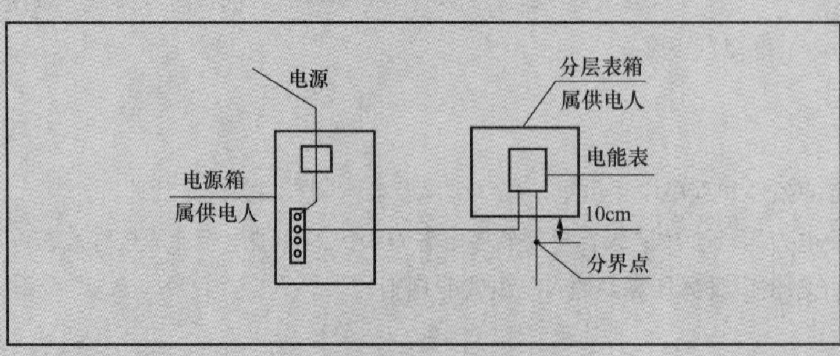

（三）低压三相供用电合同样本示例

某新装低压电力客户，用电地址为××市××路25号，供电公司批复的供电方案中明确采用50Hz三相380V电源对其供电，电源T接点为10kV城东122线路所带的G006公用配变供电的6号低压电缆分支箱内2号出线断路器，供电容量为50kW，用电性质为普通工业用电。供用电双方签订的低压三相供用电合同如下：

合同编号：×××

低压三相供用电合同
（参考文本）

供电人	用电人
名　称：×××	名　称：×××
法定代表人/企业负责人：×××	法定代表人：×××
住所地：×××	住所地：×××
电　话：×××	电　话：×××
电　传：×××	电　传：×××
邮　编：×××	邮　编：×××
开户银行：×××	开户银行：×××
账　　号：×××	账　　号：×××
税务登记号：×××	税务登记号：×××

目　录

为确定供电人和用电人在电力供应与使用中的权利和义务，安全、经济、合理、有序地供电和用电，根据《中华人民共和国合同法》、《中华人民共和国电力法》、《电力供应与使用条例》、《供电营业规则》有关规定，经双方协商一致，订立本合同。

第一章　合同的基本状况

第一节　供用电方式和设施

第一条　用电地址　××市××路25号　。

第二条　用电性质

（一）行业分类：金属加工；

（二）用电分类：普通工业用电；

（三）负荷特性：

1. 三类负荷　；

2. 可间断负荷　。

第三条　用电容量

用电容量为　50　千瓦，该容量为合同约定用电人最大装接容量，即最大用电容量。

第四条　供电方式

供电人向用电人提供三相交流50Hz电源，　一　回低压馈线向用电人供电。

1. 第一路电源（主供）：供电容量为　50　千瓦；

2. 第二路电源（主供/备用）：供电容量为　/　千瓦；

3. 多路供电电源的闭锁方式：　/　（机械闭锁/电气闭锁）；

4. 自备电源

（1）用电人自备发电机___/___千瓦，安装地点：___/___，闭锁方式为___/___。

（2）不间断电源（UPS）___/___伏安，安装地点在用电人侧。

第五条 用电人自行采取的保安措施

用电人自行采取下列电或非电保安措施，确保电网意外断电不影响安全生产：

（一）自备电源（同第四条第4项）

（二）非电保安措施：___/___。

第六条 供用电设施产权分界点及维护责任划分

供用电设施产权分界点为：

1. 产权分界点为10kV城东122线路所带的G006公用配变供电的6号低压电缆分支箱内2号断路器负荷侧出线10cm处；分界点及以上设施属供电人，分界点以下设施属用电人。

2. ___/___；

3. ___/___。

维护责任按产权分界，本合同另有约定的从约定。

产权分界以文字和附图（附件二）表述；如二者不符，以文字为准。

第二节 电量、电价和电费

第七条 计量点及计量方式

供电人按照国家规定，在用电人每一路馈线按照不同用电性质分别安装用电计量装置，其记录作为向用电人计算电费的主要依据。

1. 计量点1：计量装置装设在___客户低压配电房内受电装置电源进线处___处，作为用电人___普通工业___用电量的计量依据，计量方式为___低供低计___；

2. 计量点2：计量装置装设在___/___处，作为用电人___/___用电量的计量依据，计量方式为___/___。

计量点___/___为计量点___/___的分计量点，在计算电量时，计量点___/___所计电量应当扣减计量点___/___所计电量。

第八条 用电计量装置

各计量点计量装置配置如下：

计量点	计量设备名称	型号规格	精度	计算倍率	备注 （主、副表，总分表关系）
1	电能表	3×220/380V 3×10（40）A	2.0	1	主表、总表
	电流互感器	75/5	0.5S	15	/
	/	/	/	/	/
	/	/	/	/	/
/	/	/	/	/	/
	/	/	/	/	/
	/	/	/	/	/
	/	/	/	/	/

第九条 未分别计量的电量认定

___/___计量装置计量的电量包含多种电价类别的电量，各电价类别的用电量，每月按以下第___/___种方式确定：

（一）___/___电价类别定比为：___/___%；

（二）___/___电价类别定量为___/___；其余电量电价类别为___/___。

以上方式及核定值各方每年至少可以提出重新核定一次，对方不得拒绝。

第十条 电量的抄录和计算

1. 抄表周期为＿月＿，抄表例日为＿每月1～15日＿。

2. 抄表方式：＿/＿装置自动抄录方式。

3. 结算依据：

以抄录数据作为电度电费的结算依据；

以＿/＿装置自动抄录的数据作为电度电费结算依据的，当装置故障时，依人工抄录数据。

用电人各类用电的结算电量分别按以下方法分别确定：

（1）按本合同第七条明确的相应的用电计量装置的记录和第八条明确的计费倍率计算。

（2）按本合同第九条规定的定比定量值计算。

第十一条　计量失准及争议处理规则

（一）一方认为用电计量装置失准，有权提出校验请求，对方不得拒绝。校验应由有资质的计量检定机构实施。如校验结论为合格，检测费用由提出请求方承担；如不合格，由表计提供方承担，但能证明因对方使用、管理不善的除外。

（二）计量失准时，计费差额电量按下列方式确定：

1. 互感器或电能表误差超出允许范围时，以“0”误差为基准，按验证后的误差值确定计费差额电量。上述超差时间从上次校验或换装后投运之日至误差更正之日的二分之一时间计算。

2. 其他非人为原因致使计量记录不准时，以用电人上年度或正常月份用电量的平均值为基准，确定计费差额电量，计算退补电量的时间按导致失准时间至误差更正之日的差值确定。

（三）以下原因导致的电能计量或计算出现差错时，计费差额电量按下列方式确定：

1. 计费计量装置接线错误的，以其实际记录的电量为基数，按正确与错误接线的差额率退补电量，计算退补电量的时间从上次校验或换装投运之日至接线错误更正之日。

2. 计算电量的计费倍率与实际倍率不符的，以实际倍率为基准，按正确与错误倍率的差值确定计费差额电量，计算退补电量的时间以发生时间为准确定。

（四）计量装置因故未计量的电量，按前6个月的日平均电量乘以未计量的时间计算；新装不足6个月的，按实际运行期间的日平均电量乘以未计量的时间计算。

（五）抄表记录和失压、断流自动记录等装置记录的数据作为双方处理有关计量争议的依据。

（六）按确定的计费差额电量和差额电量发生期间的电价计算应退还或补收的电费。

第十二条　电价

按照有电价管理权的管理部门批准的电价执行；若遇电价调整，按调价政策规定执行。

第十三条　电费计算

电度电费：按结算电量对应乘以国家确定的用电分类目录电价。

第十四条　电费支付及结算

1. 每月电费分＿一＿次支付；支付比例和时间为＿每月28日＿，支付方式为＿银行托收＿。

2. 电费按月结算，结算时间＿每月25日＿，用电人应在＿30＿日前结清全部电费。

双方也可另行订立付费结算协议。

3. 若遇电费争议，用电人应先按结算电费金额，按时足额交付电费，待争议解决后，据实清算。

第二章　双方的义务

第一节　供电人义务

第十五条　电能质量

在电力系统处于正常运行状况下，供到用电人受电点的电能质量应符合国家规定的标准。

第十六条　连续供电

在电力系统处于正常运行状况下，应向用电人连续供电。但有以下情形之一的除外：

（一）供电设施计划或临时检修；

（二）供电人依法限电；

（三）发生不可抗力事件或供电人的紧急避险行为；

（四）用电人实施本合同第三十六条（八）至（十一）项行为；

（五）供电人执行行政机关停电的强制命令；

（六）用电人违反本合同第二十八条、第三十一条以及实施第三十六条（一）至（七）项行为，拒绝改正的；

（七）用电人逾期未交电费、违约金经催交仍未交付的；

（八）其他法定的情形。

第十七条　中止供电程序

（一）因本合同第十六条第（一）项原因需要或必须中止供电时，应当：

1. 计划检修的，提前七天以发出公告或其他方式告知用电人；

2. 临时检修的，提前24小时告知重要客户。

（二）因本合同第十六条第（二）项原因的，应执行经批准的限电序位表。

（三）因本合同第十六条第（三）项、第（四）项原因的，可当即停电。

（四）因本合同第十六条其他原因需要停电的，应当：

1. 在停电前____天内，将停电通知书送达用电人；

2. 在停电前30分钟，再通知重要用电人一次；

3. 按通知规定的时间实施停电。

引起停电或限电的原因消除后，应在三日内恢复供电，否则应向用电人说明原因。

第十八条　抄表计费

按照本合同约定的日期抄录用电人的用电度数和计算电费。

第十九条　供电设施管理

按本合同第六条的约定对供电设施实施维护、管理。

第二十条　越界操作

不得擅自操作对方维护管理范围内的电力设施，但遇下列情况必须操作时除外：

（一）危及电网和用电安全；

（二）可能造成人身伤亡或设备损坏；

（三）供电人依本合同实施停电的。

实施前款行为时，应遵循合理、善意的原则，最大限度地减少因此而发生的损失，并在24小时内书面告知对方。

第二十一条　事故抢修

因自然灾害等原因断电的，应按国家有关规定及时抢修。

第二十二条　禁止行为

（一）擅自迁移用电计量装置；

（二）故意使用电计量装置计量错误；

（三）随电费收取国家法律、行政法规规定以外的任何费用。

第二十三条　减少损失

因用电人原因造成供电人供电质量下降或停电等情形发生时，应及时采取合理、可行的补救措施，尽量减少因此而导致的损失。

第二十四条　交易信息提供

（一）为用电人交费和查询提供方便；

（二）免费为用电人提供电能表示度、电力、电量及电费等信息；

（三）及时公布电价调整信息。

第二十五条　信息保密

对确因供电需要而掌握的用电人的商业秘密，不得公开或泄露。

用电人需要保守的商业秘密范围由其另行书面向供电人提出，但其中不应包括用电人的电力、电量、装机容量、电费交纳、主要产品单耗，以及供电人依据统计法规而收集、掌握的相关信息。

第二节　用电人义务

第二十六条　交付电费

按照本合同第十三条约定的方式、期限交付电费。

委托银行代为划拨电费的，用电人应督促受托银行按照供电人的书面通知及约定的时限足额划转电费。供电人对委托银行的书面通知视为对用电人的同时通知。

第二十七条　保安措施

保证自行采取的电或非电保安措施有效，以满足安全需要。

第二十八条　受电设施合格

保证其受电设施及多路电源的闭锁装置始终处于合格、安全的状态，并按照国家或电力行业电气运行规程定期进行安全检查和预防性试验，及时消除安全隐患。

第二十九条　受电设施管理

按本合同第六条的约定对用电设施实施维护、管理，并负责保护供电人安装在用电人处的用电计量装置与负荷控制装置等装置的安全、完好。

第三十条　继电保护的整定与配合

受电装置的继电保护方式应当与供电人电网的继电保护方式相互配合，并按照电力行业有关标准或规程进行整定和检验。

第三十一条　无功补偿保证

应按照无功电力就地补偿的实施原则，合理装设和投切无功补偿装置。

第三十二条　质量共担

谐波源负荷、冲击负荷、非对称负荷等对电网的污染应符合国家标准。

第三十三条　有关事项的通知

以下事项中的（一）至（三）发生后、（四）至（十一）发生前，应及时书面通知供电人：

（一）重大用电设备故障及人身触电事故；

（二）电能质量异常；

（三）电能计量装置及其计量异常、失压断流记录装置的记录结果发生改变、负荷管理装置运行异常；

（四）用电性质和用电构成改变；

（五）拟对受电装置进行改造或扩建；

（六）用电负荷的重大变化、大型用电设备的停电检修安排；

（七）拟作资产抵押、重组、转让、经营方式调整；

（八）拟进行撤销、解散、破产；

（九）发生重大诉讼、仲裁；

（十）用电人名称发生变化；

（十一）其他可能对本合同履行产生重大影响的改变。

第三十四条　配合事项

（一）对供电人依法进行的用电检查或抄表，应提供方便、配合并陪同进入现场，应根据检查内容的需要，提供相应的真实资料；

（二）供电人依本合同第十六条实施停、限电时，应及时减少、调整或停止用电。

第三十五条　越界操作

按本合同第二十条执行。

第三十六条　不得在用电中实施的行为

（一）擅自改变用电类别或在电价低的供电线路上，擅自接用电价高的用电设备；

（二）擅自超过本合同约定容量用电；

（三）擅自超过计划分配的用电指标；

（四）擅自使用已经办理暂停使用手续的电力设备，或启用已被封停的电力设备；

模块1

ZY2200302001

（五）擅自迁移、更动或操作用电计量装置；

（六）擅自引入、供出电源或者将自备电源和其他电源私自并网；

（七）擅自变动供电人整定和检验的继电保护装置及其二次回路；

（八）擅自在供电人供电设施上接线用电或绕越用电计量装置用电；

（九）伪造或者非法开启加封的用电计量装置封印；

（十）故意损坏用电计量装置或使其失准；

（十一）采取其他方式不计量或少计量的用电行为。

第三十七条　减少损失

当供电质量下降或停电等情形发生时，应及时采取合理、可行的措施，尽量减少因此而导致的损失。

第三十八条　电工资质

用电人在受电装置部位作业的电工，须持有《电工进网作业许可证》，方可上岗作业。

第三章　合同的变更、转让和终止

第三十九条　合同变更

（一）合同履行中发生下列情形之一的，双方应对相关条款的修改进行协商：

1. 增加、减少受电点、计量点；
2. 增加或减少用电容量；
3. 改变供电方式；
4. 对供电质量提出特别要求；
5. 供用电设施维护责任的调整；
6. 电费计算方式、交付方式变更；
7. 违约责任的调整。

（二）下列事项的变更，以双方用电业务流程中的书面申请及批复、书面通知书、业务工作单票体现：

当事人名称变更、非永久性减少用电容量、移动计量装置安装位置、暂时停止用电并拆表、供电线路变更、电能计量装置现场校验及更换等。

上述变更的业务资料、书证应由双方赋有履行本合同工作职责的人员签署。

第四十条　变更程序

前条第（一）项事项的变更，按以下程序办理：

（一）提出方向对方提出变更意见，陈述变更的事项和理由；

（二）双方协商达成一致；

（三）按本合同订立程序签订《合同事项变更确认书》（见附件三）；

一方提出申请，另一方以实际行为响应的，视为变更已经达成。

前条第（二）项事项的变更，双方赋有履行本合同工作职责的人员在相关业务书证上签字后即发生效力。

第四十一条　合同转让

未经对方同意，任何一方都不得将合同义务转让他人。

第四十二条　合同终止

合同因下列原因而终止：

（一）约定的履行期限届满；

（二）用电人主体资格丧失或被依法宣告破产；

（三）供电人资格丧失或被依法宣告破产；

（四）合同解除。

合同终止，不影响既有债权、债务关系的依法处理。

第四十三条　合同解除

合同履行中，有下列情形时，可以解除合同：

（一）当事人一方提出解除合同，双方经协商一致；

（二）当事人一方依法解除合同。

第四十四条　终止程序

（一）协议解除的，双方达成书面解除协议后，在双方约定的时间生效；

（二）用电人行使合同解除权的，应立即前往供电人办理书面解除手续并由供电人实施停电后生效；

（三）供电人行使解除权的，应提前 15 天通知用电人并实施停电后生效；

（四）合同履行期限届满，供电人应提前 15 天通知用电人，并实施停电。

第四章　违　约　责　任

第四十五条　供电人责任

（一）违反本合同约定义务的，都应当按照国家、电力行业标准或本合同约定予以改正，继续履行。

（二）违反本合同第十五条电能质量义务而给用电人造成损失的，按实赔偿，但以其在电压和频率不合格的累计时间内所用电量和对应时段的平均电价乘积的百分之二十为限。

前款中的累计时间，不包括用电人知道或应当知道电压、频率质量异常而延迟通知的时间。

（三）违反本合同第十六条约定的条件或第十七条约定的程序停电，按实赔偿，但以用电人在停电时间内可能用电量的电度电费的四倍。

前款所称的可能用电量，按照停电前用电人正常月份或正常用电一定天数内的每小时平均用电量乘以停电小时求得。

（四）未履行本合同第二十一条的抢修义务而扩大损失的，对扩大损失部分按本条第（三）项的原则给予赔偿。

（五）违反本合同第二十二条第（一）、（二）项而造成用电人损失的，按用电人实际损失予以赔偿。

（六）违反本合同第二十二条第（三）项而造成用电人损失的，除退还有关费用外，还应支付多收费用的同期银行利息。

（七）违反本合同第二十五条公开或泄露用电人的商业秘密而造成损失的，予以赔偿。

上述赔偿责任因以下原因而免除：

1. 符合本合同第十六条约定的除外情形；

2. 因用电人或第三人的过错行为所导致；

3. 因行政行为所导致；

4. 因电力运行事故引起开关跳闸，经自动重合闸装置重合成功的；

5. 多电源供电只停其中一路，而其他电源仍可满足用电需要的；

6. 用电人未按本合同约定，安装备用、保安电源或非电保安措施，或安装的备用、保安电源或非电保安措施维护不当，导致损失的扩大部分。

第四十六条　用电人责任

（一）违反本合同约定义务的，都应当按照国家、电力行业标准或本合同约定予以改正，继续履行。

（二）造成供电人既有财物直接损失的，按实赔偿。造成供电人对外供电停止或减少的，还应当按少供电量乘以上月份平均售电单价给予赔偿；少供电量按照停电前上月份每小时平均用电量乘以停电小时求得。停电时间不足 1 小时按 1 小时计算，超过 1 小时按实际时间计算。

（三）因用电人过错造成其他客户损害的，受害客户要求赔偿时，用电人应当依法承担赔偿责任。

因客户过错，但由于供电人责任，使事故扩大造成其他客户损害的，用电人不承担事故扩大部分的赔偿责任。

（四）以下违约行为还应相应计付违约金：

1. 违反本合同第二十六条约定逾期交付电费，当年欠费部分的每日按欠交额的千分之二、跨年度欠费部分的每日按欠交额的千分之三计付。

2. 违反本合同第三十六条中的相关情形：

(1) 违反该条第（一）项的，按差额电费的两倍计付违约金，差额电费按实际违约使用日期计算；违约使用起讫日难以确定的，按三个月计算；

(2) 违反该条第（二）项的，按擅自使用或启封设备容量每千瓦（千伏安）50 元支付违约金；

（3）违反该条第（四）项的，按擅自使用或启封设备容量每次每千瓦（千伏安）30 元支付违约金；启用私自增容被封存的设备，还应按本条第三项第二目第二子目支付违约金；

（4）违反该条第（五）项、擅自操作供电企业的供电设施以及约定由供电人调度的受电设备的，按每次 5000 元计付违约金；

（5）违反该条第（六）项的，按引入、供出或并网电源容量的每千瓦（千伏安）500 元计付违约金；

（6）擅自在供电人供电设施上接线用电、绕越用电计量装置用电、伪造或开启已加封的用电计量装置用电，损坏用电计量装置、使用电计量装置不准或失效的，按补交电费的三倍计付违约金。少计电量时间无法查明时，按 180 天计算。日使用时间按小时计算，其中，电力客户每日按 12 小时计算，照明客户每日按 6 小时计算。

（五）上述违约责任因以下原因而免除：

1. 不可抗力；

2. 紧急避险。

第五章 附 则

第四十七条 供电时间

本合同签约后成立；用电人受电装置经供电人检验合格后，供电人应即依本合同向用电人供电。

第四十八条 合同效力

本合同经双方签署后成立，自供电人向用电人供电时生效。

合同有效期为<u> 10 </u>年。合同有效期届满，双方均未对合同履行提出异议，合同效力按本合同有效期重复继续维持。

在合同有效期届满的 15 天前，供用电双方均可对是否履行合同及合同内容提出异议，并按以下原则处理：

1. 一方提出异议，经协商，双方达成一致，重新签订供用电合同；

2. 一方提出异议，经协商，双方不能达成一致，在合同有效期届满时，合同效力终止。

在合同有效期届满的前 15 天内，供用电双方亦可对是否履行合同及合同内容提出异议，并按以下原则处理：

1. 一方提出异议，在合同有效期届满前，经协商，双方达成一致，重新签订供用电合同；

2. 一方提出异议，经协商，双方不能达成一致，在合同有效期届满时，合同效力自动延续 30 天，但不得再延期；

3. 在合同延续期届满前，经协商，双方达成一致，重新签订供用电合同，原合同终止履行；

4. 合同延续期届满时，双方经协商，仍不能达成一致，合同效力终止。

第四十九条 争议解决

双方发生的合同争议，应先行协商解决。协商未果的，可提请相关行政或授权机关调解，也可以直接实施以下第<u>（二）</u>种行为：

（一）向<u>   /   </u>仲裁委员会申请仲裁；

（二）向<u> 供电人所在地 </u>人民法院提起诉讼。

第五十条 文本和附件

本合同一式四份，双方各持二份，效力均等。

合同签署前，双方按供用电业务流程所形成的申请、批复等书面资料，均作为附件，与正本具有相同效力，但二者对同一事项均作记载的，以正本为准。

第五十一条 提示和说明

本合同中特别条款已用黑体字标识，用电人已认真阅读，供电人亦就询问作出了必要和合理的说明。

双方是在完全清楚、自愿的基础上签订本合同。

第五十二条 补充条款

经协商，双方同意增补以下条款：

（一）<u>公用事业收费定期借记业务授权与协议书</u>；

（二）<u>   /   </u>；

（三）<u>   /   </u>。

（此页无正文）

供电人：　　　　（公章）　　　　用电人：　　　　（公章）

委托代理人：　　（签字）　　　　法定代表人（代理人）：　　（签字）

×××　　　　×××

××××年××月××日　　　　××××年××月××日

附件一

术 语 定 义

1. 用电地址：用电人受电设施的地理位置及用电地点。

2. 用电容量：又称协议容量，用电人申请、并经供电人核准使用电力的最大功率或视在功率。

3. 受电点：供用电双方产权分界点。

4. 主供电源：在正常情况下的供电电源。

5. 备用电源：在正常情况下处于备用状态，当主供电源失电时供电的电源。备用电源用电容量不能超过约定的供电容量。

6. 保安电源：在主供电源、备用电源失电的情况下，仅限于对保安负荷供电的电源。保安电源用电容量不能超过约定的保安供电容量。

7. 转供电：经供电人同意，用电人使用自有受配电设施将供电企业供给的电能转供给其他用电人使用的行为。

8. 电能质量：指供电电压、频率和波形。

9. 计量方式：计量电能的方式，一般分为高压侧计量和低压侧计量以及高压侧加低压侧混合计量等三种方式。

10. 计量点：指用于贸易结算的电能计量装置装设地点。

11. 计量装置：包括电能表、互感器、二次连接线、端子牌及计量箱柜。

12. 冷备用：需经供电人许可或启封，经操作后可接入电网的设备，本合同视为冷备用。

13. 热备用：不需经供电人许可，一经操作即可接入电网的设备，本合同视为热备用。

14. 闭锁：防止双电源误并列或反送电所采取的技术措施，一般有机械闭锁和电气闭锁二种方式。

15. 谐波源负荷：指用电人向公共电网注入谐波电流或在公共电网中产生谐波电压的电气设备。

16. 冲击负荷：指用电人用电过程中周期性或非周期性地从电网中取用快速变动功率的负荷。

17. 非对称负荷：因三相负荷不平衡引起电力系统公共连接点正常三相电压不平衡度发生变化的负荷。

18. 自动重合闸装置重合成功：指供电线路事故跳闸时，电网自动重合闸装置在整定时间内自动合闸成功，或自动重合装置不动作及未安装自动重合装置时，在运行规程规定的时间内一次强送成功的。

19. 倍率：间接式计量电能表所配电流互感器、电压互感器变比的乘积。

20. 无功补偿：为提高功率因数、减少损耗、提高客户侧电压合格率而采取的技术措施。

21. 计划检修：按照年度、月度检修计划实施的设备检修。

22. 临时检修：供电设备障碍、改造等原因引起的非计划、临时性停电（检修）。（如临时接电等）

23. 紧急避险：指电网发生事故或者发电、供电设备发生重大事故；电网频率或电压超出规定范围、输变电设备负载超过规定值、主干线路功率值超出规定的稳定限额以及其他威胁电网安全运行，有可能破坏电网稳定，导致电网瓦解以至大面积停电等运行情况时，供电人采取的避险措施。

24. 不可抗力：指不能预见、不能避免并不能克服的客观情况。包括：火山爆发、龙卷风、海啸、暴风雪、泥石流、山体滑坡、水灾、火灾、自来水达不到设计标准、超设计标准的地震、台风、雷电、雾闪等，以及核辐射、战争、瘟疫、骚乱等。

25. 逾期：指超过双方约定的交纳电费的截止日的第二天算起，不含截止日。

26. 受电设施：用电人用于接受供电企业供给的电能而建设的电气装置及相应的建筑物。
27. 国家标准：国家标准管理专门机关按法定程序颁发的标准。
28. 电力行业标准：国务院电力管理部门依法制定颁发的标准。
29. 基本电价是指按客户用电容（需）量计算的电价。
30. 电度电价是指按用电人用电度数计算的电价。
31. 单一制电价：只执行电度电价制度的电价。
32. 告知方式：包括报纸、广播、电视、电话、传真、电子邮件等。
33. 重要客户：指有重要负荷的客户。重要负荷的定义参见国家《供配电系统设计规范》（GB 50052—1995）。

附件二

供电接线及产权分界示意图

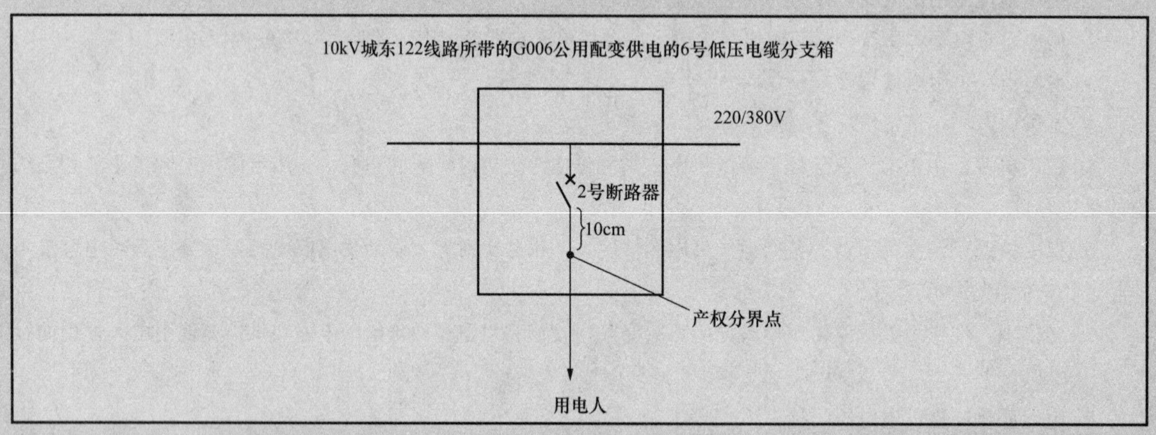

附件三

合同事项变更确认书

序号	变更事项	变更前约定	变更后约定	甲方确认	乙方确认
1				（签）章 ____年__月__日	（签）章 ____年__月__日
2				（签）章 ____年__月__日	（签）章 ____年__月__日
3				（签）章 ____年__月__日	（签）章 ____年__月__日
4				（签）章 ____年__月__日	（签）章 ____年__月__日
5				（签）章 ____年__月__日	（签）章 ____年__月__日
6				（签）章 ____年__月__日	（签）章 ____年__月__日

【思考与练习】

1. 签订供用电合同前应用电人提供哪些材料？
2. 签订供用电合同应注意哪些主要事项？
3. 签订供用电合同的产权分界点应如何标注。

模块2 高压供用电合同的签订（ZY2200302002）

【模块描述】本模块包含签订供用电合同的法律依据、合同签约合法当事人、用电人签订合同前应提供的材料、合同签订的时限要求及注意事项等内容。通过概念描述、术语说明、流程讲解、要点归纳、案例分析，掌握高压供用电合同签订的内容和方法。

【正文】

一、签订供用电合同的法律依据

《中华人民共和国电力法》、《电力供应与使用条例》、《供电营业规则》均有规定，供电企业和客户应当在正式供电前，根据客户用电需求和供电企业的供电能力以及办理用电申请时双方已认可或协商一致的文件，签订供用电合同。电力供应与使用双方应当根据平等自愿、协商一致的原则签订供用电合同，确定双方的权利和义务。

二、供用电合同签约的合法当事人

供用电合同签约的合法当事人是供电人和用电人。

供电人是指具有国家行政许可部门核发的《供电营业许可证》、《供电业务许可证》、工商行政管理部门核发的《营业执照》或《企业法人营业执照》的供电企业。

用电人是指使用电网电力或需要电网提供生产备用、保安电源的发电厂、热电厂、水电站等的合法电力客户。

三、签订供用电合同前应提供的材料

《供电营业规则》规定：供电企业和客户应当在正式供电前，根据客户用电需求和供电企业的供电能力以及办理用电申请时双方已认可或协商一致的下列文件，签订供用电合同：

（1）客户的用电申请报告或用电申请书；

（2）新建项目立项前双方签订的供电意向性协议；

（3）供电企业批复的供电方案；

（4）客户受电装置施工竣工检验报告；

（5）用电计量装置安装完工报告；

（6）供电设施运行维护管理协议；

（7）其他双方事先约定的有关文件。

对用电量大的客户或供电有特殊要求的客户，在签订供用电合同时，可单独签订电费结算协议和电力调度协议等。附件或补充协议与供用电合同具有同等效力，但在经济关系上，不能违背供用电合同的原则。

四、签订供用电合同的时限要求

《国家电网公司业扩报装管理规定（试行）》（国家电网公司营销［2007］49 号）规定：根据相关法律法规和平等协商原则，正式接电前，合同条款应按照省公司下发的《供用电合同》（参考文本）确定。未签订供用电合同的，不得接电。

五、高压供用电合同签订业务流程及注意事项

（一）合同签订业务流程

高压合同签订业务流程如图 ZY2200302002-1 所示。

（二）合同签订注意事项

（1）签订合同前，要对客户进行必要的资信情况调查核实。

（2）文字表述、文理逻辑要明确严密，不产生歧义，双方权利义务要明确具体。

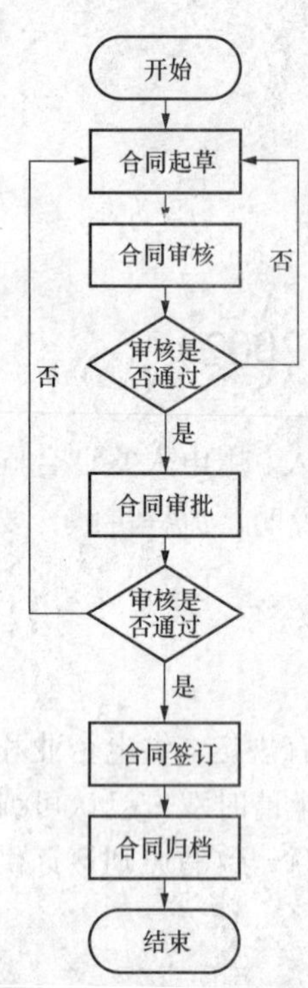

图 ZY2200302002-1　高压供用电合同签订业务流程

（3）电力客户法定代表人授权代理人签订供用电合同时，必须事先办理书面授权委托书。

（4）在签订供用电合同时，电力客户应出示法定代表人及其委托代理人身份证原件，并将原件复印件及授权委托书交给供电企业作为供用电合同的附件保存。电力客户提交的相关资质证明包括客户应有的营业执照、税务登记证、组织机构代码等，国家规定的许可项目还应包括许可证。

（5）高压供用电合同期限一般不超过 5 年；实行定比定量的客户，不超过 2 年。国家规定的许可项目，合同有效期限不得超过许可证的有效期限。

（6）供用电合同的签订应严格履行审批流程。对供电方案的经济性、可行性、安全性以及核定的电价，签约人员必须认真审查。

（7）供用电合同在签约过程中，供电企业必须履行提请注意和异议答复程序；对电力客户书面提出的异议，供电企业必须书面答复，并留有相应的答复记录。

（8）供用电合同在具备合同约定条件和达到合同约定时间后生效。

（9）合同附件及有关资料要整理齐全，一并归入主合同档案。合同签订后应做好合同的档案管理工作。

六、高压供用电合同样本示例

某新装高压电力客户，用电地址为××市××路 25 号，供电公司批复的供电方案明确采用 50Hz 三相 10kV 电源对其供电，电源 T 接点为 110kV 开发变电站供出的 10kV 城建 612 线路 20 号杆，供电容量为 500kVA，用电性质为大工业用电，计量为高供高计，执行大工业分时电价，基本电费按照变压器容量收取。供用电双方签订的高压供用电合同如下：

合同编号：×××

高压供用电合同

（参考文本）

供电人	用电人
名　称：×××	名　称：×××
法定代表人/企业负责人：×××	法定代表人：×××
住所地：×××	住所地：×××
电　话：×××	电　话：×××
电　传：×××	电　传：×××
邮　编：×××	邮　编：×××
开户银行：×××	开户银行：×××
账　　号：×××	账　　号：×××
税务登记号：×××	税务登记号：×××

目　录

模块 2　ZY2200302002

为确定供电人和用电人在电力供应与使用中的权利和义务，安全、经济、合理、有序地供电和用电，根据《中华人民共和国合同法》、《中华人民共和国电力法》、《电力供应与使用条例》、《供电营业规则》有关规定，经双方协商一致，订立本合同。

第一章　合同的基本状况

第一节　供用电方式和设施

第一条　用电地址 ××市××路 25 号 。

第二条　用电性质

（一）行业分类： 金属铸造 ；

（二）用电分类： 大工业用电 ；

（三）负荷特性：

1. 三类负荷 ；

2. 可间断负荷 。

第三条　用电容量

用电人共有 一 个受电点，用电容量 500 千伏安，保安容量 / 千伏安，自备发电容量 / 千伏安。

（一） 612 线电源 受电点有受电变压器 一 台。其中， 500 千伏安变压器 台， / 千伏安变压器 / 台，共计 500 千伏安，（多台变压器时）运行方式为 / ； / 台容量为 / 千伏安的受电变压器为 / （冷/热）备用状态。

（二） / 受电点有受电高压电机 / 台，共计 / 千瓦（视同千伏安），运行方式为 / 。其中 / 台容量为 / 千瓦的高压电机为 / （冷/热）备用状态。

（三） / 受电点有受电变压器 / 台。其中， / 千伏安变压器 台， / 千伏安变压器 / 台，共计 / 千伏安，（多台变压器时）运行方式为 / ； 台容量为 / 千伏安的受电变压器为 / （冷/热）备用状态。

（四） / 受电点有受电高压电机 / 台，共计 / 千瓦（视同千伏安），运行方式为 / 。其中 / 台容量为 / 千瓦的高压电机为 / （冷/热）备用状态。

第四条　供电方式

供电人向用电人提供三相交流 50Hz 电源，采用 单 （单/双/多）电源、 单 （单/双/多）回路向用电人供电。

（一）第一路电源

1. 电源性质： 主供 （主供/冷/热备用）。

2. 供电人由 110kV 开发 变（配电）电站（所）以 10 千伏电压，经出口 612 断路器送出的 架空线 （架空线/电缆） 公用线路 （公用线路/专线）经 20 号 杆，向用电人 612 线电源 受电点（直配）供电。供电容量 500 千伏安。

（二）第二路电源

1. 电源性质：（主供/冷/热备用）

2. 供电人由 / 变（配电）电站（所）以 / 千伏电压，经出口 / 开关送出的 / （架空线/电缆）（公用线路/专线）经 / 杆，向用电方 / 受电点（直配）供电。供电容量 / 千伏安。

（三）保安电源

供电人由 / 变（配电）电站（所）以 / 千伏电压，经出口 / 开关送出的 / （架

模块2
ZY2200302002

空线/电缆）（公用线路/专线）作为用电人___/___负荷的保安电源。保安容量为___/___千伏安，最小保安电力为___/___千瓦。

（四）自备电源

用电人自备下列电源作为___/___负荷的保安电源：

1. 用电人自备发电机___/___千瓦，安装地点为___/___；

2. 不间断电源（UPS）___/___伏安，安装地点在用电人侧。

非并网的自备发电机采用___/___联络及闭锁方式。并入电网的发电机另行签订并网协议。

第五条　多路供电电源的联络及闭锁

（一）电源联络方式：___/___（高压联络/低压联络）；

（二）电源闭锁方式：___/___（机械闭锁/电气闭锁）；

第六条　用电人自行采取的保安措施

用电人自行采取下列电或非电保安措施，确保电网意外断电不影响安全生产：

（一）自备电源（同第四条第四项）

（二）非电保安措施：___/___。

第七条　无功补偿及功率因数

实行无功电力就地平衡的原则；用电人补偿装置总容量为___150___千乏，功率因数在电网高峰时段应达值为___0.95___。

第八条　供用电设施产权分界点及维护责任划分

供用电设施产权分界点为：

1. 产权分界点为10kV城建612线路20号杆上跌开式熔断器负荷侧引线10cm处；分界点及以上设施属供电人，分界点以下设施属用电人；

2. ___/___；

3. ___/___。

产权分界以文字和附图（附件二）表述；如二者不符，以文字为准。

各方维护管理责任按以下第___（一）___种方式确定：

（一）依上述分界点划分；

（二）___/___。

供用电双方分别对其维护管理范围内发生的人身和财产损害承担相应的法律责任，但双方另有约定的，从约定。

第二节　电量、电价和电费

第九条　计量点及计量方式

供电人按照国家规定，在用电人每一个受电点按照不同用电性质分别安装用电计量装置，其记录作为向用电人计算电费的主要依据。计量点设置及其计量方式如下：

（一）___612线电源___受电点共设置___一___处计量点。其中：

1. 计量点1：计量装置装设在___用电人高压受电装置电源进线___处，作为用电人___大工业分时电价___用电量的计量依据，计量方式为___高供高计___；

2. 计量点2：计量装置装设在___/___处，作为用电人___/___用电量的计量依据，计量方式为___/___。

计量点___/___为计量点___/___的分计量点，在计算电量时，计量点___/___所计电量应当扣减计量点___/___所计电量。

（二）___/___受电点共设置___/___处计量点。其中：

1. 计量点1：计量装置装设在___/___处，作为用电人___/___用电量的计量依据，计量方式为___/___；

2. 计量点2：计量装置装设在___/___处，作为用电人___/___用电量的计量依据，计量方式为___/___。

计量点___/___为计量点___/___的分计量点，在计算电量时，计量点___/___所计电量应当扣减计量点___/___所计电量。

第十条　用电计量装置

模块2
ZY2200302002

各计量点计量装置配置如下：

计量点	计量设备名称	型号规格	精度	计算倍率	备注 （主、副表，总分表关系）
1	多功能电能表	3×100V 3×1.5（6）A	有功 1.0 无功 2.0	1	主表、总表
	电压互感器	10 000/100	0.5	100	/
	电流互感器	30/5	0.5S	6	/
	/	/	/	/	/
/	/	/	/	/	/
	/	/	/	/	/
	/	/	/	/	/
	/	/	/	/	/

第十一条　未分别计量的电量认定

____/____计量装置计量的电量包含多种电价类别的电量，各电价类别的用电量，每月按以下第__/__种方式确定：

（一）__/__电价类别定比为：__/__%；

（二）__/__电价类别定量为__/__。其余电量电价类别为__/__。

以上方式及核定值各方每年至少可以提出重新核定一次，对方不得拒绝。

第十二条　损耗负担

用电计量装置安装位置与产权分界点不一致时，以下损耗（包括有功和无功损耗）由设施产权所有者负担：变压器铁损按__/__计算，铜损按电量的__/__计算；线路损耗按电量的__/__计算。

上述损耗的电量按各分类电量占抄见总电量的比例分摊。

第十三条　电量的抄录和计算

1. 抄表周期为__月__，抄表例日为__25～28 日__。

2. 抄表方式：人工/__抄表器__装置自动抄录方式。

3. 结算依据：

以抄录数据作为电度电费的结算依据；

以__抄表器__装置自动抄录的数据作为电度电费结算依据的，当装置故障时，依人工抄录数据。

用电人各类用电的结算电量分别按以下方法分别确定：

（1）按本合同第九条明确的相应的用电计量装置的记录和第十条明确的计费倍率计算。

（2）按本合同第十一条规定的定比定量值计算。

（3）按本合同第十二条规定应承担的线路和变压器损耗的电量计算。

4. 有主、副电能表的，以主表所计数据作为电度电费的结算依据；主、副电能表所计电量有差值的，按本合同第十四条第四款的约定处理。

5. 用电人的无功用电量为正反向无功电量绝对值的总量。

第十四条　计量失准及争议处理规则

（一）一方认为用电计量装置失准，有权提出校验请求，对方不得拒绝。校验应由有资质的计量检定机构实施。如校验结论为合格，检测费用由提出请求方承担；如不合格，由表计提供方承担，但能证明因对方使用、管理不善的除外。

（二）计量失准时，计费差额电量按下列方式确定：

1. 互感器或电能表误差超出允许范围时，以“0”误差为基准，按验证后的误差值确定计费差额电量。上述超差时间从上次校验或换装后投运之日至误差更正之日的二分之一时间计算。

2. 计量回路连接线的电压降超出允许范围时，以允许电压降为基准，按验证后实际值与允许值之差确定计费差额电量。计算补收电量的时间从连接线投入或负载增加之日至电压降更正之日认定。

3. 其他非人为原因致使计量记录不准时，以用电人上年度或正常月份用电量的平均值为基准，确定计费差额电量，计算退补电量的时间按导致失准时间至误差更正之日的差值确定。

（三）以下原因导致的电能计量或计算出现差错时，计费差额电量按下列方式确定：

1. 计费计量装置接线错误的，以其实际记录的电量为基数，按正确与错误接线的差额率退补电量，计算退补电量的时间从上次校验或换装投运之日至接线错误更正之日。

2. 电压互感器保险熔断的，按规定计算方法计算值补收相应电量的电费；无法计算的，以用电人正常月份用电量为基准，按正常月与故障月的差额确定计费差额电量，计算补收电量的时间按发生时间或按失压自动记录仪记录确定。

3. 计算电量的计费倍率与实际倍率不符的，以实际倍率为基准，按正确与错误倍率的差值确定计费差额电量，计算退补电量的时间以发生时间为准确定。

（四）主、副电能表所计电量有差值时，按以下原则处理：

1. 主、副电能表所计电量之差与主表所计电量的相对误差小于电能表准确等级值的1.5倍时，以主电能表所计电量作为贸易结算的电量；

2. 主、副电能表所计电量之差与主表所计电量的相对误差大于电能表准确等级值的1.5倍时，对主、副电能表进行现场校验，主电能表不超差，以其所计电量为准；主电能表超差而副电能表不超差，以副电能表所计电量为准；主、副电能表均超差，以主电能表的误差计算退补电量。并及时更换超差表计。

（五）抄表记录和失压、断流自动记录、负荷管理等装置记录的数据作为双方处理有关计量争议的依据。

（六）按确定的计费差额电量和差额电量发生期间的电价计算应退还或补收的电费。

第十五条　电价

按照有电价管理权的管理部门批准的电价执行；若遇电价调整，按调价政策规定执行。

第十六条　电费计算

1. 电度电费：按用电人各类用电结算电量对应乘以国家确定的用电分类目录电价。符合国家规定的分时电价、差别电价执行范围的，执行分时电价、季节性电价、差别电价等。

2. 基本电费

用电人的基本电费选择按__变压器容量__（变压器容量/最大需量）方式计算，一个日历年为一个选择周期。

选择按变压器容量计收基本电费的，基本电费计算容量为__500__千伏安（含不通过变压器供电的高压电动机）。

按最大需量计算的，按照__/__（实际最大需量/双方协议）的方式确定最大需量值（选择其一），该数值不得低于用电人运行受电变压器总容量（含不通过变压器供电的高压电动机）的40%、高于其供电总容量（两路及以上进线的客户应分别确定最大需量值）。实际最大需量低于40%的，按40%计算；实际最大需量超过核定值5%，超过部分的基本电费加一倍收取。用电人可根据用电需求情况，提前半月申请变更下月的合同最大需量，但前后两次变更申请的间隔不得少于六个月。

基本电费按月计收，对新装、增容、变更和终止用电当月基本电费按实际用电天数计收（不足24小时的按1天计算），每日按全月基本电费的三十分之一计算。

用电人减容、暂停期间相应容量不收取基本电费，减容、暂停和恢复用电按《供电营业规则》有关规定办理。

事故停电、检修停电、计划限电不扣减基本电费。

3. 功率因数调整电费

根据国家《功率因数调整电费办法》的规定，功率因数调整电费的考核标为__0.9__，相关电费计算按规定执行。

4. 客户自备电厂的系统备用容量费、自发自用电量收费按国家政策规定执行。

用电人应支付电费的具体种类，按国家规定政策执行。

第十七条　电费支付及结算

1. 每月电费分__一__次支付；支付比例和时间为__每月28日__，支付方式为__银行托收__。

2. 电费按月结算，结算时间__每月25日__，用电人应在__30__日前结清全部电费。

双方也可另行订立付费结算协议，作为本合同的附件。

3. 若遇电费争议，用电人应先按结算电费金额，按时足额交付电费，待争议解决后，据实清算。

第二章　双方的义务

第一节　供电人义务

第十八条　电能质量

在电力系统处于正常运行状况下，供到用电人受电点的电能质量应符合国家规定的标准。但用电人违反本合同第三十三条，第三十四条约定的除外。

第十九条　连续供电

在电力系统处于正常运行状况下，应向用电人连续供电。但有以下情形之一的除外：

（一）供电设施计划或临时检修；

（二）供电人依法限电；

（三）发生不可抗力事件或供电人的紧急避险行为；

（四）用电人实施本合同第三十九条（八）至（十一）项行为；

（五）供电人执行行政机关停电的强制命令；

（六）用电人违反本合同第三十二条、第三十五条以及实施第三十九条（一）至（七）项行为，拒绝改正的；

（七）用电人逾期未交电费、违约金经催交仍未交付的；

（八）其他法定的情形。

第二十条　中止供电程序

（一）因本合同第十九条第（一）项原因需要或必须中止供电时，应当：

1. 计划检修的，提前七天以发出公告或其他方式告知用电人；

2. 临时检修的，提前24小时告知重要客户。

（二）因本合同第十九条第（二）项原因的，应执行经批准的限电序位表。

（三）因本合同第十九条第（三）项、第（四）项原因的，可当即停电。

（四）因本合同第十九条其他原因需要停电的，应当：

1. 在停电前____天内，将停电通知书送达用电人；

2. 在停电前30分钟，再通知用电人一次；

3. 按通知规定的时间实施停电。

引起停电或限电的原因消除后，应在三日内恢复供电，否则应向用电人说明原因。

第二十一条　抄表计费

按照本合同约定的日期抄录用电人的用电度数和计算电费。

第二十二条　供电设施管理

按本合同第八条的约定对供电设施实施维护、管理。

第二十三条　越界操作

不得擅自操作对方维护管理范围内的电力设施，但遇下列情况必须操作时除外：

（一）危及电网和用电安全；

（二）可能造成人身伤亡或设备损坏；

（三）供电人依本合同实施停电的。

实施前款行为时，应遵循合理、善意的原则，最大限度地减少因此而发生的损失，并在24小时内书面告知对方。

第二十四条　事故抢修

因自然灾害等原因断电的，应按国家有关规定及时抢修。

第二十五条　禁止行为

（一）擅自迁移用电计量装置；

（二）故意使用电计量装置计量错误；

（三）随电费收取国家法律、行政法规规定以外的任何费用。

第二十六条　减少损失

因用电人原因造成供电人供电质量下降或停电等情形发生时，应及时采取合理、可行的补救措施，尽量减少因此而导致的损失。

第二十七条 交易信息提供

（一）为用电人交费和查询提供方便；

（二）免费为用电人提供电能表示度、电力、电量及电费等信息；

（三）及时公布电价调整信息。

第二十八条 信息保密

对确因供电需要而掌握的用电人的商业秘密，不得公开或泄露。

用电人需要保守的商业秘密范围由其另行书面向供电人提出，但其中不应包括用电人的电力、电量、装见容量、电费交纳、主要产品单耗，以及供电人依据统计法规而收集、掌握的相关信息。

第二节 用电人义务

第二十九条 交付电费

按照本合同第十七条约定的方式、期限交付电费。

委托银行代为划拨电费的，用电人应督促受托银行按照供电人的书面通知及约定的时限足额划转电费。供电人对委托银行的书面通知视为对用电人的同时通知。

第三十条 保安措施

保证自行采取的电或非电保安措施有效，以满足安全需要。

第三十一条 受电设施合格

保证其受电设施及多路电源的联络、闭锁装置始终处于合格、安全的状态，并按照国家或电力行业电气运行规程定期进行安全检查和预防性试验，及时消除安全隐患。

第三十二条 受电设施管理

按本合同第八条的约定对用电设施实施维护、管理，并负责保护供电人安装在用电人处的用电计量装置与负荷控制装置等装置的安全、完好。

第三十三条 继电保护的整定与配合

受电装置的继电保护方式应当与供电人电网的继电保护方式相互配合，并按照电力行业有关标准或规程进行整定和检验。

第三十四条 无功补偿保证

应合理装设和投切无功补偿装置，保证相关数值符合本合同第七条约定。

第三十五条 质量共担

谐波源负荷、冲击负荷、非对称负荷等对电网的污染应符合国家标准。

第三十六条 有关事项的通知

以下事项中的（一）至（三）发生后、（四）至（十一）发生前，应及时书面通知供电人：

（一）重大用电设备故障及人身触电事故；

（二）电能质量异常；

（三）电能计量装置及其计量异常、失压断流记录装置的记录结果发生改变、负荷管理装置运行异常；

（四）用电性质和用电构成改变；

（五）拟对受电装置进行改造或扩建；

（六）用电负荷的重大变化、大型用电设备的停电检修安排；

（七）拟作资产抵押、重组、转让、经营方式调整；

（八）拟进行撤销、解散、破产；

（九）发生重大诉讼、仲裁；

（十）用电人名称发生变化；

（十一）其他可能对本合同履行产生重大影响的改变。

第三十七条 配合事项

（一）对供电人依法进行的用电检查或抄表，应提供方便、配合并陪同进入现场，应根据检查内容的需要，提供相应的真实资料；

（二）供电人依本合同第十九条实施停、限电时，应及时减少、调整或停止用电。

第三十八条　越界操作

按本合同第二十三条执行。

第三十九条　不得在用电中实施的行为

（一）擅自改变用电类别或在电价低的供电线路上，擅自接用电价高的用电设备；

（二）擅自超过本合同约定容量用电；

（三）擅自超过计划分配的用电指标；

（四）擅自使用已经办理暂停使用手续的电力设备，或启用已被封停的电力设备；

（五）擅自迁移、更动或操作用电计量装置、电力负荷管理装置；

（六）擅自引入、供出电源或者将自备电源和其他电源私自并网；

（七）擅自变动供电人整定和检验的继电保护装置及其二次回路；

（八）擅自在供电人供电设施上接线用电或绕越用电计量装置用电；

（九）伪造或者非法开启加封的用电计量装置封印；

（十）故意损坏用电计量装置或使其失准；

（十一）采取其他方式不计量或少计量的用电行为。

第四十条　减少损失

当供电质量下降或停电等情形发生时，应及时采取合理、可行的措施，尽量减少因此而导致的损失。

第四十一条　所有权限制

在公共线路走廊或公共空间资源不能满足其他用电人需求、且不影响用电人自身用电的前提下，其专用线路被供电人利用时，应当提供方便，但计量点、线损和维护管理及相关事项另行商定。

第四十二条　电工资质

用电人在受电装置部位作业的电工，须持有《电工进网作业许可证》，方可上岗作业。

第三章　合同的变更、转让和终止

第四十三条　合同变更

（一）合同履行中发生下列情形之一的，双方应对相关条款的修改进行协商：

1. 增加、减少受电点、计量点；
2. 增加或减少用电容量；
3. 改变供电方式；
4. 对供电质量提出特别要求；
5. 供用电设施维护责任的调整；
6. 电费计算方式、交付方式变更；
7. 违约责任的调整。

（二）下列事项的变更，以双方用电业务流程中的书面申请及批复、书面通知书、业务工作单票体现：

当事人名称变更、非永久性减少用电容量、改变最大需量申报值、暂时停止全部或部分受电设备用电、临时更换大容量变压器、移动计量装置安装位置、暂时停止用电并拆表、供电线路变更、电能计量装置现场校验及更换、保护定值的调整。

上述变更的业务书证应由双方赋有履行本合同工作职责的人员签署。

第四十四条　变更程序

前条第（一）项事项的变更，按以下程序办理：

（一）提出方向对方提出变更意见，陈述变更的事项和理由；

（二）双方协商达成一致；

（三）按本合同订立程序签订《合同事项变更确认书》（见附件三）；

一方提出申请，另一方以实际行为响应的，视为变更已经达成。

前条第（二）项事项的变更，双方赋有履行本合同工作职责的人员在相关业务书证上签字后即发生效力。

第四十五条　合同转让

未经对方同意，任何一方都不得将合同义务转让他人。

第四十六条　合同终止

合同因下列原因而终止：

（一）约定的履行期限届满；

（二）用电人主体资格丧失或被依法宣告破产；

（三）供电人资格丧失或被依法宣告破产；

（四）合同解除。

合同终止，不影响既有债权、债务关系的依法处理。

第四十七条　合同解除

合同履行中，有下列情形时，可以解除合同：

（一）当事人一方提出解除合同，双方经协商一致；

（二）当事人一方依法解除合同。

第四十八条　终止程序

（一）协议解除的，双方达成书面解除协议后，在双方约定的时间生效；

（二）用电人行使合同解除权的，应立即前往供电人办理书面解除手续并由供电人实施停电后生效；

（三）供电人行使解除权的，应提前__15__天通知用电人并实施停电后生效；

（四）合同履行期限届满，供电人应提前__15__天通知用电人，并实施停电。

第四章　违　约　责　任

第四十九条　供电人责任

（一）违反本合同约定义务的，都应当按照国家、电力行业标准或本合同约定予以改正，继续履行。

（二）违反本合同第十八条电能质量义务而给用电人造成损失的，按实赔偿，但以其在电压和频率不合格的累计时间内所用电量和客户当月用电的平均电价乘积的百分之二十为限。

前款中的累计时间，不包括用电人知道或应当知道电压、频率质量异常而延迟通知的时间。

（三）违反本合同第十九条约定的条件或第二十条约定的程序停电，按实赔偿，但以用电人在停电时间内可能用电量的电度电费的五倍（单一制电价为四倍）为限。

前款所称的可能用电量，按照停电前用电人正常月份或正常用电一定天数内的每小时平均用电量的每小时平均用电量乘以停电小时求得。

（四）未履行本合同第二十四条的抢修义务而扩大损失的，对扩大损失部分按本条第（三）项的原则给予赔偿。

（五）违反本合同第二十五条第（一）、（二）项而造成用电人损失的，按用电人实际损失予以赔偿。

（六）违反本合同第二十五条第（三）项而造成用电人损失的，除退还有关费用外，还应支付多收费用的同期银行利息。

（七）违反本合同第二十八条公开或泄露用电人的商业秘密而造成损失的，予以赔偿。

上述赔偿责任因以下原因而免除：

1. 符合本合同第十八、十九条约定的除外情形；

2. 因用电人或第三人的过错行为所导致；

3. 因行政行为所导致；

4. 因电力运行事故引起开关跳闸，经自动重合闸装置重合成功的；

5. 多电源供电只停其中一路，而其他电源仍可满足用电需要的；

6. 用电人未履行本合同第三十条、第三十一条、第三十九条义务，导致损失的扩大部分。

第五十条　用电人责任

（一）违反本合同约定义务的，都应当按照国家、电力行业标准或本合同约定予以改正，继续履行。

（二）造成供电人既有财物直接损失的，按实赔偿。造成供电人对外供电停止或减少的，还应当按少供电量乘以上月份平均售电单价给予赔偿；少供电量按照所造成的停电范围内其他用电人停电前正常月份或正常用电一定天数内的每小时平均用电量乘以停电小时求得。停电时间不足1小时按1小时计算，超过1小时按实际时间计算。

（三）因用电人过错造成其他客户损害的，受害客户要求赔偿时，用电人应当依法承担赔偿责任。

因用电人过错，但由于供电人未履行本合同第二十六条之义务，使事故扩大造成其他客户损害的，用电人不承担事故扩大部分的赔偿责任。

（四）以下违约行为还应相应计付违约金：

1. 违反本合同第二十九条约定逾期交付电费，当年欠费部分的每日按欠交额的千分之二、跨年度欠费部分的每日按欠交额的千分之三计付。

2. 违反本合同第三十九条中的相关情形：

（1）违反该条第（一）项的，按差额电费的两倍计付违约金，差额电费按实际违约使用日期计算；违约使用起讫日难以确定的，按三个月计算；

（2）违反该条第（二）项的，属于两部制电价的客户，按三倍私增容量基本电费计付违约金；属单一制电价的客户，按擅自使用或启封设备容量每千瓦（千伏安）50元支付违约金；

（3）违反该条第（四）项的，属于两部制电价的客户，按基本电费差额的两倍计付违约金；如属单一制电价的，按擅自使用或启封设备容量每次每千瓦（千伏安）30元支付违约金；启用私自增容被封存的设备，还应按本条第三项第二目第二子目支付违约金；

（4）违反该条第（五）项、擅自操作供电企业的供电设施以及约定由供电人调度的受电设备的，按每次5000元计付违约金；

（5）违反该条第（六）项的，按引入、供出或并网电源容量的每千瓦（千伏安）500元计付违约金；

（6）擅自在供电人供电设施上接线用电、绕越用电计量装置用电、伪造或开启已加封的用电计量装置用电，损坏用电计量装置、使用电计量装置不准或失效的，按补交电费的三倍计付违约金。少计电量时间无法查明时，按180天计算。日使用时间按小时计算，其中，电力客户每日按12小时计算，照明客户每日按6小时计算。

（五）上述违约责任因以下原因而免除：

1. 不可抗力；

2. 紧急避险。

第五章　附　　则

第五十一条　供电时间

本合同签约后成立；用电人受电装置经供电人检验合格后，供电人应即依本合同向用电人供电。

第五十二条　合同效力

本合同经双方签署后成立，自供电人向用电人供电时生效。

合同有效期为___5___年。合同有效期届满，双方均未对合同履行提出书面异议，合同效力按本合同有效期重复继续维持。

在合同有效期届满的15天前，供用电双方均可对是否履行合同及合同内容提出异议，并按以下原则处理：

1. 一方提出异议，经协商，双方达成一致，重新签订供用电合同；

2. 一方提出异议，经协商，双方不能达成一致，在合同有效期届满时，合同效力终止；

在合同有效期届满的前15天内，供用电双方亦可对是否履行合同及合同内容提出异议，并按以下原则处理：

1. 一方提出异议，在合同有效期届满前，经协商，双方达成一致，重新签订供用电合同；

2. 一方提出异议，经协商，双方不能达成一致，在合同有效期届满时，合同效力自动延续30天，但不得再延期；

3. 在合同延续期届满前，经协商，双方达成一致，重新签订供用电合同，原合同终止履行；

4. 合同延续期届满时，双方经协商，仍不能达成一致，合同效力终止。

第五十三条　调度通信

（一）按照双方调度协议执行；

（二）通信联系

1. 用电人用电业务联系电话__×××__，联系方__×××__，调度电话__×××__；

2. 供电人用电业务联系电话 ×××，联系方 ×××，调度电话 ×××。

第五十四条 争议解决

双方发生的合同争议，应先行协商解决。协商未果的，可提请相关行政或授权机关调解，也可以直接实施以下第（二）种行为：

（一）向 / 仲裁委员会申请仲裁；

（二）向 供电人所在地 人民法院提起诉讼。

第五十五条 文本和附件

本合同一式四份，双方各持二份，效力均等。

合同签署前，双方按供用电业务流程所形成的申请、批复等书面资料，均作为附件，与正本具有相同效力，但二者对同一事项均作记载的，以正本为准。

第五十六条 提示和说明

用电人为政府机关、医疗、交通、通信、工矿企业，以及其他按照本合同第二条选择"重要负荷"、"连续性负荷"的，应当选择配备保安电源和（或）自备电源，并采取有效的非电措施，以保证供用电安全。

本合同中特别条款已用黑体字标识，用电人已认真阅读，供电人亦就询问作出了必要和合理的说明。

双方是在完全清楚、自愿的基础上签订本合同。

第五十七条 补充条款

经协商，双方同意增补以下条款：

（一）××省公用事业收费定期借记业务授权与协议书；

（二） / ；

（三） / ；

（四） / ；

（五） / 。

供电人：（公章） 用电人：（公章）

委托代理人：（签字） 法定代表人（代理人）：（签字）

××× ×××

××××年××月××日 ××××年××月××日

附件一

术 语 定 义

1. 用电地址：用电人受电设施的地理位置及用电地点。
2. 用电容量：又称协议容量，用电人申请、并经供电人核准使用电力的最大功率或视在功率。
3. 受电点：供用电双方产权分界点。
4. 主供电源：在正常情况下的供电电源。
5. 备用电源：在正常情况下处于备用状态，当主供电源失电时供电的电源。备用电源用电容量不能超过约定的供电容量。
6. 保安电源：在主供电源、备用电源失电的情况下，仅限于对保安负荷供电的电源。保安电源用电容量不能超过约定的保安供电容量。
7. 转供电：经供电人同意，用电人使用自有受配电设施将供电企业供给的电能转供给其他用电人使用的行为。
8. 电能质量：指供电电压、频率和波形。
9. 计量方式：计量电能的方式，一般分为高压侧计量和低压侧计量以及高压侧加低压侧混合计量等三种方式。
10. 计量点：指用于贸易结算的电能计量装置装设地点。
11. 计量装置：包括电能表、互感器、二次连接线、端子牌及计量箱柜。
12. 冷备用：需经供电人许可或启封，经操作后可接入电网的设备，本合同视为冷备用。

13. 热备用：不需经供电人许可，一经操作即可接入电网的设备，本合同视为热备用。

14. 闭锁：防止双电源误并列或反送电所采取的技术措施，一般有机械闭锁和电气闭锁二种方式。

15. 谐波源负荷：指用电人向公共电网注入谐波电流或在公共电网中产生谐波电压的电气设备。

16. 冲击负荷：指用电人用电过程中周期性或非周期性地从电网中取用快速变动功率的负荷。

17. 非对称负荷：因三相负荷不平衡引起电力系统公共连接点正常三相电压补平衡度发生变化的负荷。

18. 自动重合闸装置重合成功：指供电线路事故跳闸时，电网自动重合闸装置在整定时间内自动合闸成功，或自动重合装置不动作及未安装自动重合装置时，在运行规程规定的时间内一次强送成功的。

19. 倍率：间接式计量电能表所配电流互感器、电压互感器变比的乘积。

20. 线损；线路在传输电能时所发生的有功损耗、无功损耗。

21. 变损：变压器在运行过程中所产生的有功损耗和无功损耗。

22. 无功补偿：为提高功率因数、减少损耗、提高客户侧电压合格率而采取的技术措施。

23. 计划检修：按照年度、月度检修计划实施的设备检修。

24. 临时检修：供电设备障碍、改造等原因引起的非计划、临时性停电（检修）。（如临时接电等）

25. 紧急避险：指电网发生事故或者发电、供电设备发生重大事故；电网频率或电压超出规定范围、输变电设备负载超过规定值、主干线路功率值超出规定的稳定限额以及其他威胁电网安全运行，有可能破坏电网稳定，导致电网瓦解以至大面积停电等运行情况时，供电人采取的避险措施。

26. 不可抗力：指不能预见、不能避免并不能克服的客观情况。包括：火山爆发、龙卷风、海啸、暴风雪、泥石流、山体滑坡、水灾、火灾、自来水达不到设计标准、超设计标准的地震、台风、雷电等，以及核辐射、战争、瘟疫、骚乱等。

27. 逾期：指超过双方约定的交纳电费的截止日的第二天算起，不含截止日。

28. 受电设施：用电人用于接受供电企业供给的电能而建设的电气装置及相应的建筑物。

29. 国家标准：国家标准管理专门机关按法定程序颁发的标准。

30. 电力行业标准：国务院电力管理部门依法制定颁发的标准。

31. 基本电价：是指按客户用电容（需）量计算的电价。

32. 电度电价：是指按用电人用电度数计算的电价。

33. 单一制电价：只执行电度电价制度的电价。

34. 两部制电价：同时执行电度电价和基本电费制度的电价。

35. 告知方式：包括报纸、广播、电视、电话、传真、电子邮件等。

36. 重要客户：指有重要负荷的客户。重要负荷的定义参见国家《供配电系统设计规范》（GB 50052—1995）。

附件二

供电接线及产权分界示意图

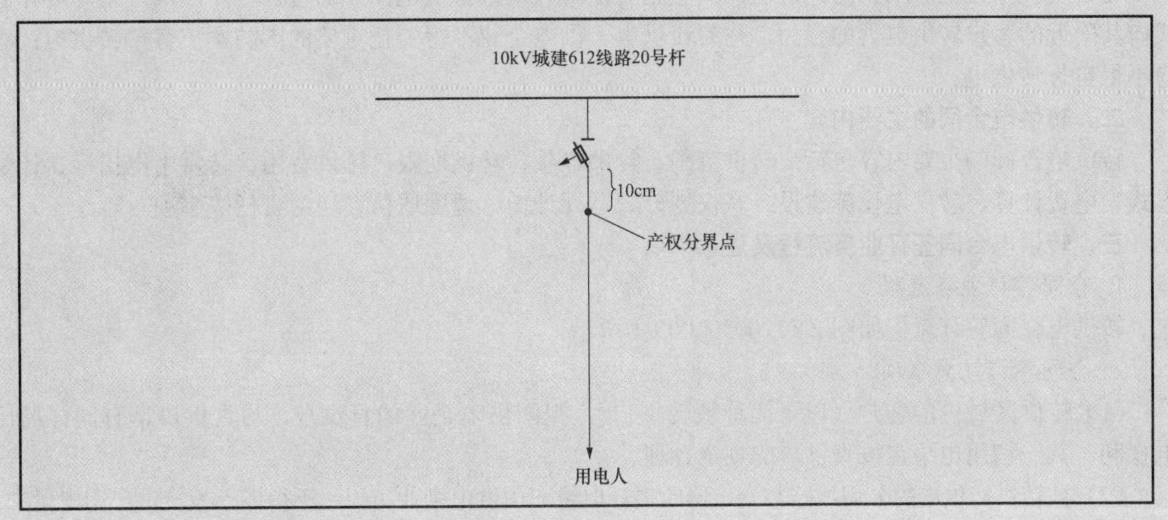

模块2 ZY2200302002

附件三

合同事项变更确认书

序号	变更事项	变更前约定	变更后约定	甲方确认	乙方确认
1				（签）章 ____年__月__日	（签）章 ____年__月__日
2				（签）章 ____年__月__日	（签）章 ____年__月__日
3				（签）章 ____年__月__日	（签）章 ____年__月__日
4				（签）章 ____年__月__日	（签）章 ____年__月__日

【思考与练习】

1. 高压供用电合同有哪些主要内容？
2. 简述签订高压供用电合同的注意事项。

模块3 转供电合同的签订（ZY2200302003）

【模块描述】本模块包含转供电的含义、转供电合同的主要内容、签订转供电合同需注意的事项等内容。通过概念描述、术语说明、流程讲解、要点归纳、案例分析，掌握转供电合同签订的内容和方法。

【正文】

一、转供电的含义

在公用供电设施尚未到达的地区，供电企业征得该地区有供电能力的直供客户同意，采用委托方式向其附近的客户转供电力的行为，称为转供电。供电企业不得委托重要的国防军工客户转供电；客户不得自行转供电。

二、转供电合同的主要内容

转供电合同的主要内容包括：转供范围、转供容量、转供期限、转供费用、转供用电指标、计量方式、电费计算、转供电设施建设、产权划分、运行维护、调度通信、违约责任等事项。

三、转供电合同签订业务流程及注意事项

1. 合同签订业务流程

转供电合同签订流程如图ZY2200302003-1所示。

2. 合同签订注意事项

（1）转供区域内的客户（以下简称被转供户），视同供电企业的直供户，与直供户享有同样的用电权利，其一切用电事宜按直供户的规定办理。

（2）被转供户供电的公用线路与变压器的损耗电量应由供电企业负担，不得摊入被转供户用电量中。

（3）在计算转供户用电量、最大需量及功率因数调整电费时，应扣除被转供户、公用线路与变压器消耗的有功、无功电量。

（4）委托的费用，按委托的业务项目的多少，由双方协商确定。

（5）签订合同前，要对客户进行必要的资信情况调查核实。

（6）合同文字表述、文理逻辑要明确严密，不产生歧义，双方权利义务要明确具体。

（7）电力客户法定代表人授权代理人签订供用电合同时，必须事先办理书面授权委托书。

（8）在签订合同时，电力客户应出示法定代表人及其委托代理人身份证原件，并将原件复印件及授权委托书交给供电企业作为供用电合同的附件保存。电力客户提交的相关资质证明包括客户应有的营业执照、税务登记证、组织机构代码等，国家规定的许可项目还应包括许可证。

（9）转供电合同期限一般不超过 4 年；实行定比定量的客户，不超过 2 年。国家规定的许可项目，合同有效期限不得超过许可证的有效期限。

（10）合同的签订应严格履行审批流程。对供电方案的经济性、可行性、安全性以及核定的电价，签约人员必须认真审查。

（11）合同在签约过程中，供电企业必须履行提请注意和异议答复程序；对电力客户书面提出的异议，供电企业必须书面答复，并留有相应的答复记录。

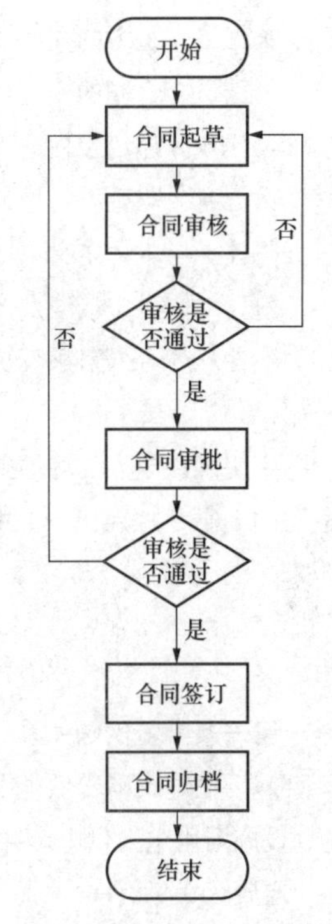

图 ZY2200302003-1　转供电合同签订业务流程

（12）合同在具备合同约定条件和达到合同约定时间后生效。

（13）合同附件及有关资料要整理齐全，一并归入主合同档案。合同签订后应做好合同的档案管理工作。

四、转供电合同样本示例

某新装低压电力客户，用电地址为××市××区××路 18 号，申请用电容量 50kW，非工业用电。供电公司批复的供电方案明确委托该处变压器容量为 400kVA 的某高压电力客户转供电，采用 220/380V 对其转供电。供、转、用三方签订的转供电合同如下：

合同编号：×××

转 供 电 合 同

（参考文本）

供电人	转供电人	用电人
名　称：×××	名　称：×××	名　称：×××
法定代表人：×××	法定代表人：×××	法定代表人：×××
住所地：×××	住所地：×××	住所地：×××
电　话：×××	电　话：×××	电　话：×××
电　传：×××	电　传：×××	电　传：×××
邮　编：×××	邮　编：×××	邮　编：×××
开户银行：×××	开户银行：×××	开户银行：×××
账　　号：×××	账　　号：×××	账　　号：×××
税务登记号：×××	税务登记号：×××	税务登记号：×××

目　　录

模块 3　ZY2200302003

为明确供电人、转供电人、用电人（以下简称三方）在转供电过程中的权利和义务，保证转供电安全、可靠运行，根据《中华人民共和国合同法》、《中华人民共和国电力法》、《电力供应与使用条例》等法律法规，经三方协商一致，签订本合同。

第一章　转供电的基本状况

第一条　转供电关系

基于供电人与转供电人、用电人已分别订立了《供用电合同》的事实，经三方协商，供电人利用转供电人的电气设施向用电人供电，并按本合同的约定履行支付转供电费用等义务；转供电人完成转供电事项，并按本合同的约定履行义务。

第二条　转供电方式

（一）高压转供：转供电人同意从其所有的___/___变电所（配电室）以__/__方式向用电人供电。

（二）低压转供：转供电人同意从其所有的__250 千伏安__变压器低压侧以__220/380 伏__方式向用电人供电。

第三条　转供电容量

转供电人向用电人的转供容量为__50__千瓦（千伏安），最大用电负荷为__50__千瓦。

第四条　产权分界点和维护管理责任

转供电人与用电人设施产权分界点__为转供电人低压配电房内转供电专用低压开关负荷侧出线 10 厘米处，分界点及以上设施属转供电人，分界点以下设施属用电人__。

上述分界点的文字表述与示意图描述不一致时，以文字表述为准。

双方按照各自设施产权归属承担维护、管理责任；另订有维护、管理协议的，从协议。

第五条　转供费用

供电人按__月__（月/季/年）向转供电人支付转供电费用__200__元，支付时限为__24 个月__。

转供电人的电费发生额大于转供电费用时，转供电费用以电费冲抵；电费数额不足冲抵的，差额按本条前款约定的时限支付。

第六条　转供电的计量和计费

转供电人的计量装置所计量的电力、电量含用电人所用的电力、电量时，计算转供电人的贸易结算所用电力、电量，应扣除用电人所用有、无功电量以及用于向用电人供电的公用线路与变压器消耗的有功、无功电量。

用于向用电人供电的公用线路与变压器消耗电量在转供电人总电量中扣减，用电人所用的电量按电价分类对应扣减。

转供电人为两部电价的，按上述扣减的不同性质的有功电量及下列方法折算电力：

照明及一班制：180 千瓦时，折合 1 千瓦；

二班制：360 千瓦时，折合 1 千瓦；

三班制：540 千瓦时，折合 1 千瓦；

农业用电：270 千瓦时，折合 1 千瓦；

公用线路与变压器按消耗的有功电量，270 千瓦时，折合 1 千瓦。

按容量计收基本电费的，千瓦视同千伏安。折算的电力不应大于用电人受电变压器总容量。

计量转供电人的计量装置所计量的电力、电量不含用电人所用的电力、电量时，直接依据抄见的电力、电量计算电费。

第二章　三方在本合同中的义务

第一节　共　同　义　务

第七条　供电人和转供电人之间，以及供电人与用电人之间的权利、义务关系分别适用各自订立的《供用电合同》。

第八条　供电人、转供电人、用电人在运行、检修、停电等操作时，应加强联系，相互配合。

第九条　任何双方对本合同的变更、解除，都应当及时通知第三方。

第二节　供电人与转供电人

第十条　供电人

（一）费用支付

按本合同第五条的约定向转供电人冲抵或支付转供电费用。

（二）损耗负担

负担用于向用电人供电的公用线路和变压器消耗的电力、电量。

（三）电力电量扣除

当转供电人的计量装置所计量的电力、电量含用电人所用的电力、电量时，在确定转供电人贸易结算电力电量值时，应按本合同第六条的约定予以扣减。

（四）供电保证

电力供应紧张时，应协助转供电人要求电力管理部门优先保证电力供应。

第十一条　转供电人

（一）质量保证

转供给用电人的电能质量应符合国家标准。

（二）连续转供电

应连续向用电人转供电。

因本条第（四）项2、3目所列事由停电的，应提前通知供电人。

（三）中止或恢复供电

依据调度命令或供电人对用电人停止供电、恢复供电的书面通知，协助供电人对指定的用电人中止或恢复供电。

（四）事项告知

以下事项应适时告知供电人：

1. 转供电人不能保证质量或连续供电，应及时告知；
2. 计划检修，应提前10天通知；
3. 临时检修，提前24小时通知；
4. 用电人超过合同约定容量用电、可能危及供用电安全。

第十二条　中止转供电程序

依据调度命令或供电人发出的中止转供电书面通知的要求实施。

第十三条　设施维护

按本合同第四条约定运行维护转供电设施。

第三节　用电人与转供电人

第十四条　质量共担

用电人的谐波源负荷、冲击负荷、波动负荷、非对称负荷对电网的污染应符合国家标准，防止对转供电人的电能质量造成影响、损害供用电设施。

第十五条　用电设施维护

按本合同第四条约定运行维护用电设施。

第三章　违　约　责　任

第十六条　供电人

（一）违反本合同第十条（一）项，应在次月及时支付少付金额及银行同期贷款利息；

（二）违反本合同第十条（二）、（三）项，应在次月及时扣减，并支付对应电费金额的银行同期贷款利息。

第十七条　转供电人

（一）违反本合同第十一条（一）、（二）、（三）、（四）项，应按供电人要求的期限及时改正，并按供电人实际支付用电人的赔偿额，赔偿供电人；

（二）违反本合同第十二条：

1. 擅自对用电人停电的，按供电人实际支付用电人的赔偿额赔付供电人；

2. 对用电人不予停电的，按每次 5000 元向供电人支付违约金。

第十八条　用电人

（一）违反本合同第十五条造成转供电能质量不合格的，不得向供电人主张赔偿权利；

因前款原因造成供电人对转供电人赔偿的，按供电人实际支付转供电人的赔偿额赔付供电人。

（二）违反本合同第十六条造成第三人伤害的，自行承担赔偿责任；

因前款原因造成供电人对转供电人赔偿的，按供电人实际支付转供电人的赔偿额赔付供电人。

第十九条　违约责任承担顺序

因转供电人的责任造成供电人对用电人违约的，先由供电人承担，再由转供电人承担；因用电人责任造成供电人对转供电人违约，先由供电人承担，再由用电人承担。

第四章　本合同的变更、解除和转让

第二十条　合同变更

本合同履行中发生下列情形之一的，三方应对相关条款的修改进行协商：

1. 增加、减少受电点、计量点；

2. 增加或减少转供电容量及最高负荷；

3. 改变转供电方式；

4. 对转供电电能质量提出特别要求；

5. 转供电设施维护责任的调整；

6. 转供电公用线路及变压器损耗电力、电量扣减调整；

7. 违约责任的调整。

第二十一条　变更程序

按以下程序办理：

（一）提出方向其他两方提出变更意见，陈述变更的事项和理由；

（二）三方协商达成一致；

（三）按本合同订立程序签订《合同事项变更确认书》（见附件三）。

第二十二条　合同转让

未经对方同意，三方均不得将本合同中的任何权利、义务转让第四方。

第二十三条　合同解除

合同履行中，供电人、转供电人经协商一致，可以解除合同。发生下列情形之一的，可以单方解除合同：

（一）供电人要求解除合同；

（二）转供电人要求解除合同；

（三）供电人主体资格丧失或被依法破产；

（四）转供电人资格丧失或被依法破产；

（五）本合同到期后，双方无异议且继续履行，但没有重新签订新的有期限合同的。

第二十四条　解除程序

（一）协议解除的，由供电人、转供电人达成书面解除协议后生效；

（二）转供电人行使合同解除权的，应立即前往供电人处办理书面解除手续并自供电人落实用电人供电事项后生效；

（三）供电人行使解除权的，应提前＿15＿天通知转供电人并落实用电人供电事项后生效。

第五章　附　则

第二十五条　供电时间

本合同签约后成立；用电人受电装置经供电人检验合格后，供电人应即依本合同向用电人供电。

第二十六条　合同效力

本合同经双方签署后成立，自转供电人向用电人供电时生效。

合同有效期为＿2＿年。合同有效期届满，三方均未对合同履行提出书面异议，合同效力按本合同有效期重复继续维持。

在合同有效期届满的前，三方均可对是否履行合同及合同内容提出异议，并按以下原则处理：

1. 一方提出异议，经协商，达成一致，重新签订转供电合同；

2. 一方提出异议，经协商，双方不能达成一致，在合同有效期届满时，合同效力终止。

第二十七条　调度通信

（一）按照双方调度协议执行；

（二）通信联系：

1. 用电人用电业务联系电话＿×××＿，联系方＿×××＿，调度电话＿×××＿；

2. 转供电人用电业务联系电话＿×××＿，联系方＿×××＿，调度电话＿×××＿；

3. 供电人用电业务联系电话＿×××＿，联系方＿×××＿，调度电话＿×××＿。

第二十九条　争议解决

三方发生的合同争议，应先行协商解决。协商未果的，可提请相关行政或授权机关调解，也可以直接实施以下第＿（二）＿种行为：

（一）向＿＿＿＿/＿＿＿＿仲裁委员会申请仲裁；

（二）向＿供电人所在地＿人民法院提起诉讼。

第三十条　文本和附件

本合同一式六份，三方各持二份，效力均等。

合同签署前，双方按供用电业务流程所形成的申请、批复等书面资料，均作为附件，与正本具有相同效力，但二者对同一事项均作记载的，以正本为准。

第三十一条　提示和说明

本合同中特别条款已用黑体字标识，用电人已认真阅读，供电人亦就询问作出了必要和合理的说明。

双方是在完全清楚、自愿的基础上签订本合同。

第三十二条　补充条款

经协商，双方同意增补以下条款：

（一）＿＿＿＿/＿＿＿＿；

（二）＿＿＿＿/＿＿＿＿；

（三）＿＿＿＿/＿＿＿＿；

（四）＿＿＿＿/＿＿＿＿；

（五）＿＿＿＿/＿＿＿＿。

（本页无正文）

供电人；（公章）	转供电人（公章）	用电人：（公章）
委托代理人：（签字）	法定代表人	代理人：（签字）
×××	×××	×××
××××年××月××日	××××年××月××日	××××年××月××日

附件一

术 语 定 义

1. 用电地址：用电人受电设施的地理位置及用电地点。

2. 用电容量：又称协议容量，用电人申请、并经供电人核准使用电力的最大功率或视在功率。

3. 受电点：供用电双方产权分界点。

4. 主供电源：在正常情况下的供电电源。

5. 备用电源：在正常情况下处于备用状态，当主供电源失电时供电的电源。备用电源用电容量不能超过约定的供电容量。

6. 保安电源：在主供电源、备用电源失电的情况下，仅限于对保安负荷供电的电源。保安电源用电容量不能超过约定的保安供电容量。

7. 转供电：经供电人同意，用电人使用自有受配电设施将供电企业供给的电能转供给其他用电人使用的行为。

8. 电能质量：指供电电压、频率和波形。

9. 计量方式：计量电能的方式，一般分为高压侧计量和低压侧计量以及高压侧加低压侧混合计量等三种方式。

10. 计量点：指用于贸易结算的电能计量装置装设地点。

11. 计量装置：包括电能表、互感器、二次连接线、端子牌及计量箱柜。

12. 冷备用：需经供电人许可或启封，经操作后可接入电网的设备，本合同视为冷备用。

13. 热备用：不需经供电人许可，一经操作即可接入电网的设备，本合同视为热备用。

14. 闭锁：防止双电源误并列或反送电所采取的技术措施，一般有机械闭锁和电气闭锁二种方式。

15. 谐波源负荷：指用电人向公共电网注入谐波电流或在公共电网中产生谐波电压的电气设备。

16. 冲击负荷：指用电人用电过程中周期性或非周期性地从电网中取用快速变动功率的负荷。

17. 非对称负荷：因三相负荷不平衡引起电力系统公共连接点正常三相电压不平衡度发生变化的负荷。

18. 自动重合闸装置重合成功：指供电线路事故跳闸时，电网自动重合闸装置在整定时间内自动合闸成功，或自动重合装置不动作及未安装自动重合装置时，在运行规程规定的时间内一次强送成功的。

19. 倍率：间接式计量电能表所配电流互感器、电压互感器变比的乘积。

20. 线损；线路在传输电能时所发生的有功损耗、无功损耗。

21. 变损：变压器在运行过程中所产生的有功损耗和无功损耗。

22. 无功补偿：为提高功率因数、减少损耗、提高用户侧电压合格率而采取的技术措施。

23. 计划检修：按照年度、月度检修计划实施的设备检修。

24. 临时检修：供电设备障碍、改造等原因引起的非计划、临时性停电（检修）。（如临时接电等）

25. 紧急避险：指电网发生事故或者发电、供电设备发生重大事故；电网频率或电压超出规定范围、输变电设备负载超过规定值、主干线路功率值超出规定的稳定限额以及其他威胁电网安全运行，有可能破坏电网稳定，导致电网瓦解以至大面积停电等运行情况时，供电人采取的避险措施。

26. 不可抗力，指不能预见、不能避免并不能克服的客观情况。包括：火山爆发、龙卷风、海啸、暴风雪、泥石流、山体滑坡、水灾、火灾、自来水达不到设计标准、超设计标准的地震、台风、雷电等，以及核辐射、战争、瘟疫、骚乱等。

27. 逾期：指超过双方约定的交纳电费的截止日的第二天算起，不含截止日。

28. 受电设施：用电人用于接受供电企业供给的电能而建设的电气装置及相应的建筑物。

29. 国家标准：国家标准管理专门机关按法定程序颁发的标准。

30. 电力行业标准：国务院电力管理部门依法制定颁发的标准。

31. 基本电价：是指按用户用电容（需）量计算的电价。

32. 电度电价：是指按用电人用电度数计算的电价。

33. 单一制电价：只执行电度电价制度的电价。

34. 两部制电价：同时执行电度电价和基本电费制度的电价。

35. 告知方式：包括报纸、广播、电视、电话、传真、电子邮件等

36. 重要用户：指有重要负荷的用户。重要负荷的定义参见国家《供配电系统设计规范》(GB 50052—1995)。

附件二

供电接线及产权分界示意图

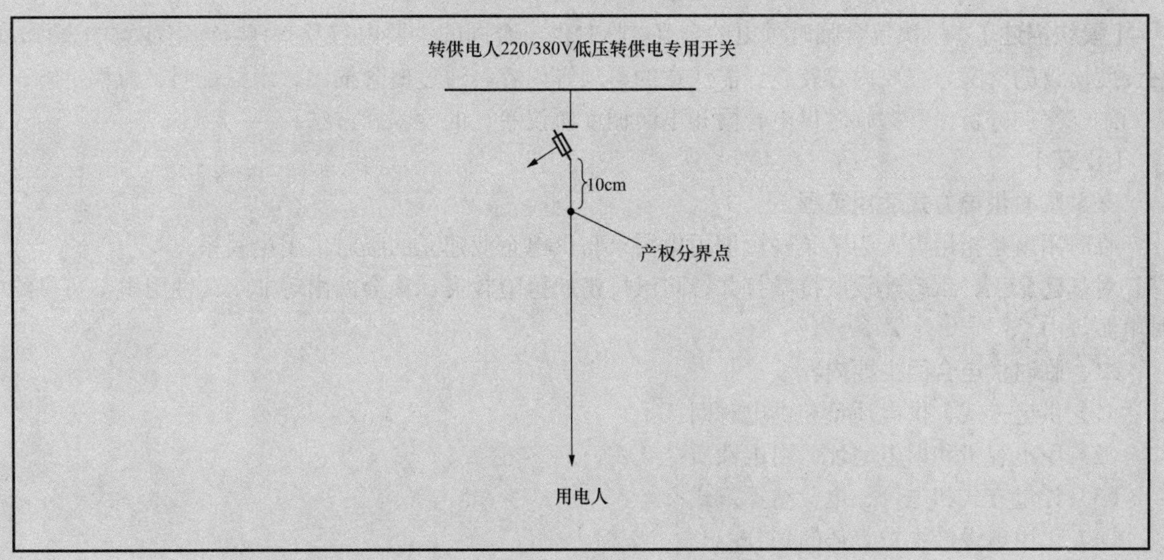

附件三

合同事项变更确认书

序号	变更事项	变更前约定	变更后约定	甲方确认	乙方确认
1				（签）章 ___年__月__日	（签）章 ___年__月__日
2				（签）章 ___年__月__日	（签）章 ___年__月__日
3				（签）章 ___年__月__日	（签）章 ___年__月__日
4				（签）章 ___年__月__日	（签）章 ___年__月__日
5				（签）章 ___年__月__日	（签）章 ___年__月__日

【思考与练习】

1. 什么是转供电？
2. 转供电合同的主要内容是什么？
3. 签订转供电合同应注意哪些事项？

模块4 临时供电合同、电网调度协议的签订（ZY2200302004）

【模块描述】本模块包含临时供电的含义、临时供电合同的主要内容及签订合同需注意的事项，电网调度协议的含义、主要内容及签订需注意的事项等内容。通过概念描述、术语说明、流程讲解、要点归纳、案例分析，掌握临时供电合同和电网调度协议签订的内容和方法。

【正文】

一、临时供电方式适用范围

临时用电是指用电人为了某种短期用电需求与供电企业建立的临时供用电关系。

对基建施工、市政建设、抗旱打井、防汛排涝、抢险救灾、集会演出等非永久性用电，可供给临时电源。

二、临时供电合同主要内容

（1）供电方式、供电质量和供电时间；

（2）用电容量和用电地址、用电性质；

（3）计量方式和电价、电费结算方式；

（4）供用电设施维护责任的划分；

（5）合同的有效期限；

（6）违约责任；

（7）双方共同认定应当约定的其他条款。

三、临时供电合同签订业务流程及注意事项

（一）合同签订业务流程

临时供电合同签订流程如图 ZY2200302004-1 所示。

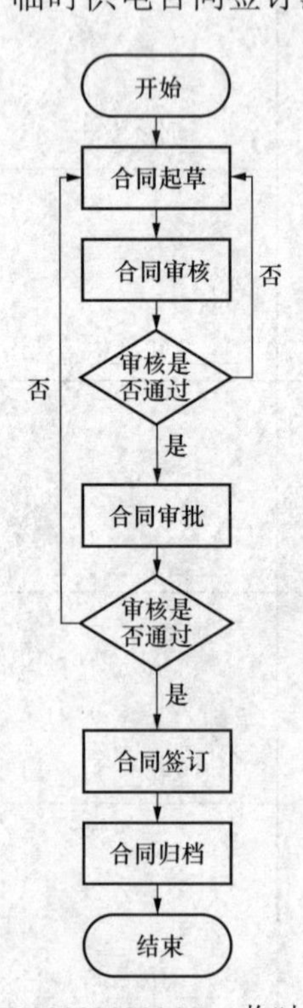

图 ZY2200302004-1 临时供电合同签订业务流程

（二）合同签订注意事项

（1）签订合同前，要对客户进行必要的资信情况调查核实。

（2）文字表述、文理逻辑要明确严密，不产生歧义，双方权利义务要明确具体。

（3）电力客户法定代表人授权代理人签订临时供电合同时，必须事先办理书面授权委托书。

（4）在签订临时供电合同时，电力客户应出示法定代表人及其委托代理人身份证原件，并将原件复印件及授权委托书交给供电企业作为临时供电合同的附件保存。电力客户提交的相关资质证明包括客户应有的营业执照、税务登记证、组织机构代码等，国家规定的许可项目还应包括许可证。

（5）临时供电合同的签订应严格履行审批流程。对供电方案的经济性、可行性、安全性以及核定的电价，签约人员必须认真审查。

（6）临时供电合同在签约过程中，供电企业必须履行提请注意和异议答复程序；对电力客户书面提出的异议，供电企业必须书面答复，并留有相应的答复记录。

（7）临时供电合同在具备合同约定条件和达到合同约定时间后生效。

（8）合同附件及有关资料要整理齐全，一并归入主合同档案。合同签订后应做好临时供电合同的档案管理工作。

（9）临时用电期限除经供电企业准许外，一般不得超过六个月，逾期不办理延期或永久性正式用电手续的，供电企业应终止供电。临时供电合同期限一般不超过3年。

（10）使用临时电源的用户不得向外转供电，也不得转让给其他用户，供电企业也不受理其变更用电事宜。如需改为正式用电，应按新装用电办理。

（11）因抢险救灾需要紧急供电时，供电企业应迅速组织力量，架设临时电源供电。架设临时电源所需的工程费用和应付的电费，由地方人民政府有关部门负责从救灾经费中拨付。

（12）临时节电费应按照国家有关标准于合同中予以明确。

四、临时供用电合同样本示例

某新装高压临时电力客户，用电地址为××市××路 30 号，供电公司批复的供电方案明确采用 50Hz 三相 10kV 电源对其供电，电源 T 接点为 110kV 新桥变电站供出的 10kV 明珠 222 线路 25 号杆，供电容量为 200kVA，电力用途为基建施工用电，用电性质为非工业用电，计量为高供低计，执行分时电价。供用电双方签订的高压供用电合同如下：

合同编号：×××

临时供用电合同

（参考文本）

供电人	用电人
名　称：×××	名　称：×××
法定代表人/企业负责人：×××	法定代表人：×××
住所地：×××	住所地：×××
电　话：×××	电　话：×××
电　传：×××	电　传：×××
邮　编：×××	邮　编：×××
开户银行：×××	开户银行：×××
账　　号：×××	账　　号：×××
税务登记号：×××	税务登记号：×××

目　　录

为确定供电人和用电人在电力供应与使用中的权利和义务，安全、经济、合理、有序地供电和用电，根据《中华人民共和国合同法》、《中华人民共和国电力法》、《电力供应与使用条例》、《供电营业规则》有关规定，经双方协商一致，订立本合同。

第一章　合同的基本状况

第一节　供用电方式和设施

第一条　临时用电地址__××市××路 30 号__。

第二条　用电性质

（一）行业分类：__房地产开发__；

（二）用电分类：__非工业用电__；

（三）用途：＿基建用电＿＿＿＿。

第三条 临时接电费用及用电期限

（一）用电期限：为＿180＿（天/月）。

（二）临时接电费用

按容量收取。＿200＿千伏安（千瓦）×＿210＿元/千伏安（千瓦），共计＿42 000＿元。

临时接电费用于送电前一次性交付。用电人在合同约定期限内结束临时用电的，该项费用全额退还；超过约定期限的，按超过的时间每天扣减＿5＿%。

第四条 用电容量

受电点变压器＿一＿台，总容量＿200＿千伏安（高压）

用电容量为＿200＿千伏安，该容量为合同约定用电人最大装接容量，即最大用电容量。

具体用电设备清单见（附件一）。

第五条 供电方式

供电人向用电人提供三相交流 50Hz 电源，采用＿单＿（单/双/多）电源、＿单＿（单/双/多）回路向用电人供电。

（一）高压供电

供电人由＿110kV 新桥＿变（配电）电站（所）以＿10＿千伏电压，经出口＿222＿断路器送出的＿架空线公用线路＿（架空线/电缆）（公用线路/专线）经＿25 号＿杆，向用电方＿222 线电源＿受电点（直配）供电。供电容量＿200＿千伏安。

（二）低压供电

供电人以 380/220 伏电压，从＿/＿线路＿/＿公用变＿/＿号低压杆线向用电人供电，供电容量为＿/＿千瓦。

（三）自备电源

用电人自备发电机＿/＿千瓦，安装地点为＿/＿；非并网的自备发电机采用＿/＿联络及闭锁方式。

第六条 用电人自行采取的保安措施

用电人自行采取下列电或非电保安措施，确保电网意外断电不影响安全生产：

（一）自备电源（同第四条第三项）

（二）非电保安措施：＿＿＿/＿＿＿。

第七条 无功补偿及功率因数

实行无功电力就地平衡的原则；用电人补偿装置总容量为＿60＿千乏，功率因数在电网高峰时段应达值为＿0.95＿。

第八条 供用电设施产权分界点及维护责任划分

供用电设施产权分界点为：

1. ＿产权分界点为 10kV 明珠 222 线路 25 号杆上跌开式熔断器负荷侧引线 10cm 处；分界点及以上设施属供电人，分界点以下设施属用电人＿；

2. ＿＿＿/＿＿＿；

3. ＿＿＿/＿＿＿。

产权分界以文字和附图（附件二）表述；如二者不符，以文字为准。

各方维护管理责任按以下第＿（一）＿种方式确定：

（一）依上述分界点划分；

（二）＿＿＿/＿＿＿。

供用电双方分别对其维护管理范围内发生的人身和财产损害承担相应的法律责任，但双方另有约定的，从约定。

第二节 电量、电价和电费

第九条 计量点及计量方式

供电人按照国家规定，在用电人每一个受电点按照不同用电性质分别安装用电计量装置，其记录作为向用电人计算电费的主要依据。计量点设置及其计量方式如下：

（一）222 线电源 受电点计量装置装设在客户受电变压器低压侧专用计量柜 处，作为用电人非工业分时电价 用电量的计量依据，计量方式为 低压计量 （高压/低压计量）；

（二） / 受电点计量装置装设在 / 处，作为用电人 / 用电量的计量依据，计量方式为（高压/低压计量）。

第十条　用电计量装置

各计量点计量装置配置如下：

计量点	计量设备名称	型号规格	精度	计算倍率	备注（总分表关系）
222 线电源受电	多功能表	3×1.5（6）A	2.0	1	总表
	电流互感器	300/5	0.5S	60	/
	/	/	/	/	/
	/	/	/	/	/
/	/	/	/	/	/
	/	/	/	/	/
	/	/	/	/	/
	/	/	/	/	/

第十一条　损耗负担

用电计量装置安装位置与产权分界点不一致时，以下损耗（包括有功和无功损耗）由设施产权所有者负担：变压器铁损按 850kWh 计算，铜损按电量的 2% 计算；线路损耗按电量的 / 计算。

第十二条　电量的抄录和计算

1. 抄表周期为 月 ，抄表例日为 25～28 日 。

2. 抄表方式：人工/ 抄表器装置自动抄录方式。

3. 结算依据：

以抄录数据作为电度电费的结算依据；

以 抄表器 装置自动抄录的数据作为电度电费结算依据的，当装置故障时，依人工抄录数据。

用电人各类用电的结算电量分别按以下方法分别确定：

（1）按本合同第九条明确的相应的用电计量装置的记录和第十条明确的计费倍率计算。

（2）按本合同第十一条规定应承担的线路和变压器损耗的电量计算。

4. 用电人的无功用电量为正反向无功电量绝对值的总量。

第十三条　计量失准及争议处理规则

（一）一方认为用电计量装置失准，有权提出校验请求，对方不得拒绝。校验应由有资质的计量检定机构实施。如校验结论为合格，检测费用由提出请求方承担；如不合格，由表计提供方承担，但能证明因对方使用、管理不善的除外。

（二）计量失准时，计费差额电量按下列方式确定：

1. 互感器或电能表误差超出允许范围时，以“0”误差为基准，按验证后的误差值确定计费差额电量。上述超差时间从上次校验或换装后投运之日至误差更正之日的二分之一时间计算。

2. 计量回路连接线的电压降超出允许范围时，以允许电压降为基准，按验证后实际值与允许值之差确定计费差额电量。计算补收电量的时间从连接线投入或负载增加之日至电压降更正之日认定。

3. 其他非人为原因致使计量记录不准时，以用电人上年度或正常月份用电量的平均值为基准，确定计费差额电量，计算退补电量的时间按导致失准时间至误差更正之日的差值确定。

（三）以下原因导致的电能计量或计算出现差错时，计费差额电量按下列方式确定：

1. 计费计量装置接线错误的，以其实际记录的电量为基数，按正确与错误接线的差额率退补电量，计算退补电量的时间从上次校验或换装投运之日至接线错误更正之日。

2. 电压互感器保险熔断的，按规定计算方法计算值补收相应电量的电费；无法计算的，以用电人正常月份用电量为基准，按正常月与故障月的差额确定计费差额电量，计算补收电量的时间按发生时间或按失压自动记录仪记录确定。

3. 计算电量的计费倍率与实际倍率不符的，以实际倍率为基准，按正确与错误倍率的差值确定计费差额电量，计算退补电量的时间以发生时间为准确定。

（四）抄表记录和失压、断流自动记录、负荷管理等装置记录的数据作为双方处理有关计量争议的依据。

（五）按确定的计费差额电量和差额电量发生期间的电价计算应退还或补收的电费。

第十四条　电价

按照有电价管理权的管理部门批准的电价执行；若遇电价调整，按调价政策规定执行。

第十五条　电费计算

1. 电度电费：按用电人结算电量对应乘以国家确定的用电分类目录电价。符合国家规定的分时电价、差别电价执行范围的，执行分时电价、季节性电价、差别电价等。

2. 功率因数调整电费

根据国家《功率因数调整电费办法》的规定，功率因数调整电费的考核标准为__________，相关电费计算按规定执行。

用电人应支付电费的具体种类，按国家规定政策执行。

第十六条　电费支付及结算

1. 每月电费分___一___次支付；支付比例和时间为___每月28日___，支付方式为_银行托收_。

2. 电费按月结算，结算时间__每月25日__，用电人应在__30__日前结清全部电费。

双方也可另行订立付费结算协议，作为本合同的附件。

3. 若遇电费争议，用电人应先按结算电费金额，按时足额交付电费，待争议解决后，据实清算。

第二章　双 方 的 义 务

第一节　供 电 人 义 务

第十七条　电能质量

在电力系统处于正常运行状况下，供到用电人受电点的电能质量应符合国家规定的标准。但用电人违反本合同第三十二条，第三十三条约定的除外。

第十八条　连续供电

在电力系统处于正常运行状况下，应向用电人连续供电。但有以下情形之一的除外：

（一）供电设施计划或临时检修；

（二）供电人依法限电；

（三）发生不可抗力事件或供电人的紧急避险行为；

（四）用电人实施本合同第三十八条（八）至（十一）项行为；

（五）供电人执行行政机关停电的强制命令；

（六）用电人违反本合同第三十一条、第三十四条以及实施第三十八条（一）至（七）项行为，拒绝改正的；

（七）用电人逾期未交电费、违约金经催交仍未交付的；

（八）临时用电期限届满；

（九）其他法定的情形。

第十九条　中止供电程序

（一）因本合同第十八条第（一）项原因需要或必须中止供电时，应当：

1. 计划检修的，提前七天以发出公告或其他方式告知用电人；

2. 临时检修的，提前24小时告知重要用户。

（二）因本合同第十八条第（二）项原因的，应执行经批准的限电序位表。

（三）因本合同第十八条第（三）项、第（四）项原因的，可当即停电。

（四）因本合同第十八条其他原因需要停电的，应当：

1. 在停电前____天内，将停电通知书送达用电人；

2. 在停电前 30 分钟，再通知用电人一次；

3. 按通知规定的时间实施停电。

引起停电或限电的原因消除后，应在三日内恢复供电，否则应向用电人说明原因。

第二十条　抄表计费

按照本合同约定的日期抄录用电人的用电度数和计算电费。

第二十一条　供电设施管理

按本合同第八条的约定对供电设施实施维护、管理。

第二十二条　越界操作

不得擅自操作对方维护管理范围内的电力设施，但遇下列情况必须操作时除外：

（一）危及电网和用电安全；

（二）可能造成人身伤亡或设备损坏；

（三）供电人依本合同实施停电的。

实施前款行为时，应遵循合理、善意的原则，最大限度地减少因此而发生的损失，并在 24 小时内书面告知对方。

第二十三条　事故抢修

因自然灾害等原因断电的，应按国家有关规定及时抢修。

第二十四条　禁止行为

（一）擅自迁移用电计量装置；

（二）故意使用电计量装置计量错误；

（三）随电费收取国家法律、行政法规规定以外的任何费用。

第二十五条　减少损失

因用电人原因造成供电人供电质量下降或停电等情形发生时，应及时采取合理、可行的补救措施，尽量减少因此而导致的损失。

第二十六条　交易信息提供

（一）为用电人交费和查询提供方便；

（二）免费为用电人提供电能表示度、电力、电量及电费等信息；

（三）及时公布电价调整信息。

第二十七条　信息保密

对确因供电需要而掌握的用电人的商业秘密，不得公开或泄露。

用电人需要保守的商业秘密范围由其另行书面向供电人提出，但其中不应包括用电人的电力、电量、装见容量、电费交纳、主要产品单耗，以及供电人依据统计法规而收集、掌握的相关信息。

第二节　用电人义务

第二十八条　交付电费

按照本合同第十六条约定的方式、期限交付电费。

委托银行代为划拨电费的，用电人应督促受托银行按照供电人的书面通知及约定的时限足额划转电费。供电人对委托银行的书面通知视为对用电人的同时通知。

第二十九条　保安措施

保证自行采取的电或非电保安措施有效，以满足安全需要。

第三十条　受电设施合格

保证其受电设施及多路电源的联络、闭锁装置始终处于合格、安全的状态，并按照国家或电力行业电气运行规程定期进行安全检查和预防性试验，及时消除安全隐患。

第三十一条　受电设施管理

按本合同第八条的约定对用电设施实施维护、管理，并负责保护供电人安装在用电人处的用电计量装置与负荷控制装置等装置的安全、完好。

第三十二条 继电保护的整定与配合

受电装置的继电保护方式应当与供电人电网的继电保护方式相互配合，并按照电力行业有关标准或规程进行整定和检验。

第三十三条 无功补偿保证

应合理装设和投切无功补偿装置，保证相关数值符合本合同第七条约定。

第三十四条 质量共担

谐波源负荷、冲击负荷、非对称负荷等对电网的污染应符合国家标准。

第三十五条 有关事项的通知

以下事项中的（一）至（三）发生后、（四）至（十一）发生前，应及时书面通知供电人：

（一）重大用电设备故障及人身触电事故；

（二）电能质量异常；

（三）电能计量装置及其计量异常、失压断流记录装置的记录结果发生改变、负荷管理装置运行异常；

（四）用电性质和用电构成改变；

（五）拟对受电装置进行改造或扩建；

（六）用电负荷的重大变化、大型用电设备的停电检修安排；

（七）拟作资产抵押、重组、转让、经营方式调整；

（八）拟进行撤销、解散、破产；

（九）发生重大诉讼、仲裁；

（十）用电人名称发生变化；

（十一）其他可能对本合同履行产生重大影响的改变。

第三十六条 配合事项

（一）对供电人依法进行的用电检查或抄表，应提供方便、配合并陪同进入现场，应根据检查内容的需要，提供相应的真实资料；

（二）供电人依本合同第十八条实施停、限电时，应及时减少、调整或停止用电。

第三十七条 越界操作

按本合同第二十二条执行。

第三十八条 不得在用电中实施的行为

（一）擅自改变用电类别或在电价低的供电线路上，擅自接用电价高的用电设备；

（二）擅自超过本合同约定容量用电；

（三）擅自超过计划分配的用电指标；

（四）擅自使用已经办理暂停使用手续的电力设备，或启用已被封停的电力设备；

（五）擅自迁移、更动或操作用电计量装置、电力负荷管理装置；

（六）擅自引入、供出电源或者将自备电源和其他电源私自并网；

（七）擅自变动供电人整定和检验的继电保护装置及其二次回路；

（八）擅自在供电人供电设施上接线用电或绕越用电计量装置用电；

（九）伪造或者非法开启加封的用电计量装置封印；

（十）故意损坏用电计量装置或使其失准；

（十一）采取其他方式不计量或少计量的用电行为。

第三十九条 减少损失

当供电质量下降或停电等情形发生时，应及时采取合理、可行的措施，尽量减少因此而导致的损失。

第四十条 合同担保

未交付临时接电费的，应提供合同担保。担保金额比照临时接电费。

第四十一条 电工资质

用电人在受电装置部位作业的电工，须持有《电工进网作业许可证》，方可上岗作业。

第三章　合同的变更、转让和终止

第四十二条　合同变更

（一）合同履行中发生下列情形之一的，双方应对相关条款的修改进行协商：

1. 延长临时用电时间；
2. 对供电质量提出特别要求；
3. 供用电设施维护责任的调整；
4. 电费计算方式、交付方式变更；
5. 违约责任的调整；

（二）下列事项的变更，以双方用电业务流程中的书面申请及批复、书面通知书、业务工作单票体现：供电线路变更、电能计量装置现场校验及更换、保护定值的调整。

上述变更的业务书证应由双方赋有履行本合同工作职责的人员签署。

第四十三条　变更程序

前条第（一）项事项的变更，按以下程序办理：

（一）提出方向对方提出变更意见，陈述变更的事项和理由；

（二）双方协商达成一致；

（三）按本合同订立程序签订《合同事项变更确认书》（见附件三）；

一方提出申请，另一方以实际行为响应的，视为变更已经达成。

前条第（二）项事项的变更，双方赋有履行本合同工作职责的人员在相关业务书证上签字后即发生效力。

第四十四条　合同转让

未经对方同意，任何一方都不得将合同义务转让他人。

第四十五条　合同终止

合同因下列原因而终止：

（一）约定的履行期限届满；

（二）用电人主体资格丧失或被依法宣告破产；

（三）供电人资格丧失或被依法宣告破产；

（四）合同解除。

合同终止，不影响既有债权、债务关系的依法处理。

第四十六条　合同解除

合同履行中，有下列情形时，可以解除合同：

（一）当事人一方提出解除合同，双方经协商一致；

（二）当事人一方依法解除合同。

第四十七条　终止程序

（一）协议解除的，双方达成书面解除协议后，在双方约定的时间生效；

（二）用电人行使合同解除权的，应立即前往供电人办理书面解除手续并由供电人实施停电后生效；

（三）供电人行使解除权的，应提前＿15＿天通知用电人并实施停电后生效；

（四）合同履行期限届满，供电人应提前＿15＿天通知用电人，并实施停电。

第四章　违　约　责　任

第四十八条　供电人责任

（一）违反本合同约定义务的，都应当按照国家、电力行业标准或本合同约定予以改正，继续履行。

（二）违反本合同第十七条电能质量义务而给用电人造成损失的，按实赔偿，但以其在电压和频率不合格的累计时间内所用电量和客户当月用电的平均电价乘积的百分之二十为限。

前款中的累计时间，不包括用电人知道或应当知道电压、频率质量异常而延迟通知的时间。

（三）违反本合同第十八条约定的条件或第十九条约定的程序停电，按实赔偿，但以用电人在停电时间内可能用电量的电度电费的四倍为限。

前款所称的可能用电量，按照停电前用电人正常月份或正常用电一定天数内的每小时平均用电量的每小时平均用电量乘以停电小时求得。

（四）未履行本合同第二十三条的抢修义务而扩大损失的，对扩大损失部分按本条第（三）项的原则给予赔偿。

（五）违反本合同第二十四条第（一）、（二）项而造成用电人损失的，按用电人实际损失予以赔偿。

（六）违反本合同第二十四条第（三）项而造成用电人损失的，除退还有关费用外，还应支付多收费用的同期银行利息。

（七）违反本合同第二十七条公开或泄露用电人的商业秘密而造成损失的，予以赔偿。

上述赔偿责任因以下原因而免除：

1. 符合本合同第十七、十八条约定的除外情形；

2. 因用电人或第三人的过错行为所导致；

3. 因行政行为所导致；

4. 因电力运行事故引起开关跳闸，经自动重合闸装置重合成功的；

5. 多电源供电只停其中一路，而其他电源仍可满足用电需要的；

6. 用电人未履行本合同第二十九条、第三十条、第三十八条义务，导致损失的扩大部分。

第四十九条 用电人责任

（一）违反本合同约定义务的，都应当按照国家、电力行业标准或本合同约定予以改正，继续履行。

（二）造成供电人既有财物直接损失的，按实赔偿。造成供电人对外供电停止或减少的，还应当按少供电量乘以上月份平均售电单价给予赔偿；少供电量按照所造成的停电范围内其他用电人停电前正常月份或正常用电一定天数内的每小时平均用电量乘以停电小时求得。停电时间不足1小时按1小时计算，超过1小时按实际时间计算。

（三）因用电人过错造成其他用户损害的，受害用户要求赔偿时，用电人应当依法承担赔偿责任。

因用电人过错，但由于供电人未履行本合同第二十五条之义务，使事故扩大造成其他用户损害的，用电人不承担事故扩大部分的赔偿责任。

（四）以下违约行为还应相应计付违约金：

1. 违反本合同第二十九条约定逾期交付电费，当年欠费部分的每日按欠交额的千分之二、跨年度欠费部分的每日按欠交额的千分之三计付。

2. 违反本合同第三十八条中的相关情形：

(1) 违反该条第（一）项的，按差额电费的两倍计付违约金，差额电费按实际违约使用日期计算；违约使用起讫日难以确定的，按三个月计算；

(2) 违反该条第（二）项的，按擅自使用或启封设备容量每千瓦（千伏安）50元支付违约金；

(3) 违反该条第（四）项的，按擅自使用或启封设备容量每次每千瓦（千伏安）30 元支付违约金；启用私自增容被封存的设备，还应按本条第三项第二目第二子目支付违约金；

(4) 违反该条第（五）项、擅自操作供电企业的供电设施以及约定由供电人调度的受电设备的，按每次5000元计付违约金；

(5) 违反该条第（六）项的，按引入、供出或并网电源容量的每千瓦（千伏安）500元计付违约金；

(6) 擅自在供电人供电设施上接线用电、绕越用电计量装置用电、伪造或开启已加封的用电计量装置用电，损坏用电计量装置、使用电计量装置不准或失效的，按补交电费的三倍计付违约金。少计电量时间无法查明时，按180天计算。日使用时间按小时计算，其中，电力用户每日按12小时计算，照明用户每日按6小时计算。

（五）上述违约责任因以下原因而免除：

1. 不可抗力；

2. 紧急避险。

第五章 附 则

第五十条 供电时间

本合同签约后成立；用电人受电装置经供电人检验合格后，供电人应即依本合同向用电人供电。

第五十一条 合同效力

本合同经双方签署后成立，自供电人向用电人供电时生效。

合同有效期为＿6 个＿月。合同有效期届满，用电人提出合同展期，供电人不得拒绝，但需按本合同第三条的约定扣减临时接电费；临时接电费扣减为零时，合同自动终止。

第五十二条 调度通信

（一）按照双方调度协议执行；

（二）通信联系

1. 用电人用电业务联系电话＿×××＿，联系方＿×××＿，调度电话＿×××＿；

2. 供电人用电业务联系电话＿×××＿，联系方＿×××＿，调度电话＿×××＿。

第五十三条 争议解决

双方发生的合同争议，应先行协商解决。协商未果的，可提请相关行政或授权机关调解，也可以直接实施以下第＿（二）＿种行为：

（一）向＿/＿仲裁委员会申请仲裁；

（二）向＿供电人所在地＿人民法院提起诉讼。

第五十四条 文本和附件

本合同一式四份，双方各持二份，效力均等。

合同签署前，双方按供用电业务流程所形成的申请、批复等书面资料，均作为附件，与正本具有相同效力，但二者对同一事项均作记载的，以正本为准。

第五十五条 提示和说明

用电人为政府机关、医疗、交通、通信、工矿企业，以及其他按照本合同第二条选择“重要负荷”、“连续性负荷”的，应当选择配备保安电源和（或）自备电源，并采取有效的非电措施，以保证供用电安全。

本合同中特别条款已用黑体字标识，用电人已认真阅读，供电人亦就询问作出了必要和合理的说明。

双方是在完全清楚、自愿的基础上签订本合同。

第五十六条 补充条款

经协商，双方同意增补以下条款：

（一）＿××省公用事业收费定期借记业务授权与协议书＿；

（二）＿/＿；

（三）＿/＿；

（四）＿/＿；

（五）＿/＿。

（本页无正文）

供电人：（公章） 用电人：（公章）

委托代理人：（签字） ××× 法定代表人（代理人）：（签字） ×××

××××年××月××日 ××××年××月××日

附件一

术 语 定 义

1. 用电地址：用电人受电设施的地理位置及用电地点。

模块4 ZY2200302004

2. 用电容量：又称协议容量，用电人申请、并经供电人核准使用电力的最大功率或视在功率。

3. 受电点：供用电双方产权分界点。

4. 主供电源：在正常情况下的供电电源。

5. 备用电源：在正常情况下处于备用状态，当主供电源失电时供电的电源。备用电源用电容量不能超过约定的供电容量。

6. 保安电源：在主供电源、备用电源失电的情况下，仅限于对保安负荷供电的电源。保安电源用电容量不能超过约定的保安供电容量。

7. 转供电：经供电人同意，用电人使用自有受配电设施将供电企业供给的电能转供给其他用电人使用的行为。

8. 电能质量：指供电电压、频率和波形。

9. 计量方式：计量电能的方式，一般分为高压侧计量和低压侧计量以及高压侧加低压侧混合计量等三种方式。

10. 计量点：指用于贸易结算的电能计量装置装设地点。

11. 计量装置：包括电能表、互感器、二次连接线、端子牌及计量箱柜。

12. 冷备用：需经供电人许可或启封，经操作后可接入电网的设备，本合同视为冷备用。

13. 热备用：不需经供电人许可，一经操作即可接入电网的设备，本合同视为热备用。

14. 闭锁：防止双电源误并列或反送电所采取的技术措施，一般有机械闭锁和电气闭锁二种方式。

15. 谐波源负荷：指用电人向公共电网注入谐波电流或在公共电网中产生谐波电压的电气设备。

16. 冲击负荷：指用电人用电过程中周期性或非周期性地从电网中取用快速变动功率的负荷。

17. 非对称负荷：因三相负荷不平衡引起电力系统公共连接点正常三相电压不平衡度发生变化的负荷。

18. 自动重合闸装置重合成功：指供电线路事故跳闸时，电网自动重合闸装置在整定时间内自动合闸成功，或自动重合装置不动作及未安装自动重合装置时，在运行规程规定的时间内一次强送成功的。

19. 倍率：间接式计量电能表所配电流互感器、电压互感器变比的乘积。

20. 线损；线路在传输电能时所发生的有功损耗、无功损耗。

21. 变损：变压器在运行过程中所产生的有功损耗和无功损耗。

22. 无功补偿：为提高功率因数、减少损耗、提高用户侧电压合格率而采取的技术措施。

23. 计划检修：按照年度、月度检修计划实施的设备检修。

24. 临时检修：供电设备障碍、改造等原因引起的非计划、临时性停电（检修)。(如临时接电等）

25. 紧急避险：指电网发生事故或者发电、供电设备发生重大事故；电网频率或电压超出规定范围、输变电设备负载超过规定值、主干线路功率值超出规定的稳定限额以及其他威胁电网安全运行，有可能破坏电网稳定，导致电网瓦解以至大面积停电等运行情况时，供电人采取的避险措施。

26. 不可抗力，指不能预见、不能避免并不能克服的客观情况。包括：火山爆发、龙卷风、海啸、暴风雪、泥石流、山体滑坡、水灾、火灾、自来水达不到设计标准、超设计标准的地震、台风、雷电、雾闪等，以及核辐射、战争、瘟疫、骚乱等。

27. 逾期：指超过双方约定的交纳电费的截止日的第二天算起，不含截止日。

28. 受电设施：用电人用于接受供电企业供给的电能而建设的电气装置及相应的建筑物。

29. 国家标准：国家标准管理专门机关按法定程序颁发的标准。

30. 电力行业标准：国务院电力管理部门依法制定颁发的标准。

31. 基本电价：是指按用户用电容（需）量计算的电价。

32. 电度电价：是指按用电人用电度数计算的电价。

33. 单一制电价：只执行电度电价制度的电价。

34. 两部制电价：同时执行电度电价和基本电费制度的电价。

35. 告知方式：包括报纸、广播、电视、电话、传真、电子邮件等。

36. 重要用户：指有重要负荷的用户。重要负荷的定义参见国家《供配电系统设计规范》(GB 50052—1995)。

附件二

供电接线及产权分界示意图

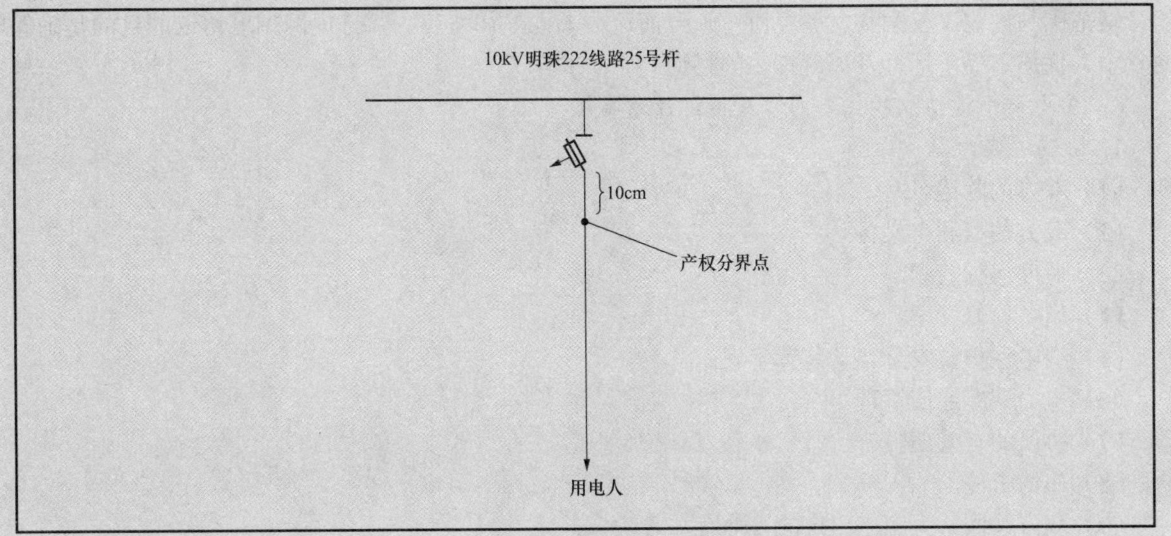

附件三

合同事项变更确认书

序号	变更事项	变更前约定	变更后约定	甲方确认	乙方确认
1				（签）章 ____年__月__日	（签）章 ____年__月__日
2				（签）章 ____年__月__日	（签）章 ____年__月__日
3				（签）章 ____年__月__日	（签）章 ____年__月__日
4				（签）章 ____年__月__日	（签）章 ____年__月__日
5				（签）章 ____年__月__日	（签）章 ____年__月__日
6				（签）章 ____年__月__日	（签）章 ____年__月__日

五、电网调度协议的含义及主要内容

（一）电网调度协议的含义

电网调度协议是为了规范供用电双方在地区电网运行过程中的行为，就供用电双方在调度运行中的管辖范围与内容、权利与义务经协商一致而达成书面法律协议。签订电网调度协议的目的是确保电网安全、优质、经济运行及调度指令的畅通。

（二）电网调度协议的主要内容及签订注意事项

1. 协议主要内容

（1）双方的陈述。

（2）双方的权利与义务。

（3）调度运行管理。

（4）设备检修管理。

（5）继电保护及安全自动装置管理。

（6）电力调度通信管理。

（7）协议的有效期限。

（8）违约责任。

（9）双方共同认为应当约定的其他有关事项。

2. 签订协议注意事项

（1）签订协议前，要对客户进行必要的资信情况调查核实。

（2）文字表述、文理逻辑要明确严密，不产生歧义，双方权利义务要明确具体。

（3）电力客户法定代表人授权代理人签订协议时，必须事先办理书面授权委托书。

（4）在签订协议时，电力客户应出示法定代表人及其委托代理人身份证原件，并将原件复印件及授权委托书交给供电企业作为协议的附件保存。

（5）协议的签订应严格履行审批流程。对协议的可行性、安全性签约人员必须认真审查。

（6）协议在签约过程中，供电企业必须履行提请注意和异议答复程序；对电力客户书面提出的异议，供电企业必须书面答复，并留有相应的答复记录。

（7）协议在具备协议约定条件和达到协议约定时间后生效。

（8）协议附件及有关资料要整理齐全，一并归入供用电合同档案。协议签订后应做好协议的档案管理工作。

六、电网调度协议样本示例

下面是某供电公司与客户签订的电网调度协议示例：

电 网 调 度 协 议

本调度协议（以下简称“协议”）于××××年××月××日由下述双方签署：

××供电公司（以下简称“甲方”），单位地址：××省××市××路8号。

××港口公司（以下简称“乙方”），单位地址：××省××市××大道188号。

鉴于乙方有一座35kV变电站，即35kV港口变电站（以下简称港口变），接入××地区电网35kV系统，因此，为保证地区电网和港口变的安全、优质、经济运行，规范本协议双方在港口变接入地区电网运行过程中的行为，根据相关法律法规、电力行业标准及国家电力管理部门的有关规定，基于平等、互利和诚实信用的原则，经协商一致，双方达成本协议如下：

第一章 定 义 与 解 释

1. 本协议中所用术语，除上下文另有要求外，具有如下含义：

（1）接入电网方式：是指港口变与地区电网之间一次系统的电气接线方式。

（2）紧急情况：是指电网发生事故，电网频率或者电压超出规定范围，输变电设备负载超过规定值，主干线路功率值超出规定的稳定限额，用电负荷发生大幅度上升或下降以及其他威胁电网安全运行的情况等。

（3）电网调度规程：是指由甲方制定的用于规范本地区电网内的调度行为的技术规范。

（4）甲方调度机构：是所在地区供电公司调通中心。它是甲方为确保电力系统安全、优质和经济运行而设立的，专门依法对电力系统生产运行、电网调度及其人员职务活动进行调度管理的机构。就本协议有关甲方调度机构的任何条款而言，其已获得甲方的批准和认可。

2. 解释

（1）本协议中的标题仅为阅读之方便，不应被视为协议的组成部分，亦不应以任何方式影响对本协议的解释。

（2）本协议对任何一方的后继者或允许的受让人具有约束力。

（3）除上下文另有要求外，本协议所指的日、月、年均为公历日、月、年。

（4）本协议中的"包括"一词不具有限制性含义。

第二章　双　方　陈　述

本协议任何一方在此向对方陈述如下：

1. 本方具有符合中国法律规定的合法民事主体的地位。

2. 本方完全有权签署并有能力履行本协议。

3. 本方已为本协议的有效签署获取一切必要的授权、批准和许可。

第三章　双　方　义　务

1. 除本协议另有明确约定外，甲方还应遵守：

（1）应将调度运行值班人员名单及专用电话号码书面通知乙方，如有变更应及时更正。

（2）严格遵守法律法规、电力行业标准、国家电力管理部门的相关规定和电网调度规程对电网进行统一调度。

（3）在对港口变进行调度管理的过程中，应体现公平、公正、公开、安全、经济和合理的原则。

（4）应尽最大努力防止电网电能质量严重降低的电网事故，减少事故引起的乙方损失。

（5）应向乙方提供地区电网调度规程，如果地区电网调度规程进行了修改，则应及时将修改后的地区电网调度规程提供给乙方。

（6）应按国家电力管理部门的规定及时向乙方披露与乙方有关的电网调度信息。

2. 除本协议另有明确约定外，乙方还应遵守：

（1）乙方的运行值班人员、班长（或主值）须根据《电网调度管理条例》及有关规定的要求经过培训、考核，并取得相应的合格证书，持证上岗。乙方应将港口变运行值班人员名单及专用电话号码书面通知甲方，如有变更应及时更正。

（2）港口变接入地区电网运行，应服从甲方调度机构的统一调度，严格遵守法律法规、地区电网调度规程、电力行业标准及国家电力管理部门的规定。

（3）为保证正常操作及事故处理的顺利进行，乙方港口变应与甲方调度机构之间装设一部专用电话且不得他用。

（4）乙方应将有关设备资料及电气接线图报甲方调度机构备案。

（5）乙方在港口变运行中应严格遵守地区电网调度规程和甲方调度机构的调度指令。

（6）乙方应尽最大努力防止任何影响地区电网安全运行事故的发生，并将其为防止影响地区电网安全运行而制定的安全措施报甲方调度机构备案。

（7）当港口变主要设备出现重大缺陷或隐患，应及时按电力行业标准和电网调度规程进行处理，并同时如实告知甲方调度机构。乙方处理完毕后应将处理结果告知甲方调度机构。

（8）应按照国家电力管理部门和国家电网调度机构的规定，及时、准确地向甲方调度机构提供港口变运行信息，并保证信息的准确性。

第四章　调　度　运　行

1. 乙方接入甲方电网的线路为：

（1）线路名称：恒兴变中橡 327 线路。

（2）电压等级：35kV。

2. 属甲方调度机构直接调度管辖的设备为：

（1）35kV 港口 327 线路及其附属设备。

（2）港口变 35kV 母线及其附属设备编号的命名由甲方调度机构命名。

3. 甲方调度机构调度许可的设备为：

港口变 35kV 母线及其附属设备及 35kV 主变压器，由用户自行管辖并负责操作管理。

4. 属乙方管辖的为：

（1）除本章第 2 条规定的设备以外，港口变其他设备的运行均由乙方自行管理。

（2）港口变内所有继电保护整定均由乙方自行整定，但应严格按照甲方提供的整定限额进行整定。

5. 其他需要明确的管辖范围：

（1）二次设备的管辖与一次设备同步。

（2）涉及电网的继电保护与安全自动装置，按与调度管辖范围相一致的原则进行整定计算与运行管理。其中港口变 35kV 主变压器保护定值由乙方整定计算，须报甲方备案，甲方管辖设备的保护定值由甲方负责整定计算并下达。

（3）港口变内属乙方管辖的设备的继电保护整定均由乙方自行整定，但应严格按照甲方提供的整定限额进行整定。

6. 甲方调度机构调度管辖的乙方设备需停电检修时，乙方应提前 3 天以书面形式向甲方报停电检修申请，待甲方批复后方可进行停电检修。

7. 依据双方的有关协议下达调度指令后，乙方在未有合理的理由的情况下不得拒绝执行，否则甲方有权改变运行方式，由此造成的后果由乙方承担。

8. 系统故障情况、系统超供电能力情况以及其他紧急情况下，乙方应按甲方调度机构的指令进行拉、限负荷，否则甲方调度机构有权对其拉限电。

9. 甲方在事故处理等紧急情况下有权拉开港口变进线开关，待事故处理等紧急情况告一段落后通知乙方。

10. 甲方应将其调度值班员的名单书面通知乙方，如果甲方变更调度值班员，则甲方应及时将变更后的调度值班员名单书面通知乙方。若乙方变更运行值班人员，也应及时将变更后的运行人员名单书面通知甲方。

11. 乙方运行值班人员在电网调度业务方面应严格服从甲方值班调度员的调度指令。属调度管辖范围内的设备，乙方均应遵守和执行调度设备停复役申请制度和调度操作制度。乙方应如实告知现场情况，据实回答甲方值班调度员的询问。

12. 乙方应按无功就地平衡的原则，在提高用电自然功率因数的基础上，设计和装置无功补偿设备，并做到随其负荷和电压变动及时投入或切除，防止无功电力倒送。其功率因数应达到不低于 0.95 的规定。若违反此规定，乙方应按本协议第 9 条的约定向甲方承担违约责任。

13. 乙方非线性用电设备接入电网，应按《供电营业规则》、《电力系统谐波管理暂行规定》执行。用户流入供电网的高次谐波电流最大允许值，以不干扰通信、控制线路和不影响供、用电设备及电能计量装置的正常运行为原则。造成影响的，必须采取措施，将谐波电流限制在允许的范围内，以消除影响，否则甲方将根据《供电营业规则》有关规定予以处理。

第五章　设　备　检　修

1. 乙方应按照国家电力管理部门的规定、电力行业的检修规程、设备制造商的建议、港口变技术参数等规定按本协议有关条款向甲方调度机构递交检修计划申请。

2. 甲方调度机构应按本协议的有关条款的规定及电网的实际情况在收到乙方报送的检修计划申请后，与当月月底前或国家法定节日前 3 天或特殊运行方式出现前 3 日将月度、节日或特殊运行方式发电、电气设备检修计划书面通知乙方。

3. 当电气主设备出现缺陷需要非计划停运时，乙方须在 6 小时前向甲方调度机构提出临时检修申请。甲方调度机构应视地区电网的实际情况给予答复，并按检修规程处理。

4. 如果港口变出现危及乙方的人身或设备安全的情形，则乙方应按调度规程和现场事故处理规定的要求处理，并且立即向甲方调度值班员报告事故情况。

第六章　继电保护及安全自动装置

1. 乙方应严格遵守继电保护及安全自动装置的设计和运行规程、标准，并且应符合以下具体要求：

（1）港口变有关设备的继电保护出现缺陷后，乙方须立即处理。

（2）乙方应按国家电力管理部门制定的检验条例，对港口变的所有继电保护及安全自动装置进行调试，使其符合整定单的要求，定期进行校验维修，并保存完整的调试记录和报告。

2. 港口变内的继电保护和安全自动装置，必须与电网的继电保护及安全自动装置相配合。在电网的继电保护及安全自动装置改变时，乙方应按甲方调度机构要求及时修改所辖的继电保护及安全自动装置的定值及运行状态。

3. 乙方的继电保护及安全自动装置应达到如下指标：

（1）继电保护主保护运行率≥99%。

（2）自动装置动作正确率≥99.8%。

（3）全部保护动作正确率≥99.8%。

（4）保护装置年检率≥100%。

4. 如果因乙方原因引起电网的继电保护及安全自动装置的不正确动作，乙方应按本合同第 9 条的约定向甲方承担违约责任。

第七章　电 力 调 度 通 信

1. 乙方应严格遵守有关电力调度通信设备的设计和运行规程、标准，并且符合以下具体要求：

（1）乙方与甲方之间须具有相对独立的两种不同通信电路的调度专用的主、备用通道，并保证其通信设施的连续可靠运行。

（2）乙方与甲方电力通信网互联的通信设备的选型和配置须征得甲方的同意。

2. 甲方应为乙方安排两种不同运行方式的调度电话传输通道。

3. 乙方的电力调度通信系统应达到如下指标要求：

通信电路（含调度电话）运行率≥99.97%

4. 如果出现下列情形之一的，乙方应按本合同第 9 条的约定向甲方承担违约责任:

（1）因港口变原因造成通信事故（根据原电力部有关规程确认）。

（2）电网事故时，因港口变通信责任造成继电保护及远动通道中断。

（3）因港口变原因构成通信障碍。

第八章　不　可　抗　力

1.“不可抗力”是指不能预见、不能避免并不能克服的客观事件。此类事件包括但不限于：火山爆发、闪电、龙卷风、海啸、暴风雪、山体滑坡、水灾、火灾、核辐射、战争、瘟疫、流行病、骚乱、外敌入侵、敌对行为、政治动乱、叛乱、罢工（指全国性、地区性或行业性罢工）、政府行为、市场变化、超设计标准的地震、台风或其他自然灾难和社会事件。

2. 如果不可抗力事件影响到一方履行本协议的能力，受影响方应告知另一方并说明不可抗力事件的发生日期和预计持续的时间、事件性质、对该方履行本协议的影响及该方为减少不可抗力事件影响所采取的措施。

3. 除非本协议另有规定，否则受不可抗力影响的一方的履约责任将在其受该不可抗力事件影响的范围内得到免除。

4. 受不可抗力事件影响的一方应采取合理的措施减少因不可抗力事件给一方或双方带来的损失。双方应及时协商制定并实施补救计划及合理的替代措施以减少或消除不可抗力事件的影响。

第九章　违　约　责　任

1. 除本协议另有规定外，一旦发生违约行为，非违约方有权向违约方发出一份要求其纠正其违约行为的书面通知，违约方应在收到该通知后立即纠正其违约行为。

2. 除第 1 款规定外，甲方如有下列违约行为的，则乙方有权要求甲方按下列方式支付违约金。

（1）由于甲方的疏忽、过失或不合理调度造成乙方直接损失的，则甲方应向乙方赔偿相应的损失。

（2）已按照本协议有关规定向甲方申报检修、并网申请，甲方没有按照《电网调度规程》的规定进行予以批复，并没有提供合理的说明，每发生一次，甲方应向乙方支付违约金 0.5 万元。

3. 除第 1 款规定外，乙方如有下列违约行为，甲方有权要求乙方按下列方式支付违约金。

（1）如果因乙方的疏忽、过失或人员责任造成甲方设备、人员、财产损失的，乙方应赔偿相应的损失。

（2）若乙方发生本协议第四章第 12 款、第六章第 4 款、第八章第 4 款规定的任何一项违约行为，发生一次乙方应向甲方支付违约金 5000 元。

（3）乙方每发生一次下列违反调度纪律事件之一者，则乙方应向甲方支付违约金 5000 元。

1）未经调度部门许可擅自改变调度管辖范围内的一、二次设备的状态。

2）不执行调度命令或不完整执行调度命令。

3）不如实反映调度命令执行情况。

4）值班人员因故离开工作岗位延误调度命令的执行。

5）不执行地区电网重大事件汇报制度规定。

6）不执行或不完全执行甲方调度机构下达的保证电网安全运行的措施（无法执行的有及时说明原因除外）。

7）在甲方调度管辖范围内设备发生事故，在 3 分钟内未向甲方调度机构汇报者。

8）在甲方调度管辖范围内的设备上发生误操作事故，未在 1 小时内向甲方调度机构汇报事故经过或说谎者。

9）在甲方调度管辖范围内的设备上发生过载或故障等情况，在 5 分钟内未向甲方调度机构汇报者。

10）其他违反《电网调度规程》的事件。

4. 若乙方严重违反调度规程规定（拒不执行调度命令、未经调度部门许可擅自改变调度管辖范围内的一、二次设备的状态及隐瞒事故）或在同一年度内连续发生第 9.3 款所述的行为，则甲方可实施强制手段，对乙方采取停电措施，乙方无权就停电后造成的损失向甲方提出索赔。

第十章 提 前 终 止

1. 如任何一方发生下列事件，则另一方有权在发出提前终止通知后解除本协议：

（1）一方破产或被吊销营业执照。

（2）一方违约且拒不纠正时，另一方有权单方面解除本协议。

（3）供电协议已经终止。

2. 经双方协商同意后终止本协议。

第十一章 生 效 与 期 限

1. 本协议自双方授权代表正式签署并加盖公司印章后生效，有效期至供电合同终止或期满为止。

2. 若供电合同的期限延长，则本协议的期限应予以相应延长，且具体协议条款双方另行协商。

第十二章 争 议 的 解 决

1. 协商

若双方在本协议履行过程中产生任何争议，则双方应首先尽力通过友好协商解决该争议。若争议在协商开始后 5 天内未能得到解决或双方不愿意协商，则可适用本协议有关条款的程序。

2. 调解

如果双方不能根据本协议的有关条款的规定协商解决争议，则任何一方均可申请召集专家小组进行调解。双方将分别委派一人担任专家，向上级电力管理部门申请指定第三位专家担任组长。

首先申请将争议提交专家小组调解的一方应向专家小组及另一方提交如下书面文件：

（1）争议的陈述。

（2）该方观点的陈述。

在收到上述文件后 5 天内，另一方应提交：

（1）争议的陈述。

（2）该方观点的陈述。

如果在提请专家小组调解后 15 天内仍不能达成双方同意的调解决定的，任何一方可按第 9.3 款的规定将争议提交诉讼。

3. 诉讼

若双方未能根据第九章 1 款或第九章 2 款解决争议，则任何一方有权将该争议向有管辖权的人民法院提起诉讼。

第三章　其　　他

1. 保密

双方保证对其所有从另一方取得的且无法自公开渠道获得的资料和文件（无论是财务、技术或者其他内容）均予以保密。未经该资料和文件的原提供方同意，另一方不得向任何第三方透露该资料和文件的全部或任何部分，但按照法律规定做出披露或向债权人、投资方及其顾问披露的除外。

2. 转让

双方同意，在本协议生效后，任何一方均可将其在本协议项下的全部或部分权利转让给第三方，但转让方应在转让前书面通知对方，任何一方将其在本协议项下的全部或部分义务转让给第三方，必须事先征得权利人的同意。

3. 合同全部

本协议及其附件构成双方就本协议标的达成的全部合同，并且取代所有双方在此之前就本协议标的所进行的任何讨论、谈判、合同和协议。

4. 合同变更和修改

本协议的任何修改、补充或变更必须以书面的形式进行并经双方授权代表签字后方为有效。

由于国家法律变更、政策调整及情势变更等原因，导致本协议无法履行，或本协议项下的目的无法实现时，则经双方协商一致可以变更本协议。任何一方进行本条所述的变更，均不视为其在本协议项下的违约行为。

5. 通知

任何一方根据本协议发给另一方的任何通知应用快递、传真、电子邮件方式递送。如果用快递方式递送的，则该通知交给快递服务公司后的第 3 天应被视为收到日期。如果采用传真、电子邮件发送通知，则经接收方人员或设施接收确认后，即被视为被接收方正式接收。所有通知应按下列地址发给对方，直至该方书面通知另一方变更通知地址为止：

甲方：×××

地址：×××

收件人：×××

电话：×××

传真：×××

乙方：×××

地址：×××

收件人：×××

电话：×××

传真：×××

6. 不放弃权利

任何一方未通过书面形式声明放弃其在本协议项下的任何权利，则不应被视为其弃权。任何一方未行使其在本协议项下的任何权利，均不应被视为对任何上述权利的放弃或对今后任何上述权利的放弃。

7. 适用法律

本协议的订立、效力、解释、履行和争议的解决均适用中华人民共和国法律。

8. 继续有效

本协议中有关终止、仲裁和保密的条款在本协议终止后仍然有效。

9. 合同文本

本协议正本一式六份，由甲方执三份，乙方执三份。

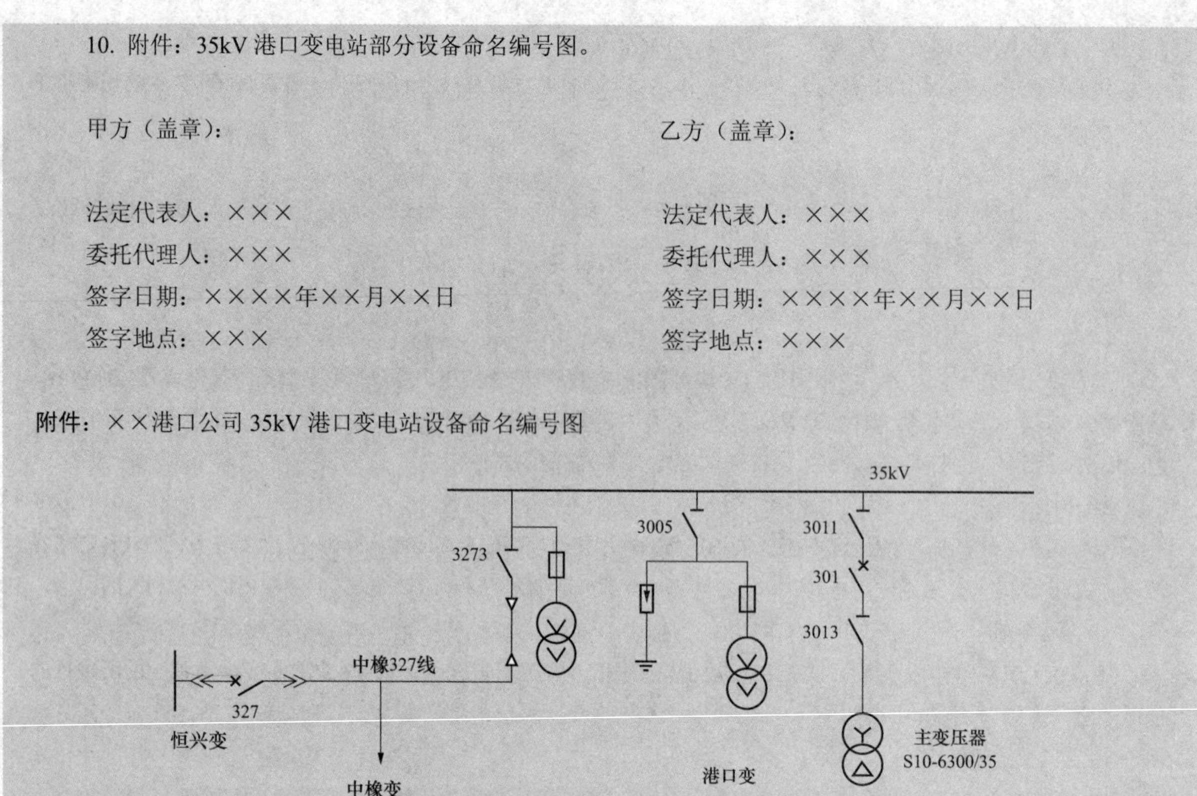

10. 附件：35kV港口变电站部分设备命名编号图。

甲方（盖章）：　　　　乙方（盖章）：

法定代表人：×××　　　　法定代表人：×××

委托代理人：×××　　　　委托代理人：×××

签字日期：××××年××月××日　　　　签字日期：××××年××月××日

签字地点：×××　　　　签字地点：×××

附件：××港口公司35kV港口变电站设备命名编号图

【思考与练习】

1. 临时供电的含义及主要内容是什么？

2. 电网调度协议的含义及主要内容是什么？

模块5 趸售供用电合同的签订（ZY2200302005）

【模块描述】本模块包含趸售电的含义、趸售电合同的主要内容及签订需注意的事项等内容。通过概念描述、术语说明、流程讲解、要点归纳、案例分析，掌握趸售电合同签订的内容和方法。

【正文】

一、趸售电的含义

从大电网趸购电能，再向其营业区内的客户售电的经营方式称为趸购转售电，也称为趸售电。向趸购转售电能的供电企业实施的供电称为趸售供电。趸售供电是一种管理关系特殊的供电方式。

《供电营业规则》规定：供电企业一般不采用趸售方式供电，以减少中间环节。特殊情况需开放趸售供电时，应由省级电网经营企业报国务院电力管理部门批准。趸购转售电单位应服从电网的统一调度，按国家规定的电价向用户售电，不得再向乡、村层层趸售。电网经营企业与趸购转售电单位应就趸购转售事宜签订供用电合同，明确双方的权和义务。趸购转售电单位需新装或增加趸购容量时，应办理新装增容手续。

二、主要内容及签订注意事项

1. 主要内容

（1）趸购转售电的范围；

（2）供电方式、供电质量和供电时间；

（3）用电容量和用电地址、用电性质；

（4）计量方式和电价、电费结算方式；

（5）供用电设施维护责任的划分；

（6）合同的有效期限；

（7）违约责任；

（8）双方共同认为应当约定的其他条款。

2. 签订注意事项

（1）签订合同前，要对客户进行必要的资信情况调查核实。

（2）文字表述、文理逻辑要明确严密，不产生歧义，双方权利义务要明确具体。

（3）电力客户法定代表人授权代理人签订合同时，必须事先办理书面授权委托书。

（4）在签订合同时，电力客户应出示法定代表人及其委托代理人身份证原件，并将原件复印件及授权委托书交给供电企业作为合同的附件保存。电力客户提交的相关资质证明包括客户应有的营业执照、税务登记证、组织机构代码等。

（5）趸售电合同期限一般不超过 10 年。

（6）合同的签订应严格履行审批流程。对合同的可行性、安全性签约人员必须认真审查。

（7）合同在签约过程中，供电企业必须履行提请注意和异议答复程序；对电力客户书面提出的异议，供电企业必须书面答复，并留有相应的答复记录。

（8）合同在具备合同约定条件和达到合同约定时间后生效。

（9）合同附件及有关资料要整理齐全，一并归入供用电合同档案。合同签订后应做好合同的档案管理工作。

三、合同样本示例

某新装高压购电客户，用电地址为××市××县××乡，供电公司批复的供电方案明确采用 35kV 对其趸售电，供电电源为 110kV 北郊变电站供出的 35kV 新乡 375 线，供电容量为 8050kVA，计量为高供高计。供用电双方签订的高压供用电合同如下：

合同编号：×××

趸购售电合同

（参考文本）

供电人	购电人
名　称：×××	名　称：×××
法定代表人：×××	法定代表人：×××
住所地：×××	住所地：×××
电　话：×××	电　话：×××
电　传：×××	电　传：×××
邮　编：×××	邮　编：×××
开户银行：×××	开户银行：×××
账　　号：×××	账　　号：×××
税务登记号：×××	税务登记号：×××

目　录

模块 5

ZY2200302005

附件二　供电线路及分界产权示意图

附件三　合同事项变更确认书

鉴于购电人需要从供电人趸购一定电量，并在其供电营业许可区内销售，为明确双方的权利和义务，安全、经济、合理、有序地进行趸购售电活动，根据《中华人民共和国合同法》、《中华人民共和国电力法》、《电力供应与使用条例》、《电网调度管理条例》、《供电营业区划分及管理办法》和《供电营业规则》以及国家其他有关法律法规，经双方协商一致，签订本合同。

第一章　基　本　状　况

第一节　趸购售电方式及设施

第一条　趸购转售电范围

趸购转售电范围为购电人经依法核准的供电营业区域。

第二条　供电方式

供电人以下列方式向购电人供电：

供电电源	供电电压（千伏）	由供电人				至购电人			
		供电变电站	供电线路	出口断路器编号	供电线路性质（专线/T接）	受电变电站	受电变压器容量（千伏安/台）	一次站用变容量（千伏安/台）	容量小计（千伏安）
1	35	北郊站	新乡 375	新乡 375	专线	新乡站	4000/2	50	8050
/	/	/	/	/	/	/	/	/	/

第三条　购电人的其他电源

并入购电人电网的电源：

1. 水电厂＿＿/＿＿座，装机容量＿/＿千瓦；
2. 火电厂＿/＿座，装机容量＿＿/＿＿千瓦；
3. 企业自备电厂＿/＿座，装机容量＿＿/＿＿千瓦；
4. 与购电人电网直接相连的其他电源＿＿/＿＿。

第四条　电力设施产权分界点及维护管理责任

经供电人和购电人共同确认，本合同所涉双方电力设施的产权分界点为：

第 1 路供电电源	双方电力设施的产权分界点
1	北郊变 35kV 新乡 375 断路器负荷侧出线 10cm 处
/	/

产权分界以文字和附图（附件二）表述；如二者不符，以文字为准。

各方维护管理责任按以下第＿（一）＿种方式确定：

（一）依上述分界点划分；

（二）＿＿＿＿＿＿/＿＿＿＿＿＿。

第五条　无功补偿装置

在＿新乡站＿，电容器无功补偿装置容量为＿2450＿千乏，调相机无功补偿装置容量为＿＿＿千乏，补偿装置总容量为＿＿/＿＿千乏。

在＿＿/＿＿，电容器无功补偿装置容量为＿＿/＿＿千乏，调相机无功补偿装置容量为＿＿/＿＿千乏，补偿装置总容量为＿＿/＿＿千乏。

第二节　电量、电价和电费

第六条　用电计量装置

第一路电源计量装置装设在＿北郊变 35kV 新乡 375 断路器出口＿处；

第二路电源计量装置装设在＿＿/＿＿处；

第N路电源计量装置装设在____/____处；

上述计量装置所计电量为双方贸易结算的依据。

各路电源计量装置配置如下：

第1路电源	计量设备名称	型号、规格	精度	计算倍率	备　注（主、副表关系）
1	多功能电能表	3×100V 3×1.5（6）A	有功0.2S 无功2.0	1	主表、总表
	电压互感器	10 000/100	0.5	100	/
	电流互感器	150/5	0.5S	6	/
	/	/	/	/	/
/	/	/	/	/	/
	/	/	/	/	/
	/	/	/	/	/
	/	/	/	/	/

上述计量装置因故不能正常计量，以对应电源对侧的计量装置合理扣除损耗后确定结算电量。

第七条　损耗负担

线路损耗由产权所有人负担；用电计量装置安装位置不在产权分界点时，自该分界点至计量点之间的线路损耗由该线路的产权所有人负担。

按购电人每月总购电量的____3____%计算线损电量。

第八条　计量失准及争议处理规则

（一）一方认为用电计量装置记录失准，有权提出校验请求，对方不得拒绝。校验应由有资质的计量检定机构实施。如校验结论为合格，检测费用由提出请求方承担；如不合格，由供电人承担。

（二）计量失准时，计费差额电量按下列方式确定：

1. 互感器或电能表误差超出允许范围时，以“0”误差为基准，按验证后的误差值确定计费差额电量。误差超出允许范围的时间从上次校验或换装后投运之日至误差更正之日的二分之一时间计算。

2. 连接线的电压降超出允许范围时，以允许电压降为基准，按验证后实际值与允许值之差确定计费差额电量。电压降超出允许范围时间从连接线投运或负荷增加之日起至电压降更正之日止。

3. 计费计量装置接线错误的，以其实际记录的电量为基数，按正确与错误接线的差额率退补电量，装置接线错误时间从上次校验或换装投运之日起至接线错误更正之日止。

4. 电压互感器保险熔断的，按规定计算方法计算值补收相应电量的电费；无法计算的，以购电人正常月份用电量为基准，按正常月与故障月的差额确定计费差额电量，电压互感器保险熔断时间按抄表记录或按失压自动记录仪记录确定。

5. 计算电量的计费倍率与实际倍率不符的，以实际倍率为基准，按正确与错误倍率的差值确定计费差额电量，计费倍率与实际倍率不符的时间以抄表记录为准确定。

6. 其他非人为原因致使计量记录不准时，以购电人正常月份的用电量为基准，确定计费差额电量，计量记录不准时间按抄表记录确定。

上述差额电量在最终确定前，购电人先按抄表电量如期交纳电费，待计费电量确定后，按实结清。

（三）抄表记录和失压、断流自动记录、电能量计费系统等装置记录的数据作为双方处理有关计量争议的依据。

（四）按确定的计费差额电量和差额电量发生期间的电价计算应退还或补收的电费。

第九条　抄表计费

1. 抄表周期为____月____，抄表例日____每月25日____；

2. 双方同意以____负荷控制____装置自动抄录的数据作为结算依据；当装置故障或一方提出合理异议的，依人工抄录数据。

3. 有主、副表的，依据主表数据；若主表故障或退出运行，则依据副表数据。

4. 购电人供电的非趸售电价电量，在供电人不能到现场抄录时，购电人代为抄录。

5. 供电人以书面、电话的方式将电量电费信息通知购电人。

6. 购电人通过银行代交电费的，供电人对该银行的通知视为同时通知购电人。

第十条　结算电量

依据本合同上述规定，双方最终的结算电量为：计量装置的抄录电量 ± 线损。

趸购电量、上网电量应按各自的价格分别结算。

第十一条　电费的确定方法

（一）电费＝电价×结算电量。

电价和其他收费项目费率调整时，按价格主管部门调价文件执行；

（二）按国家规定，购电人<u>不执行</u>（执行/不执行）分时电价；

（三）功率因数调整电费＝电度电费 × 功率因数；电费考核标准为：<u>0.85</u>。

第十二条　对分类用电的约定

双方对电价分类电量按下列方法约定：

（一）<u>/</u>类电量，按每月<u>/</u>千瓦时计算，或按每月<u>/</u>电量的<u>/</u>%计算；

（二）<u>/</u>类电量，按每月<u>/</u>千瓦时计算，或按每月<u>/</u>电量的<u>/</u>%计算；

（三）<u>/</u>类电量，按每月<u>/</u>千瓦时计算，或按每月<u>/</u>电量的<u>/</u>%计算；

供电人每年对购电人的用电构成比例和数量核定一次，并根据核定结果对其进行修改。修改应采用书面形式，仅具有向后的合同效力。购电人如对新的核定结果有异议，应在十五内提出。否则视为同意。

第十三条　电费支付方式

1. 每月电费分<u>一</u>次结算，结算时间及方式<u>每月25日、银行托收</u>；

2. 支付方式<u>银行托收</u>，支付期限<u>每月30日前</u>。

双方也可另行订立付费结算协议。

若遇电费争议，购电人先按抄见电量、电力所计费的电费金额，按时足额结清电费，待争议确定后，据实清算。

第二章　供电人义务

第十四条　供电质量

在电力系统正常运行的情况下，供到购电人受电点的电能质量应符合国家标准。

第十五条　连续供电

在电力系统正常运行的情况下，应向购电人连续供电。但有以下情形之一的除外：

（一）供电设施计划或临时检修；

（二）供电人依法限电；

（三）发生不可抗力事件或供电人的紧急避险行为；

（四）购电人违反本合同第二十九条、第三十条；

（五）受电装置经检验不合格，在指定期间未改善者；

（六）购电人逾期未交电费、违约金经催交仍未交付的；

（七）购电人危害供用电安全，扰乱供用电秩序，拒绝改正的；

停电原因消失后，应尽快恢复供电。

第十六条　中止供电程序

（一）因本合同第十五条第（一）、（二）项原因需要或必须停电时，应当：

1. 计划检修的，提前七天以<u>电话</u>方式通知购电人；

2. 临时检修的，提前24小时以<u>电话</u>方式通知购电人；

3. 依法限电的，执行经批准的限电序位表；

（二）因本合同第十五条第（三）项原因，可当即停电。

（三）因本合同第十五条其他原因需要停电的，应当：

1. 在停电前<u>7</u>天内，将停电通知书送达购电人；

2. 在停电前30分钟，将停电时间再通知购电人一次；

3. 通知规定的时间实施停电。

引起停电或限电的原因消除后，应在三日内恢复供电；否则应向购电人说明原因。

第十七条 设施管理

对产权分界点电源侧电力设施实施维护、管理，但购电人受电装置内安装的用电计量装置及电力负荷装置由供电人维护、管理。

对所管理的电力设施，其运行操作和事故处理操作必须严格执行《电网调度管理条例》。

第十八条 供电中的禁止行为

（一）擅自迁移、更动或操作用电计量装置；

（二）使用电计量装置计量错误

第十九条 越界操作

不得擅自操作对方的电力设施，但下列情形除外。

（一）出现电力运行事故；

（二）出现危及电网运行安全的情况；

（三）发生或可能发生触电伤害事故；

（四）不可抗力事件发生；

（五）法律、法规、规章规定。

实施前款行为时，应遵循合理、善意的原则。最大限度地减少因此而发生的损失，并在 24 小时内书面告知对方。

第二十条 有关事项的通知

（一）停、限电；

（二）电网的检修计划；

（三）与购电人有关的电网规划信息；

（四）与结算有关的账务信息变更；

（五）计量装置的周期检定和轮换计划；

（六）计量异常；

（七）对购电人保护定值的确定、调整。

第二十一条 减少损失

当购电人违约情形发生时，应及时采取合理、可行的措施，尽量减少因此而导致的损失。

第三章 购 电 人 义 务

第二十二条 交付电费

按照本合同第十三条的约定向供电人支付电费，购电人委托银行代为划拨电费的，由受托银行按照供电人的书面通知划转。

第二十三条 设施管理

同本合同第十七条。

第二十四条 继电保护的整定与配合

购电人受电装置的继电保护方式应当与供电人电网的继电保护方式相互配合，并按照电力行业有关标准或规程进行整定和检验。由供电人按照电力行业有关标准或规程进行整定和检验的继电保护装置及其二次回路，购电人不得擅自变动。

第二十五条 质量共担

因供用电活动的特殊性，购电人的谐波源负荷、冲击负荷、波动负荷、非对称负荷对供电人电网的污染应符合国家标准。其计费周期内的功率因数及电网高峰时段的功率因数应分别达到 0.85 、 0.9 。

第二十六条 受电设施合格

应保证其受电设施始终处于合格、安全的状态，并按照电力行业电气运行规程定期进行安全检查和预防性试验，及时消除安全隐患。

第二十七条 有关事项的通知

以下事项发生时或发生前，应及时书面通知供电人：

（一）购电人电网运行事故；

（二）电能质量异常；

（三）电能计量装置及其计量异常，失压断流记录装置的记录结果发生改变；

（四）与供电人电网直接相连的设备的检修计划；

（五）电网建设规划；

（六）与结算有关的账务信息变更；

（七）上年度向第三人的购电情况；

（八）月度、年度电力、电量需求预测；

（九）引入或退除第三人电源。

第二十八条 越界操作

同本合同第十九条。

第二十九条 用电中的禁止行为：

（一）擅自超过本合同约定容量用电；

（二）擅自超过分配的计划用电指标；

（三）擅自迁移、更动或操作用电计量装置；

（四）使用电计量装置不计量或者计量错误。

第三十条 电源引入

引入第三人电源，应采取合格的安全技术措施。

第三十一条 新增客户

其供电营业区内的新增客户有大型非线性阻抗特性的用电设备、大型冲击用电负荷，可能对供电人电网产生影响，应邀请供电人共同审查，确定供电方案。

其供电营业区内出现下列新增客户时，购电人同意由供电人直接供电：

1. 供电电压等级与购电人受电电压等级相同的；
2. 受电变压器容量在 2000 千伏安及以上的；
3. 对供电质量、供电安全有特殊要求或客户用电对供电质量有特殊影响的；
4. 电力监管机构或电力管理部门指定由供电人供电的客户。

第三十二条 电量查询配合

对供电人提出核实非趸售价格电量和不同用电性质的比例时，应提供方便和配合。

第三十三条 减少损失

当供电人违约情形发生时，应及时采取合理、可行的措施，尽量减少因此而导致的损失。

第四章 合同的变更和解除

第三十四条 合同变更

（一）合同履行中发生下列情形之一的，双方应对相关条款的修改进行协商：

1. 增加、减少受电点、计量点；
2. 增加或减少用电容量；
3. 改变供电方式；
4. 对供电质量提出特别要求；
5. 用电性质和用电构成改变；
6. 电费计算、交付方式变更；
7. 供用电设施维护责任的调整；
8. 违约责任的调整。

（二）下列事项的变更，以双方用电业务流程中的书面申请及批复、书面通知书、业务工作单票体现：主体更名、供电线路变更、电能计量装置更换。

上述变更的业务书证应当长期保存。

第三十五条　变更程序

前条第（一）类事项的变更，按以下程序办理：

（一）提出方向对方提出变更意向，陈述变更的事项和理由；

（二）双方协商达成一致；

（三）按本合同订立程序签订《合同事项变更确认书》（见附件三）。

第三十六条　合同解除

合同履行中，双方经协商一致，可以解除合同。

发生下列情形之一的，可以单方解除合同：

（一）购电人要求解除合同；

（二）购电人主体资格丧失或被依法宣告破产；

（三）供电人资格丧失或被依法宣告破产；

（四）债务人拒不提供合法、有效的担保或提供的担保不被债权人接受的；

（五）本合同到期后，双方无异议且继续履行，但没有重新签订新的有期限合同的。

第三十七条　解除程序

（一）协议解除的，双方达成书面解除协议后生效；

（二）购电人行使合同解除权的，应立即前往供电人办理书面解除手续并由供电人实施停电后生效；

（三）供电人行使解除权的，应提前__15__天通知购电人并实施停电后生效。

第五章　违　约　责　任

第一节　供　电　人

第三十八条　违反本合同第十四条致电能质量不符合国家标准或约定标准的，导致购电人对由其供电的用电人实际赔偿的，按其赔偿额承担违约责任。但购电人违反本合同第二十五条约定的除外。

第三十九条　违反本合同第十五条规定的条件或第十六条规定的程序而停电，导致购电人对由其供电的用电人停电、并承担了实际赔偿的，予以赔偿。但损失原因属下列原因之一的除外：

1. 不可抗力；
2. 购电人自身的过错；
3. 因电力运行事故引起断路器跳闸，经自动重合闸装置重合成功的；
4. 多电源供电只停其中一路，而其他电源仍可满足用电需要的；
5. 购电人违反本合同第三十三条而导致损失的扩大部分。

第二节　购　电　人

第四十条　违反本合同全部义务之一的，应当：

（一）按照国家或行业标准以及供电人的要求期限加以改正；

（二）造成供电人实际损失的，予以赔偿；

（三）导致供电人对由其供电的用电人或其他受损人实际赔偿的，按其赔偿额承担违约责任。

第四十一条　违反本合同第二十二条规定逾期欠交电费的，除按本合同第四十条承担责任外，还应当自逾期之日起，当年欠费部分每日按欠交额的千分之二、跨年度欠费部分每日按欠交额的千分之三支付违约金。

第四十二条　责任免除

购电人的违约责任可因以下事由而免除：

（一）不可抗力；

（二）一方或任何第三人依法实施的紧急避险行为。

第六章　附　　则

第四十三条　合同效力

本合同经双方签署后成立，自供电人向购电人供电时生效。

合同有效期为__5__年，时间届满，效力终止；但如双方继续履行，原合同转为无效力期限的合同。

第四十四条　调度通信

（一）按照双方调度协议执行；

（二）通讯联系

1. 购电人联系电话＿×××＿，联系方＿×××＿，调度电话＿×××＿；

2. 供电人联系电话＿×××＿，联系方＿×××＿，调度电话＿×××＿。

第四十五条　补充事项

本合同中未明确的违约责任，按《供电营业规则》相关规定处理。

第四十六条　争议解决

双方发生的合同争议，应先行协商解决。协商未果的，按以下方式处理：

（一）先提请相关行政或受权机关调解；

（二）对上述调解不服的，可选择申请仲裁或提起诉讼。

第四十七条　文本和附件

本合同一式四份，双方各持二份，效力均等。

合同签署前，双方按供、购电业务流程所形成的申请、批复等书面资料，均作为附件，与正文具有相同效力。

第四十八条　提示和说明

本合同中特别条款已用黑体字标识，购电人已认真阅读，供电人亦就询问作出了必要和合理的说明。

双方是在完全清楚、自愿的基础上签订本合同。

第四十九条　补充条款

经协商，双方同意增补以下条款：

1. ＿＿＿电费划拨协议书＿＿＿；

2. ＿＿＿/＿＿＿；

3. ＿＿＿/＿＿＿。

（此页无正文）

供电人：　　（公章）　　　　购电人：　　（公章）

委托代理人：　　（签字）　　　　法定代表人（代理人）：　　（签字）

×××　　　　×××

××××年××月××日　　　　××××年××月××日

模块5

ZY2200302005

附件一

术　语　定　义

1. 用电地址：用电人受电设施的地理位置。

2. 用电容量：又称协议容量，用电人申请使用电力的最大功率或视在功率。

3. 受电点：供用电双方产权分界点用电人侧受电装置装设点。

4. 主供电源：在正常情况下的供电电源。

5. 备用电源：在正常情况下处于备用状态，当主供电源失电时供电的电源。备用电源用电容量不能超过约定的供电容量。

6. 保安电源：在主供电源、备用电源失电的情况下，仅限于对保安负荷供电的电源。保安电源用电容量不能超过约定的保安供电容量。

7. 转供电：经供电人同意，用电人使用自有受配电设施将供电企业供给的电能转供给其他用电人使用的行为。

8. 电能质量：指供电电压、频率和波形。

9. 计量方式：计量电能的方式，一般分为高压侧计量和低压侧计量以及高压侧加低压侧混合计量等三种方式。

10. 计量点：指用于贸易结算的电能计量装置装设地点。

11. 计量装置：包括电能表、互感器、二次连接线、端子牌及计量箱柜。

12. 冷备用：需经供电人许可或启封，经操作后可接入电网的设备，本合同视为冷备用。

13. 热备用：不需经供电人许可，一经操作即可接入电网的设备，本合同视为热备用。

14. 闭锁：防止双电源误并列或反送电所采取的技术措施，一般有机械闭锁和电气闭锁二种方式。

15. 谐波源负荷：指用电人向公共电注入谐波电流或在公共电网中产生谐波电压的电气设备。

16. 冲击负荷：指用电人用电过程中周期性地从电网中取用快速变动功率的负荷。

17. 非对称负荷：因三相负荷不平衡引起电网三相电压平衡度发生变化的负荷。

18. 自动重合闸装置重合成功：指供电线路事故跳闸时，电网自动重合闸装置在整定时间内自动合闸成功，或自动重合不成功，在运行规程规定的时间内一次抢送成功的。

19. 倍率：间接式计量电能表所配电流互感器、电压互感器变比的乘积。

20. 线损；线路在传输电能时所发生的有功损耗、无功损耗。

21. 变损：变压器在运行过程中所产生的有功损耗和无功损耗。

22. 无功补偿：为提高功率因数而采取的补偿和控制措施。

23. 计划检修：按照年度、月度检修计划实施的设备检修。

24. 临时检修：供电设备故障、改造等原因引起的临时性停电。(如事故检修、临时接电等)

25. 依法停、限电：指因电网发生故障或电力供需紧张等原因需要停电、限电时，供电人按照政府有关部门批准的相应预案，实施错峰、避峰、停电或限电的。

26. 违法用电：指客户违反电力法律、法规和规章的用电行为。

27. 紧急避险：指电网发生事故或者发电、供电设备发生重大事故；电网频率或电压超出规定范围、输变电设备负载超过规定值、主干线路功率值超出规定的稳定限额以及其他威胁电网安全运行，有可能破坏电网稳定，导致电网瓦解以至大面积停电等运行情况时，供电人采取的避险措施。

28. 不可抗力：指不能预见、不能避免并不能克服的客观情况。包括：火山爆发、龙卷风、海啸、暴风雪、泥石流、山体滑坡、水灾、火灾、自来水达不到设计标准、超设计标准的地震、台风、雷电等，以及核辐射、战争、瘟疫、骚乱等。

29. 逾期：指超过双方约定的交纳电费最后期限而未能交费的消极行为。

30. 最近月：指距离现在月份最近的、已过去的月份。如果现在月份为6月，则最近月为5月；如果现在月份为5月，则最近月为4月，依此类推。

附件二

供电接线及产权分界示意图

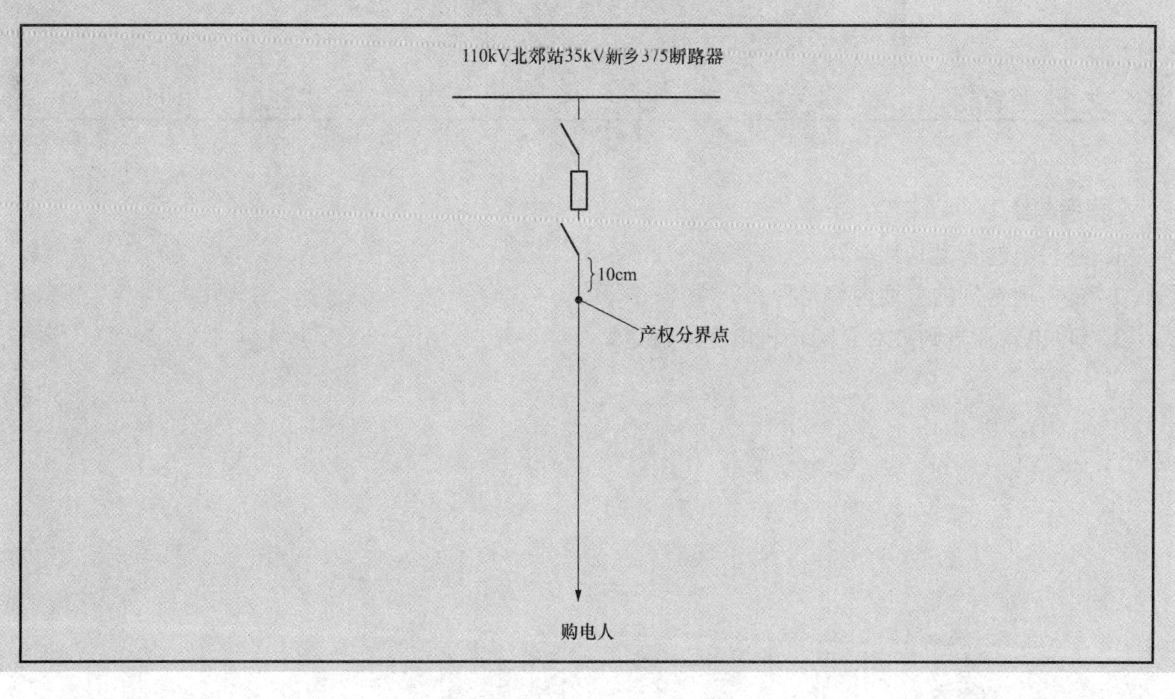

附件三

合同事项变更确认书

序号	变更事项	变更前约定	变更后约定	甲方确认	乙方确认
1				（签）章 ____年__月__日	（签）章 ____年__月__日
2				（签）章 ____年__月__日	（签）章 ____年__月__日
3				（签）章 ____年__月__日	（签）章 ____年__月__日
4				（签）章 ____年__月__日	（签）章 ____年__月__日
5				（签）章 ____年__月__日	（签）章 ____年__月__日
6				（签）章 ____年__月__日	（签）章 ____年__月__日

【思考与练习】

1. 趸售电的含义是什么？
2. 趸售电合同的主要内容是什么？
3.《供电营业规则》对趸购转售电有何规定？

第八章　供用电合同的变更

模块 1　低压供用电合同的变更（ZY2200303001）

【模块描述】本模块包含低压供用电合同变更的依据、变更程序和注意事项等内容。通过概念描述、术语说明、流程讲解、要点归纳、案例分析，掌握低压供用电合同变更的方法。

【正文】

一、变更的依据

根据《供电营业规则》规定： 供用电合同的变更或者解除，必须依法进行。有下列情形之一的，允许变更或解除供用电合同：

（1）当事人双方经过协商同意，并且不因此损害国家利益和扰乱供用电秩序；

（2）由于供电能力的变化或国家对电力供应与使用管理的政策调整，使订立供用电合同时的依据被修改或取消；

（3）当事人一方依照法律程序确定确实无法履行合同；

（4）由于不可抗力或一方当事人虽无过失，但无法防止的外因，致使合同无法履行。

二、变更程序和注意事项

1. 合同变更流程

合同变更流程如图 ZY2200303001-1 所示。

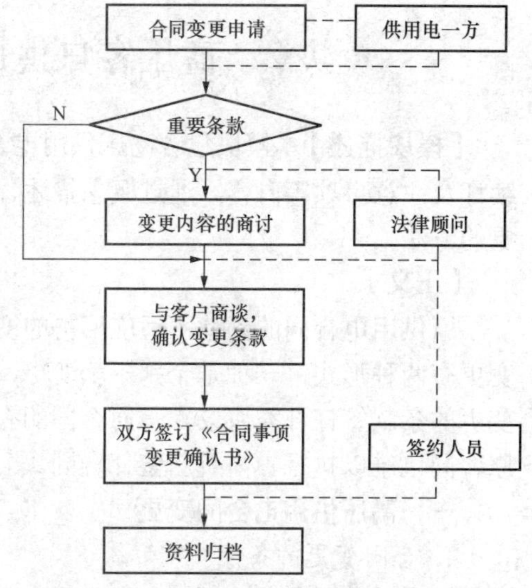

图 ZY2200303001-1　合同变更流程图

2. 合同变更注意事项

（1）依法订立的供用电合同，对供用电双方具有法律约束力，供用电双方不得擅自变更或解除合同。

（2）供用电合同的变更必须依法进行，合同履行中，供用电双方可依照合同约定的变更方式对相关条款进行修订、变更。

（3）对尚无条件按电价分类分别装表计费、实行定比定量的电力用户，应每年对各类用电量核对一次，如有变动要重新确定比例，并经双方签字作为合同附件保存。

（4）在合同有效期届满前约定的时间内，供用电双方均未提出终止、修改、补充意见时，原合同继续有效，期限按原合同有效期重复履行。

（5）供用电合同可依法或经双方协商一致后解除。

（6）在合同有效期届满前约定的时间内，一方对是否履行合同及合同内容提出异议，经协商，双方达成一致，重新签订供用电合同；不能达成一致，在合同有效期届满时，合同效力终止。

三、低压供用电合同变更的主要类型

1. 条款修改

合同履行中发生下列情形之一的，双方应对相关条款的修改进行协商：

（1）增加、减少受电点、计量点；

（2）增加或减少用电容量；

（3）改变供电方式；

（4）对供电质量提出特别要求；

（5）供用电设施维护责任的调整；

（6）电费计算方式、交付方式变更；

（7）违约责任的调整。

2. 业务变更

下列事项的变更，以双方用电业务流程中的书面申请及批复、书面通知书、业务工作单票体现：

当事人名称变更、非永久性减少用电容量、改变最大需量申报值、暂时停止全部或部分受电设备用电、临时更换大容量变压器、移动计量装置安装位置、暂时停止用电并拆表、供电线路变更、电能计量装置现场校验及更换、保护定值的调整。

上述变更的业务书证应由双方赋有履行本合同工作职责的人员签署。

四、变更供用电合同的示例

某红叶服装店为220/380V供电，供用电合同容量为30kW，计量方式为低供低计，执行商业电价；由于其经营滑坡，特申请过户给金顺皮鞋店（用电容量和性质不变）。请办理变更供用电合同。

供电企业应按下列办理，并变更供用电合同相关内容：

（1）在用电地址、用电容量、用电类别不变的情况下，允许办理过户。

（2）红叶服装店应与供电企业结清债务，才能解除原供用电关系。

（3）核实金顺皮鞋店的主体资格、经营资信应符合过户和签约条件，然后变更原合同相关内容，重新签订供用电合同。

（4）不申请办理过户手续而私自过户者，新客户应承担原客户所有债务。经供电企业检查发现客户私自过户时，供电企业应通知该户补办过户手续，必要时可中止供电。

【思考与练习】

1. 哪些情形允许变更或解除供用电合同？

2. 低压供用电合同变更的主要类型有哪些？

模块2 高压客户供用电合同的变更（ZY2200303002）

【模块描述】本模块包含高压供用电合同变更的条件、合同变更的业务流程、合同的终止、合同的续订及注意事项等内容。通过概念描述、术语说明、要点归纳、案例分析，掌握高压供用电合同的变更的方法。

【正文】

原供用电合同的条款不适应形势的变化，或原合同已到期等都会引起合同的变更。供用电合同的变更有两种形式，一种是个别条款变更，供用双方在确认原合同主要内容继续有效的基础上，就需要变更的条款签订补充协议，与原合同的有效条款一并生效执行；另一种是合同的多项条款需要变更，原合同已难以执行，需重新签订合同。

一、高压供用电合同变更

1. 合同变更的条件

根据《供电营业规则》规定供用电合同的变更或者解除，必须依法进行。有下列情形之一的，允许变更或解除供用电合同：

（1）当事人双方经过协商同意，并且不因此损害国家利益和扰乱供用电秩序；

（2）由于供电能力的变化或国家对电力供应与使用管理的政策调整，使订立供用电合同时的依据被修改或取消；

（3）当事人一方依照法律程序确定确实无法履行合同；

（4）由于不可抗力或一方当事人虽无过失，但无法防止的外因，致使合同无法履行。

2. 合同变更流程

高压供用电合同变更流程如图ZY2200303002-1所示。

3. 合同变更注意事项

（1）依法订立的供用电合同，对供用电双方具有法律约束力，供用电双方不得擅自变更或解除合同。

（2）供用电合同的变更必须依法进行，合同履行中，供用电双方可依照合同约定的变更方式对相关条款进行修订、变更。

（3）对尚无条件按电价分类分别装表计费、实行定比定量的电力用户，应每年对各类用电量核对一次，如有变动要重新确定比例，并经双方签字作为合同附件保存。

（4）在合同有效期届满前约定的时间内，供用电双方均未提出终止、修改、补充意见时，原合同继续有效，期限按原合同有效期重复履行。

（5）供用电合同可依法或经双方协商一致后解除。

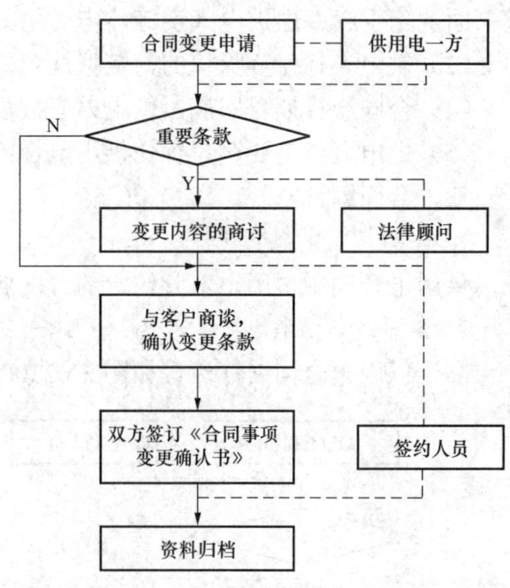

图 ZY2200303002-1　高压供用电合同变更流程图

（6）在合同有效期届满前约定的时间内，一方对是否履行合同及合同内容提出异议，经协商，双方达成一致，重新签订供用电合同；不能达成一致，在合同有效期届满时，合同效力终止。

二、高压供用电合同终止

1. 合同终止的条件

有下列情况之一的，供用电合同应终止，解除供用电关系。

（1）约定的履行期限届满。

合同约定的履行期限届满，如不续订，双方应解除供用电关系。

（2）用电人主体资格丧失或被依法宣告破产。

用电人被工商行政管理部门依法注销工商登记、主体资格丧失，供电人可对其销户，同时供电人拥有对用电人追缴所欠电费债务及其他债务的权利。

用电人依法破产终止供用电合同，这里的用电人只能是企业法人。企业法人可以是国有企业、民营企业、外商独资企业、中外合作企业等。企业法人破产以人民法院正式宣判的法律文书为准。对已破产的企业应予销户。

（3）供电人资格丧失或被依法宣告破产。

（4）合同解除。

合同履行中，有下列情形时，可以解除合同：

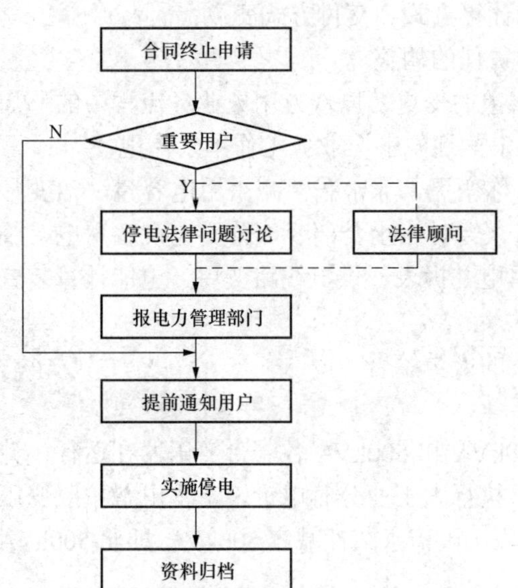

图 ZY2200303002-2　高压供用电合同终止流程图

1）当事人一方提出解除合同，双方经协商一致。

如：用电人在缴清电费及其他欠缴费用后，经用电人申请，供电人终止与用电人的供用电关系，解除供用电合同并予销户。

2）当事人一方依法解除合同。

如：用电人连续 6 个月不用电，供电人可按规定终止供电并销户。用电人欠缴供电人的电费债权及其他债权，供电人有权要求原用电人清偿。

2. 合同终止流程

高压供用电合同终止流程如图 ZY2200303002-2 所示。

3. 合同终止注意事项

（1）协议解除的，双方达成书面解除协议后，在双方约定的时间生效。

（2）用电人行使合同解除权的，应立即前往供电人办理书面解除手续并由供电人实施停电后生效。

（3）供电人行使解除权的，应按规定提前15天通知用电人并到期实施停电后生效。

（4）合同履行期限届满，供电人应按规定提前15天通知电力用户，并到期实施停电。

（5）供电人对重要客户行使供用电合同解除权或终止供电，应提前报当地电力管理部门。

三、合同续订

1. 合同续订的条件

供用电合同中供用电双方约定的合同履行期限届满，双方共同认为有必要续约合同。

2. 合同续订流程

高压供用电合同续订流程如图ZY2200303002-3所示。

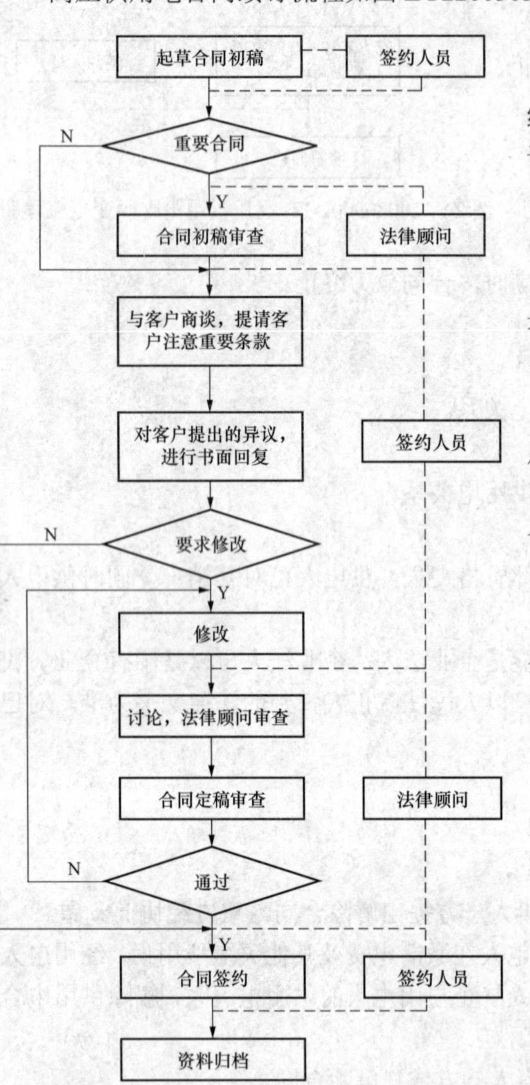

图ZY2200303002-3 高压供用电合同续订流程图

3. 合同续签注意事项

（1）核实用电人主体资格、营业执照、税务登记证、组织机构代码等有效性，国家规定的许可项目还应包括许可证的有效性。

（2）调查核实用电人的履约能力。

（3）用电人是否拖欠供电人的电费或其他债务。

（4）用电人在原合同履行期间的诚信情况，是否存在违法违规用电行为。

（5）合同续订应严格履行审批流程。

（6）合同在具备合同约定条件和达到合同约定时间后生效。

（7）合同附件及有关资料要整理齐全，一并归入主合同档案，应做好合同档案管理工作。

四、高压供用电合同变更的主要类型

1. 合同履行中发生下列情形之一的，双方应对相关条款的修改进行协商：

（1）增加、减少受电点、计量点；

（2）增加或减少用电容量；

（3）改变供电方式；

（4）对供电质量提出特别要求；

（5）供用电设施维护责任的调整；

（6）电费计算方式、交付方式变更；

（7）违约责任的调整。

2. 下列事项的变更，以双方用电业务流程中的书面申请及批复、书面通知书、业务工作单票体现：

当事人名称变更、非永久性减少用电容量、改变最大需量申报值、暂时停止全部或部分受电设备用电、临时更换大容量变压器、移动计量装置安装位置、暂时停止用电并拆表、供电线路变更、电能计量装置现场校验及更换、保护定值的调整。

上述变更的业务书证应由双方赋有履行本合同工作职责的人员签署。

五、高压减容业务供用电合同变更的示例

某纺织厂为10kV供电，正式用电超已过两年，有1000kVA和500kVA各一台变压器在运行；计量方式为高供高计，计量TA为100/5、TV为10 000/100；执行大工业分时电价，基本电费按照变压器容量收取。由于受金融危机影响，生产需要压缩，现向供电公司申请永久性减容500kVA，即将500kVA变压器永久性停用。请办理供用电合同的变更。

供电企业对该户减容用电应按照以下几点办理并变更供用电合同：

（1）首先核实该户主体资格、营业执照、税务登记证、组织机构代码等有效性；调查核实其履约能力，是否拖欠供电企业的电费或其他债务，是否存在违法违规用电行为。

（2）供电企业正式受理该户减容用电申请之后，应根据其申请减容的日期对 500kVA 变压器进行加封或者让客户拆除 500kVA 变压器。从加封或拆除之日起，按原计费方式减收 500kVA 的基本电费。

（3）减容后该户用电容量为 1000kVA，应从加封或拆除变压器之日起，将变比为 100/5 的高压计量 TA，更换为变比为 75/5 的 TA。

（4）根据上述用电变更情况，变更供用电合同的相关内容，双方重新签订供用电合同。

【思考与练习】

1. 供用电合同变更应注意哪些主要事项？
2. 供用电合同终止应注意哪些主要事项？
3. 供用电合同续订应注意哪些主要事项？

第四部分

配网降损与电能质量

第九章 电 能 损 耗

模块1 线损基本概念（ZY2200401001）

【模块描述】本模块包含线损基本概念。通过对线损组成，产生原因的介绍，了解降低线损的技术措施，组织措施，掌握降低线损的各种方法，分析线损偏大产生的影响。

【正文】

一、基本概念

电能从发电机发出输送到用户，必须经过输、变、配电设备，由于这些设备存在着阻抗，因此电能通过时，就会产生电能损耗，并以热能的形式散失在周围介质中，这个电能损失称为线损电量，简称线损。线损电量是用供电量与售电量相减计算得到的，它反映了一个电力网的规划设计，生产技术和运营管理水平，其计算式为

$$线损电量=供电量-售电量$$

二、产生的原因

1. 线损的组成

线损电量主要由线路损耗、变压器损耗和其他损耗三部分组成。

线损电量由以下几部分组成：

（1）输电线路损耗；

（2）主网变压器损耗；

（3）配电线路损耗；

（4）配电变压器损耗；

（5）低压网络损耗；

（6）无功补偿设备、电抗器、计量装置损耗等。

2. 线损产生原因

（1）电流通过输、变、配电设备产生的有功损耗；

（2）电网中的主要元件，如线路、变压器、电抗器、电容器在电场中产生的无功损耗。

3. 线损率及其影响

线损率是供电企业的一项重要综合性技术经济指标，它反映了一个电网的规划设计、生产技术和经营管理水平。线损率偏高，反映供电企业经营管理水平低下，损耗电量偏大，经营效益差，技术水平落后，设备出力降低，供电成本增高。

三、降低线损的措施

1. 降低线损的技术措施

（1）合理规划电源，深入负荷中心；

（2）合理设置补偿设备，提高功率因数，减少无功输送；

（3）合理规划电网的建设，电网进行升压改造；

（4）选用新型节能型的输配电设备；

（5）保证线路、变压器经济运行；

（6）合理选择电网的运行方式；

（7）加强线路巡护检查，避免架空线路碰触树枝、绝缘子断裂等对地放电；

（8）加强电网中的谐波治理。

2. 降低线损的管理措施

（1）实行线损指标分级管理责任制；

（2）加强计量管理；

（3）加强抄核收及营销的全过程管理；

（4）全面开展线损理论计算，加强线损分析工作；

（5）组织营业普查，加强用电检查工作，加大违约用电、窃电的打击查处力度。

【思考与练习】

1. 什么是供电量？什么是售电量？

2. 试分析线损产生的原因。

模块2 线损计算（ZY2200401002）

【模块描述】本模块包含线损理论计算的基本方法。通过对输电网线损计算理论计算、配电网线损理论计算范围的确定，计算软件的选定，掌握线损理论计算的条件、对象及各种典型情况的处理原则。

【正文】

一、基本方法

电力网电能损耗是指一定时段内网络元件上的功率损耗对时间积分值的总和。根据计算条件和计算资料，均方根电流法是线损理论计算的基本方法，在此基础上，可采用平均电流法（形状系数法）、最大电流法（损失因数法）、最大负荷损失小时法、分散系数法、电压损失法和等值电阻法等。对10kV配电线路，一般采用等值电阻法进行计算。对低压线路，可采用等值电阻法或电压损失法。下面介绍几种常用的线损理论计算方法。

（1）均方根电流法

均方根电流法是采用代表日的均方根电流来计算电力网电能损耗的方法。

设电力网元件电阻为R，通过该元件的电流为I，产生的三相有功功率损耗为

$$\Delta P = 3I_{\text{jf}}^{\ 2}R \qquad (\text{ZY2200401002-1})$$

式中 I_{jf} ——均方根电流，A。

（2）平均电流法（形状系数法）

平均电流法是利用均方根电流与平均电流的等效关系进行电能损耗计算的方法。

因为用平均电流计算出来的电能损耗是偏小的，因此还要乘以大于1的系数。

令均方根电流与平均电流之间的等效系数为K，称为形状系数，其关系式为

$$K = \frac{I_{\text{jf}}}{I_{\text{pj}}} \qquad (\text{ZY2200401002-2})$$

式中 I_{pf} ——日负荷电流的平均值，A；

I_{jf} ——日的均方根电流，A。

（3）最大电流法（损失因数法）

最大电流法是利用均方根电流与最大电流的等效关系进行能耗计算的方法。

与平均电流法相反，用最大电流计算出的损耗是偏大的，必须乘以小于1的修正系数。

令均方根电流的平方与最大电流的平方的比值为F，称为损失因数，其关系式为

$$F = \frac{I_{\text{jf}}^2}{I_{\max}^2} \quad \text{或} \quad I_{\text{jf}}^2 = I_{\max}^2 F \qquad (\text{ZY2200401002-3})$$

引入了形状系数K后，也利用K值求得F

$$I_{\text{jf}}^2 = I_{\text{pj}}^2 K^2 = I_{\max}^2 F \qquad (\text{ZY2200401002-4})$$

或 $$F = \frac{I_{pj}^2}{I_{max}^2}K^2 \qquad (ZY2200401002\text{-}5)$$

式中 I_{max}——日最大负荷电流，A；

I_{pj}——日平均负荷电流，A。

二、输电网线损计算理论计算

根据《电力网电能损耗计算导则》（DL/T 686—1999）规定，35kV及以上电力网多数为多电源的复杂电力网，其电能损耗计算一般用计算机进行，有条件的应实行在线计算。计算电力网的电能损耗，一般采用潮流计算方法。

三、配电网线损理论计算

1. 计算特点

配电网络的节点多、分支线多、元件也多，且多数元件不具备测录运行参数的条件，因此，要精确地计算配电网电能损耗是困难的，在满足实际工程计算精度的前提下，一般采用平均电流法及等值电阻法等在计算机上进行计算。有条件时也可采用潮流计算的方法进行。

2. 所需资料

（1）配电线路的单线图，图上应标明每一线段的参数，各节点配电变压器的铭牌参数；

（2）配电线路首端代表日的负荷曲线，及有功、无功电量，当月的有功、无功电量；

（3）用户配电变压器代表日的有功、无功电量；

（4）公用配电变压器代表日或全月的有功、无功电量；

（5）配电线路首端代表日电压曲线；

（6）配电线路上装置的电容器容量和位置以及全月投运时间。

3. 假设条件

（1）各负荷节点负荷曲线的形状与首端相同；

（2）各负荷节点的功率因数均与首端相等；

（3）忽略沿线的电压损失对能耗的影响。

4. 计算方法

线路的等值电阻计算公式为

$$R_{el} = \frac{\sum_{i=1}^{m} S_{Ni}^2 R_i}{S_{N\Sigma}^2} \qquad (ZY2200401002\text{-}6)$$

式中 S_{Ni}——第i段线路的配变额定容量，kVA；

R_i——第i段线路的电阻，Ω；

$S_{N\Sigma}$——该条配电线路总配变额定容量，kVA。

从R_{el}简化式中可以看出，求R_{el}不必收集大量的运行资料，R_{el}只与S_{Ni}、R_i和线路出口的运行资料有关，而S_{Ni}和R_i在技术资料档案中可查得，线路出口的运行资料可取代表日的均方根、平均电流或最大电流，则配电网络和线路的电能损耗就可以按下式计算

$$\Delta A = 3I_{eff}^2 R_{el} T \qquad (ZY2200401002\text{-}7)$$

或 $$\Delta A = 3K^2 I_{av}^2 R_{el} T \qquad (ZY2200401002\text{-}8)$$

或 $$\Delta A = 3F I_{max}^2 R_{el} T \qquad (ZY2200401002\text{-}9)$$

若配电线路出口装有有功和无功电能表，则可取全月的有功、无功电量换算成平均负荷计算电能损耗。

同理，根据R_{el}简化式也可求出配电变压器的等值电阻R_{eT}，然后计算出配电变压器的铜损。

$$R_{\mathrm{eT}}=\frac{\sum_{i=1}^{n}S_{\mathrm{Ni}}^{2}R_{\mathrm{Ti}}}{S_{\mathrm{N\Sigma}}^{2}}=\frac{\sum_{i=1}^{n}S_{\mathrm{Ni}}^{2}\dfrac{U_{\mathrm{i}}^{2}\Delta P_{\mathrm{ki}}}{S_{\mathrm{Ni}}^{2}}}{S_{\mathrm{N\Sigma}}^{2}} \quad \text{(ZY2200401002-10)}$$

假设各配电变压器结点电压U_{i}相同，不考虑电压降，即$U=U_{\mathrm{i}}$，则

$$R_{\mathrm{eT}}=\frac{U^{2}\sum_{i=1}^{n}\Delta P_{\mathrm{ki}}\times 10^{3}}{S_{\mathrm{N\Sigma}}^{2}} \quad \text{(ZY2200401002-11)}$$

式中 R_{eT}——公用配电变压器的等值电阻，Ω；

ΔP_{ki}——第 i 台公用配电变压器的额定短路损耗，kW；

R_{Ti}——第 i 台公用配电变压器的绕组电阻，Ω；

n——该条配电线路上的配电变压器总台数。

配电变压器的总损耗为：

$$\Delta A=3K^{2}I_{\mathrm{av}}^{2}R_{\mathrm{eT}}t\times 10^{-3}+\Delta P_{\mathrm{eto\Sigma}}t$$

式中 $\Delta P_{\mathrm{eto\Sigma}}t$——该条线路公用配电变压器的铁损总和，kW。

四、计算软件的选用原则

目前各供电公司实现了用计算机软件对线损进行统计、计算和分析，在选用软件时应注意以下原则：

（1）软件功能设计应充分利用计算机高精度、汉字、图形等功能，尽量计算精确、操作方便、实用；

（2）电能损耗理论计算软件，能够进行线损理论计算和降损分析，可以分析技术线损构成，并依据计算结果制定降损措施；

（3）软件的计算方法应有广泛的适用性，既有潮流计算方法，也有等值电阻等简化计算方法；

（4）电能损耗理论计算软件应具有的输入及运行功能，能对计算数据进行检错，并作相应的处理，能通过计算机屏幕监视整个输入及计算过程，并能随时进行干预；

（5）具有技术降损分析功能；

（6）理论计算与统计软件的数据应能相互传输自动形成对比分析表格；

（7）能实现统计、理论计算的在线化。

五、计算案例

某 10kV 配电线路如图 ZY2200401002-1 所示，若 b、c 点负荷的同时率为 0.8，负荷率f=0.5，求年电能损耗？

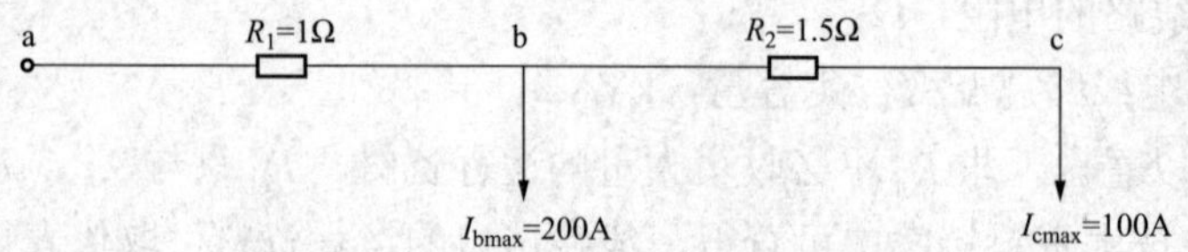

图 ZY2200401002-1 某 10kV 配电线路图

计算过程如下：

a–b 段线路的最大电流

$$I_{\max}=(200+100)\times 0.8=240\text{（A）}$$

b–c 段线路的最大电流

$$I_{\max}=100\text{（A）}$$

则

$$\Delta P_{\max}=(3\times 240^{2}\times 1+3\times 100^{2}\times 1.5)\times 10^{-3}=217.8\text{（kW）}$$

如取 $F=0.3f+0.7f^2$ 则

$$F=0.3\times0.5+0.7\times0.5^2$$
$$=0.325$$

则

$$\Delta A=\Delta P_{max}F\times8760$$
$$=217.8\times0.325\times8760$$
$$=620\ 076.6\text{（kWh）}$$

答：年电能损耗电量为 620 076.6kWh。

【思考与练习】

1. 什么是均方根电流线损计算方法？
2. 配电网中如何计算变压器损耗？
3. 简述线损计算软件的选用原则。

模块 3　降低线损措施（ZY2200401003）

【模块描述】本模块包含降低技术线损和管理线损的措施等内容。通过概念描述、术语说明、要点归纳，掌握降低线损的方法。

【正文】

一、技术措施

（1）加强电网的建设和改造，不断提高电网运行的经济性。

（2）做好电网规划，调整电网布局，升压改造配电网，简化电压等级，缩短供电半径，减少迂回供电，合理选择导线截面、变压器规格、容量及完善防窃电措施等。

（3）按照电力系统无功优化计算的结果，合理配置无功补偿设备，做到无功就地补偿、分压、分区平衡，改善电压质量，降低电能损耗。

（4）根据电力系统设备的技术状况、负荷潮流的变化及时调整运行方式，做到电网经济运行，大力推行带电作业，维持电网正常运行方式；要搞好变压器的经济运行，调整超经济运行范围的变压器，及时停运空载变压器；排灌用变压器要专用化，在非排灌季节应及时退出运行。

（5）淘汰高损耗变压器，推广使用节能型电气设备。

（6）定期组织负荷实测，并进行线损理论计算。

（7）加强谐波管理。

35kV 及以上系统每年进行一次计算，10kV 及以下系统至少每二年进行一次。遇有电源分布、网络结构有重大变化时还应及时计算，线损理论计算应按管理与考核范围分压进行，其计算原则和方法可参照《电力网电能损耗计算导则》(DL/T 686—1999) 的有关规定。理论计算值要与统计值进行对比，找出管理上和设备上的问题，有针对性地采取改进措施。

二、管理措施

1. 建立线损管理体系

（1）线损管理按照统一领导、分级管理、分工负责的原则，实行线损的全过程管理。

（2）各供电公司要建立健全线损管理领导小组，由公司主管领导担任组长。领导小组成员由有关部门的负责人组成，分工负责、协同合作。日常工作由归口管理部门负责，并设置线损管理岗位，配备专责人员。

（3）制定本企业的线损管理制度，负责分解下达线损率指标计划；制订近期和中期的控制目标；监督、检查、考核所属各单位的贯彻执行情况。

2. 加强线损指标管理

（1）线损率指标在实行分级管理、按期考核的基础上，由供电公司负责管理的送变电线损和配电线损，可根据本单位的具体情况，将线损率指标按电压等级、分变电站、分线路（或片）承包给各基层单位或班组。

（2）为便于检查和考核线损管理工作，可建立以下与线损管理有关的小指标进行内部统计和考核：

1）技术措施降损电量及营业追补电量；

2）电能表校前合格率、校验率、轮换率、故障率；

3）母线电量不平衡率；

4）月末及月末日24时抄见电量比重；

5）变电站站用电指标完成率；

6）高峰负荷时功率因数、低谷负荷时功率因数、月平均功率因数；

7）电压监视点电压合格率。

3. 规范计量管理

（1）所有计量装置配置的设备和精度等级要满足《电能计量装置技术管理规程》（DL/T 448—2000）规定的要求。

（2）新建、扩建（改建）的计量装置必须与一次设备同步投运，并满足电网电能采集系统要求。

（3）按月做好关口表计所在母线电量平衡。

（4）各级计量装置定期进行轮换和校验，保证计量的准确性。

4. 加大营销管理力度

（1）建立健全营销管理岗位责任制，减少内部责任差错，防止窃电和违章用电，充分利用高科技手段进行防窃电管理，坚持开展经常性的用电检查，对发现由于管理不善造成的电量损失应采取有效措施，以降低管理线损。

（2）严格抄表制度，提高实抄率和正确率，所有客户的抄表例日应予固定。每月的售电量与供电量尽可能对应，以减少统计线损的波动。

（3）严格供电企业自用电管理，变电站站用电纳入考核范围。变电站的其他用电（如大修、基建、办公、三产）应由当地供电单位装表收费。

（4）加强客户无功电力管理，提高无功补偿设备的补偿效果，按照《电力供应与使用条例》和国家电网公司有关电压质量和无功电力的管理规定促进客户采用集中和分散补偿相结合的方式，提高功率因数。

（5）加强低压线损分台变（区）管理。根据低压电网的特点，实现线损分台变（区）管理，制定落实低压线损分台变（区）的考核管理制度和实施细则。

（6）组织开展营业普查，加强用电检查工作。对“量、价、费、损”以及电能计量装置进行重点检查。

【思考与练习】

1. 简述降低线损的技术措施。

2. 简述降低线损的管理措施。

第十章 窃 电 查 处

模块 1 查处窃电的技术措施与组织措施（ZY2200402001）

【模块描述】本模块包含查处窃电、违约用电的方法，防窃电、违约用电的技术措施和组织措施，窃电、违约用电的检查方法，查处窃电、违约用电过程中的注意事项，窃电、违约用电的处理方法，查处窃电、违约用电的法律法规等内容。通过概念描述、术语说明、条文解释、要点归纳，掌握查处窃电、违约用电的方法。

【正文】

一、违约用电、窃电的基本概念

客户存在危害供用电安全或扰乱供用电秩序的行为称之为违约用电；以不交或者少交电费为目的，采用隐蔽或者其他手段以达到不计量或者少计量非法占用电能的行为称之为窃电。

根据《供电营业规则》第一百条规定，违约用电行为有：

（1）擅自改变用电类别的。

（2）擅自超过合同约定的容量用电。

（3）擅自超过计划分配的用电指标。

（4）擅自使用已经在供电企业办理暂停使用手续的电力设备，或者擅自启用已经被供电企业查封的电力设备。

（5）擅自迁移、更动或者擅自操作供电企业的用电计量装置、电力负荷控制装置、供电设施以及约定由供电企业调度的用户受电设备。

（6）未经供电企业许可，擅自引入、供出电源或者将自备电源擅自并网。

根据《供电营业规则》第一百零一条规定，窃电行为有：

（1）在供电企业的供电设施上，擅自接线用电。

（2）绕越供电企业用电计量装置用电。

（3）伪造或者开启供电企业加封的用电计量装置封印用电。

（4）故意损坏供电企业用电计量装置。

（5）故意使供电企业用电计量装置不准或者失效。

（6）采用其他方法窃电。

二、防窃电的组织措施和技术措施

（一）组织措施

（1）建立完善的内部稽查制度，从客户申请、方案制定、设计、验收、装表、投运，到正常用电检查、抄表、校表、定期轮换计量装置和工作票的传递完善相应的监督机制，从内部堵住漏洞，减少或杜绝窃电的可能性；

（2）建立警电联动常态运行机制；

（3）开展反窃电专项活动；

（4）开展营业抄核收管理效能监察活动；

（5）开展用电稽查活动；

（6）严格执行绩效考核和奖惩制度；

（7）加强计量装置的基础管理工作；

（8）完善电能计量装置新装、轮换制度；

（9）加强对电能计量装置的开启管理；

（10）加强对电能计量装置轮换、定期校验工作的监督；

（11）规范客户用电变更作业流程；

（12）建立一套完整的反窃电工作体系和反窃电专业队伍。

（二）技术措施

（1）推广使用防窃电专用电能计量装置；

（2）加强对专变客户的电能计量装置改造与更新；

1）针对变压器容量在 315kVA 及以上客户，采用专用计量柜（屏）的，互感器、电能表全部安装于计量柜（屏）内，并对该户的进线柜、计量柜、出线柜进行封闭；

2）针对变压器容量在 315kVA 以下客户采用防窃电封闭计量箱，将互感器、电能表全部密封在计量箱内，使计量箱与变压器融为一体。

（3）增加科技含量改进铅封设计。使用数码防伪图案一次性防伪铅封、一次性锁具和封条；

（4）改进电能表内部结构提高其自身防窃电的能力；

（5）按照工艺要求规范电能计量装置的安装接线；

（6）因地制宜采用合理的电能计量装置的接线方式；

（7）电能计量装置二次回路装设失压、失流计时仪；

（8）广泛使用防窃电电能表和电子式多功能电能表；

（9）开发应用实时监测防窃电系统（如负荷监控、电能量采集系统、远方抄表、远方校表）；

（10）供电线路上加装高压计量考核装置；

（11）规范电能计量装置安装与运行管理；

（12）合理选择计量装置安装位置。

三、防违约用电的组织措施和技术措施

（一）组织措施

（1）建立用电稽查制度，从客户申请、设计、验收、装表、投运，到正常用电检查、抄表、校表、定期轮换计量装置和工作票的传递完善相应的监督机制。

（2）建立抄见电量的审核制度。

（3）加强营销基础管理工作，定期开展营业普查工作。

（4）规范业扩报装流程。

（5）建立一支专业的用电稽查队伍。

（二）技术措施

（1）加大对客户的监控力度。对高能耗企业安装负荷监控装置，采用多功能电子表。

（2）加大对客户容量的监视力度。对所有无法核定其容量的专变客户的变压器容量进行现场检测，无误后在变压器上封盖螺丝上加铅封。

（3）健全完善客户的基础资料管理。对报停客户准备启运时时，工作人员要认真核对计量装置、变压器容量等是否完好、准确。

（4）对办理暂停（减容）手续的变压器，加强用电检查力度，对客户办理暂停（减容）手续的变压器进行现场加封，并由客户确认后，现场签字，防止客户私自启用变压器进行窃电。

四、查处窃电的组织措施和技术措施

（一）组织措施

（1）成立由公司领导负责，建立相应的反窃电管理部门，各单位设置反窃电专责的三级管理机制，开展定期检查和不定期检查的方法对供电辖区内的用电客户进行用电检查。

（2）公司主管领导负责全面的反窃电工作。公司反窃电办公室负责全公司预防和查处窃电行为的综合管理，组织开展全公司查处窃电的日常工作，定期检查各分机构的查处情况。各部门负责管辖范围内预防和查处窃电行为的管理，组织开展管辖范围内查处窃电的日常工作。

（3）设立反窃电管理人员岗位设置，确保反窃电工作正常开展。

（4）健全反窃电管理制度（举报制度、保密制度、登记制度、奖惩制度等），制定查处窃电工作计划，做到工作目标、任务明确。

（5）完善有关记录和资料，建立反窃电活动分析制度，并定期召开反窃电活动分析会。

（6）制定反窃电查处流程图，规范处理程序。

（7）用电检查人员在检查中发现客户有窃电的，应当立即向公司有管辖权的部门负责人报告，并由该部门负责查处。查处有困难时，要及时报请公司反窃电办公室协助处理，公司反窃电办公室根据案件情况决定是否提请有关部门调查处理或者向公安机关报案。需要公证部门调查取证或者移送公安机关的，公司反窃电办公室及相关部门要搞好配合。

（8）现场检查确认有窃电行为的，用电检查人员要现场取证并及时采取有效制止措施。同时填写《违章用电、窃电通知书》一式两份，一份由被查客户签字后（拒不签字的，要实施证据保全措施）送达客户，一份存档备查。

（9）在查处窃电现场，如现场无客户或客户代表，可要求有第三方人员（包括：公安、检察、司法等相关人员）在现场共同进行用电检查或现场取证。

（10）用电检查人员要在《违章用电、窃电通知书》上如实填清客户窃电容量、窃电手段、窃电方法及现场相关情况。对查到的窃电户，用电检查人员必须在 24 小时之内上报，不得隐匿不报或私自处理。

（11）用电检查人员对已查的窃电用户，要认真填写处理意见书，写明事实、理由，引用法律、法规、规章和规范性文件名称、文号、条款。做到证据确凿，适用法律、法规正确。

（12）对填写好的《违章用电、窃电处理单》，按照有关处理权限审核批准后，方可执行。

（13）窃电金额确认要按照《供电营业规则》有关规定计算，根据《供电营业规则》有关规定客户应补缴所窃电费及违约使用电费。

（14）切实加强与公、检、法部门的联系，逐渐形成合署办公的反窃电联合机构，建立反窃电工作经常化、规范化的常态运行机制。

（二）技术措施

（1）现场观察检查：采取嘴问、眼看、鼻闻、耳听、手摸等方法，对电能计量装置进行全方位的外观检查，查找出有价值的线索，找出窃电的痕迹。

1）检查电能计量装置内的电能表；

2）检查电能计量装置的接线；

3）检查电能计量装置内的互感器。

检查互感器的铭牌参数是否齐全、完整，并核查校验报告上的数据和信息是否相符；检查外观是否存在裂缝或者放电痕迹；变比、组别、准确度等级选择是否正确；实际接线是否正确等。

（2）客户电量检查：

1）对照客户的设备容量查电量；

2）对照客户的实际负荷查电量。

（3）仪器、仪表检查法：使用普通的电流表（钳型电流表）、电压表、相位表（或相位伏安表）和专用的电能计量装置现场测试仪、变压器容量测试仪对电能计量装置进行现场检查。

（4）经济指标分析检查：从供电企业线路的线损指标着手调查、分析，对线损异常的线路上所带的可疑客户的生产经营情况着手调查分析。

1）线损指标分析；

2）客户产品电量分析；

3）客户功率因数分析。

（5）运用电能量管理系统、负荷监控系统、预付费系统等检查客户的电能计量装置。

（6）根据考核表计检查异常客户的计量装置。

五、查处违约用电的组织措施和技术措施

（一）组织措施

成立由公司领导负责，建立相应的用电稽查管理部门，各单位设置稽查专责的三级管理机制，开展定期抽查和随机检查的方法对涉及到的营销工作的各个环节进行监督检查。

（1）组织营业普查和稽查工作，减少营业责任差错，防止违约用电现象；

（2）严格抄表制度，固定抄表例日；

（3）加强电能计量管理，确保电能计量的准确性；

（4）搞好配网线损分线、分压、分台区管理工作，认真执行绩效考核和奖惩制度；

（5）制定线损管理与考核办法；

（6）制定营业差错考核办法；

（7）制定电费、电价审核制度。

（二）组织措施

（1）监督检查业扩报装、装表接电的工作是否符合规定，有关部门和人员有无违章违纪行为；

（2）监督检查电费、杂项收费及滞纳金的收取是否按规定执行，有关部门和人员有无违章违纪行为；

（3）监督检查电能计量装置是否准确，轮换和定期校验周期是否符合规定，是否按规定进行铅封；

（4）监督检查客户计费表计容量是否和报装容量相匹配，有无影响正常计量的现象；

（5）监督检查抄收人员有无估抄、漏抄、错抄和客户代抄问题；

（6）检查客户用电性质发生变化后是否按规定及时更改电价，有无随意更改电价现象；

（7）对计量装置的使用、管理、验收是否符合规定；

（8）检查供用电合同签订是否正确、合法、有效；

（9）监督检查对客户的报停、恢复用电，相关检查人员是否到现场核实，有无记录；

六、窃电、违约用电的检查方法

（1）查处窃电方法有：重点检查、专项检查、临时检查、营业普查、抽查、互查、突击检查、夜间检查、节假日检查、恶劣天气检查等。

（2）查处违约用电方法有：重点检查、专项检查、随机抽查、营业普查。

七、查处窃电、违约用电的注意事项

（1）用电检查人员在现场对电能计量装置进行检查时，要注意辨别电能计量装置发生的故障是自然现象形成的还是人为造成的故障；

（2）用电检查人员在现场对电能计量装置进行检查时，要注意辨别电能计量装置发生的故障是设备长时间运行震动造成的虚接，还是人为故意造成的假接现象；

（3）用电检查人员在现场对电能计量装置进行检查时，要注意辨别电能计量装置发生的接线差错是工作人员失误造成的，还是被窃电者人为故意改动接错的；

（4）用电检查人员应具备较高的专业技能，熟悉相关的法律法规；

（5）用电检查应至少两人进行，其中一人专门进行监护，同时也是见证人；

（6）严禁酒后查电和疲劳查电；

（7）用电检查人员的穿戴应符合安全要求；

（8）带电检查高压计量箱、高压互感器等可能靠近高压设备时应保持足够的安全距离；

（9）检查柱上变压器或高压 TV、TA 等须登高作业时，应采取防止高空跌落的措施，例如梯子应有防滑橡皮垫，并由专人扶住梯子等；

（10）进入配电房或变压器台前应注意查看周围环境的安全状况，例如有无乱拉乱接的导线，建筑物或构架是否牢固，室内有无易燃易爆品；

（11）用电检查应有组织的开展工作，严禁私自查电；

（12）白天检查时，应劝阻群众围观，禁止儿童进入现场，因群众围观会影响查电人员的工作情绪，容易造成混乱，而儿童进入现场则容易发生意外；

(13) 夜间检查时应有专人负责安全保卫工作，尤其是进入配电室查电时应注意设专人在室外监护和对一些不明真相的群众做好宣传解释工作；

(14) 检查人员与客户有亲属、朋友等关系时应回避；

(15) 查获窃电后需要停电时，若窃电者以武力阻挠，则不要强行停电，以免造成不必要的冲突，宜采用缓兵计，先做好宣传解释工作和办理签字认证，停电追补电费则待后执行。

八、窃电、违约用电处理方法

(一) 窃电处理方法

1. 窃电电量的计算

《供电营业规则》第一百零三条规定，窃电量按下列方法确定：

(1) 在供电企业的供电设施上，擅自接线用电的，所窃电量按私接设备额定容量（千伏·安视同千瓦）乘以实际使用时间计算确定；

(2) 以其他行为窃电的，所窃电量按计费电能表标定电流值（对装有限流器的，按限流器整定电流值）所指的容量（千伏安视同千瓦）乘以实际窃用的时间计算确定。

窃电时间无法查明时，窃电日数至少以 180 天计算，每日窃电时间：电力用户按 12 小时计算；照明用户按 6 小时计算。

2. 窃电金额的计算

窃电金额按照价格行政主管部门核定的电价乘以窃电量计算。

执行分时电价的，窃电时间段无法查明时，居民用户按照平段的电价标准计算，其他用户按照高峰时段的电价标准计算。

3. 窃电处理

《供电营业规则》第一百零二条规定，供电企业对查获的窃电者，应予制止，并可当场中止供电。窃电者应按所窃电量补交电费，并承担补交电费 3 倍的违约使用电费。拒绝承担窃电责任的，供电企业应报请电力管理部门依法处理。窃电数额较大或情节严重的，供电企业应提请司法机关依法追究刑事责任。构成犯罪的，依照刑法第一百五十二条的规定追究刑事责任。

(二) 违约用电处理方法

供电企业对查获的违约用电行为应及时制止。有下列违约用电行为者，应承担相应的违约责任：

(1) 在电价低的供电线路上，擅自接用电价高的用电设备或私自改变用电类别的，应按实际使用日期补交其差额电费，并承担二倍差额电费的违约使用电费。使用起讫日期难以确定的，实际使用时间按三个月计算。

(2) 私自超过合同约定的容量用电的，除应拆除私增容设备外，属于两部制电价的用户，应补交私增设备容量使用月数的基本电费，并承担三倍私增容量基本电费的违约使用电费；其他用户应承担私增容量每千瓦（千伏安）50 元的违约使用电费。如用户要求继续使用者，按新装增容办理手续。

(3) 擅自超过计划分配的用电指标的，应承担高峰超用电力每次每千瓦 1 元和超用电量与现行电价电费五倍的违约使用电费。

(4) 擅自使用已在供电企业办理暂停手续的电力设备或启用供电企业封存的电力设备的，应停用违约使用的设备。属于两部制电价的用户，应补交擅自使用或启用封存设备容量和使用月数的基本电费，并承担二倍补交基本电费的违约使用电费；其他用户应承担擅自使用或启用封存设备容量每次每千瓦（千伏安）30 元的违约使用电费。启用属于私增容被封存的设备的，违约使用者还应承担本条第 2 项规定的违约责任。

(5) 私自迁移、更动和擅自操作供电企业的用电计量装置、电力负荷控制装置、供电设施以及约定由供电企业调度的用户受电设备者，属于居民用户的，应承担每次 500 元的违约使用电费；属于其他用户的，应承担每次 5000 元的违约使用电费。

(6) 未经供电企业同意，擅自引入（供出）电源或将备用电源和其他电源私自并网的，除当即拆除接线外，应承担其引入（供出）或并网电源容量每千瓦（千伏安）500 元的违约使用电费。

九、查处窃电、违约用电行为的有关法律法规

（1）《中华人民共和国电力法》；

（2）《中华人民共和国合同法》；

（3）《中华人民共和国涉外经济合同法》；

（4）《中华人民共和国刑事诉讼法》；

（5）《中华人民共和国计量法》；

（6）《中华人民共和国民事诉讼法》；

（7）《中华人民共和国刑法》；

（8）《中华人民共和国治安管理处罚法》；

（9）《中华人民共和国民法通则》；

（10）《中华人民共和国行政诉讼法》；

（11）《电力供应与使用条例》；

（12）《用电检查管理办法》；

（13）《供电营业规则》；

（14）《供用电监督管理办法》。

【思考与练习】

1. 哪些行为是窃电行为？

2. 哪些行为是违约用电行为？

3. 某客户电能计量装置采用三相四线电能表进行计量，其采取手段使V相电流互感器反接，时间为6个月，累计电量为40 000kWh，应如何处理。（假定三相负载平衡）

4. 查实客户存在违约用电行为，供电企业应如何进行处理？

第十一章　谐波及其测量

模块1　谐波产生的原因及其危害（ZY2200403001）

【模块描述】本模块包含谐波的定义，谐波的产生以及谐波的危害等内容。通过概念描述、术语说明、原理分析，了解谐波的产生原因及其危害。

【正文】

一、谐波的定义

依据《电能质量　公用电网谐波》(GB/T 14549—1993）规定，谐波是指："对周期性交流分量进行傅立叶级数分解，得到的频率为基波频率大于1整数倍的分量"。通俗地说谐波是一个周期电气量的正弦分量，其频率为基波频率的整数倍。

二、谐波的产生

向电网注入谐波电流或在公用电网中产生谐波的电气设备，叫谐波源。

电网中的主要谐波源有：

（1）具有铁磁饱和特性的铁芯设备，如变压器、电抗器等；

（2）以具有强烈非线性特性的电弧为工作介质的设备，如：气体放电灯、交流弧焊机、炼钢电弧炉等；

（3）以电力电子元件为基础的开关电源设备，如：各种电力变流设备（整流器、逆变器、变频器）、相控调速和调压装置，大容量的电力晶闸管可控开关设备等，它们大量的用于化工、电气铁道，冶金，矿山等工矿企业以及各式各样的家用电器中。

这些谐波源均是非线性负载，它们从电网取用非正弦电流，这种电流波形是由基波和与基波频率成整数倍的谐波组成，即产生了谐波，使电网电压严重失真。电网中的高次谐波污染日益严重，给电力系统造成严重危害。

三、谐波的危害

1. 对电力系统运行的影响

（1）引起电力系统局部的并联或串联谐振，造成电压互感器等设备损坏；

（2）造成变电站系统中的设备和组件产生附加的谐波损耗，引起电力变压器、电力电缆等设备发热，并加速绝缘材料的老化；

（3）造成断路器电弧熄灭时间的延长，影响断路器的开断容量；

（4）增大附加磁场的干扰等。

2. 对电力电容器运行的影响

（1）当配电系统非线性用电负荷比重较大，并联电容器组投入时，一方面由于电容器组的谐波阻抗小，注入电容器组的谐波电流大，使电容器过负荷而严重影响其使用寿命。

（2）电容器组的谐波容抗与系统等效谐波感抗相等而发生谐振时，引起电容器谐波电流严重放大，使电容器过热而导致损坏。

3. 对同步电动机或异步电动机运行的影响

（1）高次谐波旋转磁场产生的涡流，使旋转电机的铁损增加，使同步电机的阻尼线圈过热，感应电机定子和转子产生附加铜损。

（2）高次谐波电流还将引起振动力矩，使电机转速发生周期性变化。畸变电压作用时，电机绝缘寿命将缩短。

4. 对继电保护及自动装置的影响

谐波对电力系统中以负序（基波）量为基础的继电保护和自动装置的影响十分严重，这是由于这些按负序（基波）量整定的保护装置，整定值小、灵敏度高。如果在负序基础上再叠加上谐波的干扰（如电气化铁道、电弧炉等谐波源还是负序源）则会引起发电机负序电流保护误动（若误动引起跳闸，则后果严重）、变电站主变压器的复合电压启动过电流保护装置负序电压元件误动，母线差动保护的负序电压闭锁元件误动以及线路各种型号的距离保护、高频保护、故障录波器、自动准同期装置等发生误动，严重威胁电力系统的安全运行。

5. 对计量装置的影响

由于电力计量装置都是按 50Hz 的标准的正弦波设计的，当供电电压或负荷电流中有谐波成分时，会影响感应式电能表的正常工作。在有谐波源的情况下，谐波源用户处的电能表记录了该用户吸收的基波电能并扣除一小部分谐波电能，从而谐波源虽然污染了电网，却反而少交电费；而与此同时，在线性负荷用户处，电能表记录的是该用户吸收的基波电能及部分的谐波电能，这部分谐波电能不但使线性负荷性能变坏，而且还要多交电费。电子式电能表更不利于供电部门而有利于非线性负荷用户。

6. 对通信的干扰影响

谐波通过电磁和静电感应干扰通信，一般 200～5000Hz 的谐波引起通信噪声，1000Hz 以上的谐波导致电话回路信号的误动。谐波干扰的强度取决于谐波电压、电流、频率的大小及输电线和通信线的距离、并架长度等。

7. 对用电设备的影响

谐波会使电视机、计算机的图形畸变，画面亮度发生波动变化，并使机内的元件出现过热，使计算机及数据处理系统出现错误。对于带有启动用的镇流器和提高功率因数用的电容器的荧光灯及汞灯来说，会因为在一定参数的配合下，形成某次谐波频率下的谐振，使镇流器或电容器因过热而损坏。对于采用晶闸管的变速装置，谐波可能使晶闸管误动作，或使控制回路误触发。

四、案例

1. 情况介绍

某 35kV 中频炉冶炼厂，容量为 19 500kVA，月用电量近 9 400 000kWh，经用电检查人员测算，月均用电量比测算值偏少，计量装置无异常，巡视检查时发现电力电容器有发热鼓肚现象。

2. 原因分析

经实测，该厂三次谐波电压含量最大为 67%，最小 27%，证实是由谐波电流引起的少计电量和电容器鼓肚。

后冶炼厂在配电室装设有源滤波器，谐波电流大大减少。从而电量增加到 9 682 000kWh，并消除了电容器鼓肚现象。

【思考与练习】

1. 电网中有哪些谐波源？
2. 谐波将产生哪些危害？

模块 2　谐波管理（ZY2200403002）

【模块描述】本模块包含供电网谐波管理的有关技术标准和管理措施等内容。通过概念描述、术语说明、要点归纳，掌握谐波管理方法。

【正文】

一、技术标准

目前供电公司对客户进行谐波管理所依据的主要标准是：

（1）GB/T 14549—1993《电能质量　公用电网谐波》；

（2）《国家电网公司业扩供电方案编制导则（试行）》（国家电网公司营销［2007］655 号）。

二、标准介绍

1. GB/T 14549—1993《电能质量　公用电网谐波》

该标准于 1994 年 3 月 1 日颁布实施，主要规定了 50Hz，110kV 及以下的公用电网的谐波允许值及测试方法。

（1）谐波电压限值。

公用电网谐波电压（相电压）限值见表 ZY2200403002-1 所示。

表 ZY2200403002-1　　公用电网谐波电压（相电压）限值

电网标称电压（kV）	电压总谐波畸变率	各次谐波电压含有率（%）	
		奇　次	偶　次
0.38	5.0	4.0	2.0
6	4.0	3.2	1.6
10			
35	3.0	2.1	1.2
66			
110	2.0	1.6	0.8

（2）谐波电流允许值。

公共连接点的全部用户向该点注入的谐波电流分量（方均根值）不应超过表 YZ2200403002-2 中规定的允许值。

表 YZ2200403002-2　　注入公共连接点的谐波电流允许值

开关（kV）	基准短路容量（MVA）	谐波次数及谐波电流允许值（A）																							
		2	3	4	5	6	7	8	9	10	11	12	13	14	15	16	17	18	19	20	21	22	23	24	25
0.38	10	78	62	39	62	26	44	19	21	16	28	13	24	11	12	9.7	18	8.6	16	7.8	8.9	7.1	14	6.5	12
6	100	43	34	21	34	14	24	11	11	8.5	16	7.1	13	6.1	6.8	5.3	1	4.7	9.0	4.3	4.9	3.9	7.4	3.6	6.8
10	100	26	20	13	20	8.5	15	6.4	6.8	5.1	9.3	4.3	7.9	3.7	4.1	32	6.0	2.8	5.4	2.6	2.9	2.3	4.5	2.1	4.1
35	250	15	12	7.7	12	5.1	8.8	3.8	4.1	3.1	5.6	2.6	4.7	2.2	2.5	1.9	3.6	1.7	3.2	1.5	1.9	1.4	2.7	1.3	2.5
66	500	16	13	8.1	13	5.4	9.3	4.1	4.3	3.3	5.9	2.7	5.0	2.3	2.6	2.0	3.8	1.8	3.4	1.6	1.9	1.5	2.8	1.4	2.6
110	750	12	9.6	6.0	9.6	4.0	6.8	3.0	3.2	2.4	4.3	2.0	3.7	1.7	1.5	1.5	2.8	1.3	2.5	1.2	1.4	1.1	2.1	1.0	1.9

2. 《国家电网公司业扩供电方案编制导则（试行）》（国家电网公司营销［2007］655 号）

《国家电网公司业扩供电方案编制导则（试行）》是国家电网公司于 2007 年 8 月 13 日印发实施的，是指导供电公司进行业扩工程管理的规范性文件。在客户受电工程谐波管理方面提出了以下规定：

（1）客户应委托有资质的专业机构出具非线性负荷设备接入电网的电能质量评估报告（其中大容量非线性客户，须提供省级及以上专业机构出具的电能质量评估报告）。

（2）按照“谁污染、谁治理”、“同步设计、同步施工、同步投运、同步达标”的原则，在供电方案中，明确客户治理污染电能质量的具体措施。

三、谐波管理措施

（1）供电部门对电网的谐波情况，应定期进行测量分析。当发现电网电压正弦波形畸变率超过标准规定时，应查明谐波源，督促非线性用电设备所属单位采取措施，把注入电网的谐波电流限制标准的允许值以下。

（2）新的客户接入电网前后，均要进行现场测量，检查谐波电流、电压正弦波形畸变率是否符合标准，按照《国家电网公司业扩供电方案编制导则（试行）》的规定对客户谐波治理提出要求。

（3）客户配电设施所安装的电力电容器组，应根据实际存在的谐波情况，采取加装串联电抗器等措施，减少并联谐振或串联谐振的发生，保证设备安全运行。

（4）应根据谐波源的分布，在电网中谐波量较高的地点逐步设置谐波监测点。在该点测量谐波电压，并在向客户供电的线路的送电端测量谐波电流。

（5）电力系统的运行方式和谐波值都是经常变化的。当谐波量已接近最大允许值时，应加强对电网发供电设备运行工况的监视，避免电器设备受谐波的影响而发生故障。在电网谐波量较高的地点，要逐步安装谐波警报指示器，以便进一步分析谐波情况，并采取措施，保证电力设备安全运行。

（6）加强谐波治理的宣传力度，使广大客户认识到治理谐波的重大意义及收益。

【思考与练习】

1. 供电企业加强谐波管理应依据哪些标准？

2.《国家电网公司业扩供电方案编制导则（试行）》对客户受电工程接入前有哪些谐波管理规定？

模块 3　谐波测试方法（ZY2200403003）

【模块描述】本模块包含谐波测试项目、测试方法、测试报告分析及注意事项等内容。通过项术语说明、要点归纳、案例示意，掌握谐波的测试方法。

【正文】

一、测试项目

谐波测试仪器仪表种类较多，进行测试时主要测试以下项目：

（1）负载电流参数的测量；

（2）交流电压参数的测量；

（3）有功、无功功率的测量；

（4）频率的测量；

（5）相序的检测；

（6）交流电流、交流电压谐波的测量与分析；

（7）功率因数角的测量。

二、测试方法

1. 测试前的准备工作

（1）谐波的测定，要确定谐波源。大量的用电设备接在 0.4kV 系统内，所以必须确定低压谐波测试区段，以测定谐波成分。

（2）选择满足《电能质量　公用电网谐波》（GB/T 14549—1993）标准的测试仪器。

谐波测量仪的允许误差如表 ZY2200403003-1 所示。

表 ZY2200403003-1　谐波测量仪的允许误差

等　级	被测量	条　件	允许误差
A	电压	$U_h \geqslant 1\%U_N$ $U_h < 1\%U_N$	$5\%U_h$ $0.05\%U_N$
	电流	$I_h \geqslant 3\%I_N$ $I_h < 3\%I_N$	$5\%I_h$ $0.15\%I_N$
B	电压	$U_h \geqslant 3\%U_N$ $U_h < 3\%U_N$	$5\%U_h$ $0.15\%U_N$
	电流	$I_h \geqslant 10\%I_N$ $I_h < 10\%I_N$	$5\% I_h$ $0.50\%I_N$

注　1. U_N 为标准电压，U_h 为谐波电压；I_N 为额定电流，I_h 为谐波电流。

2. A 级仪器频率测量范围为 0～2500Hz，用于较精确的测量，仪器的相角测量误差不大于±5%或±1°。B 级仪器用于一般测量。

（3）准备测量记录、标准化作业指导卡等资料。

（4）填写、签发工作票，做好安全防护措施。

2. 测试步骤

以 HIOKI3286 功率谐波分析仪为例进行操作。

（1）按 POWER 键打开仪器，所有的液晶显示迅速的闪亮，仪表显示状态均正常。

（2）按照仪表说明书的规定进行接线，可以进行电流、电压、功率、电流谐波、电压谐波等参数的测量。具体参见“HIOKI3286 功率谐波分析仪使用说明书”。

（3）做好测试记录。

（4）测试完毕后，拆除测量仪接线。

3. 注意事项

（1）谐波电压（或电流）测量应选择在电网正常供电时可能出现的最小运行方式，且应在谐波源工作周期中产生的谐波量大的时段内进行（例如：电弧炼钢炉应在熔化期测量）。当测量点附近安装有电容器组时，应在电容器组的各种运行方式下进行测量。

（2）测量的谐波次数一般为第 2 到第 19 次，根据谐波源的特点或测试分析结果，可以适当变动谐波次数测量的范围。

（3）对于负荷变化快的谐波源（例如：炼钢电弧炉、晶闸管变流设备供电的轧机、电力机车等），测量的间隔时间不大于 2min，测量次数应满足数理统计的要求，一般不少于 30 次。

（4）谐波测量的数据应取测量时段内各相实测量值的 95%概率值中最大的一相值，作为判断谐波是否超过允许值的依据。但对负荷变化慢的谐波源，可选五个接近的实测值，取其算术平均值。

（5）对测试时的安全问题，应高度重视。严禁电压互感器 TV 二次侧短路；严禁电流互感器 TA 二次侧开路；测量信号尽可能在测量仪表回路或计量回路抽取。

三、测试报告及结果分析

对客户的谐波测试结果，按照表 ZY2200403003-1 要求填写测试报告，并进行结果分析。

表 ZY2200403003-1　　××供电公司客户谐波测试报告单

<table>
<tr><td colspan="4">客户单位</td><td colspan="8">××碳素厂</td><td colspan="4">地址</td><td colspan="5">××市花园街 59 号</td></tr>
<tr><td colspan="4">测量仪表</td><td colspan="8">HIOKI3286 功率谐波分析仪</td><td colspan="4">出厂编号</td><td colspan="5">01437</td></tr>
<tr><td colspan="4">测试时间</td><td colspan="8">××××年××月××日 14:30 分</td><td colspan="4">测试地点</td><td colspan="5">1 号炉变压器</td></tr>
<tr><td rowspan="4">电压电流</td><td>谐波量</td><td>2</td><td>3</td><td>4</td><td>5</td><td>6</td><td>7</td><td>8</td><td>9</td><td>10</td><td>11</td><td>12</td><td>13</td><td>14</td><td>15</td><td>16</td><td>17</td><td>18</td><td>19</td><td>20</td></tr>
<tr><td>26.5%</td><td>2.7</td><td>67.5</td><td>2.3</td><td>20</td><td>13</td><td>19</td><td>1.4</td><td>9.2</td><td>0.3</td><td>11.2</td><td>4.6</td><td>9.3</td><td>0.8</td><td>7.2</td><td>1.3</td><td>5.5</td><td>3.9</td><td>5.8</td><td>0.4</td></tr>
<tr><td>谐波量</td><td>2</td><td>3</td><td>4</td><td>5</td><td>6</td><td>7</td><td>8</td><td>9</td><td>10</td><td>11</td><td>12</td><td>13</td><td>14</td><td>15</td><td>16</td><td>17</td><td>18</td><td>19</td><td>20</td></tr>
<tr><td>22.3%</td><td>1.4</td><td>38.2</td><td>0.4</td><td>7.9</td><td>8.4</td><td>7.9</td><td>1</td><td>5.9</td><td>0.3</td><td>5.1</td><td>2.6</td><td>5.3</td><td>0.6</td><td>2.9</td><td>0.1</td><td>3.2</td><td>1.7</td><td>3.1</td><td>0.4</td></tr>
<tr><td>测试结果</td><td colspan="20">三次谐波电压含量高达 67.5%，奇次谐波含量高，而偶次谐波含量低，谐波中主要是三次谐波。依据《电能质量　公用电网谐波》（GB/T 14549—1993）标准，该用户谐波超标，须加装消谐装置进行整改。</td></tr>
</table>

测试人：×××　　　　审核人：×××

××××年××月××日

四、危险点分析及控制措施

（1）走错间隔或屏位。

1）核对工作点（间隔或屏位）名称。

2）在工作地点设备上挂“在此工作”标识牌，在相邻和同屏运行设备上挂“运行中”布帘。

（2）误触误碰。工作监护人要做好作业全过程的监护，及时纠正工作班成员违反安规的行为。

（3）人身触电。

1）测试时与带电设备保持足够的安全距离。

2）确保测量线与带电设备保持足够的安全距离。

（4）防止电流互感器二次侧开路造成人体伤害和仪表损坏。

（5）防止误接线。接线时应实行两人检查制，一人操作，一人监护。

（6）接入测试现场戴好安全帽，做好安全防护措施。

【思考与练习】

1. 选用谐波测试仪表时应考虑哪些因数？
2. 如何对谐波测试结果进行分析？

第五部分

业务咨询与变更用电

第十二章 业 务 咨 询

模块 1 低压电力客户业务咨询（ZY2200501001）

【模块描述】本模块包含用电业务咨询的主要内容、服务规范要求、居民客户用电业务咨询，低压电力客户用电咨询及注意事项等内容。通过概念描述、术语说明、要点归纳，掌握低压电力客户用电业务咨询的内容和方法。

【正文】

一、用电业务咨询的主要内容

（1）申办用电业务的渠道和相关业务流程咨询。

（2）申办新装、增容用电的业务咨询。

（3）申请双电源、自备电源的业务咨询。

（4）供电方案制定及答复的业务咨询。

（5）用电业务收费项目及规定的咨询。

（6）电价政策及规定的业务咨询。

（7）电能计量与电费计收的咨询。

（8）受电工程委托设计和施工的业务咨询。

（9）受电工程设计审查的业务咨询。

（10）受电工程设备选用的业务咨询。

（11）受电工程检查验收的业务咨询。

（12）供用电合同签订的业务咨询。

（13）供电设施产权分界点的业务咨询。

（14）违约责任及处理规定的业务咨询。

（15）供电设施上发生事故的责任划分咨询。

（16）变更用电业务咨询。

（17）电能计量装置申请校验的业务咨询。

（18）申请执行分时电价的业务咨询。

（19）停电原因及故障报修的业务咨询。

（20）迁移供用电设施的业务咨询。

（21）申办理停送电业务的咨询。

（22）无功补偿配置的业务咨询。

（23）进网作业电工管理咨询。

（24）电力设施保护的业务咨询。

（25）违章用电与窃电规定的咨询。

（26）避峰限电和安全保供电的咨询。

（27）安全用电、节约用电常识咨询。

二、业务咨询基本服务规范要求

1. 社会公德

爱国守法、明礼诚信、团结友爱、勤俭自强、敬业奉献。

2. 职业道德

爱岗敬业、诚实守信、遵章守纪、安全优质、客户至上、尽心服务、学习创新、尽力先行、勤俭创业、无私奉献、顾全大局、团结协作。

3. 技能规范

使用规范化文明用语，熟悉本岗位的业务知识和业务技能，岗位操作规范熟练，具有合格的相应业务技能资格和水平。

4. 用电检查员工作行为规范

（1）上岗工作应穿标识服，接待客户主动热情、文明礼貌、诚恳谦和、提倡讲普通话。

（2）进入客户现场应主动出示工作证件，遵守客户现场的规章制度。

（3）业务洽谈、公务处理应以政策规章、规范标准为依据，以理服人，维护企业利益以合法、合理、合情为原则。

（4）同客户业务工作往来应做到诚实守信、工作记录准确清晰。

（5）按照业务流程和工作质量要求规范高效完成本职工作。

（6）遵守国家电网公司员工服务行为"十个不准"和供电服务"十项承诺"。

三、居民客户业务咨询主要内容及注意事项

1. 居民新装、增容用电业务的咨询

（1）客户应提供与申请的用电地址一致的房屋产权有效证明材料。

（2）对于农村无房产证而提供土地使用证和身份证的客户，也可给予办理开户。

（3）对于农村自建房屋而无产权证明的客户，可由申请客户提供身份证，由居住地村委会出俱居住证明并提供电费担保，也可给予办理开户。

（4）新装、增容业务工程可委托具有相关资质的安装单位施工。

2. 居民申请执行分时电价的业务咨询

（1）应向客户介绍分时电价政策及现行分时电价，以便客户根据用电情况，分析是否有必要执行分时电价。

（2）告知客户分时电表安装的工程改造费用收取规定和应交纳的相关费用。

（3）对于新装客户要求执行分时电价的，应由客户在用电申请书中予以明确。

（4）对于老客户应携带与电费发票客户一致的居民身份证到供电企业办理。

3. 居民客户电费交纳业务咨询

（1）向客户说明缴费方式、缴费地点、交费时间、逾期交费的违约责任。

（2）根据客户不同需求，帮助客户选择合理的交费方式，以方便客户交费。

（3）对于客户反映电费计算差错，应与电费结算部门认真沟通核实，必要时应派员到客户现场核查负荷情况、计量装置情况、电表指数等。

4. 居民过户用电业务咨询

（1）办理过户业务前，应当先结清电费。

（2）提供双方居民身份证。

（3）提供新客户房屋产权有效证明。

5. 居民用电故障报修和家用电器损坏理赔咨询

（1）向客户介绍用电故障报修的途径和服务有关规定。

（2）产权分界点以上的供电企业资产，应由供电企业负责维护；产权分界点以下的客户内部故障应由客户负责维护，如果客户确实无维修能力并向供电企业提出援助时，供电企应开展有偿服务，帮助客户解决问题。

（3）居民客户反映家用电器损坏，应在规定的时限内派员现场调查核实，并按照居民家用电器损坏处理办法的有关规定处理。

6. 客户申请校验电能表业务咨询

注意引导客户讲明申请校表的可能原因、告知客户申请校表程序、交纳有关业务费用、检验结果的处理、对检验结果存在异议的申诉途径。

7. 居民电表烧坏或丢失的业务咨询

如因供电企业责任或不可抗力致使计费电能表出现或发生故障的，供电企业应负责换表，不收费用；其他原因引起的，客户应负担赔偿费或修理费。并以客户正常月份的用电量为准，退补电量，退补时间按抄表记录确定。

8. 居民客户停电原因咨询

停电原因主要有检修停电、事故停电、限电停电、欠费停电等。帮助客户分析造成客户停电的可能原因，必要时通知有关人员现场调查情况，针对有关规定给予解释答复。

9. 安全用电和节约用电咨询

主要是向客户解释安全用电常识和家用电器的安全使用常识，以及防止人身触电、电气火灾的处理措施和应急处理方法；家用电器节约用电常识。

10. 居民用电业务费用项目及规定的业务咨询

居民客户相关业务费用主要有一户一表改造工程费、安装分时表的改造工程费、校表费、赔表（互感器）费。对应客户咨询的业务费用按照相关规定给予明确解释和答复。

四、低压电力客户业务咨询主要内容及注意事项

（1）申办用电业务的渠道和相关业务流程咨询。

根据供电企业服务规定，告知客户受理和办理业务的渠道、相关业务流程，并提供业务服务指南材料。

（2）申办新装、增容用电的业务咨询。

告知并向客户解释办理新装、增容用电、临时用电、转供电等业务所要提供的相关材料、相关政策规定、办理程序及要求、收费标准等，并提供相关业务服务指南材料。

（3）申请双电源、自备电源的业务咨询。

告知并向客户解释申请办理双电源（多电源）、自备电源的条件、相关材料、办理流程，以及并网条件、收费标准等，提供相关业务服务指南材料。

（4）供电方案制定及答复的业务咨询。

按照国家电网公司承诺的供电方案答复方式、时限要求给予答复，同时告知客户供电方案有效期限和办理延期的有关规定。

（5）用电业务收费项目及规定的咨询。

相关业务费用主要有高可靠性供电费、临时接电费、校表费、赔表（互感器）费、一户一表的改造工程费、安装分时表的改造工程费。对应客户咨询的业务费用按照相关规定给予明确答复。

（6）电价政策及规定的业务咨询。

按照国家电价政策和各省、市的电价政策及说明给予相关内容的答复和解释。主要内容包括电价构成、国民经济行业分类、电力用途、用电性质与电价分类、单一制电价、两部制电价、目录电价、综合电价、分时电价、差别电价、功率因数调整电费执行标准等。

（7）电能计量与电费计收的咨询。

咨询内容主要有计量点的设置、计量方式、计量装置配置、各类计量方式的电费计算的方法、故障电费（故障计量接线、电费计算差错）的计算与退补等。

（8）受电工程委托设计和施工的业务咨询。

客户受电工程设计与施工，由客户委托具有相应资质的设计、施工单位承担，客户应将委托的设计、施工单位的资质证明文件和有关资料送至供电公司进行验资，资质符合者方可委托。受电工程的设计单位必须具备电力行业的相应设计资质，其他行业的资质只能根据业务范围进行客户用电侧内部配电网的设计。受电工程施工单位必须具有相应的施工资质，还必须取得承装（修、试）电力设施许可证。

（9）受电工程设计审查的业务咨询。

主要告知客户如何将受电工程设计进行报审、报审应提供的设计文件及资料、审查程序及时限、审查意见的答复、意见的整改及如何报复审等内容。

（10）受电工程设备选用的业务咨询。

客户受电工程设备不得使用国家明令淘汰的电力设备和技术。客户工程主设备及装置性材料生产厂家的资质均应报送供电企业审查。客户应提供生产厂家资质证明文件有：国家发改委颁发的推荐目录厂家文件及确定的相应产品的型号规范（复印件）；国家权威检定机构出具的主设备及装置性材料检测报告、相关认证和生产许可证。

（11）受电工程检查验收的业务咨询。

主要包括中间检查、竣工检查的报验申请、应提供的相关资料、检查程序、检查内容、检查结果答复、意见整改、启动方案制定、装表送电程序，以及需要配合完成的其他工作等。

（12）供用电合同签订的业务咨询。

主要咨询供用电合同签订应具备的条件、签约人资格、合同内容协商与约定、签字与盖章；电费结算协议和电力调度协议等补充协议的签订；合同变更、续签、终止等业务的办理。

（13）供电设施产权分界点的业务咨询。

产权分界点应按照《供电营业规则》第 47 条规定，并结合各地区具体规定以及供用电合同的实际约定给予客户答复。

（14）违约责任及处理规定的业务咨询。

供用电任何一方违反供用电合同，给对方造成损失的，应当依法承担违约责任。主要有电力运行事故责任、电压质量责任、频率质量责任、电费滞纳的违约责任、违约用电、窃电的违约责任等，针对以上有关责任按照相关规定给予解释。

（15）供电设施上发生事故的责任划分咨询。

责任划分应按照《供电营业规则》第 51 条规定给予客户答复。

（16）变更用电业务咨询。

高压客户变更用电主要有迁址、移表、暂拆、更名或过户、分户、并户、销户、改压、改类等 9 种业务。具体按照《供电营业规则》第 22 条至第 36 条有关规定给予解释和说明。

（17）电能计量装置申请校验的业务咨询。

应按照《供电营业规则》第 79 条规定给予客户答复。

（18）申请执行分时电价的业务咨询。

100kW 及以上的一般工商业客户、执行蓄热式电锅炉、蓄冷式空调电价的客户，全面执行峰谷分时电价。

峰谷分时电价的具体执行办法，按照国家发展改革委关于峰谷分时电价实施办法的批复和各省市电网峰谷分时电价实施细则的有关规定执行和解释。

（19）停电原因及故障报修的业务咨询。

停电原因主要有事故停电、检修停电、限电停电、欠费停电等。帮助客户分析造成客户停电的可能原因。检修停电、限电停电、欠费停电均应按规定事先告知客户，事故停电要分清是供电事故停电还是客户事故停电，必要时通知有关人员现场调查并予以解释，协助客户现场处理。供电事故停电应由供电企业负责处理，客户事故停电应由客户负责处理。

（20）迁移供用电设施的业务咨询。

应注意分清需要迁移的供电设施产权属于谁，建设先后，并按照《供电营业规则》第 50 条规定给予客户答复。

（21）申办理停送电业务的咨询。

客户检修、维护电气设备，改建或扩建、迁移供配电设施等需要供电企业配合停电的业务，均应按照规定向供电企业提出书面申请，供电企业应予受理，并按照有关规定和程序联系停送电工作。应向客户说明办理停送电的具体要求和程序，引导客户正确办理。

（22）无功补偿配置的业务咨询。

主要说明哪些用电客户应装设无功补偿装置、为什么要配置无功补偿装置，无功补偿配置的相关规定，功率因数调整电费执行标准等。

（23）进网作业电工管理咨询。

主要说明进网作业电工管理办法的有关规定，电工配备、业务培训、资格取证及续注册要求等。

（24）电力设施保护的业务咨询。

主要说明《电力设施保护条例》的有关规定，注意针对客户咨询的内容进行对照解释。

（25）违章用电与窃电规定的咨询。

主要按照国家相关法律法规和《供电营业规则》第100条至104条有关规定进行解释，只注重解释告知客户违章用电、窃电的行为、相关处理规定，严谨告知客户违章用电、窃电的方法。

（26）避峰限电和安全保供电的咨询。

对于避峰限电，应注意解释避峰限电的原因、有关政策、方案措施、现场实施及相互支持等。对于重要活动的安全保供电工作，要向客户说明如何提出业务申请、办理程序、方案制定、现场实施及供用电双方如何进行配合工作等内容。

（27）安全用电、节约用电常识咨询。

安全用电主要包括安全用电管理、设备安全运行维护、事故处理、应急方案及应急措施、防止触电的技术措施、触电急救知识、安全工器具规范使用等。节约用电主要有合理安排生产有效用电、峰谷用电合理调整、无功补偿合理配置和投运、节能降耗和提高设备利用率等知识。

【思考与练习】

1. 居民客户电能表烧坏或丢失如何处理？

2. 居民客户申请校表如何处理？

3. 停电原因及故障报修业务咨询的主要内容有哪些？

模块2　高压电力客户业务咨询（ZY2200501002）

【模块描述】本模块包含高压电力客户业务咨询的主要内容和注意事项等内容。通过概念描述、术语说明、要点归纳、案例示意，掌握高压电力客户业务咨询的内容和方法。

【正文】

一、高压业务咨询的主要内容和注意事项

（1）申办用电业务的渠道和相关业务流程咨询。

根据供电企业服务规定，告知客户受理和办理业务的渠道、相关业务流程，并提供业务服务指南材料。

（2）申办新装、增容用电的业务咨询。

告知并向客户解释办理新装、增容用电、临时用电、转供电、趸售电等业务所要提供的相关材料、相关政策规定、办理程序及要求、收费标准等，并提供相关业务服务指南材料。

（3）申请双电源、自备电源的业务咨询。

告知并向客户解释申请办理双电源（多电源）、自备电源的条件、相关材料、办理流程，以及并网条件、收费标准等，提供相关业务服务指南材料。

（4）供电方案制定及答复的业务咨询。

按照国家电网公司承诺的供电方案答复方式、时限要求给予答复，同时告知客户供电方案有效期限和办理延期的有关规定。

（5）用电业务收费项目及规定的咨询。

相关业务费用主要有高可靠性供电费、临时接电费、校表费、赔表（互感器）费、一户一表的改造工程费、安装分时表的改造工程费。对应客户咨询的业务费用按照相关规定给予明确答复。

（6）电价政策及规定的业务咨询。

按照国家电价政策和各省、市的电价政策及说明给予相关内容的答复和解释。主要内容包括电价构成、国民经济行业分类、电力用途、用电性质与电价分类、单一制电价、两部制电价、目录电价、

综合电价、分时电价、差别电价、功率因数调整电费执行标准等。

（7）电能计量与电费计收的咨询。

咨询内容主要有计量点的设置、计量方式、计量装置配置、各类计量方式的电费计算的方法、故障电费（故障计量接线、电费计算差错）的计算与退补等。

（8）受电工程委托设计和施工的业务咨询。

客户受电工程设计与施工，由客户委托具有相应资质的设计、施工单位承担，客户应将委托的设计、施工单位的资质证明文件和有关资料送至供电公司进行验资，资质符合者方可委托。受电工程的设计单位必须具备电力行业的相应设计资质，其他行业的资质只能根据业务范围进行客户用电侧内部配电网的设计。受电工程施工单位必须具有相应的施工资质，还必须取得承装（修、试）电力设施许可证。

（9）受电工程设计审查的业务咨询。

主要告知客户如何将受电工程设计进行报审、报审应提供的设计文件及资料、审查程序及时限、审查意见的答复、意见的整改及如何报复审等内容。

（10）受电工程设备选用的业务咨询。

客户受电工程设备不得使用国家明令淘汰的电力设备和技术。客户工程主设备及装置性材料生产厂家的资质均应报送供电企业审查。客户应提供生产厂家资质证明文件有：国家发改委颁发的推荐目录厂家文件及确定的相应产品的型号规范（复印件）；国家权威检定机构出具的主设备及装置性材料检测报告、相关认证和生产许可证。

（11）受电工程检查验收的业务咨询。

主要包括中间检查、竣工检查的报验申请、应提供的相关资料、检查程序、检查内容、检查结果答复、意见整改、启动方案制定、装表送电程序，以及需要配合完成的其他工作等。

（12）供用电合同签订的业务咨询。

主要咨询供用电合同签订应具备的条件、签约人资格、合同内容协商与约定、签字与盖章；电费结算协议和电力调度协议等补充协议的签订；合同变更、续签、终止等业务的办理。

（13）供电设施产权分界点的业务咨询。

产权分界点应按照《供电营业规则》第47条规定，并结合各地区具体规定以及供用电合同的实际约定给予客户答复。

（14）违约责任及处理规定的业务咨询。

供用电任何一方违反供用电合同，给对方造成损失的，应当依法承担违约责任。主要有电力运行事故责任、电压质量责任、频率质量责任、电费滞纳的违约责任、违约用电、窃电的违约责任等，针对以上有关责任按照相关规定给予解释。

（15）供电设施上发生事故的责任划分咨询。

责任划分应按照《供用电营业规则》第51条规定给予客户答复。

（16）变更用电业务咨询。

高压客户变更用电主要有减容、暂停、暂换、迁址、移表、暂拆、更名或过户、分户、并户、销户、改压、改类等12种业务。具体按照《供电营业规则》第22条至第36条有关规定给予解释和说明。

（17）电能计量装置申请校验的业务咨询。

应按照《供电营业规则》第79条规定给予客户答复。

（18）申请执行分时电价的业务咨询。

大工业客户、100kVA 及以上的一般工商业客户、执行蓄热式电锅炉、蓄冷式空调电价的客户，全面执行峰谷分时电价。

峰谷分时电价的具体执行办法，按照国家发展改革委关于峰谷分时电价实施办法的批复和各省市电网峰谷分时电价实施细则的有关规定执行和解释。

（19）停电原因及故障报修的业务咨询。

停电原因主要有事故停电、检修停电、限电停电、欠费停电等。帮助客户分析造成客户停电的可能原因。检修停电、限电停电、欠费停电均应按规定事先告知客户，事故停电要分清是供电事故停电还是客户事故停电，必要时通知有关人员现场调查并予以解释，协助客户现场处理。供电事故停电应由供电企业负责处理，客户事故停电应由客户负责处理。

（20）迁移供用电设施的业务咨询。

应注意分清需要迁移的供电设施产权属于谁，建设先后，并按照《供电营业规则》第50条规定给予客户答复。

（21）申办理停送电业务的咨询。

客户检修、维护电气设备，改建或扩建、迁移供配电设施等需要供电企业配合停电的业务，均应按照规定向供电企业提出书面申请，供电企业应予受理，并按照有关规定和程序联系停送电工作。应向客户说明办理停送电的具体要求和程序，引导客户正确办理。

（22）无功补偿配置的业务咨询。

主要说明哪些用电客户应装设无功补偿装置、为什么要配置无功补偿装置，无功补偿配置的相关规定，功率因数调整电费执行标准等。

（23）进网作业电工管理咨询。

主要说明进网作业电工管理办法的有关规定，电工配备、业务培训、资格取证及续注册要求等。

（24）电力设施保护的业务咨询。

主要说明《电力设施保护条例》的有关规定，注意针对客户咨询的内容进行对照解释。

（25）违章用电与窃电规定的咨询。

主要按照国家相关法律法规和《供电营业规则》第100条至第104条有关规定进行解释，只注重解释告知客户违章用电、窃电的行为、相关处理规定，严谨告知客户违章用电、窃电的方法。

（26）避峰限电和安全保供电的咨询。

对于避峰限电，应注意解释避峰限电的原因、有关政策、方案措施、现场实施及相互支持等。对于重要活动的安全保供电工作，要向客户说明如何提出业务申请、办理程序、方案制定、现场实施及供用电双方如何进行配合工作等内容。

（27）安全用电、节约用电常识咨询。

安全用电主要包括安全用电管理、设备安全运行维护、事故处理、应急方案及应急措施、防止触电的技术措施、触电急救知识、安全工器具规范使用等。节约用电主要有合理安排生产有效用电、峰谷用电合理调整、无功补偿合理配置和投运、节能降耗和提高设备利用率等知识。

二、高压用电业务咨询示例

1. 客户咨询办理临时用电有何规定？

答：根据《供电营业规则》规定，对基建工地、农田水利、市政建设等非永久性用电，可供给临时电源。临时用电期限除经供电企业准许外，一般不得超过6个月，逾期不办理延期或永久性正式用电手续的，供电企业应终止供电。使用临时电源的客户不得向外转供电，也不得转让给其他客户，供电企业也不受理其变更用电事宜。如需改为正式用电，应按新装用电办理。

因抢险救灾需要紧急供电时，供电企业应迅速组织力量，架设临时电源供电。架设临时电源所需的工程费用和应付的电费，由地方人民政府有关部门负责从救灾经费中拨付。

临时用电的客户，应安装用电计量装置。对不具备安装条件的，可按其用电容量、使用时间、规定的电价计收电费。

2. 供电公司对客户受电工程施工阶段的检查与验收工作主要有哪些内容？

答：（1）客户受电工程施工单位应具备国家电监会及其派出机构颁发的“承装（修、试）电力设施许可证”，供电公司应对其资质进行审核。

（2）客户受电工程应根据工程施工进度及审核同意的设计文件和有关施工规范及技术标准进行中间检查与竣工检查。中间检查主要内容包括：

1）客户工程的施工是否符合设计要求；

2）施工工艺和工程选用材料是否符合规范和设计要求；

3）检查隐蔽工程，如：电缆沟的施工和电缆头的制作、电缆线路敷设工程、接地装置的埋设等，是否符合有关规定的要求；

4）电气设备元件安装前的特性校验等；

5）多电源切换开关调试和闭锁装置调试等。

（3）竣工验收的主要内容包括：

1）审核工程施工单位资质；

2）受电工程是否按照审定后的设计图纸全部完成；

3）客户工程的施工是否符合审查后的设计要求，隐蔽工程是否有施工记录；

4）设备的安装、施工工艺和工程选用材料是否符合有关规范要求；

5）一次设备接线和安装容量与批准方案是否相符、对低压客户应检查安装容量与报装是否相符；

6）检查无功补偿装置是否能正常投入运行；

7）检查计量装置的配置和安装，是否正确、合理、可靠。对低压客户应检查低压专用计量柜（箱）是否安装合格；

8）各项安全防护措施是否落实，能否保障供用电设施运行安全；

9）高压设备交接试验报告是否齐全准确；

10）继电保护装置经传动试验动作准确无误；

11）检查设备接地系统，应符合《电力设备接地设计技术规程》（SDJ8—1979）要求。接地网及单独接地系统的电阻值应符合规定；

12）检查各种联锁、闭锁装置是否齐全可靠。多路电源，自备电源的防误联锁装置及协议签订情况；

13）检查各种操作机构是否有效可靠。电气设备外观清洁，充油设备不漏不渗，设备编号正确、醒目；

14）客户变电所（站）的模拟图板的接线、设备编号等应规范，且与实际相符，做到模拟操作灵活、准确；

15）新装客户变电所（站）必须配备合格的安全工器具、测量仪表、消防器材；

16）建立本所（站）的倒闸操作、运行检修规程和管理等制度，建立各种运行记录簿，备有操作票和工作票；

17）站内要备有一套全站设备技术资料和调试报告；

18）检查客户进网作业电工的资格。

【思考与练习】

1. 高压客户申请新装正式用电应提供哪些资料？

2. 高压供电设施产权分界点是如何划分的？

3. 供电公司对客户受电工程施工阶段的检查与验收工作主要有哪些内容？

第十三章 变 更 用 电

模块 1 低压电力客户变更用电（ZY2200502001）

【模块描述】本模块包含变更用电的定义、分类、办理流程及注意事项等内容。通过概念描述、术语说明、流程讲解、要点归纳，掌握变更用电业务的内容、流程和处理方法。

【正文】

一、定义与分类

1. 变更用电的定义

变更用电指客户要求改变供用电合同中供用电双方约定的有关用电事宜的行为。变更用电业务是指客户在不增加用电容量和供电回路的情况下，由于自身经营、生产、建设、生活等变化而向供电企业申请，要求改变原供用电合同中约定的用电事宜的业务。

2. 变更用电分类

《供电营业规则》规定有下列情况之一者，为变更用电。客户需要变更用电时，应事先提出申请，并携带有关证明文件，到供电企业用电营业场所办理手续，变更供用电合同。

（1）减少合同约定的用电容量（简称减容）。

（2）暂时停止全部或部分受电设备的用电（简称暂停）。

（3）临时更换大容量变压器（简称暂换）。

（4）迁移受电装置用电地址（简称迁址）。

（5）移动用电计量装置安装位置（简称移表）。

（6）暂时停止用电并拆表（简称暂拆）。

（7）改变客户的名称（简称更名或过户）。

（8）一户分列为两户及以上的客户（简称分户）。

（9）两户及以上客户合并为一户（简称并户）。

（10）合同到期终止用电（简称销户）。

（11）改变供电电压等级（简称改压）。

（12）改变用电类别（简称改类）。

二、低压变更用电业务办理总流程

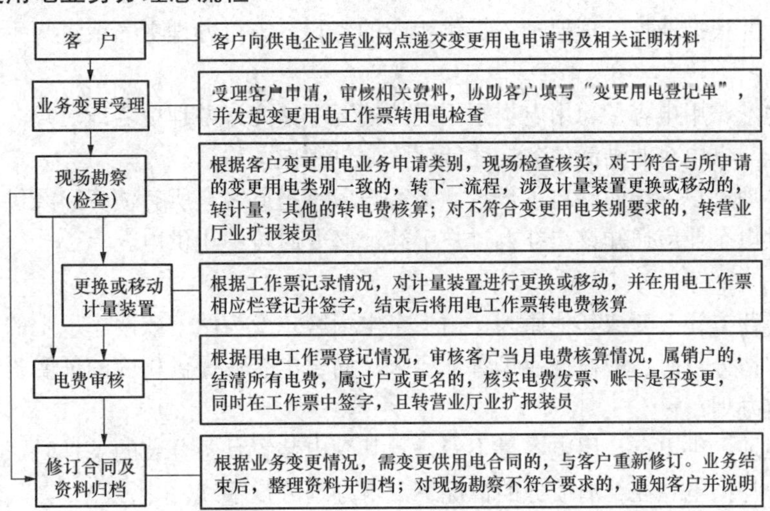

三、低压变更用电分类及办理注意事项

低压客户变更用电业务主要有迁址、移表、暂拆、更名或过户、分户、并户、销户、改压、改类等9种业务。

1. 迁址

客户因扩建改造或市政发展规划，需改变用电地址，将原用电设备迁移他址的一种变更用电业务，即为迁址。客户申请迁址，应在5天前向供电企业提出申请，供电企业应按下列规定办理：

（1）原址按终止用电办理，供电企业予以销户。新址用电优先受理。

（2）迁移后的新址不在原供电点供电的，新址用电按新装办理。

（3）迁址后的新址在原供电点且新址用电容量不超过原址容量的，新址用电不按新装办理，但新址用电引起的工程费用由客户承担。

（4）迁移后的新址仍在原供电点，但新址用电容量超过原址用电容量的，超过部分按增容办理。

（5）私自迁移用电地址而用电者，除按《供电营业规则》第100条第5项处理外，自迁新址不论是否引起供电点变动，一律按新装用电办理。

2. 移表

客户在原用电地址内，因修缮房屋、变（配）电室改造或其他原因，需移动用电计量装置安装位置的业务，即为移表。客户办理移表变更业务时，首先应向供电企业提出书面申请，供电企业按下列规定办理：

（1）在用电地址、用电容量、用电类别、供电点等不变的情况下，可办理移表手续。

（2）移表所需的费用由客户负担。

（3）客户不论何种原因，不得自行移动计量装置位置，否则，属违约行为，可按《供电营业规则》第100条第5项规定处理：私自迁移供电企业的用电计量装置者，属于居民客户的，应承担每次500元的违约使用电费；属于其他客户的，应承担每次5000元的违约使用电费。

3. 暂拆

客户因修缮房屋或变（配）电站改造等原因需暂时停止用电并拆表的业务，即为暂拆。客户在办理暂拆业务时，应持有关证明向供电企业提出书面申请，供电企业按下列规定办理：

（1）客户办理暂拆手续后，供电企业应在5天内执行暂拆。

（2）暂拆时间最长不得超过6个月。暂拆期间，供电企业保留该客户原有容量的使用权。

（3）暂拆原因消除后，客户要求复装接电时，需向供电企业办理复装接电手续并按规定交付费用。上述手续完成后，供电企业应在5天内为该户复装接电。

（4）超过暂拆规定时间要求复装接电者，按新装手续办理。

4. 更名或过户

更名是原客户不变，只是因客户原名称改变而变更客户名称的业务；过户是客户发生了变化，由原客户变为另一客户的一种变更业务。客户不论办理哪种业务，在书面申请书上，都必须有原客户法人的签字和章印，并根据业扩管理要求，提供相应的资料，方可办理更名或过户手续，供电企业应按下列规定办理：

（1）在用电地址、用电容量、用电类别不变的情况下，允许办理更名或过户。

（2）原客户应与供电企业结清债务，才能解除原供用电关系。

（3）不申请办理过户手续而私自过户者，新客户应承担原客户所有债务。经供电企业检查发现客户私自过户时，供电企业应通知该户补办过户手续，必要时可中止供电。

5. 分户

客户因生产经营方式改变或其他原因，由一个电力客户变为两个或两个以上的电力客户的业务，即为分户。客户申请分户时，应根据业扩管理要求，向供电企业提供相应的证明资料和书面申请，供电企业按下列规定办理：

（1）在用电地址、供电点、用电容量不变，且其受电装置具备分装的条件时，允许办理分户。

（2）在原客户与供电企业结清债务的情况下，再办理分户手续。

（3）分立后的新客户应与供电企业重新建立供电关系。

（4）原客户的用电容量由分户者自行协商分割，需要增容者，分户后另行向供电企业办理增容手续。

（5）分户引起的工程费用由分户者负担。

（6）分户后受电装置应经供电企业检验合格，由供电企业分别装表计费。

6. 并户

客户生产经营方式发生改变或因其他原因，需两个或以上客户合并为一个电力客户的业务，即为并户。客户申请并户时，应根据供电企业业扩管理要求，提供相应的证明资料和书面申请，供电企业按下列规定办理：

（1）同一供电点、同一用电地址的相邻两个及两个以上的客户允许办理并户。

（2）原客户在并户前向供电企业结清债务。

（3）新客户用电容量不得超过并户前各户用电容量之和。

（4）并户引起的工程费用由并户者承担。

（5）并户的受电装置应经检验合格，由供电企业重新装表计费。

7. 销户

销户是指客户合同到期、企业破产、国家产业政策明令禁止等原因而终止供电的业务，或供电企业强制终止客户用电的业务，即供用电双方解除供用电关系的业务。供电企业在办理销户时，应按下列规定办理：

（1）销户必须停止全部用电容量的使用。

（2）客户与供电企业结清电费和其他债务。

（3）检验验用电计量装置完好性后，拆除接户线和用电计量装置。

（4）解除供用电合同关系。

（5）在销户客户的原址上用电的，应按新装用电办理。

（6）属破产客户分离出的新客户，必须在偿还清原破产客户电费和其他债务后，方可办理用电业务。

8. 改压

客户因自身原因，需要改变供电电压等级的一种变更用电业务，即为改压。客户申请改压时，应向供电企业提供书面申请，供电企业应按下列规定办理：

（1）客户改压，且容量不变者，供电企业按业扩管理要求予以办理，如超过原有容量者，超过部分按增容办理。

（2）改压引起的工程费用由客户负担，但由供电企业原因引起客户供电电压发生变化的，客户的外部供电工程费用由供电企业负担。

9. 改类

由于客户生产和经营发生变化，引起其电力用途改变从而导致用电类别发生变化即用电电价发生变化的一种变更用电业务，即为改类。改类可以是原计费表内所带负荷用电性质发生变化，也可以是原计费表所带负荷中部分负荷用电性质发生变化，即调整用电类别比例。客户申请改类，需向提供企业提供证明和出书面申请，供电企业应按下列规定办理：

（1）在同一受电装置内，电力用途发生变化而引起用电电价类别改变时，允许办理改类手续。

（2）客户私自改变用电类别，应按照《供电营业规则》第 100 条规定办理：在电价低的供电线路上，擅自接用电价高的用电设备或私自改变用电类别的，应按实际使用日期补交其差额电费，并承担 2 倍差额电费的违约使用电费。使用起讫日期难以确定的，实际使用时间按 3 个月计算。

【思考与练习】

1. 什么是变更用电？变更用电分为哪几类？

2. 低压电力客户申请移表业务应如何办理？

3. 低压电力客户申请该类业务应如何办理？

模块2　高压电力客户变更用电（ZY2200502002）

【模块描述】本模块包含高压电力客户变更用电的分类流程及注意事项等内容。通过概念描述、术语说明、流程讲解、要点归纳，掌握高压电力客户变更用电的分类流程和处理方法。

【正文】

高压变更用电业务主要有减容、暂停、暂换、迁址、移表、暂拆、更名或过户、分户、并户、销户、改压、改类12种业务。

一、高压变更用电业务办理总流程

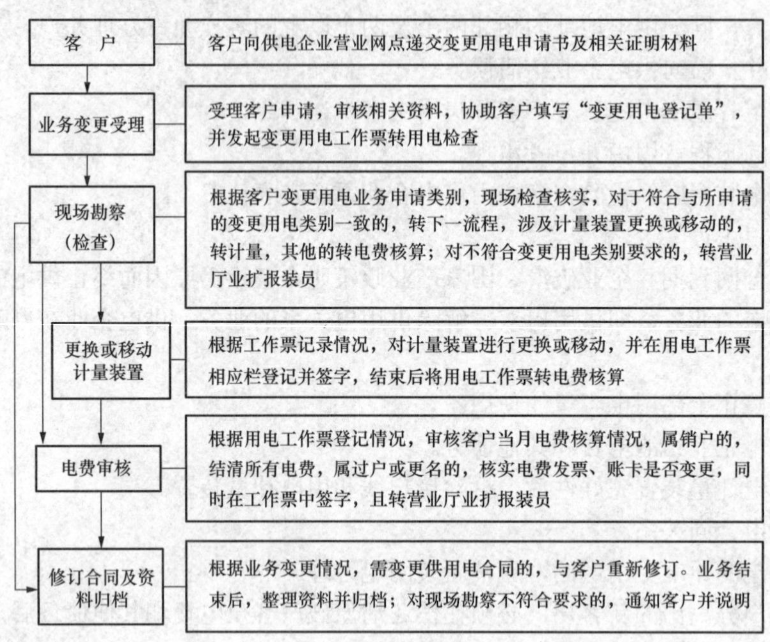

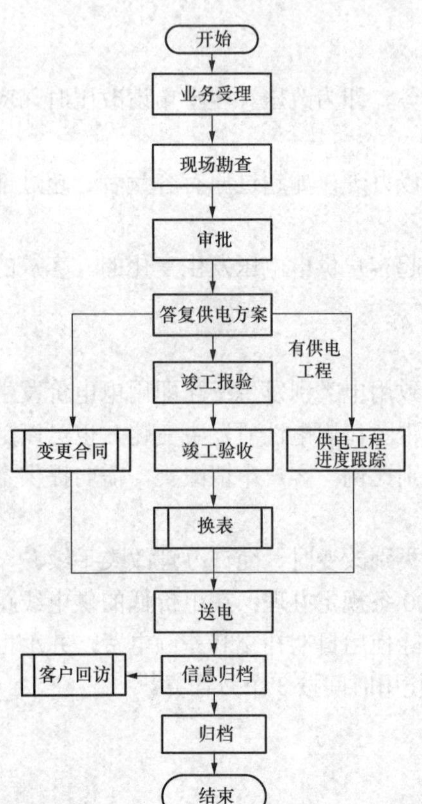

图 ZY2200502002-1　减容业务流程图

二、高压变更用电分类流程及办理注意事项

（一）减容

1. 业务流程

减容业务流程如图 ZY2200502002-1 所示。

2. 办理注意事项

客户在正式用电后，由于生产经营情况发生变化，用电负荷减少，原有容量过大，为减少电费，节约开支，需减少供用电合同中约定的容量的一种变更用电事宜，即为减容。客户减容，应在5天前向供电企业提出书面申请。供电企业应按下列规定办理：

（1）减容必须是整台整组的变压器的停止或更换小容量变压器用电。供电企业在受理之后，根据用户申请减容的日期对设备进行加封。从加封之日起，按原计费方式减收其相应容量的基本电费。但客户申明为永久性减容的或从加封之日起期满2年又不办理恢复用电手续的，其减容后的容量已达不到实施两部制电价规定容量标准的，应改为单一制电价计费；

（2）减少用电容量的期限应根据客户所提出的申请确定，但最短期限不得少于6个月，最长期限不得超过2年。

（3）在减容期限内，供电企业应保留客户减少容量的使用权。超过减容期限要求恢复用电时，应按新装或增容办理。

（4）在减容期限内要求恢复用电时，应在5天前向供电企业办理恢复用电手续，基本电费从启封之日起计收。

（5）减容期满后的客户以及新装增容用户，2 年内不得申请减容或暂停。如确需继续办理减容或暂停的，减少或暂停部分容量的基本电费应按50%计算收取。

（二）暂停

1. 业务流程

暂停业务流程如图 ZY2200502002-2 所示。

2. 办理注意事项

客户由于生产、经营情况发生变化，如客户设备检修、产品滞销、季节性用电等原因，用电负荷减少，为减少电费支出，需短时间停止全部或部分用电设备容量的一种变更用电业务，即为暂停。客户申请暂停用电，必须在五天前向供电企业提出申请。供电企业应按下列规定办理：

（1）客户在一个日历年内，可申请全部（含不通过受电变压器的高压电动机）或部分用电容量的暂停用电两次，每次不得少于15天，一年累计暂停时间不得超过6个月。季节性用电或国家另有规定的客户，累计暂停时间可再议。

（2）按变压器容量计收基本电费得客户，暂停用电必须是整台或整组变压器停止运行。供电企业在受理暂停申请后，根据用户申请暂停的日期对暂停设备加封。从加封之日起，按原计费方式减收其相应容量的基本电费。

（3）暂停期满或每一日历年内累计暂停用电时间超过六个月者，不论客户是否申请恢复用电，供电企业须从期满之日起，按合同约定的容量计收其基本电费。

（4）在暂停期限内，客户申请恢复暂停用电容量时，须在预定恢复日前五日向供电企业提出申请。暂停用电时间少于15天者，暂停期间基本电费照收。

（5）按最大需量计收基本电费的客户，申请暂停用电是全部容量（含不通过受电变压器的高压电动机）的暂停，并遵守上述1～4项的规定。

（三）暂换

1. 业务流程

暂换业务流程如图 ZY2200502002-3 所示。

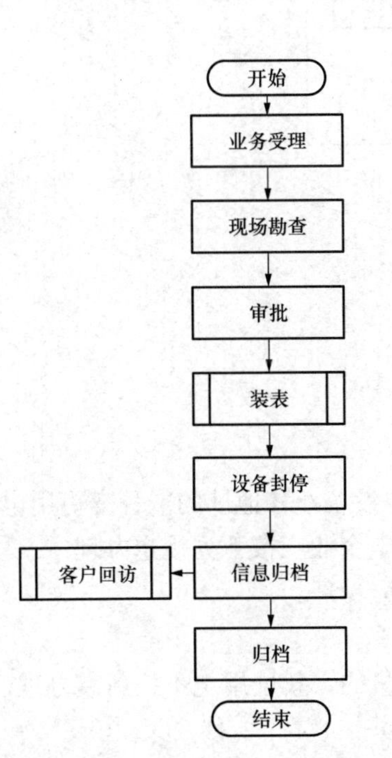

图 ZY2200502002-2 暂停业务流程图

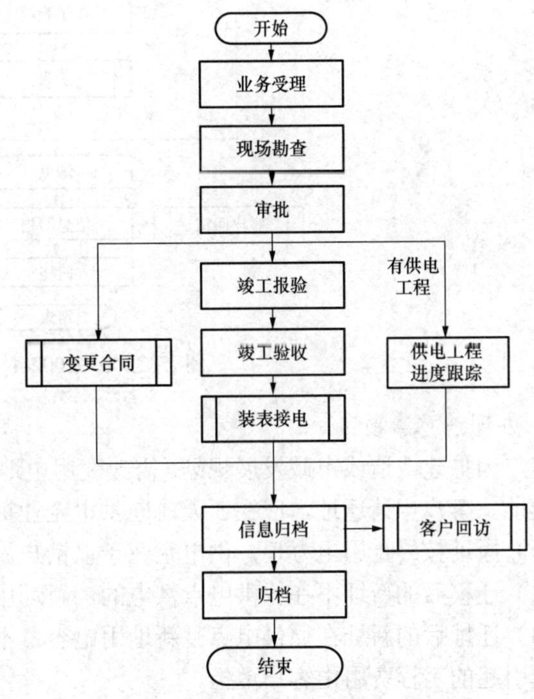

图 ZY2200502002-3 暂换业务流程图

2. 办理注意事项

客户因受电变压器发生故障或计划检修，无相同容量变压器替代，需临时更换大容量变压器代替运行的业务，即为暂换。客户申请暂换需在更换前向供电企业提出申请。供电企业应按下列规定办理：

（1）必须在原受电地点内整台的暂换受电变压器。

（2）暂换变压器的使用时间，10kV 及以下的不得超过两个月，35kV 及以上的不得超过 3 个月。逾期不办理手续的，供电企业可中止供电。

（3）暂换的变压器经检验合格后才能投入运行。

（4）对执行两部制电价的客户须在暂换之日起，按替换后的变压器容量计收基本电费。

（四）迁址

1. 业务流程

迁址业务流程如图 ZY2200502002-4 所示。

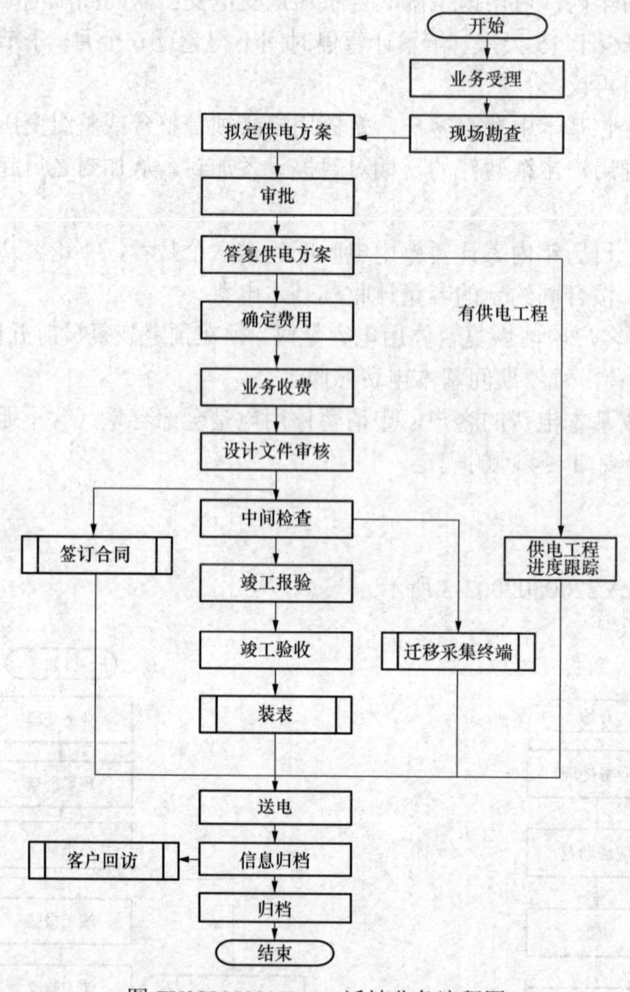

图 ZY2200502002-4　迁址业务流程图

2. 办理注意事项

客户因扩建改造或市政发展规划，需改变用电地址，将原用电设备迁移他址的一种变更用电业务，即为迁址。客户申请迁址，应在 5 天前向供电企业提出申请，供电企业应按下列规定办理：

（1）原址按终止用电办理，供电企业予以销户。新址用电优先受理。

（2）迁移后的新址不在原供电点供电的，新址用电按新装办理。

（3）迁址后的新址在原供电点且新址用电容量不超过原址容量的，新址用电不按新装办理，但新址用电引起的工程费用由客户承担。

（4）迁移后的新址仍在原供电点，但新址用电容量超过原址用电容量的，超过部分按增容办理。

（5）私自迁移用电地址而用电者，除按《供电营业规则》第 100 条第 5 项处理外，自迁新址不论是否引起供电点变动，一律按新装用电办理。

（五）移表

1. 业务流程

移表业务流程如图 ZY2200502002-5 所示。

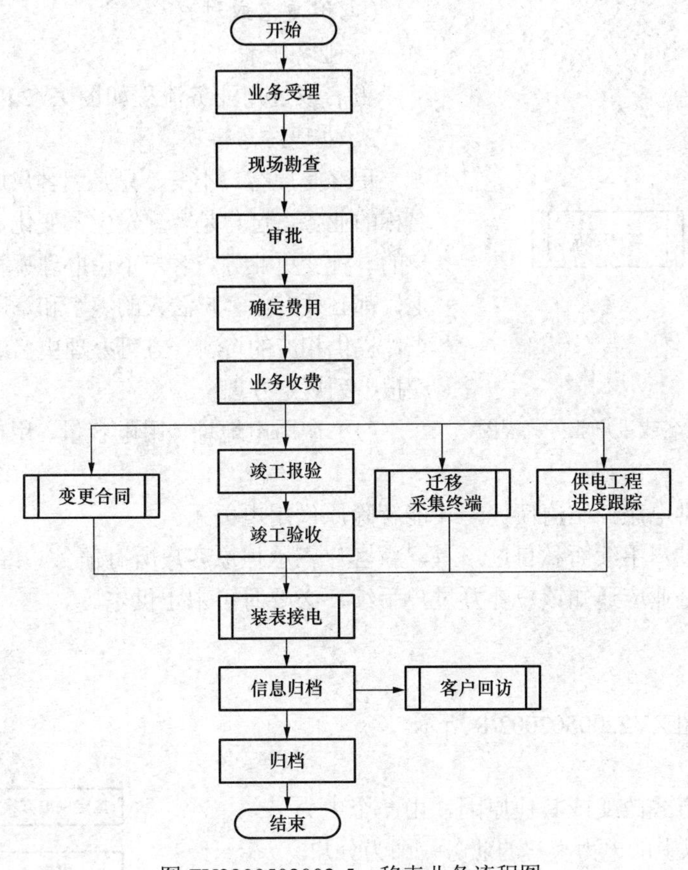

图 ZY2200502002-5　移表业务流程图

2. 办理注意事项

客户在原用电地址内，因修缮房屋、变（配）电室改造或其他原因，需移动用电计量装置安装位置的业务，即为移表。客户办理移表变更业务时，首先应向供电企业提出书面申请，供电企业按下列规定办理：

（1）在用电地址、用电容量、用电类别、供电点等不变的情况下，可办理移表手续。

（2）移表所需的费用由客户负担。

（3）客户不论何种原因，不得自行移动计量装置位置，否则，属违约行为，可按《供电营业规则》第 100 条第 5 项规定处理：私自迁移供电企业的用电计量装置者，属于居民客户的，应承担每次 500 元的违约使用电费；属于其他客户的，应承担每次 5000 元的违约使用电费。

（六）暂拆

1. 业务流程

暂拆业务流程如图 ZY2200502002-6 所示。

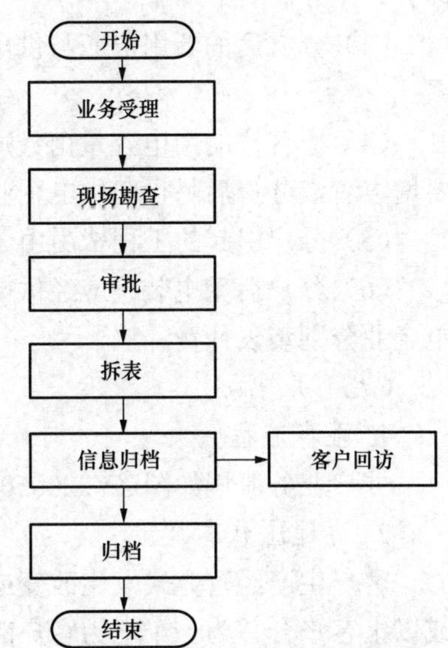

图 ZY2200502002-6　暂拆业务流程图

2. 办理注意事项

客户因修缮房屋或变（配）电站改造等原因需暂时停止用电并拆表的业务，即为暂拆。客户在办理暂拆业务时，应持有关证明向供电企业提出书面申请，供电企业按下列规定办理：

（1）客户办理暂拆手续后，供电企业应在 5 天内执行暂拆。

（2）暂拆时间最长不得超过 6 个月。暂拆期间，供电企业保留该客户原有容量的使用权。

（3）暂拆原因消除后，客户要求复装接电时，需向供电企业办理复装接电手续并按规定交付费用。上述手续完成后，供电企业应在5天内为该户复装接电。

（4）超过暂拆规定时间要求复装接电者，按新装手续办理。

（七）更名或过户

1. 业务流程

更名或过户业务流程如图ZY2200502002-7所示。

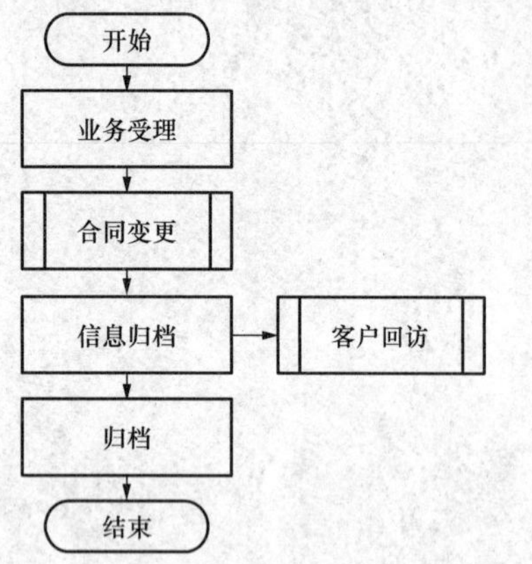

图ZY2200502002-7　更名或过户业务流程图

2. 办理注意事项

更名是原客户不变，只是因客户原名称改变而变更客户名称的业务；过户是客户发生了变化，由原客户变为另一客户的一种变更业务。客户不论办理哪种业务，在书面申请书上，都必须有原客户法人的签字和章印，并根据业扩管理要求，提供相应的资料，方可办理更名或过户手续，供电企业应按下列规定办理：

（1）在用电地址、用电容量、用电类别不变的情况下，允许办理更名或过户。

（2）原客户应与供电企业结清债务，才能解除原供用电关系。

（3）不申请办理过户手续而私自过户者，新客户应承担原客户所有债务。经供电企业检查发现客户私自过户时，供电企业应通知该户补办过户手续，必要时可中止供电。

（八）分户

1. 业务流程

分户业务流程如图ZY2200502002-8所示。

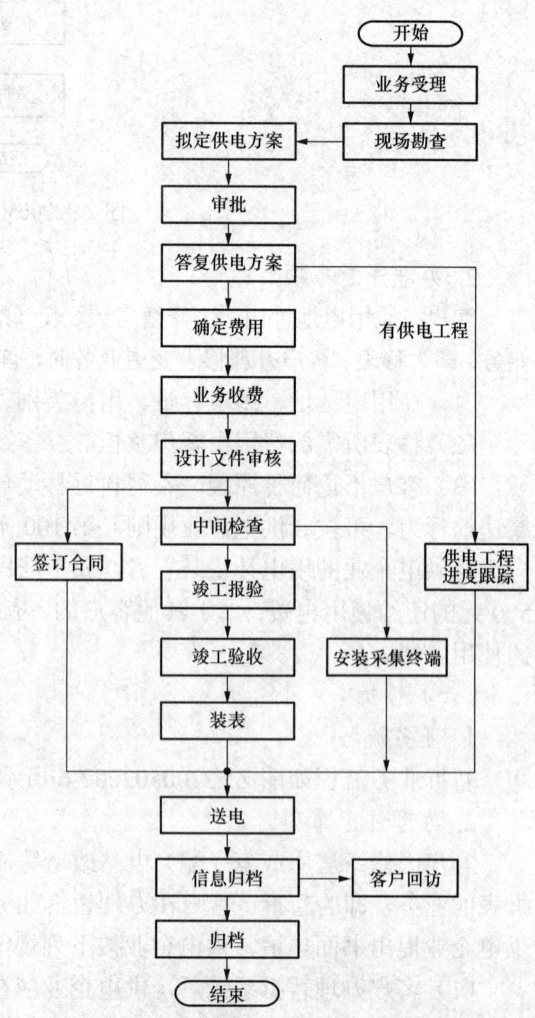

图ZY2200502002-8　分户业务流程图

2. 办理注意事项

客户因生产经营方式改变或其他原因，由一个电力客户变为两个或两个以上的电力客户的业务，即为分户。客户申请分户时，应根据业扩管理要求，向供电企业提供相应的证明资料和书面申请，供电企业按下列规定办理：

（1）在用电地址、供电点、用电容量不变，且其受电装置具备分装的条件时，允许办理分户。

（2）在原客户与供电企业结清债务的情况下，再办理分户手续。

（3）分立后的新用户应与供电企业重新建立供电关系。

（4）原客户的用电容量由分户者自行协商分割，需要增容者，分户后另行向供电企业办理增容手续。

（5）分户引起的工程费用由分户者负担。

（6）分户后受电装置应经供电企业检验合格，由供电企业分别装表计费。

（九）并户

1. 业务流程

并户业务流程如图ZY2200502002-9所示。

2. 办理注意事项

客户生产经营方式发生改变或因其他原因，需两个或以上客户合并为一个电力客户的业务，即为并户。客户申请并户时，应根据供电企业业扩管理要求，提供相应的证明资料和书面申请，供电企业按下列规定办理：

（1）同一供电点、同一用电地址的相邻两个及两个以上的客户允许办理并户。

（2）原客户在并户前向供电企业结清债务。

（3）新客户用电容量不得超过并户前各户用电容量之和。

（4）并户引起的工程费用由并户者承担。

（5）并户的受电装置应经检验合格，由供电企业重新装表计费。

（十）销户

1. 业务流程

销户业务流程如图 ZY2200502002-10 所示。

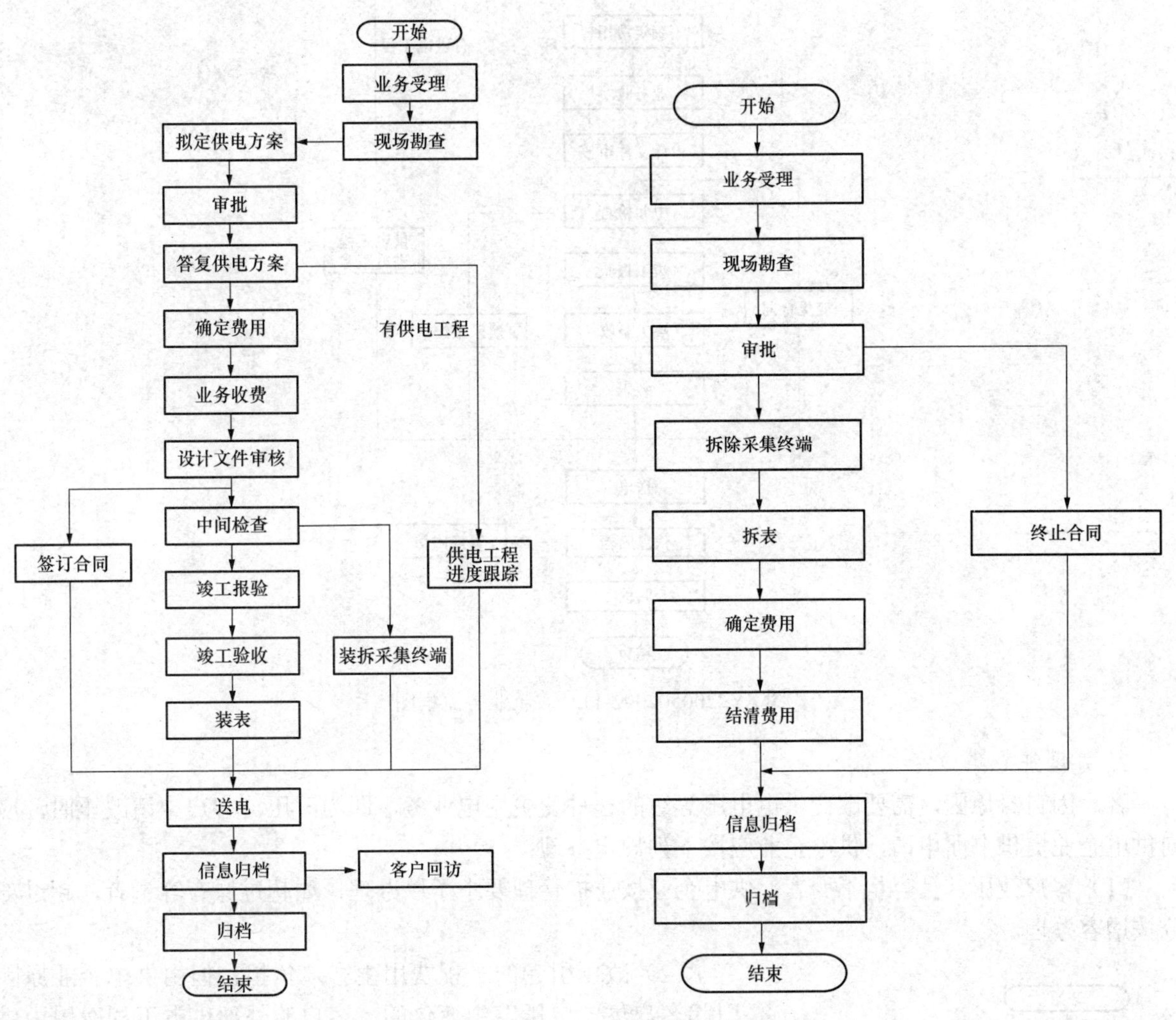

图 ZY2200502002-9　并户业务流程图　　图 ZY2200502002-10　销户业务流程图

2. 办理注意事项

销户是指客户合同到期、企业破产、国家产业政策明令禁止等原因而终止供电的业务，或供电企业强制终止客户用电的业务，即供用电双方解除供用电关系的业务。供电企业在办理销户时，应按下列规定办理：

（1）销户必须停止全部用电容量的使用。

（2）客户与供电企业结清电费和其他债务。

（3）检验用电计量装置完好性后，拆除接户线和用电计量装置。

（4）解除供用电合同关系。

（5）在销户客户的原址上用电的，应按新装用电办理。

（6）属破产客户分离出的新客户，必须在偿还清原破产客户电费和其他债务后，方可办理用电业务。

（十一）改压

1. 业务流程

改压业务流程如图 ZY2200502002-11 所示。

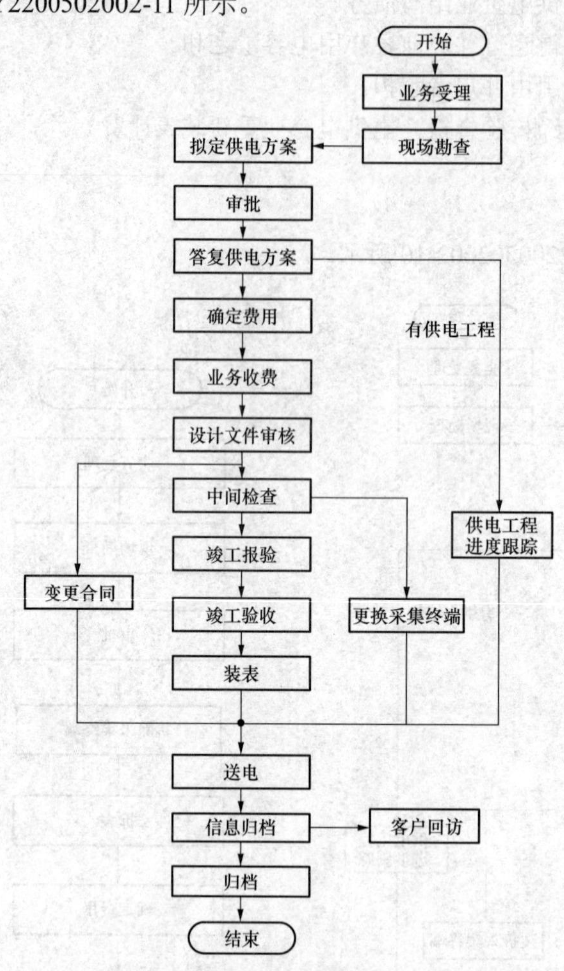

图 ZY2200502002-11 改压业务流程图

2. 办理注意事项

客户因自身原因，需要改变供电电压等级的一种变更用电业务，即为改压。客户申请改压时，应向供电企业提供书面申请，供电企业应按下列规定办理：

（1）客户改压，且容量不变者，供电企业按业扩管理要求予以办理，如超过原有容量者，超过部分按增容办理。

（2）改压引起的工程费用由客户负担，但由供电企业原因引起客户供电电压发生变化的，客户的外部供电工程费用由供电企业负担。

（十二）改类

1. 业务流程

改类业务流程如图 ZY2200502002-12 所示。

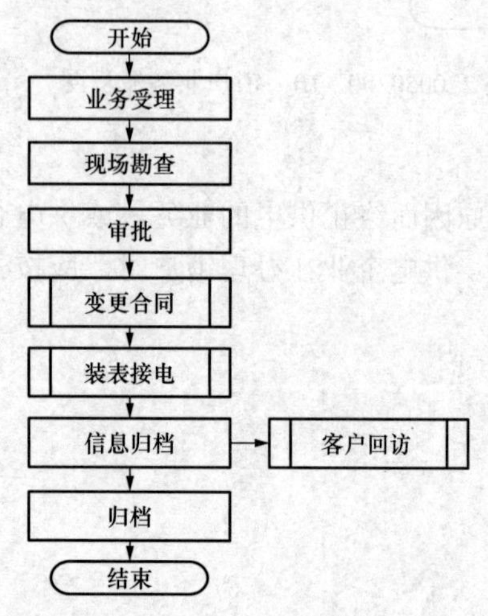

图 ZY2200502002-12 改类业务流程图

2. 办理注意事项

由于客户生产和经营发生变化，引起其电力用途改变从而导致用电类别发生变化即用电电价发生变化的一种变更用电业务，即为改类。改类可以是原计费表内所带负荷用电性质发生变化，也可以是原计费表所带负荷中部分负荷用电性质发生变化，即调整用电类别比例。客户申请改类，需向提供企业提供证明和出书面申请，供电企业应按下列规定办理：

（1）在同一受电装置内，电力用途发生变化而引起用电电价类别改变时，允许办理改类手续。

（2）客户私自改变用电类别，应按照《供电营业规则》第一百条规定办理：在电价低的供电线路上，擅自接用电价高的用电设备或私自改变用电类别的，应按实际使用日期补交其差额电费，并承担 2 倍差额电费的违约使用电费。使用起讫日期难以确定的，实际使用时间按 3 个月计算。

【思考与练习】

1. 高压电力客户申请减容业务应如何办理？
2. 高压电力客户申请暂停业务应如何办理？
3. 高压电力客户申请销户业务应如何办理？

第六部分

客户用电服务

第十四章　电气设备的安全运行

模块 1　低压电气设备的安全运行（ZY2200601001）

【模块描述】本模块包括低压线路和低压电气设备运行要求、客户用电档案和资料管理、客户用电事故处理与调查等内容。通过概念描述、术语说明、要点归纳，掌握低压电气设备的安全运行。

【正文】

一、运行要求

1. 低压线路运行要求

（1）架空线和电缆的型号、工作电压、使用环境等应符合要求。

（2）导线的允许载流量不应小于线路的负载计算电流。

（3）从变压器低压侧母线至用电设备受电端的线路电压损失，一般不超过用电设备额定电压的5%。

（4）三相四线制中性线的允许载流量不应小于线路中最大的不平衡负载电流。用于接零保护的中性线，其导线不应小于中相导线的50%。

（5）导线的允许载流量，应根据导体敷设处的环境温度、并列敷设根数进行校正。

2. 低压电气设备运行要求

（1）低压电气设备的电压、电流、容量、频率等各种运行参数符合要求。

（2）低压开关设备的灭弧装置应完好无缺。

（3）低压电气设备的外壳、操作手柄等应完好无损伤。

（4）低压电气设备正常不带电的金属部分接地（接零）应良好。配电屏两端应与接地线或中性线可靠连接。

（5）低压开关设备动作灵活、可靠，各接触部分接触良好无发热现象。

（6）低压电气设备的绝缘电阻符合要求。

（7）低压电气设备的安装牢固、合理、操作方便，满足安全要求。

二、用电档案和资料的管理

1. 客户应具备各类低压电气设备的技术资料档案

（1）设备台账。

（2）出厂试验报告及调试记录。

（3）出厂合格证明。

（4）设备的安装、使用说明书、安装图及构造图。

（5）设备现场开箱验收记录。

（6）安装、调试报告。

（7）安装验收记录。

（8）交接试验报告。

（9）设备预防性试验报告。

（10）设备评级的详细记录。

（11）事故记录及处理记录等。

2. 客户应具备安全用电档案资料

（1）缺陷记录，包括：配电房缺陷记录、设备缺陷记录、安全工器具缺陷记录、安全防范措施缺陷记录、人员管理记录等。

（2）缺陷整改记录。

（3）人员培训记录。

（4）事故记录。

三、事故处理与调查

1. 客户低压用电设备事故处理

（1）客户低压用电设备发生事故时，不得慌乱，不允许盲目处理，以免扩大事故；必须沉着、迅速、准确按照要求进行处理。

（2）迅速限制事故发展，消除事故根源，并解除威胁人身和设备安全的危险。

（3）根据现场表计的指示和设备的外部迹象，对事故作出全面的判断。

（4）迅速对事故设备进行检查和试验，判断其性质、故障点及其范围。

（5）在判断设备故障部位和性质后，应进行必要的修理，如果无法修复损坏设备时，应及时通知有关检修人员，并做好现场保护措施。

2. 客户低压用电设备事故调查

客户低压用电设备事故调查必须按照实事求是、尊重科学的原则，及时、准确地查清事故原因，查明事故性质和责任，总结事故教训，提出整改措施，并对事故责任者提出处理意见。做到事故原因不清楚不放过，事故责任者和应受教育者没有受到教育不放过，没有采取防范措施不放过，事故责任人没有受到处罚不放过。通过事故的调查，举一反三，查找不足之处，规范管理。

四、检查方式和方法

1. 检查方式

供电企业一般通过正常的用电检查（周期性检查、非周期性检查）、营业普查、专项检查（春查、秋查）方式、专项的安全服务活动等方式对客户进行安全检查。

2. 检查方法

（1）档案资料检查。主要检查客户的运行制度、运行规程、设备台账、缺陷记录、典型操作票等资料是否规范齐全。

（2）值班电工的资质检查。值班电工应取得相应等级的《电工进网作业许可证》。

（3）设备的运行状况检查。通过外观检查、红外测温法、在线监测等手段保证设备安全运行。

（4）安全工器具、安全预案检查。

五、危险点分析及控制措施

（1）人身触电。

1）检查时应与带电设备保持足够的安全距离，10kV 及以下：0.7m。

2）检查设备时应戴好安全帽，穿工作服，绝缘靴。

3）禁止接触运行设备的外壳。

（2）摔伤、碰伤。

1）注意行走安全，上下台阶、跨越沟道或配电室门口防鼠挡板时，防止摔、碰。

2）夜间或者光线较暗检查设备时携带照明器具，并两人同时进行，注意行走安全。

（3）意外伤人。

1）禁止单人检查设备时进入设备内检查作业，以防因无人监护而造成意外事故。

2）进入检查现场应作好安全防护措施。

（4）高峰负荷期间，增加检查次数，监视设备温度，触头、引线接头有无过热现象，设备有无异常声音。

【思考与练习】

1. 低压电气设备的安全要求有哪些？

2. 对客户用电的安全检查内容应包括哪些项目？

模块 2　10kV 电气设备的安全运行（ZY2200601007）

【模块描述】本模块包含 10kV 线路、变电设备安全运行要求，对线路、变电设备检查内容以及注意事项等内容。通过概念描述、术语说明、要点归纳，掌握 10kV 线路、电气设备的安全运行。

【正文】

一、10kV 线路、变电设备的安全运行要求

1. 架空线路安全运行要求

（1）导线通过的最大负荷电流不应超过其允许电流。

（2）三相导线弛度应力求一致。

（3）杆塔构架基础完好，杆塔倾斜度符合规程要求，拉线无松弛、断股和严重锈蚀现象。

（4）绝缘子良好，杆塔各部件连接牢固，螺丝完整无损，金具无变形损伤。

（5）导线对地距离、相间距离、交叉跨越距离均符合规程要求。

2. 电力电缆安全运行要求

（1）电力电缆禁止过负载运行，其运行电压不得超过电缆额定电压的 15%。

（2）电力电缆的保护层接地应符合规程要求。

（3）电力电缆头与设备连接应可靠、牢固；使用托架，避免设备受力。

（4）电力电缆的允许运行温度不得大于规定值。

（5）电力电缆的弯曲半径应符合规程要求。

（6）新装电力电缆应经过试验合格后方可投入运行。

3. 变压器运行要求

（1）变压器送电前各类试验，各项检查项目必须合格，各项技术指标满足要求。

（2）停运时间超过 6 个月的变压器在重新投运前，应按预试规程规定的各项要求进行试验，并经试验合格，方可投入运行。

（3）变压器的运行电压一般不应高于 105%额定电压。

（4）强迫油循环风冷变压器的上层油温一般不得超过 85℃；油浸风冷和自冷变压器上层油温不宜超过 85℃，最高不得超过 95℃。

（5）当变压器有较严重的缺陷（如冷却系统不正常、严重漏油、有局部过热现象）或绝缘有弱点时，不宜过负载运行。

（6）运行中对变压器进行滤油、补油、换潜油泵、更换净油器的吸附剂及当油位异常或呼吸系统异常而打开放气或放油等情况时，应将重瓦斯改投信号。

（7）自耦变压器的中性点必须直接接地。

4. 断路器安全运行要求

（1）断路器应在铭牌标明额定参数范围内运行。

（2）拒绝分闸的断路器在消除故障前，不得投入运行。

（3）断路器在首次投运前及大修后，应做跳、合闸试验；应进行各种保护传动试验。

（4）断路器在合闸后出现三相电压不平衡时，应立即对断路器及辅助设备进行检查或断开断路器进行检查。

（5）检修或停运三个月及以上的断路器，在投入运行前，应作传动试验，绝缘试验。

（6）每台断路器外露的带电部分应有明显的标相漆。

（7）断路器的分、合闸指示器应易于观察且指示正确，接线板的连接处应有监视运行温度的措施。

5. 隔离开关安全运行要求

（1）隔离开关应在铭牌标明额定参数范围内运行，接触部分的最高温度不能超过 90℃。

（2）隔离开关闭锁应良好，操作必须严格按照操作程序执行。

（3）电动操作机构操作电压应在规定范围。

（4）隔离开关通过短路电流后，应对隔离开关进行全面检查，检查支持绝缘子有无破损、损伤，引线有无松股、断股现象等。

（5）隔离开关的支持绝缘子应清洁无破损。

6. 互感器安全运行要求

（1）停运半年及以上的互感器应按有关规定试验、检查合格后方可投入运行。

（2）电压互感器二次侧严禁短路；电流互感器二次侧严禁开路。互感器二次侧必须可靠接地。

（3）电流互感器允许在设备最高电流下和额定电流下长期运行。

（4）电压互感器二次保险熔断后，应立即更换，如再次熔断应查明故障原因，作好记录，并将失去电压可能误动的保护退出。

（5）停用电压互感器必须拔掉二次保险或断开二次开关。

（6）新装或大修后的互感器投入运行前，必须验收合格，验收项目参照《电气装置安装工程电力变压器、油浸电抗器、互感器施工及验收规范》（GBJ 148—1990）执行。

7. 母线安全运行要求

（1）运行母线无振动和摆动，引线弧垂合格，接头无过热现象。

（2）对运行中的母线绝缘子应每四年带电测试一次，检测各绝缘子串绝缘子的电压。

（3）当母线通过短路电流后，应检查支持绝缘子有无破损，穿墙套管有无损伤，母线有无松股、断股现象等。

（4）硬母线应加装适当的伸缩节，防止母线热胀冷缩对绝缘子和设备产生机械应力，接头应连结牢固。

（5）各类母线应排列整齐，相序标志清晰，相间距离应符合规定。

（6）母线铜铝连接处，应采用过渡线夹，防止接点产生氧化。

（7）新安装的母线投运前必须验收合格，母线验收项目参照《电气装置安装工程母线装置施工及验收规范》（GBJ 149—1990）有关规定执行。

8. 电力电容器安全运行要求

（1）电容器必须在规定的环境温度和额定电压下运行。

（2）允许在不超过额定电流的 30%工况下长期运行。

（3）电力电容器组必须有可靠的放电装置，并且正常投入运行。

（4）电力电容器组新装投运时，在额定电压下合闸冲击三次，每次合闸间隔时间 5min。

（5）任何情况下电容器跳闸，5 分钟内不允许再次合闸，应查明跳闸故障原因，排除故障后方可投入运行。

（6）电力电容器转为检修后，在工作前，必须对电容器进行充分、逐个放电，确保无电时才能接触。验电、放电应用合格的绝缘工具，穿绝缘鞋和戴绝缘手套。

（7）更换电容器保险前，必须对电容器充分放电，将电容器两极短接后方可工作。

（8）运行中发现电容器有鼓肚放电、温度过高、渗漏油、保险熔断、三相电流不平衡时，应将电容器退出运行，查明原因并进行处理。

（9）新装电容器投运时必须验收合格，验收项目参照《电气装置安装工程高压电器施工及验收规范》（GBJ 147—1990）有关规定执行。

9. 防雷设施与接地装置安全运行要求

（1）雷电时现场人员应远离避雷器和避雷针 5m 以外。雷雨过后必须检查避雷器泄漏电流及放电计数器的指示，检查引线及接地装置有无损伤。

（2）避雷器裂纹或爆炸造成接地时，严禁用隔离开关拉开故障避雷器。

（3）避雷器瓷质部分清洁完整无损；导线、引线不过紧过松、不锈蚀、无损伤；基础座和瓷套、瓷垫完整无损；避雷器泄露电流表、放电计数器完整无损，密封良好，指示正确。

（4）接地线各连接点的接触是否良好、牢固，有无损伤、折断、腐蚀现象。

二、10kV 线路、变电设备安全检查

1. 架空线路安全检查

（1）检查电线杆有无倾斜、变形、腐朽、损坏及基础下沉等现象。

（2）沿线路的地面检查是否堆放有易燃、易爆和强腐蚀性物质。

（3）沿线路周围检查有无危险建筑物。应尽可能保证在雷雨季节和大风季节里，这些建筑物不致于对线路造成损坏。

（4）检查线路上有无树枝、风筝等杂物悬挂。

（5）检查拉线和板桩是否完好，绑托线是否紧固可靠。

（6）检查导线的接头是否接触良好，有无过热发红、严重老化、腐蚀或断脱现象；绝缘子有无污损和放电现象。

（7）检查避雷接地装置是否良好，接地线有无锈断情况。特别在雷雨季节到来之前，应重点检查。

（8）检查线路的负载情况。

（9）对敷设在潮湿、有腐蚀性物体的场所的线路，要定期对绝缘子进行检查。

2. 电缆线路安全检查

（1）检查电缆终端及瓷套管有无破损及放电痕迹。对填充电缆胶（油）的电缆终端头，还应检查有无漏油溢胶现象。

（2）对明敷的电缆，检查电缆外表有无锈蚀、损伤，沿线挂钩或支架有无脱落，线路上及附近有无堆放易燃易爆及强腐蚀性物质。

（3）对暗设及埋地的电缆，检查沿线的盖板和其他覆盖物是否完好，有无挖掘痕迹，路线标是否完整。

（4）检查电缆沟内有无积水或渗水现象，是否堆有杂物及易燃易爆物品。

3. 变压器安全检查

（1）检查油温是否正常，最高不超 85℃；油位高低是否符合要求，油色是否正常。

（2）检查变压器外壳有无渗油、漏油现象。

（3）负荷高峰时检查示温蜡片是否熔化，接头有无发热或变色现象。

（4）检查变压器套管、绝缘子是否清洁，有无裂缝或放电现象。

（5）监听变压器有无不正常声音或放电声。

（6）检查冷却风扇有无不正常响声及停转现象。

（7）检查变压器防爆管玻璃是否破碎，裂缝玻璃里是否有油。

（8）检查气体继电器里是否有气体，玻璃是否完好。

（9）检查呼吸器内干燥剂是否良好。

（10）检查变压器外壳接地是否良好，接地线有无腐蚀断股现象。

（11）检查充气变压器气体压力是否正常，并使用检漏仪检测充气变压器气体是否泄漏。

4. 断路器安全检查

（1）检查断路器指示仪表指示应在正常范围，发现表计指示异常及时采取措施。

（2）检查断路器的瓷套应清洁，无裂纹、破损和放电痕迹。

（3）检查真空灭弧室应无异常，真空泡应清晰，屏蔽罩内颜色应无变化。在分闸时，弧光呈蓝色为正常。

（4）检查导电回路应良好，软铜片连接部分应无断片、断股现象。与断路器连接的接头接触应良好，无过热现象。

（5）检查机构部分检紧固件应紧固，转动、传动部分应有润滑油，分、合闸位置指示器应正确。开口销应完整、开口。

（6）检查断路器分、合闸位置与机构指示器及红、绿指示灯是否相符。

（7）检查机构箱门开启灵活，关闭紧密、良好。

（8）检查操动机构应清洁、完整、无锈蚀，连杆、弹簧、拉杆等应完整，紧急分闸机构应保持在

良好状态。

（9）检查端子箱内二次线和端子排完好，无受潮、锈蚀、发霉等现象，电缆孔洞应用耐火材料封堵严密。

（10）检查断路器在分闸状态时，分闸连杆应复归，分闸锁扣到位，合闸弹簧应在储能位置。辅助开关触点应光滑平整，位置正确。

5. 隔离开关安全检查

（1）检查隔离开关合闸状况是否完好，有无合不到位或错位现象。

（2）检查隔离开关绝缘子是否清洁完整，有无裂纹、放电现象和闪络痕迹。

（3）检查触头有无脏污、变形锈蚀，触头是否倾斜；触头弹簧或弹簧片有无折断现象；触头是否由于接触不良引起发热、发红。

（4）检查操作连杆及机械部分有无锈蚀、损坏，各机件是否紧固，有无歪斜、松动、脱落等不正常现象。

（5）检查连接轴上的开口销是否断裂、脱落；法兰螺栓是否紧固、有无松动现象。

（6）检查接地刀口是否严密，接地是否良好，接地体可见部分是否有断裂现象。

（7）检查防误闭锁装置是否良好；隔离开关拉、合后，检查电磁锁或机械锁是否锁牢。

6. 互感器安全检查

（1）检查油位是否符合标准，油色是否正常；外壳有无渗、漏油现象。

（2）检查示温蜡片是否熔化，连接部有无发热变色现象。

（3）检查套管或绝缘子是否清洁，有无裂缝、破损及闪络放电现象。

（4）监听有无不正常的异音及放电声。

（5）检查外壳接地是否良好。

（6）检查有无异声及焦臭味。

（7）检查户内浸膏式电流互感器有无流膏现象。

7. 电容器安全检查

（1）检查电容器外壳和架构是否可靠接地。

（2）检查电容器有无膨胀及严重渗油现象。

（3）检查电容器熔丝有无熔断现象。

（4）测量电容器最高温度及室内最高温度。

（5）检查电容器的开关是否符合要求。

8. 防雷设施与接地装置安全检查

（1）检查套管或绝缘子是否清洁，有无裂缝、破损及闪络放电现象。

（2）检查接地是否良好，有否腐蚀现象；引线及接地装置有无损伤。

（3）检查避雷针及其他构架是否良好；构架有无腐烂现象。

（4）雷雨后检查避雷器泄漏电流及放电计数器的指示，并做好记录。

（5）检查瓷质部分清洁完整无损；导线、引线不过紧过松、不锈蚀、无损伤；铸铁胶合剂无裂纹及漆皮无脱落。

（6）检查组合式避雷器上下节应垂直，不倾斜；基础座和瓷套、瓷垫完整无损；避雷器泄露电流表、放电计数器完整无损，密封良好，指示正确；油漆完整，相色正确接地良好。

（7）检查接地装置的引线是否完好；检查接地装置并测量一次接地电阻，小电流接地系统接地电阻不大于 10Ω。

9. 母线安全检查

（1）检查母线引线弧垂是否符合要求，接头有无过热。

（2）当母线通过短路电流后，检查支持绝缘子有无破损，穿墙套管有无损伤，母线有无松股、断股现象等。

（3）检查硬母线是否加装伸缩节，接头连结是否牢固。

（4）检查母线排列是否整齐，相序标志是否清晰，相间距离应符合规定。

（5）检查母线铜铝连接处，是否采用过渡线夹，防止接点产生氧化。

（6）检查支持绝缘子是否清洁无破损。

（7）检查母线各相带电部分之间及带电部分对地是否有足够的绝缘距离。

（8）检查母线上有无搭挂物，断股、松股；金属构件焊接、螺栓、垫圈、弹簧垫圈锁紧螺母应齐全、可靠。

10. 其他安全检查

（1）检查消防用具、安全用具、工器具、使用仪器仪表是否齐全、清洁、完好。

（2）检查备品、备件是否齐全、完好。

（3）检查房屋有无漏雨、渗水现象。

（4）检查建筑物和设备的基础是否牢固，有无下沉。

三、10kV 客户安全用电技术管理

供电企业应指导客户提高自管变电站运行管理水平，保证设备安全运行。着重做好以下几个方面的工作：

（1）规范安全工器具的管理。

（2）制定本变电站运行规程和安全活动制度。

（3）保存变电站技术图纸。

（4）悬挂相关的图表。

（5）建立运行记录、设备台账等。

（6）制定岗位职责和规范。

（7）建立标准化作业指导卡。

（8）定期进行电气设备预防性试验和保护装置的试验。

（9）对运行设备评级管理。

（10）开展班组的安全培训教育。

四、事故调查与处理

（1）认真听取当时值班人员或目睹者介绍事故经过，详细了解事故发生前设备和系统的运行状况；并按先后顺序仔细记录有关事故发生的情况，必要时要对事故现场及损坏的设备进行照相、录像、绘制草图。

（2）检查继电保护、自动装置的动作情况。记录各断路器整定电流、时间及熔断器残留部分的情况，判断保护是否正确动作，从熔断器的残留部分可估计出事故电流的大小，判断是过负荷还是短路所引起的等。

（3）检查事故设备损坏部位及损坏程度。初步判断事故起因并将与事故有关的设备进行必要的复试检查，如用户事故造成的越级跳闸，应复试用户总开关继电保护装置整定值是否正确、上下级能否配合及动作是否可靠；当发生雷击事故时，应复试检查避雷器的特性、接地连接是否可靠、应测量接地电阻等。通过必要的复试检查，可排除疑点，进一步弄清事故真相。

（4）查阅用户事故当时的有关记录和资料。如天气、温度、运行方式、负荷电流、运行电压、频率及其他有关记录；询问事故发生时现场人员的感觉（如声、光、味、振动等），同时查阅事故设备及与事故设备有关的保护设备（如继电保护、操作电源、操作机构、避雷器和接地装置等）的有关历史资料，如设备试验记录、缺陷记录和检修调整记录等；查阅事故前后及当时的运行记录。

（5）对于误操作事故，应检查事故现场与当事人的口述情况是否相符，并检查工作票、操作票及监护人的口令是否正确，从中找出误操作事故的原因。

（6）在弄清现场基本情况后，将收集到的有关资料，包括记录、实物和照片等加以汇总整理，然后会同用电单位领导、技术负责人共同召开事故分析会，必要时邀请有关制造厂家、安装单位、公安部门和法医等专业人员参加。事故分析要广泛听取各方面的意见，多方面探讨各种可能性，实事求是，严肃认真，最后使检查情况、实物对照、复试结果等统一起来，找出事故原因。

（7）在弄清事实的基础上，还要查明事故责任者。对于违反规章制度，不遵守劳动纪律，以致造成事故或扩大事故者，应严肃处理。对有意破坏安全生产，造成用电事故者，还要依法惩办。通过事故责任分析，检查职责分工是否明确、岗位责任制是否落实，以达到事故责任者和其他有关人员共同受到教育和吸取事故教训、防止类似事故再次发生。

五、危险点分析及控制措施

（1）人身触电。

1）安全检查时应与带电设备保持足够的安全距离，10kV 及以下：0.7m。

2）安全检查设备时应戴好安全帽，穿工作服，绝缘靴。

3）禁止接触运行设备的外壳。

4）正常检查，不允许进入运行设备的遮栏内。

5）禁止单人进入设备内检查作业，以防因无人监护而造成意外事故。

（2）摔伤、碰伤。

1）注意行走安全，上下台阶、跨越沟道或配电室门口防鼠挡板时，防止摔、碰。

2）及时清理杂物，保持通道畅通。

3）夜间或者光线较暗巡视设备时携带照明器具，并两人同时进行，注意行走安全。

（3）设备异常情况。

1）电气设备发生故障时，应迅速转移负荷或者停电处理，防止发生意外伤人。

2）电气设备超负荷运行，造成设备温度异常高等可能对设备运行及人身安全构成威胁，应迅速转移负荷或者停电处理，防止发生意外。

3）高峰负荷及保供电期间，增加巡检次数，注意监视设备温度，触头、引线接头有无过热现象，设备有无异常声音。

【思考与练习】

1. 防雷设施与接地装置的运行有哪些要求？
2. 对客户电缆线路的安全运行有哪些检查项目？
3. 供电企业如何指导客户提高客户变电站的安全运行管理水平？

模块 3　35kV 电气设备的安全运行（ZY2200601002）

【模块描述】本模块包含 35kV 线路、变电设施安全运行要求，对线路、变电设备设施巡视、检查内容以及注意事项等内容。通过概念描述、术语说明、要点归纳，掌握 35kV 电气设备的安全运行。

【正文】

一、安全运行要求

35kV 线路、变电设备安全运行要求可参见第六部分第十四章模块 2“10kV 电气设备的安全运行（ZY2200601007）”内容。由于 35kV 客户变电站设备电压等级较高，涉及二次设备、继电保护、自动装置及调度自动化等设备，因此安全运行的要求还应注意以下几个方面：

（1）35kV 客户变电站进入电网运行时应在入网前签订入网调度协议；

（2）电气主接线、站用电系统应按国家和电力行业标准满足电网的安全要求；

（3）主变压器中性点接地方式必须经电网调度机构审批，并严格按有关规定执行；

（4）联络线断路器遮断容量应满足电网安全要求；

（5）接地装置、接地引下线截面积应满足热稳定校验要求；

（6）母线、断路器、电抗器和线路保护装置及安全自动装置的配置选型必须经电网调度机构审定，并能正常投入运行；

（7）远动等调度自动化相关设备，计算机监控系统应满足调度自动化有关技术规程的要求，并与一次设备同步投入运行；

（8）电力监控系统应能可靠工作；

（9）变电站至电网调度部门必须具有一个及以上可用的独立通信通道；

（10）变电站二次用直流系统的配置应符合《电力工程直流系统设计技术规程》（DL/T 5044—1995）的技术要求；

（11）变电站应有完整的运行、检修规程和管理制度。

二、安全巡视检查内容

1. 变压器

（1）变压器油中溶解气体色谱分析结果是否超过注意值，变压器的绝缘水平是否符合国家标准。

（2）变压器整体绝缘状况：绝缘电阻、吸收比或极化指数、泄漏电流、线圈直流电阻、套管的 $\tan\delta$ 值和电容量等其他试验是否完整、结果是否合格、是否超期。

（3）变压器油的电气试验是否合格、击穿电压、90℃的 $\tan\delta$ 是否在规定的标准内（大修后）。

（4）变压器上层油温是否超出规定值，温度计及远方测温装置是否准确、齐全；测温装置是否定期校验。

（5）变压器高压套管及油枕的油位是否正常。

（6）强迫油循环变压器的冷却装置的投入与退出是否按油温的变化来控制；冷却装置应有两个独立电源并能自动切换，应定期进行自动切换试验。

（7）变压器的铁心、铁轭是否存在多点接地现象。

（8）变压器的分接开关接触是否良好，有载开关及操作机构有无重要隐患，有载开关部分的油是否与变压器油之间有渗漏现象，有载开关及操作机械能否按规定进行检修。

（9）变压器高、低压套管接头应无发热现象。

（10）变压器本体，散热器及套管应无渗漏油现象。

（11）净油器是否正常投入，呼吸器维护情况是否良好。

（12）是否有其他影响安全运行的隐患。

2. 过电压保护接地

（1）避雷针（线）的防直击雷保护范围应满足被保护设备、设施和架构、建筑物安全运行要求。

（2）变压器、中性点过电压保护是否完善，并符合《防止电力生产重大事故的二十五项重点要求》中的反措要求。

（3）避雷器配置和选型是否正确、可靠。

（4）接地电阻应按规定周期进行测试，接地电阻应合格，图纸资料应齐全。

（5）接地引下线与接地网的连接情况，应按规定周期进行检测。

（6）主变压器中性点应有两根与主接地网不同地点连接的接地引下线，且每根接地引下线均应符合热稳定的要求。

（7）避雷器的试验项目、试验周期是否按要求进行，是否有超标项目或试验数据超标尚未消除，是否超过了规定周期。

3. 断路器

（1）断路器电气预防性试验项目中是否有不合格项目。

（2）断路器大小修工作项目是否齐全，无漏项，重要反措项目是否落实，是否超过了规定的期限。

（3）断路器切断故障电流后，是否按规程规定采取了相应措施。

（4）断路器电气预防性试验是否超过了期限。

（5）断路器是否存在其他威胁安全运行的重要缺陷（如触头严重发热，断路器拒分、拒合、偷跳、严重漏油、SF_6 系统泄漏严重者）。

4. 隔离开关

（1）隔离开关操动机构的动作是否灵活。

（2）隔离开关闭锁装置应可靠、齐全。

（3）对隔离开关是否按检修规程的规定项目进行检修，是否超过了期限。

（4）隔离开关触头是否有严重过热现象。

（5）隔离开关应能满足开断母线电容电流能力。

5. 互感器

（1）电压互感器、电流互感器是否存在严重缺陷，电气预防性试验项目中是否有不合格项目。

（2）电压互感器、电流互感器是否存在渗漏油现象。

（3）电流互感器、电压互感器的精度是否满足规程要求。

6. 电力电缆

（1）电力电缆预防性试验项目中是否有不合格项目、漏项、超标和超周期等情况。

（2）电缆头（接头）是否完好、清洁、无漏油，是否有溢胶、放电和发热等现象。

7. 组合电器（GIS）

（1）组合电器（GIS）是否按规定作了检修和预防性试验。

（2）组合电器（GIS）是否存在其他威胁安全运行的重要缺陷（如触头严重发热，断路器拒分、拒合、偷跳、SF_6系统泄漏严重者、分合闸电磁铁的动作电压偏高等）。

8. 无功补偿设备

（1）无功补偿设备配置应符合规定；应按规定正常投运，没有渗、漏油和鼓肚现象。

（2）无功补偿装置预防性试验项目中是否有不合格项目、漏项、超标和超周期等情况。

9. 站用配电系统

（1）备用站用变压器（含冷备用）自启动容量是否进行过校核。

（2）保安电源是否可靠。

（3）站用电系统（35kV 等级以上）的设备是否存在威胁电网安全运行的重要缺陷。

（4）备用电源自投装置应经常处于良好状态，定期试验按规定进行，并记录完整。

（5）有无防止全站停电事故的措施并落实。

10. 继电保护及自动装置

（1）设备自投、低频、低压等装置是否能正常投入。

（2）保护盘柜及柜上的继电器、连接片、试验端子、熔断器、端子排等是否符合安全要求（包括名称、标志是否齐全、清晰）；室外保护端子箱是否防水、防潮、通风、整洁。

（3）需定期测试技术参数的保护是否按规定测试、记录齐全、正确。

（4）继电保护装置是否有检验规程。

（5）电流互感器和电压互感器测量精度是否满足保护要求。电流互感器应进行 10%误差校核。

（6）继电保护装置应做 80%额定直流电压下的传动试验，保证在 80%额定直流电压下保护装置正确动作（包括对断路器跳合闸线圈进行最低跳闸电压和最低合闸电压试验，其值应满足《继电保护及电网安全自动装置检验条例》的要求，并在 80%额定电压下进行传动）。

（7）现场并网继电保护设备异常、投入和退出以及动作情况有关记录是否齐全，内容是否完整。

（8）继电保护装置定值正确，通知单、定值卡、装置定值一致。

（9）用于静态保护的交流二次电缆是否采用屏蔽电缆。

（10）直流正、负极和跳闸线隔离。

（11）电压互感器二次星形接线绕组与开口三角接线绕组的“N”必须分开引入控制室，不能共用一根电缆芯引入控制室。

11. 调度自动化设备

（1）远动设备（包括 RTU、变送器和电厂自动化系统等）是否通过相应质检中心检验合格的产品；是否有设备明细。

（2）远动设备（包括 RTU、变送器盘、变电站自动化系统等）是否有可靠的接地系统，运行设备金属外壳、框架是否与接地系统牢固可靠连接。

（3）远动设备是否标有规范的标示牌；连接远动设备的动力/信号电缆（线）是否整齐布线，电缆（线）两端应有规范清晰的标示牌。

（4）远动设备与通信设备、通信线路间是否加装防雷（强）电击装置。

（5）远动设备使用的 CT 端子是否采用专用电流端子；接入远动设备的信号电缆是否采用屏蔽电缆，屏弊层（线）是否可靠接地。

（6）是否具有远动设备检修与消缺管理制度，是否有设备检修与消缺记录。

三、注意事项

（1）巡视检查时，必须严格遵守《国家电网公司电力安全工作规程（试行）》的有关规定，做好安全防护措施。

（2）严格按照巡检项目对一、二次设备逐台认真进行巡视，做到不漏巡、错巡。

（3）注意检查设备的现场运行情况、运行值班记录、检修调试报告和各类事故防范措施落实情况。

（4）对检查的结果进行评价，书面通知客户，并督促客户限期消缺和整改。

四、危险点分析及控制措施

（1）人身触电。

1）安全检查时应与带电设备保持足够的安全距离，35kV：1m。

2）安全检查设备时应戴好安全帽，穿工作服，绝缘靴。

3）禁止接触运行设备的外壳。

4）正常检查，不允许进入运行设备的遮栏内。

5）禁止单人进入设备内检查作业，以防因无人监护而造成意外事故。

（2）摔伤、碰伤。

1）注意行走安全，上下台阶、跨越沟道或配电室门口防鼠挡板时，防止摔、碰。

2）及时清理杂物，保持通道畅通。

3）夜间或者光线较暗巡视设备时携带照明器具，并两人同时进行，注意行走安全。

（3）设备异常情况。

1）电气设备发生故障时，应迅速转移负荷或者停电处理，防止发生意外伤人。

2）电气设备超负荷运行，造成设备温度异常高等可能对设备运行及人身安全构成威胁，应迅速转移负荷或者停电处理，防止发生意外。

3）高峰负荷及保供电期间，增加巡视次数，注意监视设备温度，触头、引线接头有无过热现象，设备有无异常声音。

【思考与练习】

1. 断路器安全检查重点是哪几方面？
2. 继电保护及自动装置安全检查内容有哪些？
3. 35kV 电气设备接入电网中，应注意哪些要求？

模块 4　保证安全的组织技术措施（ZY2200601003）

【模块描述】本模块包括在电气设备上安全工作的组织措施及保证安全的技术措施等内容。通过概念描述、术语说明、要点归纳，掌握保证安全的组织技术措施。

【正文】

一、保证安全的组织措施

保证安全的组织措施是：工作票制度；工作许可制度；工作监护制度；工作间断、转移和终结制度。

1. 工作票制度

工作票是指准许在电气设备或线路上工作的书面命令，是明确安全职责、向作业人员进行安全交底、履行工作许可手续、实施安全技术措施的书面依据，是工作间断、转移和终结的手续。因此，在电气设备或线路上工作时，应按要求认真使用工作票或按命令执行。

工作票的填写与签发、工作票的使用、工作票的有效期与延期、工作票执行人员的安全责任等应符合《国家电网公司电力安全工作规程（变电站和发电厂电气部分、电力线路部分）（试行）》的规定要求。

2. 工作许可制度

工作许可制度是工作许可人审查工作票中所列各项安全措施后决定是否许可工作的制度。

工作许可人在完成施工现场的安全措施后，还应完成以下手续，工作班方可开始工作：

（1）会同工作负责人到现场再次检查所做的安全措施，对具体的设备指明实际的隔离措施，证明检修设备确无电压。

（2）对工作负责人指明带电设备的位置和工作过程中的注意事项。

（3）和工作负责人在工作票上分别确认、签名。

运行人员不得变更有关检修设备的运行接线方式。工作负责人、工作许可人任何一方不得擅自变更安全措施，工作中如有特殊情况需要变更时，应先取得对方的同意。变更情况及时记录在值班日志内。

3. 工作监护制度

具体要求是：

（1）工作票许可手续完成后，工作负责人、专责监护人应向工作班成员交待工作内容、人员分工、带电部位和现场安全措施，进行危险点告知，并履行确认手续，工作班方可开始工作。工作负责人、专责监护人应始终在工作现场，对工作班人员的安全认真监护，及时纠正不安全的行为。

（2）所有工作人员（包括工作负责人）不许单独进入、滞留在高压室内和室外高压设备区内。

若工作需要（如测量极性、回路导通试验等），而且现场设备允许时，可以准许工作班中有实际经验的一个人或几人同时在他室进行工作，但工作负责人应在事前将有关安全注意事项予以详尽的告知。

（3）工作负责人在全部停电时，可以参加工作班工作。在部分停电时，只有在安全措施可靠，人员集中在一个工作地点，不致误碰有电部分的情况下，方能参加工作。

工作票签发人或工作负责人，应根据现场的安全条件、施工范围、工作需要等具体情况，增设专责监护人和确定被监护的人员。

专责监护人不得兼做其他工作。专责监护人临时离开时，应通知被监护人员停止工作或离开工作现场，待专责监护人回来后方可恢复工作。

（4）工作期间，工作负责人若因故暂时离开工作现场时，应指定能胜任的人员临时代替，离开前应将工作现场交待清楚，并告知工作班成员。原工作负责人返回工作现场时，也应履行同样的交接手续。

若工作负责人必须长时间离开工作的现场时，应由原工作票签发人变更工作负责人，履行变更手续，并告知全体工作人员及工作许可人。原、现工作负责人应做好必要的交接。

4. 工作间断、转移和终结制度

具体要求是：

（1）工作间断时，工作班人员应从工作现场撤出，所有安全措施保持不动，工作票仍由工作负责人执存，间断后继续工作，无需通过工作许可人。每日收工，应清扫工作地点，开放已封闭的通路，并将工作票交回运行人员。次日复工时，应得到工作许可人的许可，取回工作票，工作负责人应重新认真检查安全措施是否符合工作票的要求，并召开现场站班会后，方可工作。若无工作负责人或专责监护人带领，工作人员不得进入工作地点。

（2）在未办理工作票终结手续以前，任何人员不准将停电设备合闸送电。

在工作间断期间，若有紧急需要，运行人员可在工作票未交回的情况下合闸送电，但应先通知工作负责人，在得到工作班全体人员已经离开工作地点、可以送电的答复后方可执行，并应采取下列措施：

1）拆除临时遮栏、接地线和标示牌，恢复常设遮栏，换挂“止步，高压危险！”的标示牌；

2）应在所有道路派专人守候，以便告诉工作班人员“设备已经合闸送电，不得继续工作”，守候人员在工作票未交回以前，不得离开守候地点。

（3）检修工作结束以前，若需将设备试加工作电压，应按下列条件进行：

1）全体工作人员撤离工作地点；

2）将该系统的所有工作票收回，拆除临时遮栏、接地线和标示牌，恢复常设遮栏；

3）应在工作负责人和运行人员进行全面检查无误后，由运行人员进行加压试验。

工作班若需继续工作时，应重新履行工作许可手续。

（4）在同一电气连接部分用同一工作票依次在几个工作地点转移工作时，全部安全措施由运行人员在开工前一次做完，不需再办理转移手续。但工作负责人在转移工作地点时，应向工作人员交待带电范围、安全措施和注意事项。

（5）全部工作完毕后，工作班应清扫、整理现场。工作负责人应先周密地检查，待全体工作人员撤离工作地点后，再向运行人员交代所修项目、发现的问题、试验结果和存在问题等，并与运行人员共同检查设备状况、状态，有无遗留物件，是否清洁等，然后在工作票上填明工作结束时间。经双方签名后，表示工作终结。

待工作票上的临时遮栏已拆除，标示牌已取下，已恢复常设遮栏，未拉开的接地线、接地开关已汇报调度，工作票方告终结。

（6）只有在同一停电系统的所有工作票都已终结，并得到值班调度员或运行值班负责人的许可指令后，方可合闸送电。

（7）已终结的工作票、事故应急抢修单应保存一年。

二、保证安全工作的技术措施

电气设备上安全工作的技术措施：停电；验电；接地；悬挂标示牌和装设遮栏（围栏）。

1. 停电

（1）工作地点，应停电的设备如下：

1）检修的设备；

2）与工作人员在进行工作中正常活动范围的距离小于表 ZY2200601003-1 规定；

表 ZY2200601003-1　　工作人员工作中正常活动范围与带电设备的安全距离

电压等级（kV）	10 及以下（13.8）	20、35	63（66）、110	220	330	500
安全距离（m）	0.35	0.60	1.50	3.00	4.00	5.00

注　表中未列电压按高一挡电压等级的安全距离。

3）在 35kV 及以下的设备处工作，安全距离虽大于上表规定，但小于《设备不停电时的安全距离》规定，同时又无绝缘挡板、安全遮栏措施的设备；

4）带电部分在工作人员后面、两侧、上下，且无可靠安全措施的设备；

5）其他需要停电的设备。

（2）检修设备停电，应把各方面的电源完全断开（任何运用中的星形接线设备的中性点，应视为带电设备）。禁止在只经断路器断开电源的设备上工作。应拉开隔离开关，手车开关应拉至试验或检修位置，应使各方面有一个明显的断开点（对于有些设备无法观察到明显断开点的除外）。与停电设备有关的变压器和电压互感器，应将设备各侧断开，防止向停电检修设备反送电。

（3）检修设备和可能来电侧的断路器、隔离开关应断开控制电源和合闸电源，隔离开关操作把手应锁住，确保不会误送电。

（4）对难以做到与电源完全断开的检修设备，可以拆除设备与电源之间的电气连接。

2. 验电

（1）验电时，应使用相应电压等级而且合格的接触式验电器，在装设接地线或合接地开关处对各相分别验电。验电前，应先在有电设备上进行试验，确证验电器良好；无法在有电设备上进行试验时可用高压发生器等确证验电器良好。如果在木杆、木梯或木架上验电，不接地线不能指示者，可在验电器绝缘杆尾部接上接地线，但应经运行值班负责人或工作负责人许可。

（2）在断路器或熔断器上验电，应在断口两侧验电。

（3）在电力线路杆上验电时，先验下层，后验上层；先验低压，后验高压；先验距人体较近的导线，后验距人体较远的导线。

（4）高压验电应戴绝缘手套。验电器的伸缩式绝缘棒长度应拉足，验电时手应握在手柄处不得超过护环，人体应与验电设备保持安全距离。雨雪天气时不得进行室外直接验电。

（5）对无法进行直接验电的设备，可以进行间接验电。即检查隔离开关的机械指示位置、电气指示、仪表及带电显示装置指示的变化，且至少应有两个及以上指示已同时发生对应变化；若进行遥控操作，则应同时检查隔离开关的状态指示、遥测、遥信信号及带电显示装置的指示进行间接验电。

330kV 及以上的电气设备，可采用间接验电方法进行验电。

（6）表示设备断开和允许进入间隔的信号、经常接入的电压表等，如果指示有电，则禁止在设备上工作。

3. 接地

（1）装设接地线应由两人进行（经批准可以单人装设接地线的项目及运行人员除外）。

（2）当验明设备确已无电压后，应立即将检修设备接地并三相短路。电缆及电容器接地前应逐相充分放电，星形接线电容器的中性点应接地，串联电容器及与整组电容器脱离的电容器应逐个放电，装在绝缘支架上的电容器外壳也应放电。

（3）对于可能送电至停电设备的各方面都应装设接地线或合上接地开关，所装接地线与带电部分应考虑接地线摆动时仍符合安全距离的规定。

（4）对于因平行或邻近带电设备导致检修设备可能产生感应电压时，应加装接地线或工作人员使用个人保安线，加装的接地线应登录在工作票上，个人保安接地线由工作人员自装自拆。

（5）在门型架构的线路侧进行停电检修，如工作地点与所装接地线的距离小于 10m，工作地点虽在接地线外侧，也可不另装接地线。

（6）检修部分若分为几个在电气上不相连接的部分（如分段母线以隔离开关或断路器隔开分成几段），则各段应分别验电接地短路。降压变电站全部停电时，应将各个可能来电侧的部分接地短路，其余部分不必每段都装设接地线或合上接地开关。

（7）接地线、接地开关与检修设备之间不得连有断路器或熔断器。若由于设备原因，接地开关与检修设备之间连有断路器，在接地开关和断路器合上后，应有保证断路器不会分闸的措施。

（8）在配电装置上，接地线应装在该装置导电部分的规定地点，这些地点的油漆应刮去，并画有黑色标记。所有配电装置的适当地点，均应设有与接地网相连的接地端，接地电阻应合格。接地线应采用三相短路式接地线，若使用分相式接地线时，应设置三相合一的接地端。

（9）装设接地线应先接接地端，后接导体端，接地线应接触良好，连接应可靠。拆接地线的顺序与此相反。装、拆接地线均应使用绝缘棒和戴绝缘手套。人体不得碰触接地线或未接地的导线，以防止感应电触电。

（10）成套接地线应用有透明护套的多股软铜线组成，其截面不得小于 $25mm^2$，同时应满足装设地点短路电流的要求。

禁止使用其他导线作接地线或短路线。

接地线应使用专用的线夹固定在导体上，严禁用缠绕的方法进行接地或短路。

（11）严禁工作人员擅自移动或拆除接地线。高压回路上的工作，需要拆除全部或一部分接地线后始能进行工作者（如测量母线和电缆的绝缘电阻，测量线路参数，检查断路器触头是否同时接触），如：

1）拆除一相接地线；

2）拆除接地线，保留短路线；

3）将接地线全部拆除或拉开接地开关。

上述工作应征得运行人员的许可（根据调度员指令装设的接地线，应征得调度员的许可），方可进行。工作完毕后立即恢复。

（12）每组接地线均应编号，并存放在固定地点。存放位置亦应编号，接地线号码与存放位置号码应一致。

（13）装、拆接地线，应做好记录，交接班时应交代清楚。

4. 悬挂标示牌和装设遮栏（围栏）

（1）在一经合闸即可送电到工作地点的断路器和隔离开关的操作把手上，均应悬挂“禁止合闸，有人工作！”的标示牌。

如果线路上有人工作，应在线路断路器和隔离开关操作把手上悬挂“禁止合闸，线路有人工作！”的标示牌。

对由于设备原因，接地开关与检修设备之间连有断路器，在接地开关和断路器合上后，在断路器操作把手上，应悬挂“禁止分闸！”的标示牌。

在显示屏上进行操作的断路器和隔离开关的操作处均应相应设置“禁止合闸，有人工作！”或“禁止合闸，线路有人工作！”以及“禁止分闸！”的标记。

（2）部分停电的工作，安全距离小于《设备不停电时的安全距离》规定距离以内的未停电设备，应装设临时遮栏，临时遮栏与带电部分的距离，不得小于《工作人员工作中正常活动范围与带电设备的安全距离》的规定数值，临时遮栏可用干燥木材、橡胶或其他坚韧绝缘材料制成，装设应牢固，并悬挂“止步，高压危险！”的标示牌。

35kV及以下设备的临时遮栏，如因工作特殊需要，可用绝缘挡板与带电部分直接接触。但此种挡板应具有高度的绝缘性能，并符合相关要求。

（3）在室内高压设备上工作，应在工作地点两旁及对面运行设备间隔的遮栏（围栏）上和禁止通行的过道遮栏（围栏）上悬挂“止步，高压危险！”的标示牌。

（4）高压开关柜内手车开关拉出后，隔离带电部位的挡板封闭后禁止开启，并设置“止步，高压危险！”的标示牌。

（5）在室外高压设备上工作，应在工作地点四周装设围栏，其出入口要围至临近道路旁边，并设有“从此进出！”的标示牌。工作地点四周围栏上悬挂适当数量的“止步，高压危险！”标示牌，标示牌应朝向围栏里面。若室外配电装置的大部分设备停电，只有个别地点保留有带电设备而其他设备无触及带电导体的可能时，可以在带电设备四周装设全封闭围栏，围栏上悬挂适当数量的“止步，高压危险！”标示牌，标示牌应朝向围栏外面。严禁越过围栏。

（6）在工作地点设置“在此工作！”的标示牌。

（7）在室外构架上工作，则应在工作地点邻近带电部分的横梁上，悬挂“止步，高压危险！”的标示牌。在工作人员上下铁架或梯子上，应悬挂“从此上下！”的标示牌。在邻近其他可能误登的带电架构上，应悬挂“禁止攀登，高压危险！”的标示牌。

（8）严禁工作人员擅自移动或拆除遮栏（围栏）、标示牌。

【思考与练习】

1. 保证在电气设备上安全工作的组织措施与技术措施有哪些？

2. 工作负责人有哪些安全责任？

3. 保证安全的技术措施中对“接地”有哪些具体要求？

模块5　客户施工检修现场的安全服务（ZY2200601004）

【模块描述】本模块包含客户施工现场安全要求及特点、检修现场的安全要求及措施等内容。通过概念描述、术语说明、要点归纳，掌握在客户施工现场和检修现场提供安全服务的方法。

【正文】

客户供配电设备进行检修时，供电企业应协助客户做好检修现场的安全服务工作，指导客户做好检修现场的各项安全工作措施。

一、施工检修现场特点

（1）参加施工检修工程技术人员、操作人员多，协调配合工作难度较大。

（2）工程量大，工序复杂，项目流程，配合单位多。

（3）检修人员工作分散，管理难度大，有一定的安全隐患。

二、一般安全措施及要求

（1）凡参加检修试验人员（含管理巡视人员），进入现场必须穿工作服、绝缘鞋，正确佩戴安全帽。

（2）任何检修工作至少由二人进行，严禁单人进行检修工作。

（3）严格执行《电业安全工作规程》，贯彻“一书（作业指导书）”、“两票（工作票、操作票）”制度，正确分析检修过程的危险点，并做好现场控制措施。

（4）专责监护人必须明确自己的工作地点、监护范围与被监护对象，跟随试验人员进行监护，无监护不得开工，禁止任何人在没有监护的情况下进行工作。工作期间不得跨越围栏。

（5）宣读工作票时，各班组工作人员必须认真听讲，明确工作任务和安全措施。工作人员在工作中要有明确的自我防护意识，做到“三不”伤害。

（6）高空作业人员必须系好安全带，不得低挂高用，禁止系挂在移动或不牢固的物件上（如：避雷器、断路器、隔离开关和电流互感器、电压互感器的支持件上），不得上下抛掷物件。

（7）严禁在工作现场吸烟，设备附近不得有明火，防止火灾事故发生。

（8）试验中要执行一人接线、二人检查，加电前后应唱答。对大容量设备及电缆、电容型设备试验前后都应进行充分放电。

（9）试验场地应设封闭遮栏，试验过程严禁多班组交叉作业，加电前通知非试验人员停止工作并退出试验区，并查清引线的走向，检修小组负责人许可方能加压试验。

（10）高压拆接试验引线时尽可能使用斗臂车，试验引线要挂接牢固，防止高压引线脱落造成人员伤害。

（11）斗臂车在现场作业时，工作负责人必须与司机共同进行现场观察，制定可行、安全的工作方案后，方可开始工作。

（12）110kV 电压等级的隔离开关，高空作业时应使用安全带悬挂器，安全带高挂进行作业。

（13）其他设备的安全作业应正确使用人字梯、升降车或高空作业车进行作业。

（14）作业人员接检修电源时应征得运行人员的同意正确接在检修电源箱里，不得私拉乱接，接拆检修、试验电源要在工作负责人安排监护下进行。

三、危险点分析及控制措施

在施工或检修工作中，存在着诸多危险因素，必须正确分析危险点，做好控制措施。如表ZY2200601004-1所示，主变压器检修工作的危险点及控制措施表。

表 ZY2200601004-1 危险点分析及控制措施表

危险点分析	控制措施
××号主变压器检修、试验时，工作人员误登相邻××号主变压器造成××号主变压器故障掉闸及人身伤亡事故	在××号主变压器处挂“危险点”醒目警示牌，设“止步、高压危险！”标示牌，并在××号主变压器处设专责监护人
起重伤害	使用吊车时设专人指挥，吊车接地良好，吊车吊臂起重物下严禁站人，并按制造厂家的要求进行吊装。起重过程平稳，严禁速起速落
	使用合格的钢丝绳
	装、拆设备时必须绑扎牢固，吊物起吊后要系拉绳，防止移动时碰伤其他物品。吊装中所有吊索绑扎工作由熟练的技工担任
	吊物放置牢固，有防倾倒措施
	吊物未移开或未作支撑时，不准在吊物下部工作
	起重司机及指挥人员应持证上岗
	指挥吊车缓缓地起吊，当设备离开地面 500mm 时，复检吊索及尼龙绳的情况，若无异常继续起吊
施工方法不正确引起设备损坏	套管接插引线及进入安装位置时，应缓慢插入，防止绝缘筒碰撞法兰口；套管未完全固定，不得松开吊钩和吊索

续表

危险点分析	控制措施
人身触电	所有参加工作人员在工作中应与带电部位保持足够的安全距离（220kV 为 3m，110kV 为 1.5m，35kV 为 1m）
	高压试验人员在工作前，应通知其他工作班成员撤离，设临时安全围栏，并看清引线的走向
	高压试验仪器、仪表应可靠接地，防止漏电伤人
	试验前后应对变压器充分放电，试验后拆除试验端接线并多人检查
	加强现场监护，监护人不能参与其他工作
工作人员在变压器上检修时掉落工器具、材料等造成地面人员人身伤害或设备损坏	进入现场人员必须正确戴好安全帽，斗臂车臂下不准站人
	起吊物前应检查是否绑扎牢固，防止侧翻或脱落
	起吊大型物件时，要有专人监护，专人指挥
	斗臂车上工作人员要注意放好工具，避免掉落伤人
工作人员在充油设备上工作时引起火灾事故	工作场地，禁止吸烟
	在现场使用明火时，应远离油桶等易燃设备，并做好防火措施
	动火作业必须使用动火工作票
	变压器注油时和变压器处理时，应远离烟火，严禁吸烟；设备周围配备消防器材；施焊时，应有可靠的防护措施
实验电压误伤人员及设备	确认被保护设备的断路器、电流互感器全部停电，交流电压回路已在电压切换把手或分线箱处与其他单元设备的回路断开，并与其他回路隔离完好
	试验线连接要紧固
	每进行一项绝缘试验后，须将试验回路对地放电
保护传动断路器时误伤人员	做传动试验时要经运行人员的许可后方可进行，做传动试验的断路器（机构）上不允许有其他人员作业或靠近
传动试验接入试验电流时错接线	试验电流线接入后经仔细检查正确无误后方可从仪器中输出实验数值

四、作业现场安全管理

（1）切实加强现场安全组织管理。大型作业现场，施工单位负责人必须亲临现场，用电检查人员要不定期到作业现场进行督促检查。建立现场组织，指定合适的工作负责人、现场安全负责人、现场技术负责人，所有参加检修人员必须持证上岗。

（2）停电计划要统筹安排。现场人员多，工作面大，大型施工机具、起重设备，检修工器具、试验仪器等同时到场，因此必须加强对作业现场的控制，确保现场作业安全。特别要指导客户加强对高空作业、交叉作业现场的工作监护。多班组、立体交叉的大型作业、特殊运行方式的施工必须详细制定“三措”和施工方案，准备充分。所有作业要保证安全监护到位。

（3）要求客户严格执行现场作业工作流程。开工前总工作负责人要召集各小组负责人，对工作总体进展及相互间配合顺序进行总体安排，并填写作业过程控制卡，有效协调各专业进入现场作业的顺序和时间，确保现场作业安全。

（4）严格执行“安规”、“两票”制度，特别要执行工作票“双签发”制度，严格把好关。倒闸操作和检修作业要认真落实监护人职责。各级管理人员及现场安全监督人员要严把监督到位关，杜绝违章指挥、违章作业、违章操作等行为的出现，确保检修工作万无一失。所有工作票要提前按照有关规定递交客户变电站运行人员，并审核无误后由运行人员填写收到工作票时间并签名。工作负责人要严格执行工作票开、竣工制度，开工前全体工作人员要列队整齐，工作负责人要高声唱票。开、竣工时间要填写实际时间，人员名字不得代签。工作票结束后，多班组开工票、竣工票，危险因素控制措施卡、作业指导卡全部交回工作负责人，办理终结的工作票应按有关规定进行评议并妥善保存。

（5）加强检修现场的文明生产。要求现场文明检修，规范化管理，工作现场工器具、备品配件要摆放有序、环境保持相对清洁，工作人员着装整齐、安全防护用具齐备且使用得当，同时在工作结束后认真清理现场，不遗留杂物。

（6）杜绝运行人员在不了解工作任务和不明确责任分工时就盲目操作，严格执行调度纪律。现场安全遮栏应封闭，并留有专用检修通道。

（7）贯彻“应修必修、修必修好、讲求实效”的原则，加强检修质量管理，所有检修作业工作应按照“检修现场作业指导卡”的要求进行，要严格执行有关专业规程、规定和工艺标准，逐条逐项认真落实，严禁跳项、漏项、随意降低标准、简化程序。每台设备检查结果和检修情况都进入台账或记录，并由施工负责人和客户设备验收人签字认可，发生问题要追究有关人员的责任。

（8）协助客户建立健全各种安全工作的规章制度，技术管理台账等。

（9）协助客户开展检修技能与检修管理的培训，提高检修工艺水平和检修管理水平，加强安全防护意识，提高检修工程质量，确保客户供配电设备安全运行。

【思考与练习】

1. 简述客户施工检修现场控制起重伤害措施。

2. 简述客户施工检修现场防止人身触电的措施。

模块6 季节性反事故措施（ZY2200601005）

【模块描述】本模块包含季节性反事故措施概述以及组织技术措施等内容。通过概念描述、术语说明、要点归纳，掌握制定季节性反事故措施的方法。

【正文】

供电企业应协助客户根据各季节易发事故的特点，制定客户变电站的季节性事故预防措施。季节性事故预防措施主要包括以下类型：

（1）春季：防风、防风筝、防鸟等；

（2）夏季：防雷、防汛、防洪、防树枝碰线、防高温等；

（3）秋季：防小动物、防火等；

（4）冬季：防覆冰、防寒、防冻、防设备过负载、防烧毁连接点接头、防污闪等。

一、季节性事故特点

（1）春季风多风速大，发生倒杆、断线事故多。

（2）夏季雨量大、次数频繁，引起山洪暴发，冲坏变电设施、冲倒杆塔。

（3）雷雨季节，直击雷引起变电、线路绝缘子闪络、导线断线等。

（4）冬季冰雪过多，导线覆冰舞动，弛度大，造成倒塔，断线事故。

（5）春季鸟、放风筝外力破坏事故。

（6）气温变化大，最低气温增大张力断线，最高气温弧垂大，对地距离不够。

二、季节性反事故措施

1. 防风

实际气象条件可能超过送电线、变电设备、设施设计风速的，就要加强防风措施。

（1）掌握线路各地段大风规律。河口、山谷更要注意，平时积累大风的风力、方向、日数、季节资料以便在大风到来前，采取防风措施。

（2）基础土壤下沉要填满，倾斜要扶正，基础土要夯实。

（3）拉线松紧要调整。要按期检查地面下0.8m深处拉线棒的腐蚀情况。

（4）检查全线路弛度及风偏。

（5）周期紧固螺栓。

2. 防止鸟类的危害

春季，鸟类开始在杆塔上筑巢产卵孵化，尤其是乌鸦、喜鹊，特别喜欢在横担上做窝，导致跳闸停电事故。为保证线路安全运行。在此仅介绍两种行之有效的防止鸟害的办法。

（1）增加巡线次数，随时拆除鸟巢，特别对搭在耐张绝缘子串上的、搭在过引线上方的、搭在导线上方的以及距带电部分过近的鸟巢应及时拆除。在拆除鸟巢时，电杆下面应有专人监护，并应使用绝缘工具进行。

（2）安装惊鸟措施，使鸟类不敢接近架空线路，常用的具体办法有：① 在杆塔上部挂镜子或玻璃片；② 装风车或翻版；③ 在杆塔上挂带有颜色或能发声响的物体；④ 在杆塔上部挂死鸟；⑤ 在鸟类集中处还可以用猎枪或爆竹来惊鸟。这些办法虽然行之有效，但时间较长，鸟类习以为常也会失去作用，所以最好是各种办法轮换使用为好。

3. 防外力破坏

外力破坏是指人们有意或无意而造成的线路和电力设施损毁故障。应大力加强普法宣传，严厉打击破坏电力设施的犯罪活动。

4. 防暑

在夏季，气温高，雨水多，植物生长茂盛，这给架空线安全运行带来很大影响。为了保证线路安全运行，必须做好防暑过夏工作，主要包括检查交叉跨越距离、防洪、防风和防止树木引起的事故等。

5. 防洪

在夏季洪汛季节，供配电设施有可能遭受洪水的袭击而发生事故。

架空线路防洪的技术措施很多，要根据具体情况，全面进行技术经济比较后决定，具体办法有：

（1）对杆塔基础周围的土壤，如果有下沉、松动的情况，应填土夯实，在杆根处还应培出一个高出地面不小于 30mm 的土台；

（2）采用各种方法保护杆塔基础的土壤，使其不被冲刷或坍塌；

（3）对于设在水中或汛期有可能被水浸淹的变电设施或杆塔，应根据具体情况增添支撑杆或拉线；

（4）在汛期有可能被洪水冲击的杆塔，根据具体情况，应增添护堤。

6. 防腐蚀

（1）铁塔、混凝土杆以及金具的金属构件，采用镀锌、刷油防腐。

（2）加强导线的防腐蚀。例如可以提高铝线的纯度，改进导线结构，提高钢芯基体质量，改进镀层，采用铝合金线等措施。

7. 防冻

寒冷季节，雨雪使导线覆冰，加大了机械荷载，造成断线、混线、倒杆事故。

含水土壤抽冰膨胀可冻裂电杆、破坏铁塔基础。因而防寒冻是供配电设施运行工作的一项重要任务。

（1）防止覆冰与去冰措施。

1）采用水平排列防止导线跳跃闪络事故。

2）加大导地线及导线间距离。

3）采用防覆冰导线，沿导线一定间隔装塑料环。据国外观察，冰雪是沿电线绞合方向滑动捻转形成冰柱的，加装环后滑动被环阻挡，使冰雪增厚，自重脱落；另一种为在钢芯与铝线间自有一耐热绝缘层，可分区自成回路，通电加热，达到融冰的目的。

4）在选路径和变电站站址时，避开冷热交汇带。

5）采用电流溶解法，这种方法主要是加大负载电流或用人工短路来加热导线使覆冰溶解入地，这要专用设备，在重冰区都用此法。

6）机械消冰常用木棒敲打、木制套圈、滑车式除冰等方法。

（2）防冻措施。

1）改进电杆结构。法兰盘连接处进水最多，可用钢圈焊接代替法兰连接。必须使用法兰者，可将法兰做成挡水型的，即在下法兰内腔焊一 30mm 的挡水圈，下雨时，会挡住雨水进入杆内。还应在电杆地面上 0.2m 处预留放水孔，防止电杆地面以上部分积水。

2）在底盘留泄水孔，使水从孔中及时排出。泄水孔不宜过大，以直径 80～100mm 为宜，过大则泄水太快，可能冲走底盘周围土壤而引起基础下沉。这个措施在黄土、粘土等不渗水地带无效。

3）施工中严格控制起吊电杆位置，防止起立过程中出现裂纹。杆顶要堵牢，杆壁破碎处要及时修补，法兰和钢圈处应用水泥浆涂抹，封堵一切可能进水的渠道。

4）已运行的无放水孔的电杆，要开放水孔。当土壤冻层在 0.5m 以上时，放水孔宜打在地面上 0.1～1.2m 处，孔径 16～20mm，孔壁用水泥砂浆抹平。当冻层在 0.5m 以内时，可在冻层下打放水孔，并用铁管引出。铁管周围土壤应设置反滤层，即在管外敷设一层石子（先大后小），再在周围填上砂子，这样可防止下雨时泥土流进铁管堵住管孔。在地面处已设放水孔的电杆，每年结冻前应检查杆内水位，并用手压泵把水抽尽，使杆内水位低于地面。

8. 变电站防洪、防震

（1）变电站要有防洪设施，根据具体情况可做小防洪坝或大防洪坝、使洪水不致冲刷变电站外墙基础及杆塔、避雷器基础等。

（2）汛期，要加强巡视，以防洪水进入变电站淹没电缆沟、冲刷设备基础；特别是无人值班变电站，要做好变电站的防洪工作。有可能被洪水冲刷的变电站，要备些防洪用的工具、材料（包括草袋子及砂子等）；万一洪水进入变电站，必须立即组织人员把洪水排出去。

（3）要经常检查变电站各部基础，如有变形，应立即整修；对于防洪能力较差的基础、墙壁应加固。

（4）变电站各通道应畅通，门向外开启，以利地震时疏散人员。对无人值班变电站，应定期对各种防震设施进行检查，发现缺陷立即处理。

（5）各变电站人员要常收听地震预报，以作好防震准备工作。

三、供电企业的季节性安全检查

供电企业的用电检查人员应根据季节性事故特点，作好客户设备季节性安全检查，保证客户安全用电。

对客户设备进行安全检查内容包括：

（1）防污检查：检查重污秽区客户反污措施的落实，推广防污新技术，督促客户改善电气设备绝缘质量，防止污闪事故发生。

（2）防雷检查：在雷雨季节到来之前，检查客户设备的接地系统、避雷针、避雷器等设施的安全完好性。

（3）防汛检查：汛期到来之前，检查所辖区域客户防洪电气设备的检修、预试工作是否落实，电源是否可靠，防汛的组织及技术措施是否完善。

（4）防冻检查：冬季到来之前，检查客户电气设备、消防设施防冻情况，防小动物进入配电室及带电装置内措施等。

【思考与练习】

1. 简述季节性故障特点。

2. 简述防止覆冰与去冰措施。

模块 7　双电源客户防止误并列及反送电的防范措施（ZY2200601006）

【模块描述】本模块包含双电源客户装设条件、审批手续、常用备用电源切换装置等内容。通过概念描述、术语说明、原理分析、要点归纳，掌握双电源客户防误并列及反送电的防范措施及管理程序。

【正文】

广义上的双电源用户，包括以自备发电机为备用电源或由两个独立的供电线路供电的用户，双电源用户均应与供电企业签订双电源管理协议，其联锁装置必须能有效地防止向系统反送电。

一、双电源装设条件

具备下列条件之一的客户可申请装设双电源：

（1）突然中断供电后将造成人员伤亡，重要设备严重损坏，连续生产过程长期不能恢复，破坏复杂的工艺过程，产品大量报废，造成经济上重大损失者；

（2）突然中断供电将造成重大政治、军事及社会治安影响；

（3）突然中断供电造成交通、通信、广播、电视中断；

（4）突然中断供电将会造成人身伤亡者；

（5）突然中断供电将引起环境严重污染者；

（6）突然中断供电，将在政治上造成重大影响者；

（7）上级指定的供电不能中断者。

二、备用电源切换装置简介

备用电源切换装置是指当工作电源消失或当工作电压降低过多时，能将备用电源断路器快速合闸向负载恢复供电的自动切换装置。

备用电源切换装置应具有以下基本功能：

（1）当工作电源消失时，快速起动自动切换装置，投入备用电源；

（2）当工作电源母线电压降低，由接在母线上的低电压继电器动作，进行切换；

（3）备用电源切换装置只能动作一次；

（4）工作电源母线故障时，备用电源切换装置不允许动作。

三、双电源的审批

（1）客户申请双电源供电，无论设备容量大小，均需报供电公司审批。

（2）申请双电源的客户需向供电企业提供相关资料：

负荷性质，主要备用负荷容量，生产备用或保安备用，冷备用或热备用，用电时间及允许断电的时间，配电系统的一次接线及主、备用电源之间的联锁方式图等。

（3）凡属 10kV 及以上供电或其中一路属高压供电的用户，不论其容量大小，均应与供电部门签订《双电源管理协议》。

四、双电源客户的管理防范措施

（1）双电源供电的用户，未经供电公司许可两个电源不得并列运行，并且必须加装联锁装置，或采取其他可靠的安全措施，以防误操作而造成误并列。对联锁装置应定期检查，保证安全可靠。

（2）双电源供电的用户，双电源并列必须按协议执行。每次并列时，应先取得供电公司的许可，按规定程序进行联系操作，并列时间不得超过规定时间，并应考虑有关继电保护及其定值的可靠性。

（3）供电公司和用户，如需在双电源线路上（包括联络线）或其他设备上进行检修，应确保相位与原来的相位一致。

（4）用户有自备发电机者，在电力系统停电时，应将和电力系统相连的断路器断开，加锁并挂警告牌，各断开处应有明显断开点，停电期间不得向电力系统倒送电。

（5）允许并列的双电源供电的用户，在运行并列和解并操作时，必须填写操作票，并严格执行监护制度。

（6）凡经批准双电源供电的用户，其两路电源不得自行转供其他用户用电。

（7）凡两路电源均由供电公司变电站供电的 10kV 或 10kV 以上的双电源用户，与供电公司签订调度协议，纳入供电公司调度管理。

（8）城镇个体户、小企业的备用小型发电机，使用前必须经供电公司审批，并对联锁装置、安全措施等检查合格后方可使用。在启动发电机前，用户必须切断原与电力系统相连的断路器，并应有明显的断开点，以确保不会向供电线路倒送电。

（9）用户必须制定符合实际情况的管理办法和操作规程，并在设备操作现场张贴。设备操作人员必须具有进网作业资格，而且熟悉设备性能和操作。

五、双电源客户检查内容

为防止双电源违规并列，规范双电源客户的正常用电，用电检查人员定期（每季至少一次）对双电源客户的联锁装置和其他安全措施进行检查。检查内容包括：

（1）双（多）电源用电客户投入运行前，必须作核相检查，以防非同相并列。

（2）高低双（多）电源用电客户凡不允许并列电源运行者，须装设可靠的联锁装置，防止向电网反送电。

（3）双（多）电源用电客户其主、备电源均不得擅自向其他用电客户转供电，亦不得将主、备电源自行变更。用电客户不得超过批准的备用用电容量用电。

（4）无联锁装置的高压双（多）电源用电客户需同供电企业调度部门签订调度协议，其倒闸操作必须按照调度协议执行。高低压双（多）电源用电客户的运行方式和倒闸方式应同供电部门在供用电合同中予以明确。

（5）双（多）电源用户客户的电气值班人员，必须熟悉“双（多）电源管理办法”的要求及调度协议内容，设备调度权限的划分及运行方式的有关规定。

（6）双（多）电源用电客户必须向供电企业的调度部门和用电检查部门报送值班人员名单。如值班人员有变动时，必须书面通知供电企业的调度和用电检查部门。

（7）高压双（多）电源用电客户的变电值班室，必须装设专用电话并保障其通畅。

（8）低压双电源用电客户不允许并列，用电客户有自备发电机、自备电源与电网连接处必须装设双投接地开关，不得使用电气闭锁。

（9）用户应明确主备电源，正常情况下使用主电源，主、备电源应采用手动切换，如采用自投，应取得供电部门批准。

【思考与练习】

1. 哪些客户可以申请装设双电源供电？

2. 对双电源客户的检查内容侧重哪几方面？

第十五章　客户的事故处理与调查分析

模块 1　10kV 及以下客户的事故处理与调查分析（ZY2200602001）

【模块描述】本模块包含电力事故分类、电力事故调查、分析及处理方法等内容。通过概念描述、术语说明、要点归纳，掌握 10kV 及以下客户的事故处理与调查分析方法。

【正文】

事故调查必须按照实事求是、尊重科学的原则，及时、准确地查清事故原因，查明事故性质和责任，总结事故教训，提出整改措施，并对事故责任者提出处理意见。

一、用电事故分类

客户的用电事故主要有以下几种常见类型：

（1）人身触电伤亡事故：是指用户电气设备或用电线路因绝缘破坏或其他原因造成的人身触电伤亡事故。

（2）导致电力系统跳闸事故：由于用户内部发生的电气事故引起了其他用户的停电或引起电力系统波动而造成大量减负荷的事故。

（3）专线掉闸或全厂停电事故：由于用户内部事故的原因，造成其专用线路跳闸和其全厂停电而使生产停顿的事故。

（4）电气火灾事故：用户生产场所因电气设备或线路故障引起火灾，造成直接损失在 6000 元及以上者列为电气火灾事故。

（5）重要或大型电气设备损坏事故：用户内部因使用、维护操作不当等原因造成一次受电电压的主要设备损坏（如主变压器、重要的高压电动机、一次变电站的高压变配电设备）的事故。

二、用电事故调查

依据《供电营业规则》规定，供电企业接到客户事故报告后，应派员赴现场调查，在七天内协助用户提出事故调查报告。

（1）认真听取当时值班人员或目睹者介绍事故经过，详细了解事故发生前设备和系统的运行状况；并按先后顺序仔细记录有关事故发生的情况，必要时要对事故现场及损坏的设备进行照相、录像、绘制草图。

（2）检查继电保护、自动装置的动作情况。记录各断路器整定电流、时间及熔断器残留部分的情况，判断保护是否正确动作，从熔断器的残留部分可估计出事故电流的大小，判断是过负荷还是短路所引起的等。

（3）检查事故设备损坏部位及损坏程度。初步判断事故起因并将与事故有关的设备进行必要的复试检查，如用户事故造成的越级跳闸，应复试用户总断路器继电保护装置整定值是否正确、上下级能否配合及动作是否可靠；当发生雷击事故时，应复试检查避雷器的特性、接地连接是否可靠、应测量接地电阻等。通过必要的复试检查，可排除疑点，进一步弄清事故真相。

（4）查阅用户事故当时的有关记录和资料。如天气、温度、运行方式、负荷电流、运行电压、频率及其他有关记录；询问事故发生时现场人员的感觉（如声、光、味、振动等），同时查阅事故设备及与事故设备有关的保护设备（如继电保护、操作电源、操作机构、避雷器和接地装置等）的有关历史资料，如设备试验记录、缺陷记录和检修调整记录等；查阅事故前后及当时的运行记录。

（5）对于误操作事故，应检查事故现场与当事人的口述情况是否相符，并检查工作票、操作票及监护人的口令是否正确，从中找出误操作事故的原因。

三、事故的分析与处理

（1）参与客户事故调查分析会，会同有关专业技术人员，及时准确地查清事故原因和性质，总结事故教训，提出整改措施。

（2）事故调查处理应坚持“四不放过”的原则。即：事故原因不清楚不放过，事故责任者和应受教育者没有受到教育不放过，没有采取防范措施不放过，事故责任者没有受到处罚不放过。

（3）协助客户撰写《用电事故调查报告》。

【思考与练习】

1. 客户用电事故有哪几种常见类型？
2. 客户用电事故调查应遵循什么原则？

模块2　35kV及以上客户的用电事故处理与调查分析（ZY2200602002）

【模块描述】本模块包含事故调查的流程、35kV电力事故调查、事故原因分析、防范措施及事故调查报告的编写等内容。通过概念描述、术语说明、要点归纳，掌握35kV及以上客户的事故处理与调查分析方法。

【正文】

35kV及以上客户一旦发生用电事故，往往会对电网及客户变电站运行造成较大的影响。供电企业应特别关注35kV及以上客户所发生的事故，协助客户做好事故的调查分析。

一、供电企业参与客户事故调查的流程

供电企业协助客户进行事故调查流程如图ZY2200602002-1所示。

二、35kV电力客户事故调查

供电企业用电检查员应参与事故调查组，协助用电客户单位开展以下工作：

1. 保护事故现场

（1）事故发生后，督促事故单位必须迅速抢救伤员并派专人严格保护事故现场。未经调查和记录的事故现场，不得任意变动。发生国务院《生产安全事故报告和调查处理条例》所规定的事故，事故单位应立即通知当地政府和公安部门，并要求派人保护现场。

（2）事故发生后，督促事故单位立即对事故现场和损坏的设备进行照相、录像、绘制草图、收集资料。

（3）因紧急抢修、防止事故扩大以及疏导交通等，需要变动现场，必须经事故单位有关领导和安监部门同意，并做出标志、绘制现场简图、写出书面记录，保存必要的痕迹、物证。

2. 收集原始资料

（1）立即组织当值值班人员、现场作业人员和其他有关人员在下班离开事故现场前分别如实提供现场情况并写出事故的原始材料。

（2）根据事故情况查阅有关运行、检修、试验、验收的记录文件和事故发生时的录音、故障录波图、计算机打印记录等，及时整理出说明事故情况的图表和分析事故所必需的各种资料

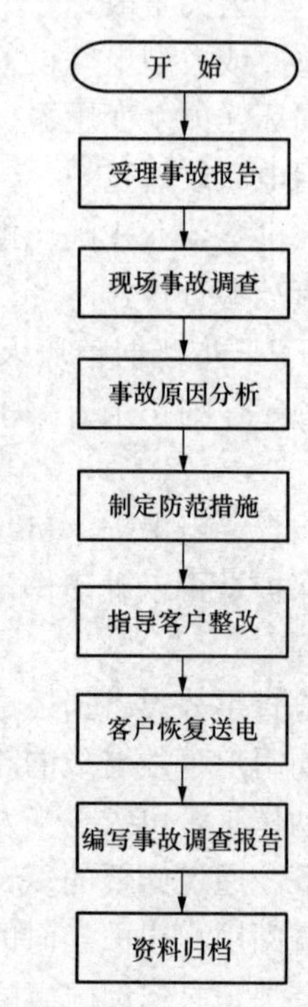

图ZY2200602002-1　供电企业协助客户进行事故调查流程如图

和数据。

3. 调查事故情况

(1) 人身事故应查明伤亡人员和有关人员的单位、姓名、性别、年龄、文化程度、工种、技术等级、工龄、本工种工龄等。设备事故应查明发生的时间、地点、气象情况；查明事故发生前设备和系统的运行情况。

(2) 查明设备事故发生经过、扩大及处理情况。人身事故应查明事故发生前工作内容、开始时间、许可情况、作业程序、作业时的行为及位置、事故发生的经过、现场救护情况。

(3) 查明与设备事故有关的仪表、自动装置、断路器、保护、故障录波器、调整装置、遥测、遥信、遥控、录音装置和计算机等记录和动作情况。人身事故应查明事故发生前伤亡人员和相关人员的技术水平、安全教育记录、特殊工种持证情况和健康状况，过去的事故记录，违章违纪情况等。

(4) 调查设备资料（包括订货合同、大小修记录等）情况以及规划、设计、制造、施工安装、调试、运行、检修等质量方面存在的问题。人身事故应查明事故场所周围的环境情况（包括照明、湿度、温度、通风、声响、色彩度、道路、工作面状况以及工作环境中有毒、有害物质和易燃易爆物取样分析记录）、安全防护设施和个人防护用品的使用情况（了解其有效性、质量及使用时是否符合规定）。

(5) 查明事故造成的损失，包括波及范围、减供负荷、损失电量、用户性质；查明事故造成的设备损坏程度、经济损失。

(6) 了解现场规程制度是否健全，规程制度本身及其执行中暴露的问题；了解事故单位管理、安全生产责任制和技术培训等方面存在的问题；事故涉及两个及以上单位时，应了解相关合同或协议。

三、35kV 电力客户事故原因分析

供电企业用电检查人员应根据事故调查的事实，协助客户分析事故原因。

(1) 分析并明确事故发生、扩大的直接原因和间接原因。必要时，可委托专业技术部门进行相关计算、试验、分析。

(2) 分析是否人员违章、过失、违反劳动纪律、失职、渎职；安全措施是否得当；事故处理是否正确等。

(3) 凡事故原因分析中存在下列与事故有关的问题，确定为领导责任：

1) 企业安全生产责任制不落实；

2) 规程制度不健全；

3) 对职工教育培训不力；

4) 现场安全防护装置、个人防护用品、安全工器具不全或不合格；

5) 反事故措施和安全技术劳动保护措施计划不落实；

6) 同类事故重复发生；

7) 违章指挥。

四、制定防范措施、整改及恢复送电

(1) 用电检查人员应协助客户根据事故分析的结论判断事故发生、扩大的原因并作出责任分析，针对分析的结果制定相关的防范措施，防止同类事故发生、扩大。

(2) 用电检查人员应根据事故调查结果制定的防范措施，指导客户消除故障，并监督实施。

(3) 在确认现场已消除安全隐患后，指导客户恢复用电，并执行《客户停（送）电申请工作规范》。

五、事故调查报告编写及资料归档

1. 事故调查报告

用电检查人员在调查后 7 天内协助提交事故调查报告，主要内容包括：

(1) 事故发生的时间、地点、单位。

(2) 事故发生的经过、伤亡人数、直接经济损失估算；设备损坏情况。

(3) 事故发生原因的判断。

(4) 事故的性质和责任认定。

(5) 事故防范和整改措施。

（6）事故的处理建议。

2. 资料归档

用电检查人员应在客户用电事故调查工作办结后的2个工作日内对资料进行归档登记，归档资料应包括：

（1）事故调查报告书、事故处理报告书及批复文件。

（2）现场调查笔录、图纸、仪器表计打印记录、资料、照片、录像带等。

（3）技术鉴定和试验报告。

（4）物证、人证材料。

（5）直接和间接经济损失材料。

（6）事故责任者的自述材料。

（7）医疗部门对伤亡人员的诊断书。

（8）发生事故时的工艺条件、操作情况和设计资料。

（9）有关事故的通报、简报及成立调查组的有关文件。

（10）事故调查组的人员名单，内容包括姓名、职务、职称、单位等。

（11）其他材料。

【思考与练习】

1. 简述供电企业协助客户进行用电事故调查工作的主要内容。

2. 客户事故调查报告应包括的主要内容有哪些？

第十六章 保电措施的制定

模块1 10kV及以下重要客户、重大活动保电措施的制定（ZY2200603001）

【模块描述】本模块包含10kV重要客户、重大活动保电制度协调机制，制定保电工作方案、事故处理预案、供用电应急预案等服务措施等内容。通过概念描述、术语说明、要点归纳，熟悉10kV重要客户、重大活动保电措施的制定。

【正文】

按照国家电网公司《关于加强重大活动保电工作管理的通知》（营销营业［2007］16号）要求，供电公司应建立重要客户重大活动保供电制度，建立紧急情况下快速、有效的事故抢险、救援和应急处理机制，确保电网安全运行，确保重要客户重大活动的安全、连续供电。

一、保电的组织措施

（1）建立保电工作领导组和保电工作办公室，宣传保电工作的任务和意义，全面落实保电工作职责，部署保电工作的各项措施，并督促检查各部门的保电措施落实情况。

（2）建立保电期间的工作制度，明确各部门的保电职责。

（3）制定保电方案、事故处理预案和供用电应急预案。

（4）根据实际情况定期组织事故、抢修预案的演练。

二、保电的技术措施

（1）对保电场所的电源、输配电线路、变配电设施及继电保护和自动装置等进行重点检查，督促客户进行限时整改。

（2）制定涉及保电客户的专项检查项目、内容及工作流程。

（3）安排实施为保电客户供电的输、变电设施的特巡，确保设备无缺陷。对重点设备进行事故演练，落实重点站、重点线路和保电客户的责任制。

（4）合理配置发电车、不间断电源车等移动供电设施。

（5）保电期间所需备品备件的准备齐全。

（6）与保电工作有关的变电站、开关站（配电室）不安排停电检修和例行工作。

（7）保证保电期间交通、通讯信息畅通。

三、保电方案的制定

保电工作方案主要内容有：保电工作的目的和原则；保供电组织机构及职责；保电范围和应急抢修分类；供用电应急预案和事故处理预案；应急抢修工作具体要求。

供用电应急预案应包括组织和技术措施、事故抢险所需物质、备品备件、设备和相关设施的准备。

事故处理预案应包括发生事故信息反馈、处置方案、组织抢险、排除险情，修复故障设备、预计恢复时间、对电力系统的要求等，并将预案的内容报电力调度部门。

在制定方案时注意以下几个方面：

（1）明确保电工作任务、保电地点和保电范围；

（2）明确各部门保电工作职责；

（3）做好事故的预想和应急预案；

（4）与客户、政府相关部门、相关单位建立互动机制。

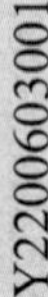

四、10kV 客户重大活动保电方案案例

案例：××市高考、中考期间，中学考场保电方案。

××市高考、中考期间考场保电方案

一、工作保障机制

1. 组织机构

保电工作领导组（名单）

保电工作办公室（名单）

主要职责：

（1）贯彻落实国家电网公司、省电力公司有关营销服务的法律、法规、规定和制度。

（2）接受本市应急指挥中心和省电力公司应急处理工作小组的领导和指挥，请求应急援助。

（3）统一领导本市应急故障处理工作。

（4）组织制定本公司应急故障处理预案，研究重大应急处理决策和部署，并下达应急处理指令。

（5）协调非公司产权设备事故抢修，对所发生工程量、费用给予确认安排。

（6）向省电力公司和市政府报告应急故障处理情况。

（7）负责事件处理的新闻宣传与信息发布。

2. 高考、中考前具体保供电措施

（1）各部门根据各自管理的范围，对高考、中考期间各主要场所的用电设备、主干线路进行一次设备安全特巡（含学校内部自身配电设备检查），尤其是联络线的联络断路器、隔离开关要保证能灵活操作，线路上接头部位要用红外线进行测试，对发现的设备缺陷在高考、中考前安排消除。备齐备品备件，发现异常及时处理，特别要对各考点的外部电源点进行一次核对。

配电中心、客户服务中心完成高考、中考每个考点外部线路、树枝修剪、配电设备检查和消缺；对于涉及到外部协调和配合的重大缺陷，要立即向政府有关部门汇报，属客户配电设备缺陷的，要督促并协助客户限期整改。

（2）高考、中考期间，除事故抢修外，不安排停电催费和配电线路停电检修工作。

（3）配电中心要组织人员对发电车提前进行几次全面的检查，高考、中考期间安排发电车随时备用，同时增加配电抢修人员的力量，配电抢修由现在的一组增加到两组，在高考期间保证有一组抢修人员在各考点进行来回巡视，发现问题及时处理。

3. 重要场所及各考点电源信息、负责人及联系电话

考点	保供电时间	供电电源点	客户现场负责人及电话	供电保电负责人及电话

二、保供电联系、汇报、处理制度

1. 定点联系

（1）对于高考、中考的各考点，客户服务中心要与学校的用电负责人建立一一对应的联系，在考试期间要不间断询问、查看各考点的用电情况。

（2）重要场所值班人与配调值班室、公司总协调联系人要建立对应联系，在得知各考点的用电故障后，第一时间向配调值班人员汇报情况，同时向公司总协调联系人汇报。

（3）配电抢修人员要与配调建立热线联系，得到故障信息后要立即赶到事故考点，协助客户进行事故处理。

2. 事故汇报

（1）对于每个考点，若出现用电故障，每个考点的电检人员要在第一时间向客户服务中心值班人员和配电中心值班负责人进行汇报。

（2）客户服务中心、配电人员得知信息后要立即向配调值班人员和公司总协调联系人进行汇报，并了解配电线路运行情况，同时进行信息反馈。

（3）配调得知故障信息后，启动事故处理预案，立即安排事故处理。

3. 事故处理原则

（1）各考点发生用电故障后，负责各考点的电检人员（或值班人员）要立即协助各考点用电负责人查找停电原因。

（2）配电抢修人员（流动组）在得知停电信息后，要立即赶往事故现场，与电检人员一道协助客户进行事故处理。

（3）配调在得知停电信息后，立即启动事故处理预案，按照事故处理的原则进行事故处理。

4. 事故信息反馈与处理流程

（1）事故信息反馈流程

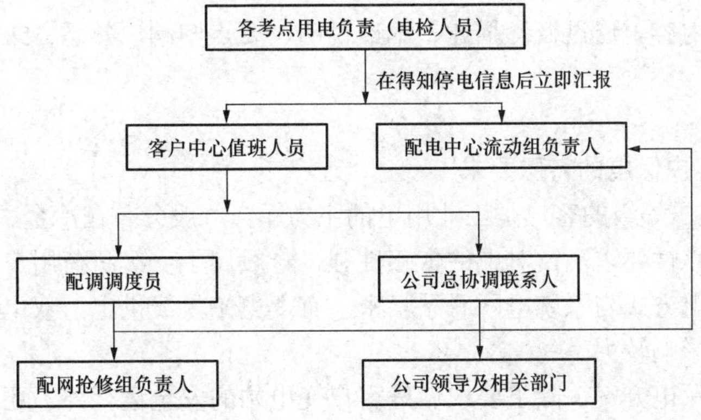

（2）事故处理流程

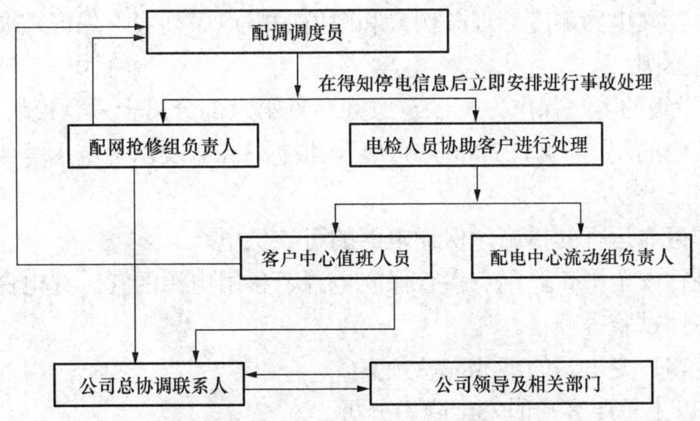

三、各考点供电线路控制预案

（1）第二中学——王家山267线路：若王家山267线路发生接地或保护动作，重合不成功，则令：配网值班员拉开王家山267线路27号杆分段断路器及隔离开关。强送王家山267断路器（接地未消失保持2h）。若强送不成功，则利用公司发电车暂时保证考场的照明用电，并及时安排人员进行抢修，尽快恢复线路的运行。

（2）工大附中——636线路46号杆支线：若花山636断路器间隔发生故障，立即代路运行；若该线路发生故障，保护动作重合不成功，则利用公司发电车暂时保证考场的照明用电，并及时安排人员进行抢修，尽快恢复线路的运行。

（3）新星中学——404线路创业支线15号杆：若雨山404断路器间隔发生故障，立即代路运行，若该线路发生故障，保护动作重合不成功，令：配网值班员拉开雨山404线路20号杆分段断路器及隔离开关，强送雨山404断路器（接地未消失保持2h）。若该线路20号杆前段发生故障，则利用公司发电车暂时保证考场的照明用电，并及时安排人员进行抢修，尽快恢复线路的运行。

……

四、保电方案实施时间

本保电方案自××××年××月××日起执行。

【思考与练习】

1. 保电方案制定的主要内容有哪些？
2. 拟写一份体育馆重大演出保电方案。

模块2 35kV及以上重要客户、重大活动保电措施的制定（ZY2200603002）

【模块描述】本模块包含35kV及以上重要客户、重大活动保电的特殊要求，保电方案制定的原则，保电方案制定的实例等内容。通过概念描述、术语说明、要点归纳，熟悉35kV及以上重要客户、重大活动保电措施的制定。

【正文】

一、35kV及以上客户保电的特殊要求

（1）35kV及以上电压等级的客户是工业用电的主力军，一般分布在冶金、化工、建材、制造等行业，用电量大，供电可靠性要求高，对电的依赖性强，一般属于一级负荷用户。

（2）这些客户的供电方式与系统电网联系紧密，有变电站专线供电、双电源供电等，系统运行方式的改变对用户供电的影响较大。

（3）对这些客户的保电方案，除了要求做好客户变电站的安全运行外，还要做好电网事故对其供电的影响预案。

（4）要求客户配备备用电源和非电的保安措施。

（5）客户应严格执行《电网调度管理条例》和政府的限电序列表，保证重要用户的供电。

二、保电方案制定原则

35kV及以上电压等级的客户保电方案制定原则参见第六部分第十六章模块1“10kV及以上重要客户、重大活动保电措施的制定（ZY2200603001）”，根据35kV及以上电压等级的客户的特殊性，应注意以下几个方面：

（1）制定电源点的可靠运行的措施，保证电网的可靠供电。

（2）对重要客户进行安全检查，重点检查保安电源、备用电源配置，继电保护定值配合，设备的缺陷处理，设备的预防性试验等项目。

（3）协助客户制定客户变电站的事故应急预案。

（4）作好35kV及以上重要客户的安全隐患分析。

（5）突出生产、调度、安监、营销等部门在保电工作中的职责，要将重要客户的保电方案与电网应对事故停电应急预案对接起来，保证电网调度的统一指挥。

三、保电案例

案例：××重大活动期间对110kV客户变电站的保电方案。

××重大活动期间对110kV客户变电站的保电方案

1 保供电范围和目标

1.1 保供电时间：2009年5月20日~5月23日。

1.2 保供电级别：二级保供电。

1.3 保供电涉及范围：××公司110kV变电站及供电公司的线路、上级变电站。

1.4 保供电目标：确保重要用户、场所的安全可靠供电，不发生对重要用户、场所停电的现象。

2 保供电组织措施

2.1 保供电工作领导组（名单）

2.2 保供电工作办公室（名单）

2.3 各机构职责

2.3.1 保供电工作领导组主要职责

负责保供电工作的组织、指挥和协调，审批保供电方案，监督保供电方案实施、决定和处理保供电工作的重大问题，指挥处理保供电期间的突发事件，对下属部门或单位的保供电工作进行评价和考核。

2.3.2 保供电工作办公室主要职责

贯彻落实保供电工作领导组的指示和要求，根据保供电任务制定和上报保供电方案，协调和处理保供电工作的具体事宜，调查保供电过程中的重大事件，对保供电期间出现的突发事件提出处理意见，对一级及以上保供电工作进行总结，对参与保供电工作的有关部门提出奖励和处罚的建议和意见。

2.3.3 生产部门

根据需要安排设备的特巡工作，建立事故处理的应急机制，确保输、变、配、供设备的安全可靠运行，按保电方案要求实施发电车、不间断电源车等移动供电设施的调配工作，组织实施对保电客户供电的电源、输配电线路、变配设施及继电保护和自动装置等进行重点检查。

2.3.4 调度部门

制定保电期内电网的运行方式及调度方式；根据保电期内的电网运行方式制定重点变电站、线路事故处理预案。

2.3.5 客户服务中心

根据公司下达的保电工作任务，督促开展涉及客户的专项用电检查工作，会同客户进行现场安全检查，汇总保电任务所涉及相关客户的供电资料。

3 保供电技术措施

3.1 各运行维护部门必须在5月19日前完成××活动保供电的相关消缺工作。

3.2 生产部门、营销部门、安监部门应对相关供电公司变电站和客户变电站的设备进行全面检查，对备自投装置进行检查，对发现的缺陷应立即处理，保证设备的可靠运行。加强巡视、测温工作。作好保供电设备事故处理的备品备件准备工作，以便有故障及时处理。

3.3 各级电网调度、变电站的值班人员在保供电期间应严密监视电网设备情况，做好事故预想。各运行维护部门应24小时值班，并将值班表报保供电工作小组。

3.4 营销部门督促用户配置柴油发电机、UPS等应急电源及非电的保安措施。根据保电客户的电源配制情况，安排发电车、不间断电源车备用。

4 保供电安全措施

4.1 安全稳定措施

4.1.1 保供电期间向客户提供电源的变电站按正常运行方式运行、全保护投入。

4.1.2 在2009年5月15日前对保电的变电站（含客户变电站）安全自动装置、低频低压减负荷等装置的投入情况进行全面检查，电网的所有安全稳定控制装置要正常投入。

4.1.3 保电变电站在2009年5月18日前对站用电设施进行全面检查。

4.1.4 继电保护要加强运行管理。保电需要的所有运行设备的继电保护、故障录波、安全自动装置等必须按调度要求投入。对重要线路、主变压器的主保护及母线保护在5月12日前进行一次检查，对存在问题的主保护及时采取措施，消除隐患。所有在保供电期间达到定检周期或存在缺陷的二次装置，必须在保供电之前完成定检和消缺工作。

保供电期间不安排定检和更改工作。有旁路断路器的厂、站，要做好旁路断路器保护装置的检查工作，确保保供电期间线路保护有问题时旁路断路器能正常代路。

5 事故处理原则

5.1 供电公司调度人员是保电期间事故处理的总指挥，对其电网事故、影响电网运行的客户变电站的重大事故处理的正确性和及时性负责。客户变电站的值班人员必须服从供电公司调度人员的统一指挥，迅速、准确地执行调度员的调度指令。

5.2 发生事故时，事故单位的值班人员应立即将事故情况（如事故现象、跳闸断路器、事故时间、继电保护和安全自动装置动作情况、频率、电压、潮流的变化等）清楚、准确地向供电公司调度员汇报，随时听候调度指令，进行处理。

5.3 发生事故时，用电检查人员应迅速赶到客户事故现场，协助指导客户处理事故，同时指导客户启动事故应急预案处理措施。

5.4 根据《××电网调度管理规程》规定，为了防止事故的扩大，下列各项操作，厂、站值班人员可以不等调度指令，而自行处理：

（1）将直接对人员生命和设备安全有严重威胁的设备停电；

（2）将已损坏的设备隔离；

（3）将受到损毁威胁的设备停用和隔离；

（4）频率降低至低周减载装置动作数值，而低周减载装置未动作或已动作，但断路器未跳闸时，应立即拉开装有相应低周减载装置的断路器；

（5）在现场规程中有明确规定者。

注：凡未经调度指令进行的各项操作，均应尽快报告地调值班调度员。

6 事故处理的一般程序

（1）询问相关厂、站有关保护动作情况及断路器跳闸情况，根据保护动作和断路器跳闸情况对事故进行初步的判断。

（2）对于重要线路故障重合闸不成功时，经检查设备无异常者可视线路的重要程度和天气情况，选择合适的电源对线路进行强送一次，强送成功，则恢复事故前的正常运行方式；强送不成功，则将线路转检修，调整相应的电网运行方式；无论线路跳闸重合闸是否成功，都要通知相关单位对线路进行巡线检查。

（3）母线故障跳闸时，结合故障录波，应对母线及相应间隔进行详细检查，在确认故障点隔离后，才能进行试送；母线后备保护动作跳闸时，确认母线上所有断路器都已断开、对母线检查无异常后，可以对母线进行一次试送。

（4）变压器若系重瓦斯、差动、电流速断动作或无保护动作跳闸，必须进行详细检查和试验鉴定，找出原因并处理后，方可送电。若差动保护动作，在保护范围内未发现异常，经检查、分析，请示总工同意后，可对主变压器送电。变压器电源侧过流保护动作跳闸时，应检查包括差动保护范围在内的各侧母线及所属设备和线路保护、断路器状态等有无明显反映故障的异常现象。若故障点发生在负荷侧引线、母线桥、母线及线路近处等，在对变压器送电前，应测量变压器绝缘、直流接触电阻或根据情况做其他试验和取样做色谱分析。

注：在事故处理结束或告一段落后，要及时将事故情况向保电办公室汇报、通报有关部门，并做好事故处理的相关记录。

7 事故预案

××矿业集团110kV重钙变电站保电事故预案

一、生产流程和负荷性质简介

××矿业集团110kV重钙变电站，其主要产品为磷酸、重钙、氟酸，其生产工艺流程为不间断流水性作业：原矿石（磷矿浆）分别与浓硫酸、液氨等原料混合，在高温、高压下进行化学反应，生产出不同成品，期间部分尾气、废气、粉尘通过净化后或经烟囱向大气排放。

××矿业集团 110kV 重钙变电站年最大负荷 4.6 万 kW，受余热发电机组实际出力大小的影响，用电负荷有所波动，一般维持在 3 万 kW 左右。110kV 重钙变系统连接图如 ZY2200603002-1 所示。

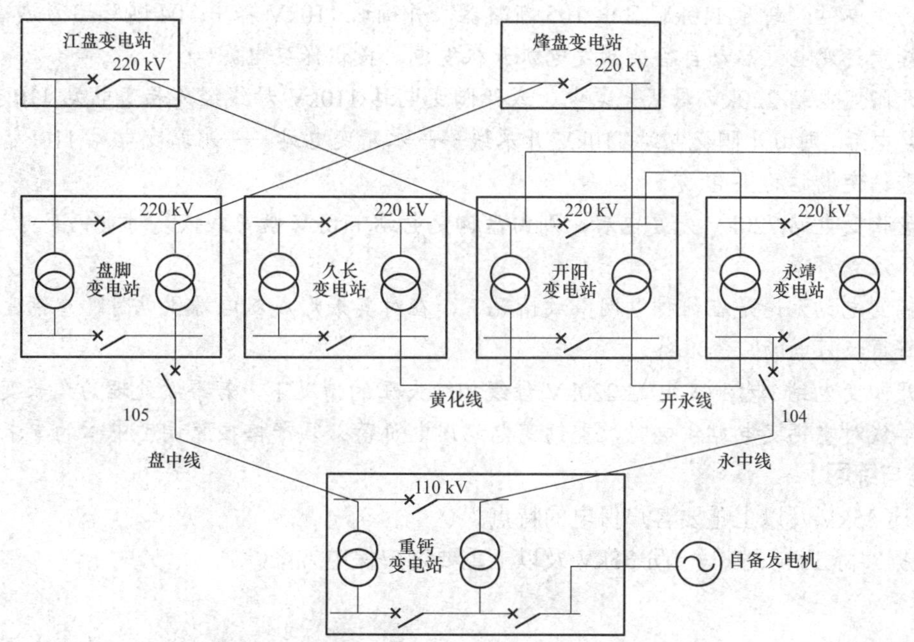

图 ZY2200603002-1　110kV 重钙变电站系统连接图

通常情况下，在盘脚变电站和开阳变电站 220kV 母线失压电网事故发生时，110kV 重钙变电站其用电负荷性质表现为：① 正常生产被迫停止而原料化学反应仍在进行；② 锅炉停炉不再输送高压蒸汽，同时失去循环冷却；③ 重钙变电站余热发电机组解网停机，并且无法自行发电；④ 低温、负压液氨仅靠自备柴油发动机短时维持；⑤ 污水循环处理停滞；⑥ 废气、尾气、粉尘无法排放；⑦ 若在短时间内能够恢复重钙变电站的供电，则不会对其造成损失或损失较小；反之若停电时间超过 30 min 以上，则会造成锅炉、反应罐、液氨罐发生爆炸，硫酸腐蚀管道而外溢，酸性污水外溢，有害气体不能净化后或高空排放，经济损失暂且不论，仅其对厂内员工及周边人群可能造成的人身伤害和由环境污染造成的于人、于物的伤害就根本无法用经济来衡量，因此该重钙厂为高危化工企业，属保电首要恢复负荷。

二、事故处理

220kV 江盘和烽盘单回线运行时线路故障，盘脚变电站 220kV 单组母线运行时母线故障，最终至盘脚变 220kV 母线失压的处理预案如下：

重钙变电站：断开 110kV 盘中线 105 断路器；

重钙变电站：合上 110kV 永中线 104 断路器，负荷转由永靖变电站供电；

通知重钙变电站，此时仍为单电源供电，供电可靠性无法保证，应作好事故停电的应急方案。

220kV 烽阳双回线路和江阳双回线路单回线路运行时、线路相续故障，开阳变电站 220kV 单母线运行时、母线故障，最终至开阳变电站 220kV 母线失压的处理预案如下：

若重钙变电站由 110kV 盘中线供电，则不会失压，但应通知重钙变电站此时仍为单电源供电，供电可靠性无法保证，应作好事故停电的应急方案；

若重钙变电站由 110kV 永中线供电，则全站失压；

重钙变电站断开 110kV 永中线 104 断路器；

重钙变电站合上 110kV 盘中线 105 断路器，负荷转由盘脚变电站供电，但仍应通知重钙变电站此时为单电源供电，供电可靠性无法保证，应作好事故停电的应急方案；

盘脚变电站和开阳变电站 220kV 母线相续失压的处理预案如下：

盘脚变电站、开阳变电站 220kV 母线均失压后，110kV 永靖变电站也即失压，此时重钙变电站已无备用电源而全站失压；

与调度中心及时了解、明确保电区域电网运行情况和开阳变电站、盘脚变电站220kV母线失压的故障原因、故障性质、事故处理和电网恢复所需用的大概时间；

重钙变电站：断开110kV盘中105断路器，并确认110kV永中104断路器为热备用状态；

通知重钙变电站启动自备柴油发电机开机发电，提供保安电源；

若开阳变电站220kV母线先复电、或开阳变电站110kV母线经久长变电站110kV开久黄化线已先复电后，则由开阳变电站110kV开永线——永靖变电站——永靖变电站110kV永中线——恢复对重钙变电站的供电；

若盘脚变电站220kV先复电后，则由盘脚变电站110kV盘中线恢复对重钙变电站的供电。

三、注意事项

重钙变电站无论是在何种电网事故情况下，在对其未形成双电源供电时，重钙变电站都必须自行作好事故停电的应急准备。

在开阳变电站、盘脚变电站220kV母线相续失压的情况下，若事故处理为久长变电站110kV开久黄华线对重钙变电站供电时，重钙变电站用电负荷必须严格按照调度中心的要求逐步恢复。

【思考与练习】

1. 简述35kV及以上重要客户保电的特点。
2. 根据实际工作，拟写一份35kV及以上重要客户保电方案。

第十七章　客户用电设备检修

模块1　低压客户用电设备检修管理（ZY2200604001）

【模块描述】本模块包含用电检查人员对客户电气设备安全运行检查的责任、检修的定义及其意义、设备类型、检修前准备工作、开关电器的检修项目等内容。通过概念描述、术语说明、要点归纳，掌握低压客户用电设备检修管理。

【正文】

设备检修是指为保持或恢复设备完成规定功能而采取的技术活动。检修可分为对电气设备的检查、维修、状态检修和定期大修。其意义如下：

（1）使设备处于良好的技术状态，满足生产的需要。

（2）保证设备安全、经济运行，提高设备可用系数，充分发挥设备的潜力。

（3）保证电力系统安全运行。

用电检查人员对客户的用电设备应进行定期或不定期安全检查，及时提出改进意见，协助指导客户做好电气设备的检修工作，督促并帮助用户尽快消除用电不安全因素，保证客户用电设备的安全运行。

一、低压设备类型

低压电器产品可分为配电电器和控制电器两大类。

配电电器主要用于供电系统，其中包括低压断路器、熔断器、闸刀开关、隔离器、隔离开关及熔断器组合电器等。控制电器主要用于电力拖动和自动控制系统，其中包括低压接触器、起动器、控制器及主令电器等。

二、主要检修项目

1. 自动空气开关的检修项目

（1）取下灭弧罩，检查灭弧栅片的完整性及清除表面的烟痕和金属细末，外壳应完整无损。

（2）检查触头表面，清擦烟痕，用细锉或细砂布打平接触面，并须保持触头原有形状。

（3）检查触头的压力，有无因过热而失效，调节三相触头的位置和压力，使其保持三相同时闭合，并保证接触面积完整，接触压力一致。

（4）用手动缓慢分、合闸，检查辅助触头的常闭、常开接点的工作状态是否合乎要求，并清擦辅助触头的表面，如有损坏应更换。

（5）检查脱扣器的衔铁和拉簧活动是否正常，动作应无卡阻，磁铁工作极面应清洁平滑，无锈蚀、毛刺和污垢。热元件的各部位有无损坏，其间隙是否正常。

（6）机构各个摩擦部位应定期涂注润滑油。

（7）全部检修完毕后，应做传动试验，检查是否正常，特别对于电气联锁系统，要确保动作准确无误（指两个电源自动开关之间联锁控制接线等）。

2. 交流接触器和磁力起动器的检修项目

（1）接触器动静触头检修。修复由于动静触头开断大电流造成的触头表面烧伤、烧损严重以及烧结在一起。

（2）接触器衔铁检修。由于衔铁和铁心接触端面不良、磁系统铁心位置倾斜、短路环断裂、衔铁各部螺丝松动等原因造成接触器衔铁噪声大，需进行修复。

（3）接触器线圈检修。线圈出现的问题主要是由于线圈运行温度过热、线圈受潮、线圈有匝间短路、附着导电尘埃而部分短路等，目前检修方法主要是更换线圈。

（4）热继电器检修。主要是检修热继电器的双金属片、弹簧和机械部分。

3. 刀开关的检修项目

（1）检查负载电流是否超过刀开关的额定值。

（2）检查刀开关是否有动、静触头连接不实，静触片闭合力不够或开关合闸不到位的故障。

（3）检查刀开关电源侧和负荷侧，进出线端子与开关连接处是否压接牢固，有无接触不实，过热变色等现象。

（4）检查绝缘连杆、底座等绝缘部分有无损坏和放电现象。

（5）检查动、静触头有无烧伤及缺损，灭弧罩是否清洁完整。

（6）检查刀开关三相闸刀在分合闸时，是否同时接触或分开，触头接触是否紧密。

（7）操作机构应完好，动作应灵活，分、合闸位置应准确到位。顶丝、销钉、拉杆等均应完好无缺损、断裂。

（8）对 HR3 型刀熔开关，特别注意调整其同相位内上下触头同时闭合和上下触头间的中心位置，以使其接触紧密。

三、注意事项

（1）做好检修前的准备工作。

1）在低压设备上的检修工作，必须事先汇报，做好检修计划工作申请，经同意后才可进行工作。

2）在低压配电盘、配电箱和电源干线上的工作，应填用第二种工作票；在低压电动机和照明回路上的工作，可用口头联系，以上两种工作至少应由两人进行。

3）停电时，必须将相关电源都断开，并取下可熔保险，在隔离开关操作手柄上挂“禁止合闸，有人工作！”警示牌。

4）工作时，必须严格按照停电、验电、接地、悬挂标识牌和装设遮栏（围栏）等安全措施。

5）现场工作开始前，应检查安全措施是否符合要求，运行设备及检修设备是否明确分开，严防误操作。

6）分段检查各盘时，应拉好警戒绳并挂上警示牌；在全部或部分带电的盘上进行工作时，应在检修设备及运行设备上设有明显的警示标志。

（2）逐项填写检修作业工作卡，并做好危险点的分析和各项安全措施。

（3）检修完毕，应进行试验测试，投入运行后，对设备增加巡视检查次数，特别关注检修后设备的运行情况。

（4）做好各类检修记录和试验报告的归档整理。

【思考与练习】

1. 简述电力设备检修的意义。
2. 简述低压设备检修注意事项。
3. 自动空气开关检修项目有哪些？

模块 2　高压客户检修项目的确定与管理（ZY2200604002）

【模块描述】本模块包含高压客户变电站主要设备类型、检修项目、检修技术标准、资料记录及档案管理等内容。通过概念描述、术语说明、要点归纳，熟悉高压客户变电站检修项目。

【正文】

一、主要电气设备类型

高压客户变电站（含自备电厂）按主要电气设备作用的不同，可分成两大类型。

1. 一次设备

直接产生、输送、分配和使用电能的设备。包括以下几个方面：

（1）生产和转换电能的设备。如发电机、变压器、电动机等。

（2）接通和断开电路的开关设备。如高低压断路器、负荷开关、熔断器、隔离开关、接触器、磁力启动器等。

（3）保护电器。如限制短路电流的电抗器、防御过电压的避雷器等。

（4）载流导体。如传输电能的软、硬导体及电缆等。

（5）接地装置。

2. 二次设备

对一次设备和系统的运行状况进行测量、控制、保护和监察的设备。二次设备包括：

（1）测量互感器。如电流互感器、电压互感器等。

（2）测量表计。如电压表、电流表、功率表、电能表等。

（3）继电保护和自动装置。如各种继电器、自动装置、测控装置等。

（4）操作电器。如各种类型的操作开关、按钮等。

（5）直流电源设备。如蓄电池组、直流发电机、硅整流装置等。

二、检修类型与检修项目

（一）检修类型

设备检修分为计划检修和非计划检修。计划检修又分为标准检修和非标准检修。标准检修分为标准大修和标准小修。非标准检修分为状态检修和改造性检修。非计划检修分为临时检修、事故抢修和设备维护。

1. 计划检修

（1）标准大修项目有：

1）进行较全面的检查、清扫、测量和修理。

2）消除设备和系统的缺陷。

3）进行定期监测、试验和鉴定，更换已到期的（需要定期更换的）或经检查鉴定必须更换的零部件。

（2）标准小修项目有：

1）消除运行中发生的缺陷。

2）重点清扫、检查和处理易磨易损部件，按周期进行电气设备的预防性试验。

3）大修前一次小修应进行较细致的检查和记录，以核实大修计划的可靠性。

4）在小修规定的工期内，可提前进行一部分不影响设备出力的大修项目。

（3）非标准检修项目有：

1）状态检修。对于部分设备，根据设备使用说明的要求及实际运行状况和健康水平，以在线监测和可靠性指标分析为基础，进行的以分析设备运行状态为主的检修。

2）改造性检修。对于换代设备或已经到使用年限的设备，在进行全部更换或部分改造的同时进行的非标准检修。

2. 非计划检修

（1）临时检修指大，小修以外的非计划停运检修。临时检修应尽可能减少或避免。当运行中发现威胁设备安全的紧急、重大、一般缺陷，必须及时处理时，应经申请同意后安排临时检修，以避免设备的严重损坏和对生产成重大影响。

（2）事故抢修：发生事故、设备损坏，必须进行的恢复性检修。

（3）设备维护：在主设备备用期间或不影响设备运行的情况下进行的检修维护工作。

（二）高压客户变电站主要设备检修项目

1. 变压器

变压器的大修项目如下：

（1）吊开钟罩检修器身，或吊出器身检修；

（2）绕组、引线及磁（电）屏蔽装置的检修；

（3）铁心、铁心紧固件（穿心螺杆、夹件、拉带、绑带等）、压钉、连接片及接地片的检修；

（4）油箱及附件的检修，包括套管、吸湿器等；
（5）冷却器、油泵、水泵、风扇、阀门及管道等附属设备的检修；
（6）安全保护装置的检修；
（7）油保护装置的检修；
（8）测温装置的校验；
（9）操作控制箱的检修和试验；
（10）无励磁分接开关和有载分接开关的检修；
（11）全部密封胶垫的更换和组件试漏；
（12）必要时对器身绝缘进行干燥处理；
（13）变压器油的处理或换油；
（14）清扫油箱并进行喷涂油漆；
（15）大修的试验和试运行。

变压器的小修项目如下：
（1）处理已发现的缺陷；
（2）放出储油柜积污器中的污油；
（3）检修油位计，调整油位；
（4）检修冷却装置：包括油泵、风扇、油流继电器、差压继电器等，必要时吹扫冷却器管束；
（5）检修安全保护装置：包括储油柜、压力释放阀（安全气道）、气体继电器、速动油压继电器等；
（6）检修油保护装置；
（7）检修测温装置：包括压力式温度计、电阻温度计（绕组温度计）、棒形温度计等；
（8）检修调压装置、测量装置及控制箱，并进行调试；
（9）检查接地系统；
（10）检修全部阀门和塞子，检查全部密封状态，处理渗漏油；
（11）清扫油箱和附件，必要时进行补漆；
（12）清扫外绝缘和检查导电接头（包括套管将军帽）；
（13）按有关规程规定进行测量和试验。

2. SF_6断路器

SF_6断路器的大修项目如下：
（1）根据需要进行修前试验（包括电气试验和机械特性试验）；
（2）SF_6气体回收和处理；
（3）灭弧装置的分解检修；
（4）并联电容器（如果有的话）的检查和试验；
（5）并联电阻（如果有的话）的分解检查或检修；
（6）瓷柱式SF_6断路器支柱装配的分解检修；
（7）瓷柱式SF_6断路器传动机构箱（俗称三联箱或五联箱）检查或检修；
（8）落地式SF_6断路器罐体及附件的检查或检修；
（9）操动机构的分解检修；
（10）密度继电器、压力开关、压力表的校验；
（11）进行检修后的电气试验及机械特性试验；
（12）金属箱体或罐体的除锈和喷漆。

SF_6断路器的小修项目如下：
（1）清扫和检查断路器外观；绝缘子无裂痕、罐体焊缝良好等；
（2）检查断路器SF_6气体压力值；
（3）密度继电器、油压开关、压力表的校验；
（4）操动机构检查，低电压动作试验；

（5）测量液压机构氮气预充压力，测量油泵打压时间以及分、合闸后油压降检查；

（6）结合预防性试验，测量主回路电阻值、测量二次回路绝缘电阻值，测量并联电阻的（如果有的话）电阻值、测量并联电容器（如果有的话）的电差值和介质损耗因数；

（7）检查联锁，防慢分及防止非全相操作等装置的动作性能；

（8）必要时对断路器各密封面进行检漏试验和补充 SF_6 气体。

临时性检修项目视具体情况而定。

3. GIS 设备

GIS 设备的大修项目如下：

（1）更换密封环；

（2）更换部分磨损了的零件；

（3）更换部分断路器、隔离开关等的导电触头；

（4）更换不好的绝缘零件；

（5）清扫 SF_6 气室里的金属微粒、粉末。清除 SF_6 气体的分解物。

GIS 设备的小修项目如下：

（1）GIS 设备里 SF_6 气体的补充、干燥、过滤，由 SF_6 气体处理车进行；

（2）密度计、压力表的校验；

（3）导电回路接触电阻的测量；

（4）吸附剂的更换；

（5）液压油的补充或更换；

（6）不良紧固件的更换。

4. 隔离开关

隔离开关的大修项目如下：

（1）触头系统装配的分解检修，包括动、静触头装配，上、下导电杆装配和中间接头装配；

（2）导电系统分解检修；

（3）传动系统分解检修；

（4）绝缘支柱、转动瓷套及底座的检查或检修；

（5）操动机构分解检修；

（6）接地开关及其操作机构的检查或检修；

（7）机械闭锁及联锁部分的检查或检修；

（8）整体组装和调试；

（9）电气试验；

（10）本体清扫、金属件除锈和喷漆；

（11）验收。

隔离开关的小修项目如下：

（1）外观检查并清扫瓷柱；

（2）检查动、静触头接触情况及接触面状况；

（3）检查软连接、导电带的连接和接触情况；

（4）检查各连接销、轴及其传动部件并加润滑油；

（5）测量主刀及接地刀的主回路电阻；

（6）检查操动机构，清扫并在各转动部位加润滑油；

（7）检查闭锁、联锁及辅助开关的动作状况；

（8）检查机构箱内端子排，操作回路连线的连接情况，测量二次回路的绝缘电阻；

（9）检查接地装置及基础固定螺栓的紧固情况。

临时性检修项目视具体情况而定。

三、检修技术标准

电气设备检修周期、检修项目与检修技术标准应符合国家标准或电力行业标准。目前所依据的主要标准有：

（1）DL/T 573—1995《电力变压器检修导则》；

（2）DL/T 574—1995《有载分接开关运行维修导则》；

（3）DL/T 727—2000《互感器运行检修导则》；

（4）《交流高压断路器检修规范》（国家电网公司 2005 年 3 月）；

（5）DL/T 727—2000《互感器运行检修导则》；

（6）DL/T 639—1997《六氟化硫电气设备运行、试验及检修人员安全防护细则》；

（7）DL/T 139—2000《LW-10 型六氟化硫断路器检修工艺规程》。

四、检修资料的整理归档

检修现场把握住工艺标准与工作进度，作好检修记录，发现重大问题时应及时向上级报告。检修结束应将检修记录整理归档。检修报告的主要内容有：

（1）设备型号、技术参数、出产厂、出厂年月、安装地点等；

（2）检修标准项目与非标准项目表；

（3）更换主要的零部件的名称和材质；

（4）规定的调试和试验数据；

（5）消缺项目和进行的主要工作；

（6）尚存在的问题（包括下次大、小修应采取的措施和解决的问题）；

（7）其他专题总结和需要说明的问题。

【思考与练习】

1. 简述变压器的主要检修项目。

2. 检修报告的主要内容有哪些？

3. 简述高压断路器的主要检修项目。

第十八章　变压器及电动机检查与处理

模块1　低压电动机的检查（ZY2200606001）

【模块描述】本模块包含低压电动机使用前的准备工作、起动时的注意事项、运行中监视与维护等内容。通过流程介绍、要点归纳，掌握低压电动机的检查方法。

【正文】

一、使用前的检查内容

（1）使用前设备处于何种状况（手动、自动或停止）。

（2）观察生产机械及电动机上是否有人作业，必须让无关人员远离现场。

（3）外壳无裂纹，接地可靠。

（4）检查定子的稳定度。

详细检查基础是否牢固，地脚螺钉是否松动，联轴器和带轮是否松动等。要注意，有时振动是由于鼠笼条断条等原因引起的，应详细查找原因。

（5）检查电刷、集电环。

对绕线转子异步电动机，检查滑环接触面和电刷接触面紧密接触。运行时还应经常观察电刷与滑环间的接触情况，必要时用干净的白布擦拭滑环，以保持清洁。如发现火花很大，有可能是滑环磨损，要及时对集电环和电刷进行处理或更换。

（6）检查旋转部分的防护罩应良好。

（7）检查轴承。

轴承中的润滑油是否充足、洁净；轴承是否松动，是否因磨损造成间隙过大；传动带是否拉得过紧；采用联轴器传动，如果轴安装的不在一直线上，会造成轴向压力加到轴承上，导致轴承发热。

（8）检查传动连接是否良好，传动带松紧是否合适；联轴器的销子和螺钉是否紧固，若电动机及被拖动的机械较小，可用手扳或脚蹬的方法转动一下带轮或联轴器，检查是否有卡堵现象，以免启动时烧毁电动机及损坏设备。

（9）通风系统完好。

（10）检查电源有无缺相、电压是否合格。

（11）检查启动电阻要在全部投入位置，启动器开关应符合启动要求。

（12）若上述检查认为正常后，可点动一下电动机（送一下电，立即停机），观察三相电动机的旋转方向是否与被拖动的机械（如水泵、磨面机、鼓风机等）所要求的转向一致。若转向不对，断开电源后，将电源三根线任意对调两根即可满足要求。

二、启动时注意事项

（1）检查控制设备要符合要求，控制设备的电流为1.5倍电动机额定电流。

（2）电动机启动时最好空载启动，启动后再加负载。

（3）应先试起动一次，观察电动机能否启动及转向。

（4）由于直接启动时起动电流是额定电流的5～7倍，因此起动时间不能太长。

（5）因启动困难，一次启动不了，不能反复多次起动。在正常情况下，允许在冷态下连续启动3～5次，在热态下只允许连续启动1～2次。

（6）发现在启动时电动机冒烟，应立即停止起动。

（7）小型电动机要用断路器或接触器起动，不能用刀开关操作起动。

（8）大型电动机操作的基本原则是不能带负荷拉合刀开关，以防发生设备和人身事故。

三、运行中监视与维护

1. 电动机起动后的监视

（1）电流正常，三相平衡。

（2）电动机旋转方向正确。

（3）电动机应无振动和响声。

（4）无异味和冒烟现象。

（5）启动装置动作正常，逐级加速，起动时间未超过规定标准。

2. 电动机运行中的监视

（1）检查电动机的运行温度。

电动机绝缘的可靠与否，是决定电动机可靠工作的主要因素。绝缘老化的快慢与温度有关，温度越高，老化速度越快，电动机的寿命就越短。所以应注意检查电动机运行温度，避免过热运行。

对中小型三相电动机，其测量方法通常用温度计或变色测温贴片。

（2）电源电压有无异常变化。

（3）电动机有无剧烈振动。

（4）监视电动机的负荷电流。

要监视电动机的工作电流不得超过容许值。电动机铭牌上规定的额定电流，是指周围空气温度是35℃时的值。若在此温度下运行，电流不容许超出额定值；若周围环境温度超过35℃，每升高5℃，额定电流应降低5%；如果周围空气温度低于35℃，电动机定子绕组本身的温度也较低，电动机可适当过负荷运行。

（5）检查三相电压和电流的不平衡度。

三相电压不平衡的差值不应超过额定电压的5%。电动机在三相不平衡电压下运行，会出现三相电流不平衡，使电动机的温度升高、损耗增加、效率下降、噪声增加，严重时会引起电动机的振动。

如果电源电压对称，电动机良好，则电动机处于正常运行状态，三相电流应是平衡的。各相电流不平衡度的百分数不得超过10%。

（6）注意监视电动机的声音和气味。

电动机正常运行时，具有均匀的运转声，无杂音或特殊的叫声。

运行人员除了听声音外，还要注意闻气味。当闻到一种特殊的糊味时，可能是电动机的绝缘烧煳，严重时还可看到冒烟。这种情况应立即停机检查。

3. 电动机运行维护

（1）清扫电动机灰尘。

（2）紧固各部螺钉。

（3）调整与拖动机械连接部分的松紧要符合要求。

（4）按周期给轴承加油。

（5）更换磨损的电刷。

（6）定期维护电动机控制设备等。

四、危险点分析及控制措施

1. 危险点分析

（1）人身触电。

（2）旋转设备意外伤人。

2. 预控措施

（1）巡视检查时应与带电设备保持足够的安全距离，10kV及以下：0.7m。

（2）电动机的外壳金属性接地。

（3）触摸电动机外壳时应先验电。

（4）电动机旋转部位装设防护罩。

（5）戴安全帽，扎紧袖口、上衣下口，女同志将头发压入帽内。

【思考与练习】

1. 为什么要保持电动机运行时三相电流平衡？

2. 如何判断电动机在运行中的声音与气味是否正常？

模块 2　低压电动机故障分析、判断、处理（ZY2200606002）

【模块描述】本模块包含低压电动机常见故障类型、常见故障现象及分析、判断处理等内容。通过术语说明、要点归纳、案例分析，掌握低压电动机故障判断方法。

【正文】

一、常见故障类型

异步电动机在运行中会发生各种各样的故障，归纳起来可分为电气和机械两大类。

主要电气类故障如下：定子绕组和转子绕组的接地、短路、断线及接线错误、起动设备、集电环、电刷故障等。

主要机械类故障如下：轴承、风扇、机座、零部件的松动、磨损、变形、断裂、润滑不良等故障。

运行及维护人员应能够及时发现故障，并能根据故障现象分析故障原因，排查故障点，快速处理，防止故障扩大，确保设备的正常运行。

二、常见故障现象及判断处理

序号	故障现象	故障可能原因	处理方法
1	通电后电动机不能启动，但无异响，也无异味和冒烟	① 电源未通（至少两相未通）； ② 熔丝熔断（至少两相熔断）； ③ 过电流继电器调得小； ④ 控制设备接线错误	① 检查电源开关、接线盒处是否有断线、修复； ② 检查熔丝规格、熔断原因、换新熔丝； ③ 调节继电器整定值与电动机配合； ④ 改正接线
2	通电后电动机转不动，然后熔丝熔断	① 缺一相电源； ② 熔丝截面过小； ③ 定子绕组接地； ④ 定子绕组相间短路； ⑤ 定子绕组接线错误； ⑥ 工作机械被卡住	① 检查开关是否有一相未合好，找出电源回路断线并接好； ② 更换熔丝； ③ 查出接地点，予以消除； ④ 查出短路点，予以修复； ⑤ 查出错接处并改接正确； ⑥ 检查工作机械和传动装置是否转动灵活
3	通电后电动机不动，但有嗡嗡声	① 定、转子绕组或电源有一相断路； ② 绕组引出线或绕组内部接错； ③ 电源回路接点松动，接触电阻大； ④ 电动机负载过大或转子被卡； ⑤ 电源电压过低； ⑥ 轴承卡住	① 查明断路点，予以修复； ② 检查绕组极性，判断绕组首尾是否正确，将错接处改正； ③ 紧固松动的接线螺钉，用万用表判断各接点是否假接，予以修复； ④ 减载或查出并消除机械故障； ⑤ 检查三相绕组接线是否把△接法误接为Y，若误接应更正； ⑥ 更换合格油脂或修复轴承
4	电动机启动困难，带额定负载时的转速低于额定值较多	① 电源电压过低； ② △接法电动机误接为Y； ③ 笼型转子开焊或断裂； ④ 定子绕组局部线圈错接； ⑤ 电动机过载	① 测量电源电压，设法改善； ② 纠正接法； ③ 检查开焊和断点并修复； ④ 查出错接处，予以改正； ⑤ 减小负载
5	电动机空载电流不平衡三相相差较大	① 定子绕组匝间短路； ② 重绕时，三相绕组匝数不相等或漆包线截面不同； ③ 电源电压不平衡； ④ 定子绕组部分线圈接线错误	① 检修定子绕组，消除短路故障； ② 严重时重新绕制定子绕组； ③ 测量电源电压，设法消除不平衡； ④ 查出错接处，予以改正
6	电动机空载或负载时电流表指针不稳，摆动	① 笼型转子导条开焊或断条； ② 绕线型转子一相断路或电刷、集电环接触不良	① 查出断条或开焊处，予以修复； ② 检查绕线型转子回路并加以修复

续表

序号	故障现象	故障可能原因	处 理 方 法
7	电动机过热甚至冒烟	① 电动机过负载或频繁启动； ② 电源电压过高或过低； ③ 电动机缺相运行； ④ 定子绕组匝间或相间短路； ⑤ 定、转子铁心相擦（扫膛）； ⑥ 笼型转子断条或绕线型转子绕组焊点开焊； ⑦ 电动机通风不良； ⑧ 定子铁心硅钢片之间绝缘不良或有毛刺	① 减小负载，按规定次数控制启动； ② 调整电源电压； ③ 查出断路处，予以修复； ④ 检修或更换定子绕组； ⑤ 查明原因，消除摩擦； ⑥ 查明原因，重新焊好转子绕组； ⑦ 检查风扇，疏通风道； ⑧ 检修定子铁心，处理铁心绝缘
8	电动机运行时响声不正常，有异响	① 定、转子铁心松动； ② 定、转子铁心相擦（扫膛）； ③ 轴承缺油； ④ 轴承磨损或油内有异物； ⑤ 风扇与风罩相擦	① 检修定、转子铁心，重新压紧； ② 消除摩擦，必要时车小转子； ③ 加润滑油； ④ 更换或清洗轴承； ⑤ 重新安装风扇或风罩
9	电动机在运行中振动较大	① 电动机地脚螺钉松动； ② 电动机地基不平或不牢固； ③ 转子弯曲或不平衡； ④ 联轴器中心未校正； ⑤ 风扇不平衡； ⑥ 轴承磨损间隙过大； ⑦ 转轴上所带负载机械的转动部分不平衡； ⑧ 定子绕组局部短路或接地； ⑨ 绕线型转子局部短路	① 拧紧地脚螺钉； ② 重新加固并整平； ③ 校直转轴并做转子动平衡； ④ 重新校正，使之符合规定； ⑤ 检修风扇，校正平衡； ⑥ 检修轴承，必要时更换； ⑦ 做静平衡或动平衡试验，调整平衡； ⑧ 寻找短路或接地点，进行局部修理或更换绕组； ⑨ 修复转子绕组
10	轴承过热	① 滚动轴承无润滑油； ② 润滑油变质或含杂质； ③ 轴承与轴颈或端盖配合不当（过紧或过松）； ④ 轴承盖内孔偏心，与轴相擦； ⑤ 带张力太紧或联轴器装配不正； ⑥ 轴承间隙过大或过小； ⑦ 转轴弯曲； ⑧ 轴承损坏	① 适量加入润滑油； ② 清洗轴承后换洁净润滑油； ③ 过紧应车、磨轴颈或端盖内孔，过松可用粘结剂修复； ④ 修理轴承盖，消除摩擦； ⑤ 适当调整皮带张力，校正联轴器； ⑥ 调整间隙或更换新轴承； ⑦ 校正转轴或更换转子； ⑧ 更换轴承
11	绕线式转子集电环火花大	① 电刷牌号尺寸不对； ② 集电环表面污垢，磨损表面不平； ③ 电刷压力大小不均匀； ④ 电刷在刷握内被卡住	① 修理或更换电刷； ② 清除污垢，磨损严重时可车光； ③ 调整压力； ④ 打磨电刷或更换合适尺寸的电刷
12	绝缘电阻降低	① 潮气浸入或雨水进入电动机内； ② 绕组上灰尘、油污太多； ③ 引出线绝缘损坏； ④ 电动机过热后，绝缘老化	① 进行烘干处理； ② 清除灰尘、油污后，进行浸渍处理； ③ 重新包扎引出线； ④ 根据绝缘老化程度，分别予以修复或重新浸渍处理
13	机壳带电	① 引出线与接线板接头处的绝缘损坏； ② 定子铁心两端的槽口绝缘损坏； ③ 定子槽内有铁屑等杂物未除尽，导线嵌入后即造成接地； ④ 外壳没有可靠接地	① 应重新包扎绝缘或套一绝缘管清理接线板； ② 仔细找出绝缘损坏处，然后垫上绝缘纸，再涂上绝缘漆并烘干； ③ 拆开每个线圈的接头，用淘汰法找出接地的线圈，进行局部修理； ④ 将外壳可靠接地
14	启动时保护装置动作	① 被驱动的工作机械有故障； ② 定子绕组或线路短路； ③ 保护动作电流过小； ④ 熔丝选择得过小； ⑤ 过载保护时限不够	① 查出故障，予以排除； ② 查出短路处，予以修复； ③ 适当调大； ④ 按电动机规格选配适当的熔丝； ⑤ 适当延长

三、注意事项

（1）发现电动机运行异常或有明显的故障时，应立即停机，防止事故扩大。

（2）根据事故现象进行判断和排除，确定故障点和引起事故的原因。

（3）在进行事故判断和检修时，严格遵守《国家电网公司电力安全工作规程》，做好安全的组织措施和技术措施。

（4）应与带电设备保持足够的安全距离，10kV 及以下：0.7m。

四、案例

案例：笼型异步电动机发生转子断条故障。

1. 故障现象

某矿产企业近期发现通风电动机起动时间较长，并伴有较大的震动，有时甚至出现有火星从风道中飞出等现象。

2. 原因分析

经技术人员到现场打开电动机外壳仔细检查后，发现该电动机转子断条。主要原因：电动机装配工艺不良，铜导条在转子槽内嵌装不牢固，电动机在运行中受电磁力和离心力的作用长期累积受损而断裂。

3. 结论

铜导条在转子槽内嵌装不牢固，电动机在运行中受电磁力和离心力的作用长期累积受损而断裂。

4. 采取对策

（1）应加强对电动机的巡视检查，发现异常现象及时停机处理。

（2）把好电动机采购的质量关，尽量购买大厂名牌产品。

【思考与练习】

1. 电动机常见故障类型有哪些？

2. 电动机缺相运行时有哪些故障现象？

模块3　变压器巡视与检查（ZY2200606003）

【模块描述】本模块包含有载调压分接开关的结构及工作原理，变压器有载调压原理及优点，变压器运行中的巡视与检查，定期巡视检查内容，特殊巡视检查条件，现场危险点分析及控制措施等内容。通过结构介绍、原理分析、图解示意，要点归纳，掌握变压器巡视与检查方法。

【正文】

一、有载调压分接开关的结构及工作原理

有载调压分接开关是一种能在励磁状态下变换分接头位置的装置。原理如图 ZY2200606003-1 所示。

如图 ZY2200606003-1 所示，调压前动触头 S_1 和 S_2 都在 2 分头上，切换时先把 S_1 转到 1 分头上，然后才让 S_2 和 2 断开，将 S_2 也转 1 分头上，这样完成切换，不会断电。但在切换过程中由于形成由 $2\to S_2\to S_1\to 1$ 组成的回路，回路中将产生相当大的环流，当 S_2 从 2 断开时，也会产生电弧，因此为避免这种情况发生，就在动触头上串连限流电阻 R，利用快速机构在瞬间完成电压切换，对绕组匝数的改变，完成电压的调整。

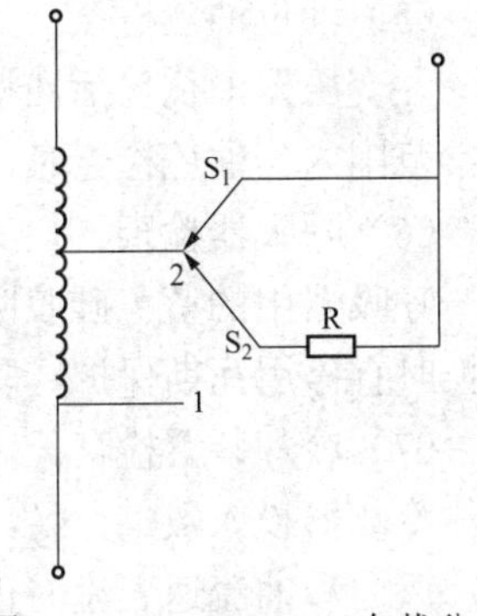

图 ZY2200606003-1　有载分接开关原理示意图

二、变压器有载调压原理及优点

有载调压变压器工作原理如下：从变压器绕组中抽出若干个分头，通过有载调压分接开关在变压器带负荷的情况下，从一个分接头切换到另一个分接头，从而改变绕组匝数，达到调压的目的。

有载调压分接开关的优点是：能在额定容量范围内带负荷调压，而且调整范围大，可以减少电压大幅度波动，使母线电压质量提高。

三、有载调压分接开关实际操作规定

1. 动作次数

（1）35kV 变压器有载调压开关每天调压不得超过 20 次，110kV 及以上变压器的有载调压开关每天调节不得超过 10 次，每次调节间隔时间不得超过 1min。

（2）电阻型的有载调压开关调节次数达 5000 次，电抗型的有载调压开关调节次数达 2000 次应检查。

2. 禁止分接开关调压规定

(1) 变压器过负载运行时。

(2) 变压器瓦斯保护频繁发出信号。

(3) 有载调压装置的游标中无油位时。

(4) 调压装置的油箱温度低于–40℃时。

四、日常巡视与检查

1. 巡视检查周期

变压器的日常巡视检查，可参照下列规定：

(1) 发电厂和变电站内的变压器，每天至少巡视检查一次；每周至少进行一次夜间巡视；

(2) 无人值班变电站内容量为3150kVA及以上的变压器每10天至少巡视检查一次，3150kVA以下的每月至少一次。

(3) 2500kVA及以下的配电变压器，装于室内的每月至少巡视检查一次，户外（包括郊区及农村的）每季至少一次。

2. 巡视检查项目内容

(1) 变压器的声音检查。

变压器音响正常。正常运行时，变压器应发出均匀的嗡嗡声。

(2) 油温检查。

主变压器本体油温表和远方油温表指示一致，上层油温应在85℃以下。

(3) 导线、连接线的检查。

变压器的导线、连接线等主要检查有无松动情况，有无断股炸股现象，接头处应接触良好，无发热情况。

(4) 绝缘瓷质部分检查。

绝缘瓷质有套管瓷质，中性点接地部分瓷质等，检查时应无放电痕迹，无污物，特别应注意有无破损裂纹。

(5) 油位油色检查。

主变压器油位包括油枕油位、套管油位及有载调压装置的油枕油位。油枕油位对比温度曲线应在正常范围内。油色检查时，油色不应有明显变化，正常一般为浅黄色或黄色。

(6) 呼吸器检查。

呼吸器中的蓝色硅胶吸收水分后变粉红，应检查其变色程度不超过2/3，油杯中油量适中，硅胶更换时宜停用瓦斯保护，防止误动。

(7) 冷却装置检查。

冷却器投入数量充足，冷却装置如风扇转动、潜油泵运行正常，风扇声音正常，无扫膛等异常声音，风向和油流速表流向正确。散热器管阀门全部开启，无渗漏现象和吸附杂物。

(8) 压力释放阀的检查。

压力释放阀是本体的重要保护，巡视中应注意其良好性。防爆管的隔膜是否完好，有无积液情况。

(9) 接地装置检查。

接地开关是否位置正确。接地点如：本体外壳接地、中性点接地、铁心接地等其接地扁铁应完整、可靠。

(10) 瓦斯继电器检查。

正常时瓦斯继电器玻璃窗透明，无油污，内部充满油，无气泡，其保护罩处于打开位置，防雨罩必须紧固，连接油管应无渗漏现象。

(11) 有载分接开关的检查。

有载分接开关操作机构外部清洁，储油柜油位指示正常，分接头位置和远方指示位置一致，电源指示正常。

(12) 二次部分的检查。

各控制箱和二次端子箱应关严，无受潮，各种标志齐全明显。

（13）仪表的检查。

各钟指示仪表指示值在正常范围内，表的外观整齐，无破损。

五、定期巡视检查内容

变压器作定期检查时，需增加以下检查内容：

（1）外壳及箱沿应无异常发热；

（2）各部位的接地应完好；必要时应测量铁心和夹件的接地电流；

（3）强油循环冷却的变压器应作冷却装置的自动切换试验；

（4）水冷却器从旋塞放水检查应无油迹；

（5）有载调压装置的动作情况应正常；

（6）各种标志应齐全明显；

（7）各种保护装置应齐全、良好；

（8）各种温度计应在检定周期内，超温信号应正确可靠；

（9）消防设施应齐全完好；

（10）室（洞）内变压器通风设备应完好；

（11）贮油池和排油设施应保持良好状态。

六、变压器特殊巡视检查

当变压器在下列特殊条件下运行时，应对其进行特殊巡视检查，增加巡视检查次数：

（1）新设备或经过检修、改造的变压器在投运 72h 内；

（2）有严重缺陷或发生故障时；

（3）气象突变（如大风、大雾、大雪、冰雹、寒潮等）时；

（4）雷雨季节，特别是雷雨后；

（5）高温季节、高峰负载期间；

（6）变压器急救负载运行时；

（7）其他需要进行特巡的情况，如：政治保电、上级命令。

七、危险点分析及控制措施

1. 危险点分析

（1）人身触电；

（2）摔伤、碰伤；

（3）意外伤人。

2. 控制措施

（1）巡视检查时应与带电设备保持足够的安全距离，10kV 及以下：0.7m；35kV：1m；110kV：1.5m；220kV：3m；330kV：4m。

（2）不得移开或越过遮栏。

（3）雷雨天气，需要巡视室外高压设备时，应穿绝缘靴，并不得靠近避雷器和避雷针。接触设备的外壳和构架时，应戴绝缘手套。

（4）注意行走安全，上下台阶、跨越沟道或配电室门口防鼠挡板时，防止摔、碰。

（5）及时清理杂物，保持通道畅通。

（6）巡视检查设备时应戴好安全帽。

（7）夜间巡视设备时携带照明器具，并两人同时进行，注意行走安全。

（8）大风、雪、雾、沙尘等恶劣天气巡视设备时，应两人同时进行，注意保持与带电体的安全距离和行走安全。

（9）遇到自然灾害等特殊情况需巡视设备时，应携带通信工具，随时保持联络。

【思考与练习】

1. 变压器日常巡视检查的主要内容是什么？

2. 什么情况下对变压器进行特殊巡视？

模块 4　变压器的异常分析、判断、处理（ZY2200606004）

【模块描述】本模块包含变压器常见异常及故障类型、异常及故障判断、异常及故障处理、现场检查注意事项等内容。通过概念描述、术语说明、要点归纳、列表说明，掌握变压器异常及故障分析、判断、处理方法。

【正文】

一、常见异常及故障类型

（1）变压器声音出现异常的情况；

（2）在正常负荷和正常冷却方式下，变压器出现油温不断升高的情况；

（3）变压器绝缘油颜色出现显著变化的情况；

（4）油枕或防爆管出现喷油的情况；

（5）出现三相电压不平衡的情况

（6）继电保护发生动作的情况；

（7）绝缘瓷套管出现闪络和爆炸的情况；

（8）分接开关出现故障的情况。

二、异常及故障判断

1. 运行声音异常

电力变压器虽属静止设备，但运行中会发出轻微的连续不断的“嗡嗡”声，这种声音是运行中电气设备的一种固有特征。冷却器运行发出的声音是风机声，潜油泵运转声、响声也是均匀的。如果产生的声音不均匀或者有特殊声响，应视为不正常现象。

（1）变压器声音比平时增大。

若变压器的声音比平时增大，且声音均匀，应是电网发生接地或者谐振过电压，可结合电压、电流表计指示进行综合判断。变压器过负荷也会使其声音增大，尤其是在满负荷的情况下突然有大的动力设备投入，将会使变压器发出沉重的“嗡嗡”声。

（2）变压器有杂音。

变压器有明显的杂音，但电流电压无明显异常时，可能是内部夹件或压紧铁心的螺钉松动，使得硅钢片振动增大造成。声音中杂有尖锐声，声调变高，这是电源电压过高、铁心过饱和的情况。

（3）变压器有放电声。

变压器内部或表面发生局部放电，声音中就会夹杂有“噼啪”放电声。说明瓷件污秽严重或设备线夹接触不良。若是内部有放电声，则是不接地的部件静电放电或分接开关接触不良，应做进一步检查或停用变压器。

（4）变压器有水沸腾声。

变压器的声音中夹杂有水沸腾的声音且油温急剧变化，油位升高，可判断为变压器绕组发生短路故障，或分接开关接触不良引起的严重过热，这时应立即停用变压器进行检查。

（5）变压器有爆裂声。

变压器声音中含有不均匀的爆裂声是内部或表面绝缘击穿，此时应立即停用变压器。

（6）变压器有撞击声和摩擦声。

变压器的声音中有连续的有规律的撞击声和摩擦声，应是变压器外部某些零件，如：表计、电缆、油管等因变压器振动造成的撞击或摩擦、或外来高次谐波所造成，可根据情况进行处理。

2. 油温、油面的异常

（1）上层油温升高。

内部故障时，如变压器绕组匝间或层间短路、绕组对周围放电、内部引线接头过热、铁心多点接地使涡流增大、零序不平衡电流等漏磁通形成回路发热等，会引起变压器温度异常，当变压器油位因温度升高而上升超过油位极限，应作放油处理。发生这些故障时，还可能伴随着瓦斯或差动保护动作。

故障严重时，还可能是防爆管或压力释放阀喷油，这时变压器应停用检查。

散热条件恶化，冷却系统运行不正常或发生故障时，如潜油泵停运、风扇损坏、散热管积垢堵塞、散热阀门没有打开、冷却系统电源失电等，都会造成变压器温度升高，可根据实际情况对冷却系统进行维护或清理，改善冷却效果。若冷却系统无法修理，应按照规定调整变压器的负载至允许运行温度下。

（2）油温过低。

室外温度过低且变压器负荷较小时，当油枕容积偏小或储油量不足时可能会引起油面降低。变压器中的油因低温凝滞时，应减少或不投冷却器，增大负荷，同时监视上层油温，直至投入相应数量的冷却器，转入正常运行。

运行时发现变压器温度异常，应先查明原因后，再采取相应的措施予以排除。如果是变压器内部故障引起的，应停止运行，进行检修。

（3）渗漏油检查。

变压器运行中渗漏油现象比较常见，油位在规定的范围内，仍可继续运行或安排计划检修。但是变压器油渗漏严重，或连续从破损处不断外溢，以致于油位计已见不到油位，使套管引线和分接开关暴露于空气中，绝缘水平将大大降低，易引起瓦斯保护动作或绕组击穿放电。此时应立即将变压器停止运行，进行补漏和加油。

3. 套管闪络放电

套管闪络放电会造成发热、接地、短路导致绝缘老化受损甚至引起爆炸。常见原因有变压器套管积垢，在大雾或小雨时造成污闪，使变压器高压侧单相接地或相间短路。变压器套管因外力冲撞或机械应力、热应力而破损也会引起闪络等。

4. 变压器保护装置动作或发信号

根据不同容量、不同电压等级的变压器的保护装置动作或发出信号情况，判断变压器发生了哪些故障或异常。例如变压器瓦斯保护动作跳闸，重点就是在变压器油箱内查找故障点。

三、异常及故障处理

1. 一、二次连线断线

无论是变压器高压侧或低压侧连线断线，都会使变压器的电流、电压发生变化，出现各种异常现象。低压侧三相电压严重不平衡，并且断线处还会产生电弧，同时有放电声，断线相的电流没有指示。变压器连线断线一般有以下几种原因：

（1）导线接头处焊接不良；

（2）引出线与套管或分接开关的接线松脱；

（3）由于外部原因振动强烈，使引线断开；

（4）发生匝间、相间短路或对地短路而烧断；

（5）雷击断线。

当发现运行中的变压器发生一、二次断线时，必须采取及时必要的措施，将变压器停用，处理完断线故障后方可投入运行。

2. 变压器电流、电压表指示异常

（1）电流表正常运行时三相电流不平衡，可能原因是：

1）三相负荷不平衡；

2）电流互感器接线错误；

3）电流互感器二次接线开路或短路；

4）电流表内部故障；

5）电流表指示值超过变压器额定电流，可能是变压器过负荷。

（2）电压表三相指示值不平衡，可能原因是：

1）变压器三相负荷不平衡；

2）电压互感器与电压表连线断开；

3）电压互感器一次或二次熔丝熔断；

4）电压互感器接线错误。

3. 油位异常升高分析、处理

运行中的变压器温度的变化会使油的体积发生变化，从而引起油枕油位的上下位移。油枕上有油位表，一般标有+40℃、+20℃、−30℃三条线，分别表示使用地点年最高平均温度下满载和最低温度下空载的油位线，根据这三个标志可以判断变压器各种状态下的正常油位，避免发生高位溢油和低位缺油的现象。

（1）变压器油枕内油位因温度上升有可能高出油位指示极限，经检查不是假油面所致，则应在变压器下部放油截门处进行放油，但应注意必须将重瓦斯跳闸连接片改接至信号位置。使油位降至与当时油温相对应的高度，以免发生溢油。

（2）如变压器温度变化正常，而变压器油枕油位计内的油位不正常变化或不变化，则说明是假油位。常见原因有：

1）呼吸器堵塞，导致呼吸器不能正常呼吸；

2）防爆管气孔堵塞；

3）油标管堵塞或油位表指示损坏、失灵；

4）全密封油枕未按照全密封方式加油，在胶囊与油面之间有空气（存在气压），造成假油位。

当变压器发生油位异常变化时，应首先检查变压器的负荷和温度是否正常，如果负荷和温度均正常，则可以判断是因呼吸器或油标管堵塞造成的假油面。此时应经当值调度员同意后，将重瓦斯保护改接信号，然后疏通呼吸器或油标管。如因环境温度过高引起油枕溢油时，应放油处理。出现假油位或油位表指示不准时，应查找原因，根据出现假油位的故障原因及时处理，以免造成误判断。

4. 引线发热

变压器引线、线卡连接部分一般温度不宜超过70℃。当引线、线卡连接部分接触不良或引线断股、炸股会引起发热产生高温、变色现象，套管引线接头严重发热时，会使绝缘纸进一步损坏，以致全部击穿，还会造成套管爆炸。当发现引线发热时，应采取措施及时处理，防止造成事故。

（1）套管接线端部紧固部分松动，或引线头线鼻子滑牙等，接触面会发生严重氧化，使接触部分过热，颜色变暗失去光泽，表面镀层也遭到破坏。可用示温腊片检查（一般黄色融化为60℃、绿色为70℃、红色80℃）或用红外线测温仪测量。发现过热现象时，应立即设法转移负荷，将发热点的负荷降低，减小发热点的电流，并注意测量温度的变化趋势。如减负荷不能降低温度，应考虑停用变压器。

（2）引线断股、炸股后，其有效载流截面变小，当通过正常负荷电流时，可能会由于截面减小引起过热。测温发现温度异常后，应设法减小负荷。

5. 变压器有放电声

（1）变压器表面发生局部放电，会发出“噼啪”的音响。变压器套管端部接触不良，也会形成悬浮电位而引起火花放电。在夜间或阴雨天可以看到变压器套管附近有蓝色的电晕或火花，说明污秽严重或设备接线接触不良。这种情况下，应停电对套管进行清洗或对设备引线进行紧固。有时低压35kV套管裙边对地电场强度较大，也会发出“吱吱”的连续放电声，可在法兰铁颈处涂抹半导体漆来降低电场强度。

（2）变压器内部放电，则可能发生于变压器内处于高电位的金属部件，如绕组内部绝缘击穿、也可能是分接开关接触不良的放电声。此时应立即紧急停用变压器，对变压器做详细的检查。也可能是不接地部件的静电放电，如处于地电位的部件、硅钢片磁屏蔽和各种紧固用金属螺栓等与地的连接松动脱落，就会导致悬浮电位放电。

6. 压力阀启动

当变压器油压超过释放阀整定的标准时，压力释放阀便会动作进行喷油或溢油，从而降低油箱的油压，保护了变压器本体油箱。变压器的压力释放器触点宜作用于信号，压力释放阀动作后会发出信号警报，以便运行人员迅速发现异常进行处理。

当变压器内部放电，高压电弧致使变压器油分解，产生大量气体，变压器内部压力增大，会迫使压力释放器动作，变压器油喷出；同时产生的气体又使瓦斯继电器“重瓦斯”保护动作，造成主变压器跳闸。

压力释放器动作后，应记录动作信号，并立即到现场对变压器进行外部检查，重点检查压力释放器是否喷油，顶部红色端钮是否弹起。

7. 变压器过负荷

运行中的变压器如果过负荷，可能出现电流指标超过额定值，有功、无功功率表指针指示增大，或出现变压器“过负荷”信号、“温度高”信号和音响报警等信号。发现上述异常现象或信号，应按下述原则进行处理：

（1）恢复音响，汇报调度，并作好记录。

（2）及时调整变压器的运行方式，若有备用变压器，应立即投入。

（3）及时调整负荷的分配，与调度协商转移负荷。

运行中的变压器发出过负荷信号时，运行人员应检查变压器的各侧电流是否超过规定值，并应将变压器过负荷数量报告当值调度员，然后检查变压器的油位、油温是否正常，同时将冷却器全部投入运行，对过负荷数量值及时间按现场规程中规定的执行，并按规定时间巡视检查，必要时增加特殊巡视。

8. 有载调压分接开关故障

有载调压分接开关装置在运行中由于各种原因会发生异常，常见故障原因和处理方法见表ZY2200606004-1所示。

表ZY2200606004-1　　分接开关常见故障及其排除方法

序号	故障特征	故障原因	检查与排除方法
1	手摇操作正常，而电动操作拒动	无操作电源或电动机控制回路故障，如手动机构中弹簧片未复位，造成闭锁开关触点未接通	检查操作电源和电动机控制回路的正确性，消除故障后进行整组联动试验
2	电动机构仅能一个方向分接交换	限位机构未复位	手投限位机构，滑动接触处加少量油脂润滑
3	分接开关无法控制操作方向	电动机电容器回路断线、接触不良或电容器故障	检查电动机电容器回路，并处理接触不良、断线或更换电容器
4	电动机构正、反两个方向分接交换均拒动	无操作电源或缺相，手摇闭锁开关触点未复位	检查三相电源应正常，处理手摇闭锁开关触点应接触良好
5	远方控制拒动，而就地电动操作正常	远方控制回路故障	检查远方控制回路的正确性，消除故障后进行整组联动试验
6	切换开关切换时间延长或不切换	储能拉货疲劳，拉力减弱、断裂或机械卡死	切换位置或检修传动机械
7	分接开关与电动机构分接位置不一致	分接开关与电动机构连接错误	查明原因并进行联动试验
8	分接开关储油箱油位异常升高或降低直至变压器储油箱油位	如调整分接开关储油箱油位后，仍继续出现类似故障现象，应判断为油室密封缺陷，造成油室中油与变压器本体油互相渗漏。油室内放油螺栓未拧紧，亦会造成渗漏油	分接开关揭盖寻找渗漏点，如无渗漏油，则应吊出芯体，抽尽油室中油，在变压器本体油压下观察绝缘筒内壁、分接引线螺栓及转轴密封等处是否有渗漏油。然后，更换密封件或进行密封处理。有放气孔或放油码检的应紧固螺栓，要换密封圈
9	运行中分接开关频繁发信动作	油室内存在局部放电源，造成气体的不断积累	吊芯检查有否悬浮电位放电，连线或限流电阻有否断裂、接触不良而造成经常性的局部放电。应及时消除悬浮电位放电及其不正常局部放电
10	储能机构失灵	分接开关干燥后无油操作；异物落入切换开关芯体内，误拨机构，使其处于脱扣状态	严禁干燥后无油操作，排除异物
11	分接开关有局部放电或爬电位化	紧固件或电极有尖端放电，紧固件松动或悬浮电位放电	排除尖端，加固紧固件，消除悬浮放电

四、注意事项

（1）发生事故时，值班人员应将事故现象、信号及过程详细记录下来，并汇报有关领导。

（2）按照运行规程，迅速查明故障的性质、地点及范围，尽快地限制故障点的蔓延和发展，消除危害人身或设备受损伤的故障点，将故障设备与非故障设备隔离。

（3）在处理事故时，首先要恢复所用电，以保证变电站其他设备的正常工作。

（4）请示上级部门，尽快地改变运行方式，有备用设备时要尽快投入运行。

（5）在处理事故时，值班人员应坚守工作岗位，按照运行规程，正确执行调度命令。

五、案例

案例：配电变压器分接开关接触不良引起匝间短路。

1. 故障现象

某企业一台 10kV、400kVA 配电变压器投运后不久烧坏，外观检查发现高压侧熔断器熔丝已熔断，低压侧熔丝完好，高低压两侧外观均无相间短路及单相接地现象。

2. 原因分析

对烧坏的变压器进行试验检查，绝缘试验合格，直流电阻试验不合格，变压器油检查有异常气味，油色变黑。吊芯检查发现，相线外层 I 挡抽头接线处，烧断 30 多匝，底层绝缘破裂，判断为抽头处焊接不良，导致长期发热。绝缘受到破坏，因而造成匝间短路，变压器损坏。

3. 结论

由于变压器分接开关接触不良引起匝间短路。

4. 采取措施

（1）每年对变压器进行一次直流电阻试验，并和往年数据相比较，不应有明显变化，当有明显变化时，应查明原因。

（2）加强日常的巡视检查，发现异常及时采取措施，避免烧坏主设备。

【思考与练习】

1. 如何对变压器运行声音异常进行检查分析？
2. 变压器过负荷应如何处理？
3. 如何对运行中的变压器油温升高或渗漏油进行检查分析？
4. 运行中的变压器引线发热原因有哪些？如何处理？

模块 5 变压器、母线停送电操作票填写及操作 (ZY2200606005)

【模块描述】本模块包含操作票填写要求及注意事项、变压器和母线停送电操作原则和注意事项等内容。通过概念描述、术语说明、要点归纳、图表说明、案例分析，掌握变压器、母线停送电操作原则和程序，能正确填写操作票。

【正文】

一、操作票填写要求及注意事项

1. 操作票格式

操作票幅面统一用 A4 纸，填写字体为仿宋体。经“操作票生成系统”打印后执行。操作票应统一编号，并按照编号顺序进行使用。

2. 操作票填写说明

（1）操作票应由操作人根据操作任务的要求、系统的运行方式、设备的运用状态手工填写或应用计算机填票。填写任务时，应填上设备运用状态的转换情况。如“由××状态转换为××状态”，在操作任务前写明电压等级，用“kV”表示。

（2）一张操作票只能填写一个操作任务，操作任务内应填写设备的双重名称，即设备名称和编号。连续多页时操作任务只填写在第一页对应栏。每个操作项目栏内只应填写一个操作项目。如：拉开 3145 开关、退出 3015 断路器重合闸连接片等。

（3）操作票内容不得涂改。操作人、监护人、值班负责人应由本人手工签名，发令人由主值代签。操作时间填写按照公历的年、月、日和 24 小时制填写。

（4）如一页操作票不能满足填写一个操作任务时，应紧接下一张操作票进行填写，并在前一页操作票最后一行填写“下接××××号操作票”字样。

（5）使用计算机开票前，应核对设备状态与现场实际相符，采用图形点击开票，不得使用典型操作票作为现场实际操作票。

（6）已操作的应加盖“已执行”章。未执行的操作票，加盖“未执行”章，作废的操作票，应加盖“作废”章。“未执行”和“作废”的应在备注栏内写明原因。

3. 应填入操作票的项目

根据《电业安全工作规程》操作票应填写的项目为：

（1）拉合的设备（断路器、隔离开关、接地开关等），验电，装拆接地线，切换保护回路和自动化装置及检验是否确无电压等。

（2）拉合设备（断路器、隔离开关、接地开关等）后检查设备的位置。就地操作的隔离开关，可不将检查隔离开关的位置作为一个单独的项目填入操作票，但须检查确已拉开或已合好。

（3）进行停、送电操作时，在拉、合隔离开关和手车式开关拉出、推入前，检查断路器确在分闸位置。

（4）在进行倒负荷或解、并列操作前后，检查相关电源运行及负荷分配情况。

（5）设备检修后、合闸送电前，检查送电范围内接地开关已拉开，接地线已拆除。

（6）断开、合上断路器控制回路或合闸回路、电压互感器的二次开关；拉、合电动隔离开关的操作电源。

（7）检查仪器、仪表和监控画面的指示情况。投退保护回路连接片，保护定值的更改，替换和核对定值单号码及定值。

4. 不需填写操作票的项目

不需填写操作票的项目包括：事故处理过程中的紧急操作，即事故应急处理；选择直流接地故障或寻找线路接地故障的操作；拉合断路器的单一操作；拉开接地开关或拆除全变电站仅有的一组接地线；投入或退出一套保护的一块连接片；使用隔离开关拉合一组避雷器或电压互感器。但上述操作在完成后应记入操作记录簿内，事故处理应保存原始记录。

二、变压器操作原则和注意事项

1. 变压器的一般操作原则

（1）变压器停送电操作顺序：送电时，应先送电源侧，后送负荷侧；停电时，操作顺序与此相反。

（2）凡有中性点接地的变压器，变压器的投入或停用，均应先合上各侧中性点接地隔离开关。变压器在充电状态，其中性点隔离开关也应合上。

（3）两台变压器并联运行，在倒换中性点接地隔离开关时，应先合上中性点未接地的接地隔离开关，再拉开另一台变压器中性点接地的隔离开关，并将零序电流保护切换至中性点接地的变压器上。

（4）变压器分接开关的切换。无载分接开关的切换应在变压器停电状态下进行，分接开关切换后，必须用欧姆表测量分接开关接触电阻合格后，变压器方可送电。有载分接开关在变压器带负荷状态下，可手动或电动改变分接头位置，但应防止连续调整。

（5）一个变电站有多台变压器时，只允许有一台变压器中性点接地。倒闸操作前应充分考虑系统中性点的运行方式，不得使110kV及以上系统失去接地点，确保停送电后直接接地的中性点数目不变。

2. 注意事项

（1）变压器并列运行时，必须满足：变压器的连接组标号应相同；变压器的电压比应相等；变压器阻抗电压百分比应相等。

（2）变压器投入运行时，应选择励磁涌流影响较小的一侧送电。一般先从电源侧充电，后合上负荷侧开关。停电时，应先拉开负荷侧开关，后拉开电源侧开关。

（3）变压器停、送电操作时，如会对运行系统中变压器中性点接地方式（数量和地点）产生影响，必须按继电保护运行规程的要求进行调整，在调整过程中，应按先合后拉的原则进行。

（4）对于停、送电操作后处于热备用状态的变压器（即一经合开关，变压器即带电），其中性点接地闸刀应在合上状态。

（5）新投运或大修后的变压器投入运行时应进行定相，有条件时应尽可能采取零起升压。

三、变压器的操作

1. 变压器停送电操作

（1）单电源双绕组变压器停电时，应先停负荷侧，再停电源侧，然后分别按照变压器侧、母线侧的顺序拉开各侧隔离开关。送电顺序与此相反。

（2）单电源三绕组变压器停电时，应先停低压侧，再停中压侧，最后停高压侧，操作时可先将各侧断路器断开，再按由低到高的顺序拉开各侧隔离开关。对于主变压器隔离开关，应先拉变压器侧，后拉母线侧，送电时顺序与此相反。

（3）双电源或三电源变压器停电时，一般先断开低压侧，再停中压侧，然后停高压侧，最后拉开各侧隔离开关。送点操作顺序与此相反。特殊情况下，该类变压器的停送电操作顺序必须考虑保护的配备和励磁涌流的情况。

（4）三绕组升压变压器高压侧停电操作，先合上高压侧中性点接地隔离开关，然后拉开高压侧断路器，停电后高压侧中性点接地隔离开关保持合位。

2. 变压器调压操作

正常情况下，变压器的调压操作应通过电动机构进行，每按一次，只允许调节一个分头，按钮时间应符合制造厂的规定。分接变换操作时，应与主控室保持联系，操作时注意电压表、电流表的指示，位置指示器及动作计数器都应有相应变化。每次调压操作，都应将操作时间、分头位置、电压变化情况以及累计动作次数记录在“有载调压装置调节记录簿”上。

3. 中性点运行方式变换操作

在 110kV 及以上中性点直接接地系统的变压器投运或退出时，需要进行中性点的切换：

（1）变压器在投运或停运前，必须先投入其中性点接地隔离开关。投入后的变压器可根据系统运行方式决定中性点是否断开；对于停、送电操作后处于热备用状态的变压器（即一经合开关，变压器即带电），其中性点接地闸刀应在合上状态。

（2）并列运行的变压器，一般只有一台变压器中性点接地，另一台变压器中性点不接地。如接地变压器故障跳闸后应迅速将未接地的变压器的中性点接地隔离开关合上。

（3）并列运行的变压器在倒闸操作时，中性点接地隔离开关的操作原则为先合后拉，即允许两台变压器中性点在倒闸操作过程中短时同时接地，但操作时间尽量缩短。

4. 主变压器操作案例

此案例以某客户××110kV 变电站为例，采用的主接线图、倒闸操作票均为该站的主接线图及标准操作票。其主接线图如图 ZY2200606005-1 所示。

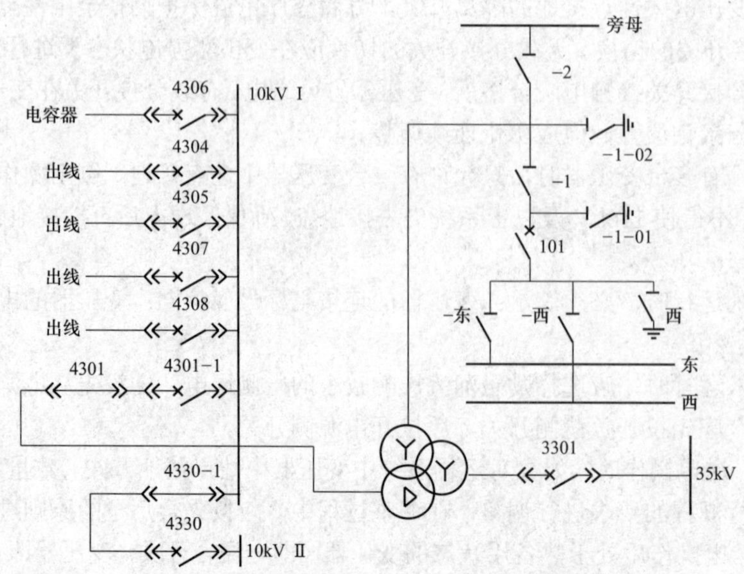

图 ZY2200606005-1　某客户××110kV 变电站主接线图

案例：主变压器停送电操作

（1）1 号主变压器停电，其操作票如下：

变电站典型倒闸操作票

××客户：××变电站 0004

<table>
<tr><td rowspan="2">发令人</td><td rowspan="2"></td><td rowspan="2">受令人</td><td rowspan="2"></td><td>发令时间</td><td>年　月　日　时　分</td></tr>
<tr><td>汇报时间</td><td>年　月　日　时　分</td></tr>
<tr><td colspan="6">操作任务：1 号主变压器停电
由运行状态转换为检修状态</td></tr>
</table>

√	顺序	操　作　项　目	操作时间
	1	投入 1 号主变压器高后备 1 零序过流二段连接片 5LP	
	2	投入 1 号主变压器高后备 2 零序过流二段连接片 22LP	
	3	合上 1 号主变压器 110kV 侧中性点接地开关	
	4	检查 1 号主变压器 110kV 侧中性点接地开关在合闸位置	
	5	退出 1 号主变压器高后备 1 间隙零序过压连接片 7LP	
	6	退出 1 号主变压器高后备 2 间隙零序过压连接片 24LP	
	7	退出 1 号主变压器高后备 1 间隙零序过流投入连接片 6LP	
	8	退出 1 号主变压器高后备 2 间隙零序过流投入连接片 23LP	
	9	投入 4301 断路器遥控输出连接片	
	10	拉开 4301 断路器	
	11	检查 4301 断路器在分闸位置	
	12	退出 4301 断路器遥控输出连接片	
	13	投入 3301 断路器遥控输出连接片	
	14	拉开 3301 断路器	
	15	检查 3301 断路器在分闸位置	
	16	退出 3301 断路器遥控输出连接片	
	17	投入 101 断路器遥控输出连接片	
	18	拉开 101 断路器	
	19	检查 101 断路器在分闸位置	
	20	下接 0005 号操作票	
备注			

操作人：　　　　　　　监护人：　　　　　　　值班负责人（值长）：

变电站典型倒闸操作票

××客户：××变电站 0005

<table>
<tr><td rowspan="2">发令人</td><td rowspan="2"></td><td rowspan="2">受令人</td><td rowspan="2"></td><td>发令时间</td><td>年　月　日　时　分</td></tr>
<tr><td>汇报时间</td><td>年　月　日　时　分</td></tr>
<tr><td colspan="6">注：同一张操作票的接续可不填操作任务。
操作任务：</td></tr>
</table>

√	顺序	操　作　项　目	操作时间
	21	退出 101 断路器遥控输出连接片	

续表

√	顺序	操　作　项　目	操作时间
	22	拉开 4301 断路器合闸弹簧储能开关	
	23	拉出 4301 断路器小车至试验位置	
	24	取下 4301 断路器控制电源插头	
	25	拉出 4301 断路器小车至检修位置	
	26	取下 4301–1 小车隔离开关二次端子插头	
	27	拉出 4301–1 小车隔离开关至检修位置	
	28	释放 4301 断路器合闸弹簧能量	
	29	拉开 3301 断路器合闸弹簧储能开关	
	30	拉出 3301 断路器小车至试验位置	
	31	取下 3301 断路器控制电源插头	
	32	拉出 3301 断路器小车至检修位置	
	33	释放 3301 断路器合闸弹簧能量	
	34	拉开 101–1 隔离开关	
	35	检查 101–2 隔离开关在分闸位置	
	36	拉开 101–东隔离开关	
	37	检查 101–西隔离开关在分闸位置	
	38	拉开 1 号主变压器 110kV 侧中性点接地开关	
	39	检查 1 号主变压器 110kV 侧中性点接地开关在分闸位置	
	40	下接 0006 号操作票	
备注			

操作人：　　　　　　监护人：　　　　　　值班负责人（值长）：

变电站典型倒闸操作票

××客户：××变电站 0006

发令人		受令人		发令时间	年　月　日　时　分
				汇报时间	年　月　日　时　分

操作任务：

√	顺序	操　作　项　目	操作时间
	41	退出 1 号主变压器高后备 1 零序过流二段连接片 5LP	
	42	退出 1 号主变压器高后备 2 零序过流二段连接片 22LP	
	43	取下 1 号主变压器保护 1 跳 3330 断路器出口连接片 46LP	
	44	取下 1 号主变压器保护 1 跳 4330 断路器出口连接片 48LP	
	45	取下 1 号主变压器保护 2 跳 3330 断路器出口连接片 47LP	
	46	取下 1 号主变压器保护 2 跳 4330 断路器出口连接片 49LP	
	47	拉开 1 号主变压器风冷电机电源	
	48	在 101–1 隔离开关主变压器套管侧验明无电	
	49	在 101–1 隔离开关主变压器套管侧挂上接地线	

续表

√	顺序	操作项目	操作时间
	50	在1号主变压器35kV侧套管侧验明无电	
	51	在1号主变压器35kV侧套管侧挂上接地线	
	52	在1号主变压器10kV侧套管侧验明无电	
	53	在1号主变压器10kV侧套管侧挂上接地线	
	54		
	55		
	56		
	57		
	58		
	59		
	60		
备注			

操作人：　　　　监护人：　　　　值班负责人（值长）：

（2）1号主变压器送电：1号主变压器送电操作票如下所示。

变电站典型倒闸操作票

××客户：××变电站0007

发令人		受令人		发令时间	年　月　日　时　分
				汇报时间	年　月　日　时　分

操作任务：1号主变压器送电
由冷备用状态转换为运行状态

√	顺序	操作项目	操作时间
	1	投入1号主变压器高后备1零序过流二段连接片5LP	
	2	投入1号主变压器高后备2零序过流二段连接片22LP	
	3	合上1号主变压器110kV侧中性点接地开关	
	4	检查1号主变压器110kV侧中性点接地开关在合闸位置	
	5	检查101断路器在分闸位置	
	6	检查101–西隔离开关在分闸位置	
	7	合上101–东隔离开关	
	8	检查101–2隔离开关在分闸位置	
	9	合上101–1隔离开关	
	10	检查3301断路器合闸弹簧释已释能	
	11	推入3301断路器小车至试验位置	
	12	给上3301断路器控制电源插头	
	13	检查3301断路器在分闸位置	
	14	推入3301断路器小车至运行位置	
	15	合上3301断路器合闸弹簧储能开关	
	16	检查3301断路器合闸弹簧已储能	

续表

∨	顺序	操　作　项　目	操作时间
	17	检查 4301 断路器合闸弹簧已释能	
	18	推入 4301 断路器小车至试验位置	
	19	给上 4301 断路器控制电源插头	
	20	下接 0008 号操作票	
备注			

操作人：　　　　　　　监护人：　　　　　　　值班负责人（值长）：

变电站典型倒闸操作票

××客户：××变电站 0008

发令人		受令人		发令时间	年　月　日　时　分
				汇报时间	年　月　日　时　分
操作任务：					

∨	顺序	操　作　项　目	操作时间
	21	检查 4301 断路器在分闸位置	
	22	推入 4301-1 隔离开关小车至运行位置	
	23	给上 4301-1 隔离开关小车二次端子插头	
	24	推入 4301 断路器小车至运行位置	
	25	合上 4301 断路器合闸弹簧储能开关	
	26	检查 4301 断路器合闸弹簧已储能	
	27	给上 1 号主变压器风冷电机电源	
	28	投入 101 断路器遥控输出连接片	
	29	合上 101 断路器	
	30	检查 101 断路器在合闸位置	
	31	退出 101 断路器遥控输出连接片	
	32	检查 1 号主变压器空载运行正常	
	33	投入 3301 断路器遥控输出连接片	
	34	合上 3301 断路器	
	35	检查 3301 断路器在合闸位置	
	36	退出 3301 断路器遥控输出连接片	
	37	投入 4301 断路器遥控输出连接片	
	38	合上 4301 断路器	
	39	检查 4301 断路器在合闸位置	
	40	下接 0009 号操作票	
备注			

操作人：　　　　　　　监护人：　　　　　　　值班负责人（值长）：

模块5　ZY2200606005

变电站典型倒闸操作票

××客户：××变电站 0009

<table>
<tr><td rowspan="2">发令人</td><td rowspan="2"></td><td rowspan="2">受令人</td><td rowspan="2"></td><td>发令时间</td><td>年　月　日　时　分</td></tr>
<tr><td>汇报时间</td><td>年　月　日　时　分</td></tr>
<tr><td colspan="6">操作任务：</td></tr>
</table>

√	顺序	操　作　项　目	操作时间
	41	退出 4301 断路器遥控输出连接片	
	42	投入 1 号主变压器高后备 1 间隙零序过压 7LP	
	43	投入 1 号主变压器高后备 2 间隙零序过压 24LP	
	44	投入 1 号主变压器高后备 1 间隙零序过流投入连接片 6LP	
	45	投入 1 号主变压器高后备 2 间隙零序过流投入连接片 23LP	
	46	拉开 1 号主变压器 110kV 侧中性点接地开关	
	47	检查 1 号主变压器 110kV 侧中性点接地开关在分闸位置	
	48	退出 1 号主变压器高后备 1 零序过流二段连接片 5LP	
	49	退出 1 号主变压器高后备 2 零序过流二段连接片 22LP	
	50	给上 1 号主变压器保护 1 跳 3330 断路器出口 46LP	
	51	给上 1 号主变压器保护 1 跳 4330 断路器出口 48LP	
	52	给上 1 号主变压器保护 2 跳 3330 断路器出口 47LP	
	53	给上 1 号主变压器保护 2 跳 4330 断路器出口 49LP	
	54		
	55		
	56		
	57		
	58		
	59		
	60		
备注			

操作人：　　　　监护人：　　　　值班负责人（值长）：

四．母线操作原则和注意事项

1. 母线操作的一般原则

（1）运行中的双母线，当将一组母线上的部分或全部断路器倒至另一组母线时（冷倒除外），应确保母联断路器及其隔离开关在合闸状态。

1）对微机型母差保护，应作出相应切换（如投入互联或单母线连接片等），要注意检查切换后的情况（切换继电器的位置及相应光示牌亮出），然后应短时将母联或分段断路器改非自动。操作结束后自行恢复母联断路器自动、母差固定接线（或双母方式）。

2）操作隔离开关时，应先合上备用隔离开关，再拉开工作隔离开关，即遵循“先合后拉”的原则。

3）在倒母线操作过程中，要严格检查各回路母线隔离开关的双位置继电器。

4）母线倒闸操作过程中，现场负责进行继电保护及安全自动装置电压回路的相应切换。

5）35kV 未装母线充电保护的，在向母线充电时，可以使用本断路器保护，但应将时间调整到零秒，过流值调整到最小。

（2）对于母线上热备用的线路，当需要将热备用线路由一组母线倒至另一组母线时，应先将该线路由热备用转为冷备用，然后再操作调至另一组母线上热备用，即遵循先拉后合的原则，以免发生通过两条母线隔离开关合环或解环的误操作事故，这种操作无需将母联断路器设置为死断路器。

（3）两组母线的并列、解列操作必须用断路器来完成。倒母线应考虑各组母线的负荷与电源分布的合理性。一组运行母线及母联断路器停电，应在倒母线操作结束后，拉开母联断路器，再拉开停电母线侧隔离开关，最后拉开运行母线侧隔离开关。

（4）双母线双母联带分段断路器接线方式倒母线操作时，应逐段进行。一段操作完毕，再进行另一段的倒母线操作。不得将与操作要求无关的母联、分段断路器改非自动。

2. 母线的操作注意事项

（1）检修完工的母线在送电前，应检查母线设备完好，无接地点。

（2）用断路器向母线充电前，应将空母线上只能用隔离开关充电的附属设备，如母线电压互感器、避雷器先行投入。

（3）双母线接线当停用一组母线时，要防止运行母线电压互感器对停用母线电压互感器二次反充电，引起运行母线电压互感器二次保险熔断或自动断路器断开，使继电保护失压引起误动作。

（4）倒母线时，应注意线路的继电保护、自动装置（如按频率减负荷）及电能表所用的电压互感器电源的相应切换；如不能提前切换到运行母线的电压互感器上供电，则事先应将这些保护停用。

（5）无论是回路的倒母线还是母线停役的倒母线操作，在拉开母联断路器之前，应再次检查需倒回路是否均已倒至另一组运行母线上，并检查母联断路器电流表计指示为零、检查电压切换箱对应母线的灯亮、检查微机型母差保护的回路双位置继电器位置正确；拉开母联断路器后，检查停电母线上的电压表应指示为零。

（6）在母线隔离开关的合、拉过程中，如可能发生较大火花时，应依次先合靠母联断路器最近的母线隔离开关；拉闸的顺序则与其相反。尽量减小操作母线隔离开关时的电位差。

（7）110kV 及以上母线操作可能出现的谐振过电压应根据运行经验和试验结果采取防止措施。

五、母线的操作

1. 操作要求

（1）对母线送电时，应使用具有速断保护的断路器（母联、母联兼旁路或线路断路器）进行。

（2）若只能用隔离开关向母线送电时，应进行必要的检查确认其设备正常、绝缘良好、连接母线的所有接地线和接地闸刀已拆除拉开。

（3）用母联断路器对母线送电时，需调整部分保护和临时投入充电保护或解列保护，由现场按整定书要求执行，充电完毕后恢复原状。

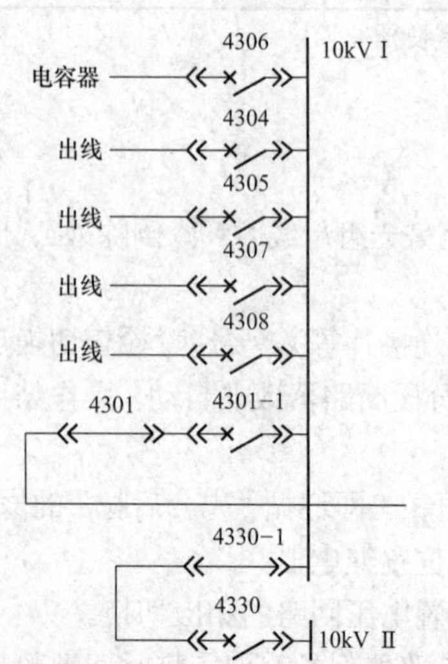

图 ZY2200606005-2 10kV 母线主接线图

（4）用外部电源对母线试送时，需将试送线路本侧方向高频保护（或高频闭锁保护）改停用，若线路配置双光纤保护，线路两侧保护正常投入，将线路送电侧后备保护距离Ⅱ段时间定值调至 0.5s。

（5）用变压器向 220kV、110kV 母线充电时，变压器中性点必须接地。

（6）用变压器向不接地或经消弧线圈接地系统的母线充电时，应防止出现铁磁谐振或母线三相对地电容不平衡而产生异常过电压：如有可能产生铁磁谐振，应先带适当长度的空线路或采用其他消谐措施。

2. 母线操作案例

此案例以××客户××110kV 变电站为例，采用的主接线图、倒闸操作票均为该站的主接线图及标准操作票。其 10kV 母线主接线图如图 ZY2200606005-2 所示。

案例：母线停送电操作

（1）10kVⅠ段母线停电操作

其操作典型票样及填写格式如下：

变电站典型倒闸操作票

××客户：××变电站 0001

发令人		受令人		发令时间	年　月　日　时　分
				汇报时间	年　月　日　时　分

操作任务：10kVⅠ段母线停电
由运行状态转换为检修状态

√	顺序	操　作　项　目	操作时间
	1	检查 4304 断路器小车在检修位置	
	2	检查 4305 断路器小车在检修位置	
	3	检查 4306 断路器小车在检修位置	
	4	检查 4307 断路器小车在检修位置	
	5	检查 4308 断路器小车在检修位置	
	6	检查 10kV 站用变隔离开关小车在检修位置	
	7	检查 4330 断路器在分闸位置	
	8	拉开 4330 断路器合闸弹簧储能开关	
	9	拉出 4330 断路器小车至试验位置	
	10	取下 4330 断路器控制电源插头	
	11	拉出 4330 断路器小车至检修位置	
	12	取下 4330–1 隔离开关二次端子插头	
	13	拉出 4330–1 隔离开关小车至检修位置	
	14	释放 4330 断路器合闸弹簧能量	
	15	取下 10kVⅠ段 PT 二次端子插头	
	16	取下 10kVⅠ段 PT 二次保险	
	17	拉出 10kVⅠ段 PT 小车至检修位置	
	18	投入 4301 断路器遥控输出连接片	
	19	拉开 4301 断路器	
	20	下接 00002 操作票	

备注

操作人：　　　　监护人：　　　　值班负责人（值长）：

变电站典型倒闸操作票

××客户：××变电站 0002

发令人		受令人		发令时间	年　月　日　时　分
				汇报时间	年　月　日　时　分

操作任务：

√	顺序	操　作　项　目	操作时间
	21	检查 4301 断路器在分闸位置	

模块 5　ZY2200606005

续表

√	顺序	操 作 项 目	操作时间
	22	退出 4301 断路器遥控输出连接片	
	23	退出 1 号主变压器保护低后备 1 复合电压闭锁投入 16LP	
	24	退出 1 号主变压器保护低后备 2 复合电压闭锁投入 33LP	
	25	拉开 4301 断路器合闸弹簧储能开关	
	26	拉出 4301 断路器小车至试验位置	
	27	取下 4301 断路器控制电源插头	
	28	拉出 4301 断路器小车至检修位置	
	29	取下 4301–1 隔离开关小车二次端子插头	
	30	拉出 4301–1 隔离开关小车至检修位置	
	31	释放 4301 断路器合闸弹簧能量	
	32	在 4330–1 隔离开关 I 母侧验明无电	
	33	在 4330–1 隔离开关 I 母侧挂上接地线	
	34	在 4301–1 隔离开关 I 母侧验明无电	
	35	在 4301–1 隔离开关 I 母侧挂上接地线	
	36		
	37		
	38		
	39		
	40		
备注			

操作人： 监护人： 值班负责人（值长）：

（2）10kV Ⅰ段母线送电操作票

变电站典型倒闸操作票

××客户：××变电站 0001

发令人		受令人		发令时间	年 月 日 时 分
				汇报时间	年 月 日 时 分

操作任务：10kV Ⅰ段母线送电
由冷备用状态转换为运行状态

√	顺序	操 作 项 目	操作时间
	1	检查 10kV Ⅰ段母线无异常	
	2	检查 4301 断路器合闸弹簧已释能	
	3	推入 4301 断路器小车至试验位置	
	4	给上 4301 断路器控制电源插头	
	5	检查 4301 断路器在分闸位置	
	6	推入 4301–1 隔离开关小车至运行位置	
	7	给上 4301–1 隔离开关小车二次端子插头	
	8	推入 4301 断路器小车至运行位置	

续表

√	顺序	操　作　项　目	操作时间
	9	合上 4301 断路器合闸弹簧储能开关	
	10	检查 4301 断路器合闸弹簧已储能	
	11	检查 4330 断路器合闸弹簧已释能	
	12	推入 4330 断路器小车至试验位置	
	13	给上 4330 断路器控制电源插头	
	14	检查 4330 断路器在分闸位置	
	15	推入 4330–1 隔离开关小车至运行位置	
	16	给上 4330–1 隔离开关小车二次端子插头	
	17	推入 4330 断路器小车至运行位置	
	18	合上 4330 断路器合闸弹簧储能开关	
	19	检查 4330 断路器合闸弹簧已储能	
	20	下接 0002 号操作票	
备注			

操作人：　　　　　　　监护人：　　　　　　　值班负责人（值长）：

变电站典型倒闸操作票

××客户：××变电站 0002

发令人		受令人		发令时间	年　月　日　时　分
				汇报时间	年　月　日　时　分
操作任务：					

√	顺序	操　作　项　目	操作时间
	21	推入 10kV Ⅰ段 PT 小车至运行位置	
	22	投入 1 号主变压器保护低后备 1 复合电压闭锁投入 16LP	
	23	投入 1 号主变压器保护低后备 2 复合电压闭锁投入 33LP	
	24	投入 4301 断路器遥控输出连接片	
	25	合上 4301 断路器	
	26	检查 4301 断路器在合闸位置	
	27	退出 4301 断路器遥控输出连接片	
	28	给上 10kV Ⅰ段 PT 二次保险	
	29	给上 10kV Ⅰ段 PT 二次端子插头	
	30	检查 10kV Ⅰ段母线电压表计指示正确	
	31		
	32		
	33		
	34		
	35		
	36		

续表

√	顺序	操 作 项 目	操作时间
	37		
	38		
	39		
	40		
备注			

操作人： 监护人： 值班负责人（值长）：

【思考与练习】

1. 简述操作票填写的一般要求。
2. 变压器的并列运行应满足哪些条件？
3. 大电流接地系统变压器停送电操作时，对中性点接地有何要求？
4. 母线操作的一般原则应注意哪些方面？

第十九章　开关电器检查与分析

模块 1　低压开关的巡视与检查（ZY2200607001）

【模块描述】本模块包含各类低压开关巡视检查的项目及注意事项等内容。通过概念描述、术语说明、要点归纳，掌握低压开关的巡视与检查方法。

【正文】

一、巡视检查项目及内容

1. 低压断路器巡视检查的项目及内容

（1）检查外部有无灰尘、破损、缺件；设备元件有无损坏，各间隙是否安全、正常；

（2）检查所带负荷是否超过额定值；

（3）检查触头连接导线有无过热现象，接线端子处接线是否良好，有无发热、松动等现象；

（4）检查固定螺钉是否拧紧，开关固定是否牢固；

（5）检查、核对脱扣器的整定值是否正确、适合；

（6）检查操作机构的连杆、轴销、弹簧等部件有无变形、锈蚀、损坏，操作是否灵活，有无卡阻现象；断路器在使用中各个传动部分是否灵活、可靠；

（7）检查分、合闸状态时的指示标示是否正确；

（8）监听开关在运行中有无异常响声；

（9）检查灭弧罩有无电弧烧损痕迹或灭弧栅片烧损是否严重，灭弧罩有无破碎、裂；

（10）检查电磁铁表面有无油垢、灰尘，线圈有无过热和烧毁现象，弹簧有无锈蚀痕迹；

（11）检查触头与触座的接触压力是否适当，检查三相触头的同期性。

2. 交流接触器巡视检查的项目及内容

（1）检查外部有无灰尘、破损、缺件；

（2）检查引出线的连接端子有无过热现象，压紧螺钉有无松动；

（3）检查所带负荷电流是否超过额定值；

（4）检查接触器固定是否牢固；

（5）监听接触器在运行中有无异常响声、放电声和焦臭味；

（6）检查接触器分、合闸指示标示是否正确；

（7）检查辅助触头有无烧蚀现象，有无损伤；

（8）检查线圈有无过热、变色、绝缘层老化现象；

（9）检查灭弧罩有无松动和破损，灭弧罩内有无电弧烧损痕迹；

（10）检查接触器吸合是否良好，触头有无打火现象及较大振动声。接触器的触头磨损是否严重；触头烧损是否严重。接触器（对于金属外壳等）保护接地（接零）是否良好；

（11）检查绝缘杆有无裂损现象；

（12）检查接触器三相触头的同期性。

3. 熔断器巡视检查的项目及内容

（1）检查熔断指示器，特别是当线路发生过载、短路等故障后；

（2）检查熔断器外部有无破损或闪络放电痕迹；

（3）检查熔断器有无过热现象；

（4）检查熔体有无氧化腐蚀；

（5）检查熔体有无机械损伤；

（6）管式熔断器的熔体熔断后，要检查熔管内壁有无烧焦现象；

（7）检查熔体与触刀之间，触刀与底座之间接触是否良好；

（8）检查熔断器的使用环境温度是否过高；

（9）检查熔断器及熔体的额定值与被保护设备是否相匹配；

（10）检查熔断器的各级之间配合是否适当。

4. 刀熔开关巡视检查的项目及内容

（1）检查刀熔开关的外部有无灰尘、破损、缺件；

（2）检查安装是否正确，固定是否牢固、可靠；

（3）检查引接线绝缘是否有烧焦痕迹和焦臭味；接线是否牢固，有无松动、压线螺钉有无锈蚀现象；引线与端子接触是否良好，有无导线接头发红现象；

（4）检查选用的熔丝是否符合要求，保险丝是否熔断；

（5）检查刀闸合闸是否到位，开关是否松动，触刀与触座接触是否良好、紧密、接触压力是否适当；

（6）检查刀熔开关金属外壳有无漏电现象，接地（接零）保护是否可靠；

（7）检查刀熔开关所带负荷电流是否超过其额定值；

（8）检查刀开关的触刀、触座是否有氧化层；触刀有无烧损；

（9）检查绝缘连杆、底座等绝缘部分有无损坏和放电现象；

（10）检查三相闸刀分、合闸的同期性；操作机构是否灵活，有无卡阻现象，销钉、拉杆等有无缺损、断裂；

（11）检查刀熔开关灭弧罩是否完好，有无被电弧烧损的地方。

5. 剩余电流动作保护器巡视检查的项目及内容

（1）检查剩余电流动作保护器的安装使用环境，避免在恶劣的环境中安装使用；

（2）检查剩余电流动作保护器的动作可靠性；

（3）检查其额定电流与被保护设备是否匹配，有无过载现象；动作电流整定值是否适当；

（4）检查剩余电流动作保护器有无漏电现象；

（5）检查剩余电流动作保护器接线部分有无松动，接触是否良好，有无发热现象；

（6）检查剩余电流动作保护器接线是否正确；端子部分有无污垢或腐蚀现象；

（7）检查剩余电流动作保护器选型是否适合。

二、注意事项

（1）巡视检查时，必须严格遵守《电业安全工作规程》的有关规定，做到不漏巡、错巡；

（2）每天进行正常巡视检查，不允许进入运行设备的遮栏内；

（3）严禁接触运行设备的外壳，如需要触摸时，应先确定其外壳接地是否良好；

（4）禁止单人巡视设备时进入设备内检查作业，以防因无人监护而造成意外事故；

（5）高峰负荷、恶劣天气及保供电期间应增加巡视次数，注意监视设备温度，触头、引线接头有无过热现象，设备有无异常声音；

（6）注意检查 TN 接地系统中的中性线情况。在用于设备的接地保护线上，不允许安装使用熔断器。

三、危险点分析及控制措施

1. 危险点分析

（1）人身触电；

（2）摔伤、碰伤；

（3）意外伤人。

2. 预控措施

（1）巡视检查时应与带电设备保持足够的安全距离，10kV 及以下：0.7m；

（2）注意行走安全，上下台阶、跨越沟道或配电室门口防鼠挡板时，防止摔、碰；

（3）及时清理杂物，保持通道畅通；

（4）低压开关发生故障时，应迅速转移负荷或者停电处理，防止发生意外伤人；

（5）低压开关超负荷运行，造成设备温度异常高等可能对设备运行及人身安全构成威胁，应迅速转移负荷或者停电处理，防止发生意外；

（6）巡视检查设备时应戴好安全帽，穿工作服，绝缘靴；

（7）夜间或者光线较暗巡视设备时携带照明器具，并两人同时进行，注意行走安全。

【思考与练习】

1. 低压断路器巡视检查的项目有哪些？

2. 剩余电流动作保护器巡视检查的项目有哪些？

3. 低压开关巡视检查注意事项是什么？

模块 2　低压开关的故障分析、判断、处理（ZY2200607002）

【模块描述】本模块包含低压开关常见故障原因、故障类型和现象、故障分析、判断、处理和现场操作注意事项等内容。通过概念描述、术语说明、要点归纳、案例介绍，掌握低压开关各种常见故障分析、判断和处理方法。

【正文】

一、故障原因

低压开关电气设备因发热、电动力、电弧、电接触、电压和频率的变化、频繁操作、短路、接地等情况下，都会产生各类故障。

二、故障类型和现象

（1）低压开关设备拒分、拒合。因操作电源不符合要求、操作机构的各种行程不符合要求、存在短路或断路、机构卡死、线圈烧毁等原因造成低压开关拒分、拒合。

（2）低压开关设备运行声音异常。因过负载、电磁线圈吸合不良、局部受损、螺钉松动、设备本体故障等原因造成低压开关运行声音异常。

（3）低压开关设备运行温度过高。因过负载、触头接触不良、紧固螺钉松动、设备本体故障等原因造成低压开关运行温度过高导致设备烧毁。

（4）低压开关设备接触不良。因紧固螺钉松动、安装质量差、连接部接触不好或松动、接线端子螺丝和垫片锈蚀严重等原因造成低压开关接触不良。

（5）设备性能变坏。低压开关设备因过负载、长时间运行、局部受损、老化等原因造成低压开关设备性能变坏。

三、故障分析、判断及处理

（一）低压断路器常见故障分析、判断及处理

1. 低压断路器不能闭合

（1）原因分析：脱扣器无电源或线圈烧坏；储能弹簧变形，闭合力减小；反弹簧力过大；机构不能复位；操作电压不合格；电磁铁拉杆行程不符合要求；开关失灵。

（2）处理方法：检查线路电压或更换新线圈；更换储能弹簧，调整弹簧压力；调整电源电压；调整或更换拉杆；更换开关。

2. 脱扣器不能使低压断路器分断

（1）原因分析：线圈短路、断路；无电源或电压过低；脱扣接触面过大；螺钉松动；反弹簧力变小；储能弹簧断裂，弹簧力变小；机构卡死。

（2）处理方法：更换线圈；检查电源电压；调整脱扣接触面；紧固松动螺钉；调整弹簧力或更换弹簧；更换或调整储能弹簧；处理卡死故障原因。

3. 起动电动机时低压断路器立即分断

（1）原因分析：过电流脱扣器瞬间整定电流太小，脱扣器某些零件损坏。

（2）处理方法：调整过电流脱扣器瞬时整定值；更换损坏的零部件。

4. 失压脱扣器噪声过大

（1）原因分析：反弹簧力太大；短路环断裂。

（2）处理方法：调整触头压力或更换弹簧；更换损坏部件。

5. 低压断路器运行温度过高

（1）原因分析：触头压力过低；触头表面氧化、磨损严重或接触不良；导电元件连接螺栓接触不好或松动；过负荷。

（2）处理方法：调整触头压力或更换弹簧；处理触头接触面或更换开关；拧紧连接螺栓；减负荷。

6. 辅助开关不通

（1）原因分析：辅助开关的触点卡死或脱落，辅助开关传动杆损坏或滚轮脱落。

（2）处理方法：处理卡死和脱落故障，更换传动杆或滚轮。

（二）交流接触器常见故障分析、判断及处理

1. 交流接触器通电后吸不上

（1）原因分析：无电源电压或过低；线圈与使用条件不符；接触器受损（如线圈断路或烧毁，机械可动部分被卡阻等）；触头弹簧压力或超程过大；交流接触器本身存在缺陷；接线错误及控制触头接触不良。

（2）处理方法：检查电源电压；更换线圈；处理卡阻故障；调整触头到规定值；检查、排除接触器本身及线路故障。

2. 交流接触器线圈、触头过热或烧毁

（1）原因分析：电源电压不符合要求；线圈技术参数（如额定电压、频率等）与实际使用条件不符；线圈绝缘损坏；使用环境恶劣；机械可动部分卡阻；操作频率过高；触头弹簧压力过小；触头表面接触不良；触头超行程太小；工作电流过大，触头的断开容量不够。

（2）处理方法：检查电源电压；更换线圈或接触器；排除引起线圈机械损伤的原因和卡阻现象；改善使用条件或采用合适的线圈；降低操作频率；处理接触面；调整行程；调整弹簧压力；更换容量较大的接触器。

3. 交流接触器电磁噪声大

（1）原因分析：电源电压过低；触头弹簧压力过大；磁系统歪斜或机械卡住，使铁心不能完全吸合；接触面接触不好；极面磨损过度；短路环断裂。

（2）处理方法：检查电源电压；调整触头弹簧压力；排除机械卡住故障；处理接触面和极面；更换铁心；更换短路环。

4. 交流接触器触头熔焊

（1）原因分析：操作频率过高；发生短路；触头弹簧压力过小；触头表面有异物；两极触头动作不同步；操作回路电压过低或机械卡阻；过负载。

（2）处理方法：降低操作频率或调换合适的接触器；排除短路故障；调整触头弹簧压力；处理触头表面；调整触头使之同步；调整操作电源电压，排除机械卡阻现象；减轻负载或调换合适的接触器。

（三）熔断器常见故障分析、判断及处理

1. 熔断器过热

（1）原因分析：接线处螺钉松动，接线处螺钉锈死，导线接触不良；导线过细；接触不良；触刀与底座锈蚀或接触不良；熔体与触刀接触不良；熔断器规格太小，负荷过重；环境温度过高。

（2）处理方法：更换螺钉、垫圈（弹簧垫圈）、拧紧螺钉；根据负荷大小更换成合适的导线；处理导线接触面；处理锈蚀部分或更换熔断器；调整底座或插尾的插片；将熔体安装到位，使熔体与触刀接触良好；减小负荷或更换合适的熔断器；改善环境条件（如通风、散热等）。

2. 熔体熔爆

（1）原因分析：线路（负荷侧）有短路故障。

（2）处理方法：找出短路点，消除故障，更换熔体。

3. 瓷体等部件破损

（1）原因分析：外力损坏；操作时用力过猛；质量问题。

（2）处理方法：更换损坏的部件或整个熔断器；操作时应用力适当。

（四）刀熔开关常见故障分析、判断及处理

1. 触点过热或烧毁

（1）原因分析：电路电流过大；触点压力不足；触点表面不干净；触点超行程过大。

（2）处理方法：减小负荷或更换合适开关；调整触点弹簧；去除脏物；调整行程或更换。

2. 引线绝缘有烧焦痕迹和焦臭味

（1）原因分析：接线松动；接线螺钉损坏；接线螺钉锈死或松扣造成接线接触不良。

（2）处理方法：紧固接线；更换接线螺钉；更换接线螺钉或紧固接线。

3. 触刀与触座间存在缺陷

（1）原因分析：刀闸合闸不到位；触刀与触座间接触不紧密；触刀与触座有氧化层；触刀与触座间的接触压力不够；触刀有烧痕；触刀与触座间分、合不同期；操作机构不灵活。

（2）处理方法：调整刀闸位置；紧固螺钉，使触刀与触座间接触紧密；处理触刀与触座的氧化层；调整触刀与触座间的接触压力；调整使其分、合同期；检查操作机构零件有无缺损、断裂，及时更换。

4. 熔丝熔断

（1）原因分析：保险丝选择不符合要求；短路故障；熔丝连接松动。

（2）处理方法：更换符合要求的保险丝，切不能用铜丝或过粗的保险丝替代；排除故障，更换保险丝；紧固保险丝连接螺钉。

（五）剩余电流动作保护器常见故障分析、判断及处理

1. 剩余电流动作保护器刚投入运行就动作跳闸

（1）原因分析：接线存在错误；本身存在故障；线路剩余电流较大，导线绝缘损坏或绝缘电阻过小；线路较长，线路对地电容较大；所连接线路中有一线一地的负荷；安装与未安装剩余电流动作保护器的线路混接在一起；剩余电流动作保护器后的中线性重复接地；装有剩余电流动作保护器的线路中，设备保护的接地线与工作中线性相连。

（2）处理方法：检查剩余电流动作保护器安装接线；更换电器；测量线路绝缘电阻，处理线路绝缘（或更换线路）确保线路绝缘良好；使用合适的剩余电流动作保护器；拆除线路中一线一地的负荷；将安装与未安装剩余电流动作保护器的两种线路区分开；将中线性重复拆除；将接地线与工作中线性分开。

2. 剩余电流动作保护器误动作

（1）原因分析：本身存在缺陷；存在中线性接地不当；操作过电压；雷电过电压；多台大容量设备一起启动；安装附近有电磁干扰；高频电流的影响；过载或短路。

（2）处理方法：更换电器；拆除重复接地；更换合适电器或采取措施仰制过电压；重新启动，将大容量设备编排顺序起动；更换安装地方；限制荧光灯、水银灯的数量；减小负荷；排除故障。

四．注意事项

（1）低压开关异常、故障处理时，应迅速转移负荷或者停电处理，防止发生意外伤人。

（2）低压开关过负荷运行，造成设备温度异常高等可能对设备运行及人身安全构成威胁，应迅速转移负荷或者停电处理，防止发生意外。

（3）在处理故障时一定要穿绝缘靴，戴绝缘手套和带绝缘把手的工具，在监护人监护下开展工作。

（4）应与带电设备保持足够的安全距离，10kV 及以下：0.7m。

五、案例

案例：熔丝选择过大而烧坏设备。

1. 故障现象

某企业自投运以来，电气设备一直运转正常，但近期连续烧坏了正在生产的两台大容量电动机，

致使企业停产受损。该企业技术人员找不到故障原因，要求有关部门协助查找原因。

2. 原因分析

经有关部门技术人员到达现场仔细检查后发现，该配电室一间隔内刀熔开关出线连接处有一相导线接触不良，造成该相似接非接，并且该刀熔开关所接熔丝选择过大，当电动机缺相运行时熔丝未熔断没有起到保护作用，致使电动机缺相运行而烧毁。处理后，一切正常。

3. 结论

由于熔丝选择过大没有起到保护作用而导致设备烧坏。

4. 采取对策

（1）应加强对所用电气设备运行的巡视检查，检查是否过负荷，电压是否正常，熔丝选择是否合适，连接点的温度是否正常，遇有异常情况（如温度过高、电流超过额定值、电气设备运行声音异常等）可以及时处理。

（2）根据用电设备容量选用合适的熔丝。

（3）安装熔丝时，切勿碰伤，熔丝两端应接触良好。

（4）刀熔开关与导线连接处应采取措施，使其接触良好。

【思考与练习】

1. 低压电气设备发生故障的原因有哪些？
2. 简述熔断器常见故障类型及处理措施。
3. 简述剩余电流动作保护器常见故障类型及处理措施。

模块 3 负荷开关的操作（ZY2200607003）

【模块描述】本模块包含负荷开关的铭牌、特点及操作程序、要求和注意事项等内容。通过概念描述、结构介绍、术语说明、要点归纳、图解示意、案例介绍，掌握负荷开关的操作原则和方法。

【正文】

一、负荷开关的铭牌、特点

负荷开关是一种结构简单，具有一定开断和关合能力的高压开关设备。负荷开关主要由导电系统、灭弧装置、绝缘子、传动机构、底架、操动机构等部分组成。户外高压隔离真空负荷开关的外形图如图 ZY2200607003-1 所示。

图 ZY2200607003-1 户外高压隔离真空负荷开关外形图

1. 负荷开关的铭牌

负荷开关的铭牌上主要包括开关的型号、额定电流（A）、额定电压（kV）、额定开断电流（A）、额定关合电流（A）、极限通过电流（kA）、热稳定电流（kA）、重量（kg）、操作机构型号、生产厂家等信息。例如，型号为 FZW8–40.5/1250–25 的负荷开关是指户外高压隔离真空负荷开关，其中 F 表示负荷开关，Z 表示真空，W 表示户外，8 表示设计序号，40.5 表示额定电压 40.5kV，1250 表示额定电流 1250A，25 表示短时耐受电流 25kA。

2. 负荷开关的特点

（1）负荷开关与隔离开关相似，在断开状态时都有可见的断开点。

（2）负荷开关只能开闭负荷电流，或开断过负荷电流，只用于切断和接通正常情况下电路，而不能用于断开短路故障电流。但是，它可以通过短路时间的故障电流而不致损坏。

（3）负荷开关的开闭频度和操作寿命往往高于断路器。

（4）负荷开关价格较低，其灭弧方式有空气、压缩空气、SF_6 和真空灭弧等几种，因此多用于 10kV 及以下的配电线路。

二、危险点分析及控制措施

1. 危险点分析

（1）负荷开关绝缘子断裂、松动、破碎坠落伤人；

（2）夜间操作光线较暗；

（3）负荷开关操作机构有卡住、呆滞现象，导致操作时用力过猛；

（4）操作时弧光刺眼。

2. 预控措施

（1）操作人员应选择合适的操作位置，对带电设备保持足够的安全距离；

（2）操作前，应检查绝缘子有无裂痕和损坏，绝缘是否良好；

（3）负荷开关操作比较频繁，操作前应检查各传动部分是否有生锈现象，并检查连接螺钉有无松动现象；

（4）检查负荷开关操作机构有无卡住、呆滞现象；

（5）防止操作中设备部件坠落伤人；

（6）防止阳光、电弧刺眼，必要时戴上防护眼镜；

（7）夜间和光线较暗时操作，应有足够的照明；

（8）工作过程中加强监护；

（9）使用合格操作杆和绝缘手套，操作过程中力度要适中，穿绝缘靴或站在干燥地方。

三、操作前准备

（1）操作负荷开关时，需两个人进行，一人操作，一人监护。操作人员必须穿工作服、工作靴、戴安全帽、绝缘手套；

（2）检查、准备操作使用的工具、绝缘操作杆（操作杆应与所操作负荷开关的电压等级相符）、绝缘手套、照明工具等器具有无问题；

（3）操作负荷开关时应办理操作票；

（4）操作时应办理操作票；

（5）操作时应核实现场设备；

（6）操作时检查设备是否完好；

（7）检查操作杆和绝缘手套是否完好；

（8）操作前应检查负荷开关的瓷绝缘有无裂纹、损坏及放电痕迹；

（9）操作时检查负荷开关外壳接地是否良好；三相应同时接触，中心无偏移等；

（10）检查操动机构、传动机构等动作是否灵活，有无卡涩现象。

四、操作程序

1. 送电

负荷开关合闸操作前，操作人员应检查负荷开关确在断开位置。高压负荷开关一般采用绝缘操作杆手动操作机构。负荷开关的合闸位置可通过其位置指示器观察到。

（1）操作时认真核对开关编号和位置，无误后，方可进行操作；

（2）手动操作负荷开关合闸时必须迅速、果断；

（3）操作时先将绝缘操作杆插入负荷开关的操动机构固定位置中；

（4）然后迅速、果断将绝缘操作杆打到负荷开关合闸位置；

（5）合闸后，马上检查负荷开关指示器是否指示在合闸位置，核实负荷开关位置；

（6）合闸后禁止将负荷开关再往回拉，以免造成开关的损坏；

（7）合闸结束时用力不可过猛，避免合闸过深和使支持绝缘子受损伤。

2. 停电

负荷开关分闸操作前，操作人员应检查负荷开关确在合闸位置。高压负荷开关一般采用绝缘操作杆手动操作机构。负荷开关的分闸位置可通过其位置指示器观察到。

（1）操作时认真核对开关编号和位置，无误后，方可进行操作；

（2）手动操作负荷开关拉闸时应缓慢、谨慎。

（3）操作时先将绝缘操作杆插入负荷开关的操动机构固定位置中；

（4）然后缓慢、谨慎将绝缘操作杆打到负荷开关分闸位置；

（5）分闸后，马上检查负荷开关指示器是否指示在分闸位置，核实负荷开关位置；

（6）拉闸结束时要缓慢、谨慎，防止冲击力对开关造成损坏。

五、操作注意事项

（1）负荷开关只能断合规定的负荷电流，不允许在短路情况下进行操作；

（2）断合负荷开关时，检查通过负荷开关的电流是否在允许的范围内，操作后有无过热放电现象；

（3）合闸操作后检查触头接触是否良好；

（4）分闸操作后检查刀开关张开角度是否大于 85 度；

（5）断合负荷开关时，必须现场核对断开或合闸位置，经核对无误后，方可操作；

（6）手动操作负荷开关时，合闸，应迅速、果断；拉闸，应缓慢、谨慎；

（7）断合负荷开关后，应核查其实际位置，以免传动机构出现拒合或拒分等故障；

（8）负荷开关的操作一般比较频繁，在运行中要保持各传动部分的润滑良好，防止生锈，要经常检查连接螺钉有无松动现象；

（9）负荷开关本身是根据负荷电流的通、断能力设计，故不能开断短路电流，必须与高压熔断器配合使用，使用高压熔断器来切除电路中出现的过负荷电流或短路电流；

（10）监护人和操作人携带操作工具进入现场。操作前，先核查被操作负荷开关实际位置及其他情况无异常，然后进行操作。

六、操作案例

案例：断开××负荷开关，对××间隔进行停电检查。

负荷开关接线示意图如图 ZY220607003-2 所示，配电室××间隔停电操作要点见表 ZY220607003-1 所示。

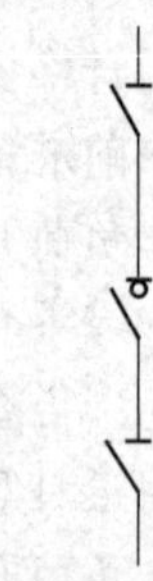

图 ZY2200607003-2 负荷开关接线示意图

表 ZY2200607003-1 配电室××间隔停电操作要点

序号	名　称	内　容
1	工作内容及要求	断开××负荷开关，对××间隔进行停电检查
2	操作目标	转移负荷，断开负荷开关，对负荷开关两侧隔离开关验电
3	调度指令（操作任务）	① 检查负荷情况，转移负荷； ② 断开××负荷开关； ③ 对负荷开关两侧隔离开关验电
4	操作方案	① 检查负荷情况，转移负荷； ② 检查负荷开关在合闸位置； ③ 拉开××负荷开关； ④ 拉开两侧的隔离开关； ⑤ 对××负荷开关与上隔离开关之间进行验电； ⑥ 对××负荷开关与下隔离开关之间进行验电； ⑦ 对××负荷开关两侧挂接地线； ⑧ 全面检查，进行汇报

【思考与练习】

1. 高压负荷开关的作用是什么？
2. 负荷开关操作的注意事项有哪些？
3. 如何对负荷开关进行停电操作？
4. 如何对负荷开关进行送电操作？

模块4　跌落式熔断器的操作（ZY2200607004）

【模块描述】本模块包含跌落式熔断器操作检查及调整的项目、危险点分析及预控措施、操作前的准备、操作程序、操作注意事项等内容。通过概念描述、术语说明、要点归纳、图解示意、案例介绍，掌握跌落式熔断器操作方法。

【正文】

一、操作检查及调整的项目

（1）检查熔断器熔体的额定值与负荷电流是否匹配；

（2）检查熔管有无破损、变形，转动是否灵活；其他部分有无破损、过热或闪络放电现象；

（3）检查绝缘子有无裂纹、破损；

（4）检查熔断器安装应牢靠，向下要有25°±5°的倾斜角，利于熔丝熔断时能靠自重自行跌落；

（5）检查10kV熔断器相间安全距离不应小于600mm，熔断器对地距离一般为4.5m；

（6）检查熔管的长度应合适，合闸后鸭嘴舌头能扣住触头长度的2/3以上，避免熔断器在运行中发生自行跌落；且熔管也不能顶住鸭嘴舌头，防止熔丝熔断后不易跌落。

二、危险点分析及预控措施

1. 危险点分析

（1）跌落式熔断器绝缘子断裂、松脱，灭护罩破碎、熔管坠落伤人。

（2）防止带负荷操作。

（3）操作时要站好位置，动作果断，用力不可过猛，要适度。

（4）操作时应戴防护镜，防止可能产生的电弧光刺伤眼。

2. 预控措施

（1）操作人员应选择合适的工作位置，对带电设备保持足够的安全距离；

（2）操作前应检查熔断器的熔管有无裂痕、变形；断开时不碰及其他物体而损坏熔管；

（3）操作前应检查带有灭护罩的熔断器，不得有松动或掉落下来；

（4）检查熔体有无弯曲、压扁或损伤；

（5）防止操作中设备部件坠落伤人；

（6）防止阳光、电弧刺眼，必要时戴上防护眼镜；

（7）夜间和光线较暗时操作，应有足够的照明；

（8）工作过程中加强监护；

（9）使用合格的操作杆和绝缘手套，穿绝缘靴或站在干燥的地方；

（10）在城区、人口密集地区、交通道口工作时，工作场所周围应布置遮栏（围栏）；

（11）监护人和操作人携带操作工具进入现场。操作前，先核对被操作设备实际位置及其他情况无异常，然后进行操作。

三、操作前的准备工作

（1）操作需两个人进行，一人操作，一人监护。操作人员穿工作服、工作鞋、戴安全帽、绝缘手套。

（2）操作时要准备个人工具、绝缘操作杆（操作杆应与所操作设备电压等级相符）、绝缘手套、照明工具。

（3）操作要办理操作票。

（4）操作时要核实现场设备。

（5）操作时应检查设备是否完好。

（6）操作时应检查操作杆和绝缘手套是否完好。

四、操作程序

操作跌落式熔断器时，应有监护人，并使用合格的绝缘手套，穿绝缘靴，戴防护眼镜。操作跌落式熔断器时应果断、准确。

1. 送电

（1）操作时先核实现场操作设备与操作票是否相符；

（2）先用合格的操作杆金属端钩穿入操作环；

（3）再绕轴转动向上接近上静触头的地方，稍加停顿；

（4）看到上动触头确已对准上静触头，距离鸭嘴 80～110mm 时；果断迅速地向斜上方推进，使上动触头与上静触头接触良好；

（5）然后轻轻退出操作杆；

（6）检查熔断器是否在合闸位置。

在无风情况下操作时，应先合两边相，后合中间相；在有风情况下操作时，先合上风相，再合下风相，最后合中间相。合上熔断器后，要用操作杆钩住熔断器鸭嘴上盖向下压两下，再钩住熔断器管上的操作环轻轻试拉，看是否合好。

2. 停电

（1）操作时先核实现场操作设备与操作票是否相符；

（2）用合格的操作杆金属端钩穿入操作环；

（3）用力均匀顺势往下拉；

（4）检查熔断器是否在断开位置。

在无风情况下操作时，先拉中间相，再拉两边相；在有风情况下操作时，先拉中间相，然后拉下风向边相，最后拉上风向边相。

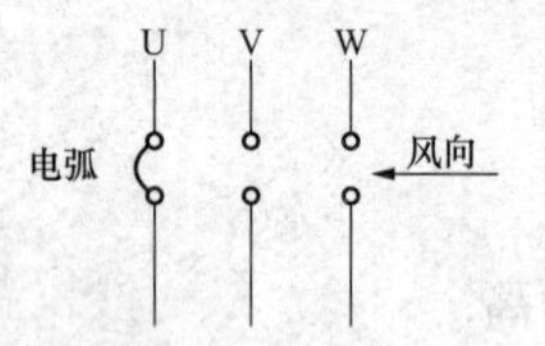

图 ZY2200607004-1 跌落式熔断器操作三相顺序图

3. 用操作杆挂上跌落式熔断器

假设 U、V、W 三相及风向如图 ZY2200607004-1 所示，根据模拟现场的现象，因为风向自右向左，因此挂上熔断器的操作顺序为：先挂上 V 相，依次为 U、W 相或先挂上 W 相，依次为 U、V 相。

4. 用操作杆取下跌落式熔断器

假设 U、V、W 三相及风向如图 ZY2200607004-1 所示，根据模拟现场的现象，因为风向自右向左，因此取下熔断器的操作顺序为：先取下 V 相，依次为 U、W 相或先取下 U 相，依次为 V、W 相。

对于跌落式熔断器挂上或取下，按照正确的操作顺序进行是很有必要的，可以有效地预防短路等现象发生。尽管任意取下或挂上某相不一定会发生危险，但是当风力较大时，根据现场实际情况，判断风向和选择合适操作位置再进行挂上或取下及熔断器操作的顺序是很有必要的。

五、操作注意事项

（1）操作熔断器时不应带负荷操作，应先切断负荷，再操作熔断器，避免带负荷拉合；

（2）分断操作时，若遇到较大风力，应先拉断中间相，再拉下风相，最后拉剩下一相。合闸时顺序相反，先合上风相，最后合中间相；

（3）操作时用力不要过猛，以免熔断器损坏，操作者应戴绝缘手套和防护眼镜，确保安全；

（4）熔断器每次操作都要认真仔细，切忌不可粗心大意，特别是合闸操作时，必须使动、静触头接触良好；

（5）天气不好（雷雨天、雾天）时，尽量避免操作；

（6）操作时用合格的绝缘杆，雨天操作要穿绝缘靴，戴绝缘手套，绝缘杆应有防雨罩；

（7）操作者应与跌落式熔断器保持 45°角，一是操作方便，二是防止熔断器管落伤人；

（8）操作时认真履行监护和唱票制度。

六、操作案例

案例：客户配电室××变压器送电操作。

跌落式熔断器接线示意图如图 ZY2200607004-2 所示。客户配电室××变压器送电操作要点见表 ZY2200607004-1 所示。

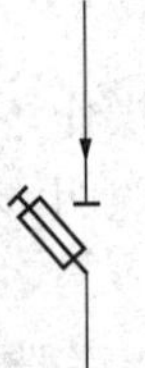

图 ZY2200607004-2　跌落式熔断器接线示意图

表 ZY2200607004-1　　客户配电室××变压器送电操作要点

序号	名　称	内　容
1	工作内容及要求	客户××变压器送电运行
2	操作目标	合上××变压器高压侧熔断器，合上××变压器低压侧隔离开关
3	调度指令（操作任务）	① 合上××变压器高压侧熔断器； ② 对××变压器高压侧熔断器线进行验电； ③ 合上××变压器低压侧隔离开关
4	操作方案	① 检查××变压器是否在停电状态，是否安全，具备投运条件； ② 检查操作杆及绝缘手套是否有效、合格； ③ 合上××变压器高压侧熔断器； ④ 检查××变压器高压侧熔断器是否合上，并进行验电； ⑤ 合上××变压器低压侧隔离开关； ⑥ 检查××变压器低压侧隔离开关是否合上； ⑦ 清理现场，全面检查

【思考与练习】

1. 熔断器的作用是什么？
2. 如何对跌落式熔断器进行停电操作？
3. 如何对跌落式熔断器进行送电操作？

模块 5　高压断路器的操作（ZY2200607005）

【模块描述】本模块包含高压断路器操作原则、危险点分析及预控措施、操作前准备、操作步骤及要求、操作注意事项等内容。通过概念描述、术语说明、要点归纳、图解示意、案例介绍，掌握高压断路器的操作方法。

【正文】

一、操作原则

断路器操作的原则是：断开电路时，先断断路器，后拉开隔离开关；接通电路时，先合隔离开关，后合断路器。

二、危险点分析及预控措施

1. 危险点分析

（1）操作时与带电的设备保持足够的安全距离，间隔门或围栏不得随意打开；

（2）夜间操作光线较暗；

（3）在电弧作用下，SF_6断路器的气体将生成有毒的分解物；

（4）由于操作不当，引发事故，严重的是引发断路器爆炸。

2. 预控措施

（1）操作人员应选择合适的工作位置，对带电设备保持足够的安全距离，10kV 及以下：0.7m；35kV：1m；110kV：1.5m；220kV：3m。

（2）断路器拉、合闸操作时，动作要迅速、果断。

（3）确认断路器断开后，才能操作相应的隔离开关。

（4）检查断路器的机械闭锁有无卡住、呆滞现象。

（5）严禁操作电压过低时进行合闸操作。

（6）严禁空气断路器气压不足时进行分闸操作。

（7）夜间和光线较暗时操作，应有足够的照明。

（8）操作过程中加强监护。

（9）操作 SF_6 断路器时，加强对室内 SF_6 断路器气体的监测。

（10）监护人和操作人进入现场。操作前，核对被操作设备实际位置及设备状况无异常，然后进行操作。

三、操作前准备

（1）操作人员应经过专业培训，熟练掌握高压开关设备的工作原理、结构、性能、操作注意事项和使用环境等；

（2）高压断路器的停、送电操作需两个人进行，一人操作，一人监护；

（3）操作人员必须穿工作服、工作靴，戴安全帽和绝缘手套，以及使用其他安全用具；遇有天气不好时，应穿绝缘靴；

（4）操作时应办理操作票；

（5）操作时应核实现场设备与操作票是否相符；

（6）操作时检查设备是否完好；

（7）检查操作杆和绝缘手套是否完好。

四、操作步骤及要求

1. 送电

（1）确认断路器处于断开位置，二次熔断器未放上；

（2）先合上电源侧隔离开关，再合上负荷侧隔离开关；

（3）放上二次熔断器和合闸保险；

（4）核对所操作断路器设备编号和名称无误后，将操作手柄顺时针方向转动 90°至“预备合闸”位置；

（5）待绿色指示灯闪光后，将操作手柄顺时针方向转动 45°至“合闸”位置，当手脱离操作手柄时，操作手柄将自动逆时针方向返回 45°，绿灯熄灭，红灯亮，这表示断路器已合闸送电成功。

2. 停电

（1）核对所操作断路器设备编号和名称无误后，将操作手柄逆时针方向转动 90°至“预备分闸”位置；

（2）待红色指示灯闪光后，将操作手柄逆时针方向转动 45°至“分闸”位置，当手脱离操作手柄时，操作手柄将自动顺时针方向返回 45°，红灯熄灭，绿灯亮，这表示断路器已分闸断电成功；

（3）取下合闸保险和二次熔断器。

（4）现场检查，确认断路器处于断开位置；

（5）先拉开负荷侧隔离开关，再拉开电源侧隔离开关。

3. 异常情况下操作

（1）高压断路器声音异常情况下操作。

一般用上一级断路器先将所在电路断开，再将该断路器拉开，然后拉开两侧隔离开关，转为备用后认真进行检查。

（2）高压断路器拒绝合闸情况下操作。

在操作中遇到断路器拒绝合闸的情况时，可考虑用旁路断路器代供，或异常排除后方可送电操作。

（3）高压断路器拒绝分闸情况下操作。

采取旁路断路器代供该回路，拉开该回路的出线侧隔离开关，再拉开该回路母线侧隔离开关，手动控制断路器分开旁路断路器停电，严禁使用电动操作。

（4）SF_6 断路器漏气情况下操作。

将该故障断路器改为非自动状态，将负荷转移或拉开上一级断路器。故障断路器停电后处理漏气或补气。

（5）真空断路器真空度下降情况下操作。

将该回路负荷转移后，拉开断路器或上一级断路器。停电检查或更换真空灭弧室。

（6）异常情况下操作要求。

1）严禁用手动杠杆或千斤顶带电进行电磁机构合闸操作；

2）无自由脱扣的机构，严禁就地操作；

3）液压（气压）操动机构，因压力异常导致断路器分、合闸闭锁时，严禁擅自解除闭锁，进行操作；

4）SF_6（空气）断路器气体压力异常，发出闭锁操作信号，应立即断开故障断路器的控制电源；

5）严禁将动作速度、跳合闸时间不合格的断路器投入运行；

6）断路器合闸后，由于某种原因，一相未合闸，应立即拉开断路器，缺陷消除前，一般不可进行第二次合闸操作。

五、操作注意事项

（1）检查断路器的额定开断电流，必须大于工作地点的最大短路故障电流。严禁使用容量不足的断路器。

（2）断路器事故跳闸后应进行全面检查，检查有无异常现象。

（3）严禁将拒绝分闸或合闸的断路器投入运行。

（4）严禁将严重漏气的断路器投入运行。

（5）操作机构异常时，不得对断路器进行分合闸操作。合闸前应检查操作直流电压。

（6）对弹簧操作机构，停电后及时释放机构中的能量。

（7）断路器合闸，操作手柄返回后，检查合闸电流表指示是否返回零位。

（8）合闸操作完毕后，检查机械分、合闸指示装置、传动部分、支持绝缘部分等是否完好，测听断路器有无异常响声。

（9）拉合控制开关时，不要用力过猛，操作过快或过慢。

（10）断路器合闸送电、分闸停电时，人员应远离现场，避免发生意外。

（11）进入室内 SF_6 开关设备区，需通风 15min，并检测室内氧气密度。处理 SF_6 设备泄漏故障时必须戴防毒面具，穿防护服。

（12）GIS 电气闭锁不得随意停用。

（13）组合电器汇控柜闭锁控制钥匙按规定使用。

（14）操作时 SF_6 气体压力表指数，必须合乎规定要求，否则不得进行操作。

（15）维修后断路器，应保持在断开位置。

六、操作案例

案例：10kV 侧主变压器断路器停运操作。

断路器接线示意图如图 ZY2200607005-1 所示，10kV 侧主变压器断路器停运操作要点见表 ZY220607005-1。

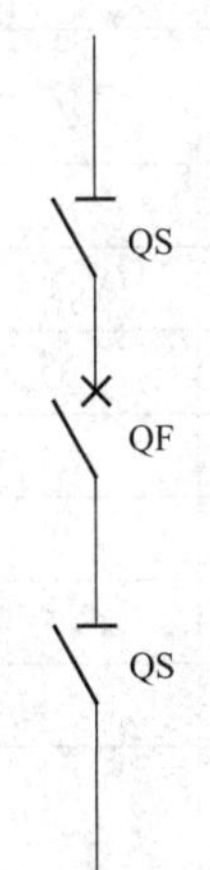

图 ZY2200607005-1　断路器接线示意图

表 ZY2200607005-1　　10kV 侧主变压器断路器停运操作要点

序号	名　称	内　容
1	工作内容及要求	10kV 主变压器断路器停运检修
2	操作目标	负荷转移，断开 10kV 主变压器断路器，断开断路器两侧隔离开关，装设两组接地线
3	调度指令 （操作任务）	① 转移负荷； ② 断开 10kV 主变压器断路器； ③ 断开断路器两侧隔离开关； ④ 断路器两侧装设两组接地线

续表

序号	名称	内容
4	操作方案	① 转移负荷； ② 断开 10kV 主变压器断路器； ③ 检查断路器确在断开位置，拔掉合闸熔断器； ④ 断开 10kV 主变压器断路器两侧隔离开关； ⑤ 装设接地线； ⑥ 拔掉断路器操作熔断器

【思考与练习】

1. 高压断路器的操作原则是什么？
2. 如何对高压断路器进行停电操作？
3. 如何对高压断路器进行送电操作？
4. 高压断路器异常情况下如何操作？

模块 6 高压开关巡视检查（ZY2200607006）

【模块描述】本模块包含各类高压开关巡视检查项目及标准、特殊巡视检查项目、危险点分析及预控措施、操作注意事项等内容。通过概念描述、术语说明、要点归纳、图解示意、案例介绍，掌握高压开关巡视检查方法。

【正文】

一、巡视检查项目和标准

（1）SF_6 封闭组合电器（GIS）的巡视检查应按表 ZY2200607006-1 的项目、标准要求进行。

表 ZY2200607006-1　　GIS 的巡视检查项目和标准

序号	检查项目	标准
1	标志牌	名称、编号齐全、完好
2	外观检查	无变形、无锈蚀、连接无松动；传动元件的轴、销齐全无脱落、无卡涩；箱门关闭严密；无异常声音、气味等
3	气室压力	在正常范围内，并记录压力值
4	闭锁	完好、齐全、无锈蚀
5	位置指示器	与实际运行方式相符
6	套管	完好、无裂纹、无损伤、无放电现象
7	避雷器	在线监测仪指示正确，并记录泄露电流值和动作次数
8	带电显示器	指示正确
9	防爆装置	防护罩无异样，其释放出口无障碍物，防爆膜无破裂
10	汇控柜	指示正常，无异常信号发出；操动切换把手与实际运行位置相符；控制、电源开关位置正常；联锁位置指示正常；柜内运行设备正常；封堵严密、良好；加热及驱潮电阻正常
11	接地	接地线、接地螺栓表面无锈蚀，压接牢固
12	设备室	通风系统运转正常，氧气仪指示大于 18%，SF_6 气体含量不大于 1000mL/L；无异常声音、异常气味等
13	基础	无下沉、倾斜

（2）SF_6 断路器巡视检查应按表 ZY2200607006-2 的项目、标准要求进行。

表 ZY2200607006-2　　SF_6 断路器巡视检查项目和标准

序号	检查项目	标准
1	标志牌	名称、编号齐全、完好
2	套管、绝缘子	无断裂、裂纹、损伤、放电现象

续表

序号	检 查 项 目	标 准
3	分、合闸位置指示器	与实际运行方式相符
4	软连接及各导流压接点	压接良好、无过热、断股现象
5	控制、信号电源	正常，无异常信号发出
6	SF_6气体压力表或密度表	在正常范围内，并记录压力值
7	端子箱	电源开关完好、名称标志齐全、封堵良好、箱门关闭严密
8	各连杆、传动机构	无弯曲、变形、锈蚀，轴销齐全
9	接地	螺栓压接良好，无锈蚀
10	基础	无下沉、倾斜

（3）真空断路器巡视检查应按表 ZY2200607006-3 的项目、标准要求进行。

表 ZY2200607006-3　　真空断路器巡视检查项目和标准

序号	检 查 项 目	标 准
1	标志牌	名称、编号齐全、完好
2	灭弧室	无放电、无异声、无破损、无变色
3	绝缘子	无断裂、裂纹、损伤、放电等现象
4	绝缘拉杆	完好、无裂纹
5	各连杆、传轴、拐臂	无变形、无裂纹，轴销齐全
6	引线连接部位	接触良好、无发热变色现象
7	位置指示器	与运行方式相符
8	端子箱	电源开关完好、名称标志齐全、封堵良好、箱门关闭严密
9	接地	螺栓压接良好，无锈蚀
10	基础	无下沉、倾斜

（4）高压开关柜巡视检查应按表 ZY2200607006-4 的项目、标准要求进行。

表 ZY2200607006-4　　高压开关柜巡视检查项目和标准

序号	检 查 项 目	标 准
1	标志牌	名称、编号齐全、完好
2	外观检查	无异声、无过热、无变形等异常
3	表计	指示正常
4	操作方式切换开关	正常在“远控”位置
5	操作把手及闭锁	位置正确、无异常
6	高压带电显示装置	指示正确
7	位置指示器	指示正确
8	电源小开关	位置正确

（5）液压操动机构巡视检查应按表 ZY2200607006-5 的项目、标准要求进行。

表 ZY2200607006-5　　液压操动机构巡视检查项目和标准

序号	检 查 项 目	标 准
1	机构箱	开启灵活无变形、密封良好，无锈蚀、无异味、无凝露等
2	计数器	动作正确并记录动作次数

续表

序号	检 查 项 目	标 准
3	储能电源开关	位置正确
4	机构压力	正常
5	油箱油位	在上下限之间，无渗（漏）油
6	油管及接头	无渗油
7	油泵	正常、无渗漏
8	行程开关	无卡涩、变形
9	活塞杆、工作缸	无渗漏
10	加热器（除潮器）	正常完好，投（停）正确

（6）弹簧机构巡视检查应按表 ZY2200607006-6 的项目、标准要求进行。

表 ZY2200607006-6　　弹簧机构巡视检查项目和标准

序号	检 查 项 目	标 准
1	机构箱	开启灵活无变形、密封良好，无锈蚀、无异味、无凝露等
2	储能电源开关	位置正确
3	储能电动机	运转正常
4	行程开关	无卡涩、变形
5	分、合闸线圈	无冒烟、异味、变色
6	弹簧	完好，正常
7	二次接线	压接良好，无过热变色、断股现象
8	加热器（除潮器）	正常完好，投（停）正确
9	储能指示器	指示正确

（7）气动机构巡视检查应按表 ZY2200607006-7 的项目、标准要求进行。

表 ZY2200607006-7　　气动机构巡视检查项目和标准

序号	检查项目	标 准
1	机构箱	开启灵活无变形、密封良好，无锈蚀、无异味
2	压力表	指示正常，并记录实际值
3	储气罐	无漏气，按规定放水
4	接头、管路、阀门	漏气现象
5	空压机	运转正常，油位正常；计数器动作正常并记录次数
6	加热器（除潮器）	正常完好，投（停）正确

（8）隔离开关巡视检查应按表 ZY2200607006-8 的项目、标准要求进行。

表 ZY2200607006-8　　隔离开关巡视检查项目和标准

序号	检 查 项 目	标 准
1	标志牌	名称、编号齐全、完好
2	绝缘子	清洁，无破裂、无损伤放电现象；防污措施完好
3	导电部分	触头接触良好，无过热、变色及位移等异常现象；动触头的偏斜不大于规定数值。触点压接良好，无过热现象，引线弛度适中
4	传动连杆、拐臂	连杆无弯曲、连接无松动、无锈蚀，开口销齐全；轴销无变位脱落、无锈蚀、润滑良好；金属部件无锈蚀，无鸟巢

续表

序号	检 查 项 目	标　　准
5	法兰连接	无裂痕，连接螺钉无松动、锈蚀、变形
6	接地开关	位置正确，弹簧无断股、闭锁良好，接地杆的高度不超过规定数值；接地引下线完整可靠接地
7	闭锁装置	机械闭锁装置完好、齐全，无锈蚀变形
8	操动机构	密封良好，无受潮
9	接地	应有明显的接地点，且标志色醒目；螺栓压接良好，无锈蚀

二、特殊巡视检查项目

（1）大风天气，检查引线摆动情况及有无搭挂杂物；

（2）雷雨天气，检查瓷套管有无放电闪络现象；检查端子箱、机构箱有无进水，设备构架有无倾斜，地基有无下沉；

（3）下雨、大雾天气，检查瓷套管有无放电，闪络、打火现象；

（4）大雪天气，观察积雪融化情况，检查接头发热部位，及时处理悬冰、冰棒；

（5）温度骤变，检查设备有无变化等情况；

（6）节假日时，监视负荷情况；

（7）高峰负荷期间，监视设备温度，触头、引线接头，限流元件接头有无过热现象，设备有无异常声响；

（8）短路故障跳闸后，检查隔离开关的位置是否正确，各附件有无变形，触头、引线接头有无过热、松动现象，测量合闸保险丝是否良好，断路器内部有无异音；

（9）设备重合闸后，检查设备位置是否正确，动作是否到位，有无异常声音或气味；

（10）严重污秽地区：瓷质绝缘的积污程度，有无放电、爬电、电晕等异常现象。

三、注意事项

（1）巡视检查时，必须严格遵守《国家电网公司电力安全工作规程（试行）》有关规定，做到不漏巡、错巡。

（2）每天进行正常巡视检查，不允许进入运行设备的遮栏内。

（3）禁止单人巡视设备时进入设备内检查作业，以防因无人监护而造成意外事故。

（4）单人巡线时，禁止攀登电杆和铁塔。新人员不得一人单独巡视。

（5）夜间巡视应沿设备外侧进行；大风天气巡线应沿设备上风侧前进，以防万一触及断落的导线。巡视人员发现导线断落地面或悬吊在空中，应设法防止行人进入断线地点 8m 以内，并迅速报告，等候处理。

四、危险点分析及控制措施

1. 危险点分析

（1）人身触电；

（2）摔伤、碰伤；

（3）设备异常伤人；

（4）意外伤人。

2. 预控措施

（1）巡视检查电气设备时，严格按《国家电网公司电力安全工作规程（试行）》有关规定执行；巡视检查设备时应戴好安全帽。巡视检查时应与带电设备保持足够的安全距离，10kV 及以下：0.7m；35kV：1m；110kV：1.5m：220kV：3m；330kV：4m。

（2）巡视时不得对设备进行任何操作或工作，且禁止接触高压电气设备的绝缘部分；雷雨天气需要巡视室外高压设备时，应穿绝缘靴，并与带电体保持足够的距离，并不得靠近避雷针和避雷器。接触设备的外壳和构架时，应戴绝缘手套。

（3）高压设备发生接地时，室内不得接近故障点 4m 以内，室外不得接近故障点 8m 以内。进入上述范围的工作人员，必须穿绝缘靴，接触设备的外壳和构架时，应戴绝缘手套。

（4）注意行走安全，上下台阶、跨越沟道或配电室门口防鼠挡板时，防止摔、碰。

（5）搬动电缆沟盖板时，应防止砸伤和碰伤。

（6）及时清理杂物，保持通道畅通。

（7）断路器操作机构液压或压缩空气等压力异常升高时，应迅速断开其油泵或压缩机电源，人员远离现场，防止发生意外伤人。

（8）设备出现运行参数严重异常或基础下陷倾斜等异常可能对人身安全构成威胁时，人员应远离现场。

（9）夜间巡视设备时携带照明器具，并两人同时进行，注意行走安全。

（10）大风、雪、雾、沙尘等恶劣天气巡视设备时，应两人同时进行，注意保持与带电体的安全距离和行走安全。

（11）遇到自然灾害等特殊情况需巡视设备时，应携带通信工具，随时保持联络。

【思考与练习】

1. GIS 的巡视检查的项目和标准有哪些？

2. SF_6 断路器巡视检查的项目和标准有哪些？

3. 真空断路器巡视检查的项目和标准有哪些？

模块 7 断路器异常、故障分析处理（ZY2200607007）

【模块描述】本模块包含断路器常见异常、故障类型、现象，原因分析，处理和现场操作注意事项等内容。通过概念描述、术语说明、要点归纳、案例介绍，掌握断路器异常、故障分析处理方法。

【正文】

一、异常、故障类型

断路器的故障可分为本体故障和机构故障两大类。

断路器本体故障有：本体绝缘下降，本体泄漏等。

机构故障，又分为机械故障和电气回路故障。机械故障主要表现在内部机构卡涩，不能分合闸，“五防”系统不能正常工作等。电气故障有分合闸线圈烧毁，储能微动开关接点粘死，辅助开关接点粘死或烧毁等。

二、异常、故障现象

（1）事故音响系统动作（警铃、喇叭响、灯光闪）；

（2）断路器接触部分出现过热现象；绝缘子损坏，有放电声等；

（3）断路器漏气，压力表计显示异常；

（4）操作机构异常，打压时间长，回路故障，有卡涩现象；

（5）断路器运行中红灯或绿灯不亮，异常、故障时，灯光闪，指示仪表异常；

（6）操作电源失电、断电，指示仪表显示异常或者回路故障；

（7）信号屏发出“拒合”、“拒分”等光字牌；

（8）监控后台机出现以上相关遥信信息。

三、异常、故障原因分析

1. 拒绝跳闸原因分析

（1）控制回路熔断器熔断，跳闸回路各元件接触不良；

（2）液压（气动）机构压力降低导致跳闸回路被闭锁，或分闸控制阀未动作；

（3）断路器漏气严重、气体压力低，密度继电器闭锁操作回路；

（4）跳闸线圈故障；

（5）断路器跳闸铁心故障；

（6）触头发生焊接或机械卡涩，传动部分故障（如销子脱落等）。

2. 拒绝合闸原因分析

（1）直流电源电压过低或过高；

（2）断路器控制回路故障，合闸回路熔断器熔断或接触不良；

（3）GIS、SF_6断路器气体压力过低，密度继电器闭锁操作回路；

（4）断路器合闸铁心故障；

（5）合闸线圈故障；

（6）合闸回路被闭锁；

（7）机械卡涩等，传动部分故障。

3. 误跳原因分析

（1）断路器跳闸机构故障；

（2）直流控制回路短路故障；

（3）继电保护装置误动；

（4）液压机械分闸一级阀和逆止阀处密封不良、发生渗漏现象，导致断路器“误跳”；

（5）操作人员误碰或错误操作断路器操作机构；

（6）寄生回路。

4. 过热原因分析

（1）过负荷；

（2）触头接触不良，接触电阻超过标准值；

（3）导电杆与设备接线部连接松动；

（4）导电回路内各电流过渡部件、紧固件松动或氧化。

5. 漏气原因分析

（1）法兰、螺栓等密封不完善，有损伤、磨损；

（2）密封件使用多年老化；瓷套管的胶垫连接处，胶垫老化或位置未放正；

（3）瓷套管与法兰胶合处胶合不良；

（4）压力表，特别是接头处密封垫损伤；瓷套管接头处及自封阀处固定不紧或有杂物。

6. 操作机构故障原因分析

（1）转换开关位置不对；辅助开关转换位置不对；

（2）储能不到位；压力异常；

（3）密度控制器闭锁触点工作失误；

（4）脱管故障；油泵起动频繁；

（5）传动机构故障等；

（6）熔丝熔断；二次回路连接松动；接点接触不良；

（7）线圈烧坏或断线；铁心卡住等原因。

7. 控制回路故障原因分析

（1）控制回路断线；

（2）保护装置闭锁、异常；

（3）压力异常降低或异常升高；

（4）断路器分闸线圈失压或欠压故障；

（5）断路器分闸线圈故障；

（6）合闸回路故障；

（7）断路器合闸铁心动作失灵故障。

四、异常、故障处理

1. 拒绝跳闸异常、故障处理

（1）检查熔体熔断的原因，更换熔体；

（2）检查分闸机构的脱扣板间隙是否符合要求；调整辅助开关拐臂与连杆的角度以及拉杆与连杆的长度；

（3）检查跳闸回路是否完好，如跳闸铁心动作良好而断路器“拒跳”，则是机械故障；

（4）检查直流电源，调节端电压，使电压达到规定值；

（5）检查辅助开关传动机构有无变形、卡阻，连片的固定螺钉应无松动脱落，触点接触可靠到位，有无氧化、油污现象；

（6）检查控制回路电压是否在额定工作电压范围；调整直流电源电压，使之适合分闸线圈的额定电压。

2. 拒绝合闸异常、故障处理

（1）检查熔体熔断的原因，更换熔体；

（2）检查控制回路、合闸回路及直流电源，发现问题及时处理；

（3）直流母线电压过低，调节端电压，使电压达到规定值；

（4）检查 SF_6 气体压力、液压压力是否正常；弹簧机构是否正常储能；

（5）检查辅助开关传动机构有无变形、卡阻，连片的固定螺钉应无松动脱落，触点接触可靠到位，有无氧化、油污现象。

3. 误跳异常、故障处理

（1）操作人员失误引起断路器跳闸时，因原因明确，只需重新合闸；

（2）适当提高断路器最低动作电压；定期检查跳闸机械部分；检查二次回路绝缘状况；

（3）检查直流回路；正确选择监视灯及其附加电阻；

（4）校验保护整定值；排除电压、电流回路故障；更换继电器或使接点接触良好；

（5）排除液压机构渗漏故障；

（6）在控制、保护、信号回路的设计、安装过程中，应遵守设计规程和相关的技术标准，防止出现二次寄生回路。

4. 过热异常、故障处理

（1）减少负荷。

（2）对触头接触部进行处理，使接触电阻达到规定值。

（3）紧固导电杆与设备接线部。

（4）紧固导电回路内各电流过渡部件，处理存在氧化的部件。

5. 漏气异常、故障处理

（1）压力表，特别是接头处密封垫损伤，更换密封垫圈；

（2）检查瓷套管与法兰胶合处的胶合、重新处理胶合；瓷套管的胶垫重新摆放或更换；

（3）法兰、螺栓等密封不完善，有损伤、磨损，更换密封垫圈；

（4）密封件使用多年老化，更换密封垫圈。

6. 操作机构异常、故障处理

（1）检查操作机构内压力开关中微动开关的接触情况，判断机构压力是否正常；

（2）检查电动机电源是否正常，若保险熔断应立即更换保险，检查电源是否恢复正常；

（3）检查机构是否漏油、漏气或弹簧是否压缩储能；

（4）检查辅助接点接触是否良好；

（5）检查气体压力是否降低，密度继电器是否动作闭锁合闸回路；

（6）调整直流电源电压，使之符合合闸线圈的工作电压。

7. 控制回路异常、故障处理

（1）断开直流电源，以防分、合闸线圈烧坏，烧毁应立即更换处理；

（2）检查更换（合上）控制保险（操作电源开关）；调整辅助接点；检查 TQ、HQ 是否断线；检查跳合闸回路是否断线；检查液压机构压力或弹簧机构储能情况；

（3）将电动机电源断开操作回路电源断开，合上开关进行打压，查找渗漏点进行处理；如是密封垫问题，更换密封垫；检查辅助接点是否粘连，进行处理；

（4）调整辅助开关拐臂与连杆的角度以及拉杆与连杆的长度，使之符合要求并更换锈蚀和损坏的触头片；

（5）当发现某一专用直流回路有接地时，应及时找出接地点，尽快消除；

（6）分闸线圈断线将导致红灯 RD 不亮，很容易被发现；

（7）避免频繁操作，已操作过多次使线圈温度超过 65℃以上时应暂停操作，待线圈温度下降到 65℃以下时再进行操作；

（8）检查合闸接触器线圈是否断线，接触器铁心是否被卡住或弹簧反作用力过大；

（9）铁心动作行程不够，应重新安装；观察其铁心的冲击行程并进行调整；检查各轴及连板有无卡涩现象。

五、注意事项

（1）严禁使用容量不足的断路器，否则断路器跳闸后将因电弧不能熄灭而爆炸。断路器的额定开断电流，必须大于工作地点的最大短路故障电流；

（2）断路器事故跳闸后应进行全面检查，看有无异常现象；

（3）严禁将拒绝跳闸的断路器投入运行；

（4）在操作机构异常时，不得对断路器进行分合闸操作。对电动合闸的断路器，合闸前应检查操作直流电压。若操作电源电压过低，由于合闸功率不够将使合闸速度降低，可能发生断路器爆炸事故和不同期并列事故；

（5）当断路器具有以下情形之一时，应立即停用进行处理：

1）套管有严重破损、破裂闪络和放电现象；

2）SF_6断路器气室严重漏气，发出操作闭锁信号；

3）真空断路器出现真空破坏的“咝咝”声；

4）液压机构突然失压到零；

5）断路器端子与连接线连接处发热严重或熔化时；

6）GIS 严重漏气，发出操作闭锁信号；

7）断路器内部有严重放电声。

（6）由于断路器运行时间长，高压管或合闸指令管的接头老化发松，承受高压能力下降。发生脱管故障时，必须马上退出运行，修复前，该断路器严禁进行任何分、合闸操作。

六、案例

案例：10kV 真空断路器分闸失灵。

1. 故障现象

某企业一台 10kV、1000kW 高压电动机，配有 CT220 型弹簧操动机构的真空断路器控制，经常出现断路器分闸失灵故障。

2. 原因分析

停电后检查，发现断路器操动机构分闸联板存在卡涩现象，造成操作机构不能正确分闸。因此，在断路器分闸时，操作机构动作不到位，导致断路器分闸失灵故障。

3. 结论

断路器操动机构分闸联板存在卡涩现象导致分闸失灵。

4. 采取措施

（1）处理操作机构联板卡涩现象；

（2）检查操作机构联板动作是否正常；

（3）制订对设备的检修计划，确保设备保持良好的工作状态。

【思考与练习】

1. 断路器的异常、故障类型包括哪些？

2. 造成 GIS 断路器漏气主要原因有哪些？

3. 液压机构常见故障及处理方法有哪些？

4. 试分析断路器拒合、误跳的原因有哪些？

模块 8 隔离开关的异常分析处理（ZY2200607008）

【模块描述】本模块包含隔离开关常见异常、故障类型、现象、原因分析、处理和现场操作注意事项等内容。通过概念描述、术语说明、要点归纳、案例介绍，掌握隔离开关异常、故障分析处理方法。

【正文】

一、异常、故障类型

（1）隔离开关接触部分过热；

（2）隔离开关拒绝分闸；

（3）隔离开关拒绝合闸；

（4）隔离开关支持绝缘子破损；

（5）隔离开关自动掉落合闸；

（6）隔离开关合闸不到位。

二、异常、故障现象

（1）信号屏有指示，警铃响；

（2）隔离开关接触部分出现过热现象，接触部分发红变色；

（3）隔离开关接触部分或者绝缘子表面闪络放电；

（4）隔离开关自转力沉重；

（5）隔离开关触头刀片拉不开；

（6）操作电源失电、断电或者回路故障，指示仪表显示异常等信息；

（7）信号屏发出“拒合”、“拒分”等信息。

三、异常、故障分析

（1）隔离开关接触部分出现过热现象。

主要原因：负荷较大；动、静触头接触不良；刀片接触面赃污、烧损，零部件生锈、受损；刀片弹簧上有瑕疵。

（2）隔离开关自转力沉重。

主要原因：轴承零部件有生锈、脱落、损伤，轴销弯曲或磨损。

（3）隔离开关绝缘子破损。

主要原因：受机械力或外力造成破损。

（4）隔离开关拒绝分闸。

主要原因：操作机构冰冻；机构锈蚀、卡死；动、静触头熔焊变形及瓷件破裂、断裂；无操作电源；操作机构损坏或闭锁失灵等原因。

（5）隔离开关拒绝合闸。

主要原因：闭锁回路故障；轴销脱落；铸铁断裂；触头刀片拉不开；触头刀片自动断；无操作电源等电气回路故障等原因。

（6）隔离开关自动掉落合闸。

主要原因：操作机构的闭锁失灵或未加锁，遇到较大的振动情况下，隔离开关动触头可能会发生自动掉落合闸。

（7）隔离开关合闸不到位。

主要原因：调试不合适；触头刀片弯曲；固定触头夹片松动；操动机构有卡涩现象造成合闸不到位。

四、异常、故障处理

（1）隔离开关在运行中发热。

1）负荷过重。减小负荷，室内应采取通风措施。

2）触头接触不好。更换损坏的弹簧，刀片、动、静触头；压紧松动弹簧、螺栓。

3）操作不到位所引起。查出原因后，重新操作。

（2）隔离开关拒绝分闸。

1）操作机构冰冻。接触冰冻后，检查操作机构是否灵活。

2）机构锈蚀、卡死。修复锈蚀的部位，处理机构卡死的原因。

3）隔离开关动、静触头熔焊变形。更换动、静触头。

4）瓷件破裂、断裂。更换瓷件。

5）操作电源及回路故障。检查操作电源及回路是否正常，处理电源回路故障。

6）操作机构损坏。修复或更换操作机构。

7）闭锁失灵等原因。查找出闭锁失灵的原因，修复或更换闭锁装置。

（3）隔离开关拒绝合闸。

1）闭锁回路故障。找出闭锁故障原因，消除故障。

2）轴销脱落。检查轴销是否完好，紧固轴销。

3）铸铁断裂等机械故障。检查铸铁等机械部件是否完好，更换断裂的机械部件。

4）操作机构电气回路故障。检查操作电气回路是否正常，处理回路故障。

5）无操作电源。检查操作电源是否正常，处理电源故障。

（4）隔离开关支持绝缘子破损。

1）绝缘子破损严重。更换绝缘子。

2）绝缘子断裂。更换绝缘子。

（5）隔离开关自动掉落合闸。

1）操作机构的闭锁失灵。修复或更换操作机构，并在现场检验闭锁装置是否完好。

2）操作机构未闭锁。按照操作程序进行闭锁，并在现场检验闭锁装置是否完好。

（6）隔离开关合闸不到位。

1）调试不合适。重新调适到合适位置。

2）触头刀片弯曲。修复或更换触头刀片。

3）固定触头夹片松动。紧固触头夹片。

4）操动机构有卡涩。处理机构卡死的原因。

五、注意事项

（1）隔离开关异常、故障处理时，应设专人监护，使用带绝缘柄的工具，工作时应站在干燥的绝缘物上进行，并戴绝缘手套和安全帽，穿长袖衣服工作。

（2）处理故障时应与带电设备保持足够的安全距离，10kV 及以下：0.7m；35kV：1m；110kV：1.5m；220kV：3m。

（3）隔离开关操动机构的定位销，操作后一定要销牢固，防止由于滑脱引起带负荷拉、合或带地线合刀闸。

（4）严禁随意解除电气闭锁装置进行隔离开关操作。

（5）检修后的隔离开关，应将其保持在断开位置，避免操作时接通其他检修回路的接地线或接地刀闸，造成人为三相短路。

（6）隔离开关与断路器、接地开关配用或隔离开关具有接地刀闸，隔离开关应有机械闭锁或电气闭锁。

（7）隔离开关合闸后动触头应水平卡入静触头内，上下不得偏移和歪斜。

（8）水平安装的隔离开关一般静触头连接电源侧。

（9）隔离开关的延长轴、轴承、连轴套拐臂、连接叉、拉杆等要有足够的强度。连接销钉不得焊死，开口销应齐全并全部打开。

（10）隔离开关的软连接不应有折损、断股等现象。

（11）定位器和制动装置应牢固且动作要正确。

六、案例

案例：10kV 隔离开关触头烧损。

1. 故障现象

某企业的配电所对所内的全部设备进行检修。其中对隔离开关的动、静触头、传动部分、刀片进行了全部检修，并对凸凹不平的动、静触头进行打磨修复。检修投入运行后前几个月情况良好，半年后隔离开关发生触头过热，烧坏触头的故障。

2. 原因分析

隔离开关在上次的设备检修中，检修人员没有认真仔细检查和更换不合格的触头弹簧，造成动、静触头接触松动，接触不良发热。工作人员在巡视过程中没有及时发现问题，造成触头长时间发热烧坏触头的故障，影响企业安全生产。

3. 结论

隔离开关触头检修不当，造成触头烧坏。

4. 采取措施

（1）更换烧损触头。

（2）在设备检修中严格按检修规程和工艺要求开展工作，严把质量验收关。

（3）加强设备巡视检查。

【思考与练习】

1. 隔离开关拒绝合闸，如何处理？

2. 隔离开关常见异常、故障时现象有哪些？

3. 隔离开关合闸不到位，如何处理？

第二十章　继电保护装置检查与分析

模块1　速断、过流保护运行检查（ZY2200608001）

【模块描述】本模块包含线路电流型保护（速断、过流）配置原则、整定原则、保护范围、运行检查内容、异常分析、事故处理等内容。通过概念描述、术语说明、要点归纳，掌握线路电流型保护（速断、过流）运行检查方法。

【正文】

一、配置原则

1. 10kV 线路保护装置的配置原则

（1）由电流继电器构成的保护装置，应接于两相电流互感器上。

（2）单侧电源线路：可装设两段过电流保护：第一段为不带时限的电流速断保护，第二段为带时限的过电流保护。

（3）对双侧电源线路，可装设带方向或不带方向的电流速断和过电流保护。

2. 35kV 线路保护配置原则

（1）对单侧电源线路可采用一段或两段电流速断或电流电压速断作主保护，并应以带时限过电流保护作后备保护。

（2）对双侧电源线路可装设带方向或不带方向的电流保护。当采用电流电压保护不能满足选择性、灵敏性和速动性时，可采用距离保护装置。

二、整定原则、保护范围

客户变电站的 10～35kV 线路多数是终端线路，根据《电力装置的继电保护和自动装置设计规范》（GB/T 50062—2008），可装设两段式或三段式过电流保护。本模块着重介绍两段式（速断、过流）电流保护：第一段为不带时限的速断电流保护，第二段为带时限的过电流保护。

1. 速断电流保护

（1）整定原则。

速断电流保护整定原则为按躲过被保护线路末端短路时的最大短路电流来整定，即 $I_{act}=kI_{k\max}$，式中，$I_{k\max}$ 为最大运行方式下的三相短路电流，k 为可靠系数，一般取 1.2～1.3。

（2）保护范围。

根据速断电流保护的整定原则，其保护范围为被保护线路的一部分，不反映被保护线路的全长。

2. 过电流保护

（1）整定原则。

定时限过电流保护的动作电流整定原则是躲开该线路最大的负荷电流，即：$I_{act}=k_{rel}k_{st}I_{l\max}$，其中 $I_{l\max}$ 为线路最大的负荷电流；k_{rel} 为可靠系数，一般取 1.05～1.25；k_{st} 为自起动系数，一般取 1.3～3。

（2）保护范围。

过电流保护范围为被保护线路的全长，但要通过一定的时限作用于断路器跳闸。

三、运行检查内容

（1）检查线路保护配置情况。

根据《电力装置的继电保护和自动装置设计规范》（GB/T 50062—2008），检查客户的线路保护装置配置是否满足规范的要求。

（2）检查线路保护运行规程是否齐全。

线路保护的运行规程一般包括保护的配置、保护的连接片投切、整定值的操作、保护运行的事故及处理规程等。

（3）检查保护定值整定是否正确。

特别要检查客户保护定值与进线保护的定值要相互配合，防止保护定值配合不当造成越级跳闸的事故发生。

（4）检查保护装置是否按期校验。

一般 10kV 客户的继电保护装置每 2 年进行一次校验，对供电可靠性要求较高的客户以及 35kV 及以上的客户继电保护装置每年进行一次校验。

四、异常分析

1. 微机型保护装置异常情况

客户运行人员可根据保护的显示面板信息和信号灯显示信号，判断保护装置的运行状态和异常情况。具体情况可参照保护装置说明书。

例如，35kV 线路保护 CSL211B 型数字式线路保护装置告警代码表如表 ZY2200608001-1 所示。

表 ZY2200608001-1 CSL211B 型数字式线路保护装置告警代码表

编号	代码	含 义	编号	代码	含 义
1	DACERR	模拟量输入错	8	BADDRV1	开出击穿
2	STFAIL	三跳失败	9	PTDX	PT 断线
3	OVLOAD	过负荷	10	DIERR	开入告警
4	ROMERR	ROM 校验错	11	CTDX	CT 断线
5	SETERR	定值错	12	VFCERR	VFC 不可自动调整
6	SZONERR	定值区指针错	13	DLTOUT	断路器偷跳
7	BADDRV	开出无响应	14	TESTOUT	测试启动

2. 电磁型线路保护的异常情况

（1）电流继电器异常：常见故障为电流继电器有焦煳味、冒烟等现象，触点接触不良等。

（2）重合闸灯不亮：当值班人员发现重合闸灯不亮时，应取下灯泡，检查是否为灯泡烧毁，并更换合格灯泡；若灯泡正常，说明重合闸继电器有故障。

五、事故处理

1. 动作现象

（1）事故音响起动，喇叭响；

（2）“速断保护动作”或“过流保护动作”光字牌亮；

（3）信号继电器动作发出信号；

（4）断路器跳闸，位置指示信号绿灯闪光，表计指零。

2. 事故处理

（1）记录保护动作时间，确认断路器跳闸，立即汇报；

（2）检查表计、信号指示和保护动作情况，做好记录，复归信号；

（3）检查保护范围内的线路有无明显故障点，检查继电保护及二次回路是否有故障，直流回路有无两点接地等。

在没有查出保护动作原因前，严禁断路器投入运行。

【思考与练习】

1. 10kV 终端线路保护的配置原则有哪些？其应满足哪些基本要求？

2. 客户变电站微机型保护与电磁型保护相比有哪些优点？

模块 2 反时限电流保护运行检查（ZY2200608002）

【模块描述】本模块包含线路反时限电流型保护配置原则、整定原则、保护范围、运行检查内容、故障处理等内容。通过概念描述、术语说明、要点归纳，掌握线路反时限电流型保护运行检查方法。

【正文】

一、配置原则

反时限保护一般配置在中小型工矿企业的变（配）电站。其特点是发生故障时的短路电流越大，保护动作越快，因此可作为线路和电气设备的主要保护。

二、整定原则

1. 动作电流

反时限电流保护动作电流的整定原则与定时限过电流保护相同，即按躲开线路上流过的最大负荷电流来整定，即 $I_{act}=kI_{l\max}$。

2. 动作时限

时限特性根据出厂时厂家提供的电流和时间关系曲线表，在图表上绘出上下级的电流对时间动作特性。如图 ZY2200608002-1 所示。

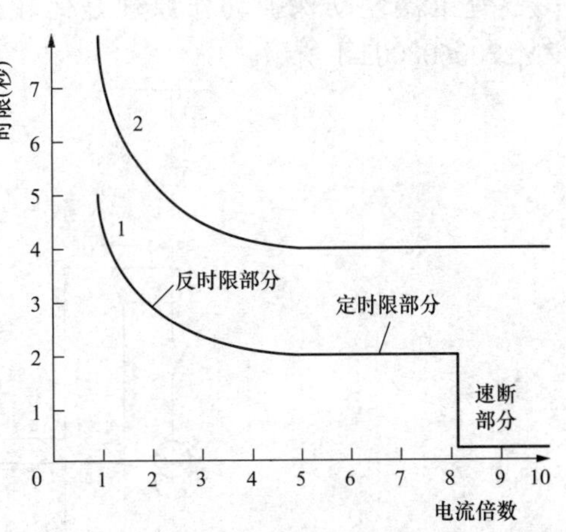

图 ZY2200608002-1 反时限的动作特性曲线

三、保护范围

反时限过电流保护能够保护被保护线路的全长。反时限过电流保护主要用在 6～10kV 的变（配）电所中，作为馈线和电动机的保护。

四、运行检查内容

（1）运行时注意运行环境，防尘罩一定要密闭良好，无破损，防止因尘污及误碰等造成机械部分卡涩、圆盘变形和接点接触不良，影响继电器性能，造成误动或拒动。

（2）运行时防止震动，防止误碰。

（3）严格按照规程规定进行周期检验，杜绝漏检或缺项。

（4）运行时注意检查跳闸连接片是否投至正确位置。

（5）注意检查直流辅助电源应运行可靠，并有直流断线报警。

（6）特别注意检查客户保护定值单，防止误整定。

五、故障处理

1. 动作现象

（1）事故音响起动，喇叭响；

（2）“反时限过流保护动作”光字牌亮；

（3）信号继电器动作发出信号；

（4）断路器跳闸，位置指示信号绿灯闪光，表计指零。

2. 事故处理

（1）记录保护动作时间，确认断路器跳闸，立即汇报；

（2）检查表计、信号指示和保护动作情况，做好记录，复归信号；

（3）检查反时限过流保护范围内的线路、设备有无明显故障点，检查继电保护及二次回路是否有故障等。

在没有查出保护动作原因前，严禁断路器投入运行。

【思考与练习】

1. 反时限电流保护与定时限电流保护相比较有哪些特点？
2. 简述反时限电流保护的动作特性。

模块 3 差动保护运行检查（ZY2200608003）

【模块描述】本模块包含变压器差动保护配置原则、动作原理、整定原则、保护范围、运行检查内容、故障处理等内容。通过概念描述、术语说明、原理分析、图解示意、要点归纳，掌握变压器差动保护运行检查方法。

【正文】

一、配置原则

根据《电力装置的继电保护和自动装置设计规范》（GB/T 50062—2008）规定，10MVA 及以上的单独运行变压器和 6.3MVA 及以上的并列运行变压器应装设纵联差动保护。6.3MVA 及以下单独运行的重要变压器亦可装设纵联差动保护。10MVA 以下的变压器可装设电流速断保护和过电流保护。2MVA 及以上的变压器，当电流速断灵敏系数不符合要求时，宜装设纵联差动保护。

二、动作原理

变压器差动保护动作原理是比较变压器各侧电流的相位和数值的大小。其动作原理如图 ZY2200608003-1 所示。

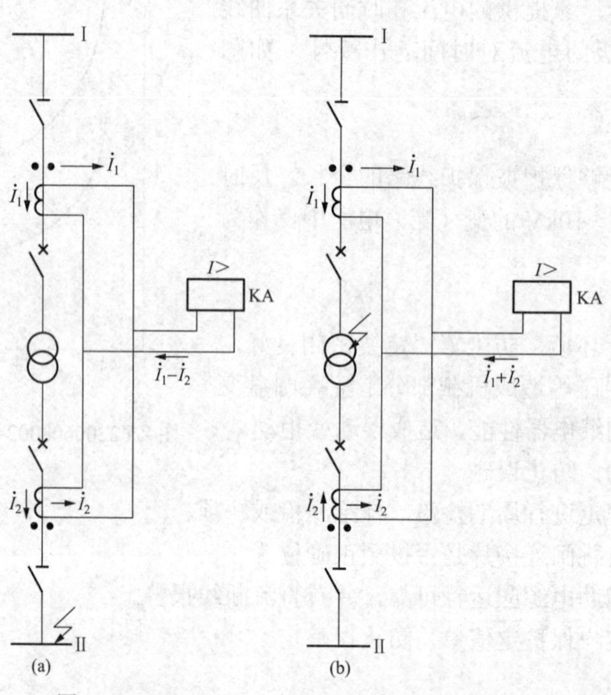

图 ZY2200608003-1 变压器差动保护动作原理图

（a）变压器外部故障时的电流分布图；（b）变压器内部故障时的电流分布图

当变压器发生外部故障时，差动回路无电流流过，差动保护不动作。

当变压器内部发生故障时，不论变压器的两侧都有电源，还是一侧有电源，差动回路都将流过短路电流，此时变压器差动保护动作，跳开变压器两侧的断路器。

三、整定原则

变压器差动动作电流的整定原则，是按躲过正常工况下的最大不平衡电流来整定。具体要求是应使差动保护能躲过区外较小故障电流及外部故障切除后的暂态过程中产生的最大不平衡电流。

四、保护范围

变压器差动保护范围应包括变压器套管及其引出线。具体来说应包括：各相绕组之间的相间短路、中性点直接接地侧的单相接地故障、严重的匝间短路、绝缘套管闪络或破碎而发生的单相接地（通过外壳）短路，引出线之间发生的相间故障等。

五、运行检查内容

（1）运行中的差动保护应注意检查差动继电器的不平衡电流。

（2）运行时应注意检查电流互感器运行状况、保护连接片是否正常、出口继电器触点是否接触良好、直流回路是否正常。

（3）注意运行过程中的差动保护的信号指示。

（4）注意检查审核差动保护的定值是否与定值单一致，防止误整定。

（5）注意检查差动保护的校验周期。要求每两年进行一次部分校验，六年进行一次全部校验。主要校验项目有：装置的外观检查、差动保护定值校验、制动特性试验（谐波制动或比率制动）、电流互感器断线检验等。

（6）差动保护动作后作好各现象记录，分析可能产生的动作原因。

六、故障处理

1. 动作现象

（1）警铃响，喇叭响。

（2）主变压器"差动保护动作"光字牌亮。中央信号盘"掉牌未复归"光字牌亮。

（3）主变压器保护盘上纵差保护动作跳闸出口信号继电器掉牌。

（4）主变压器开关跳闸，绿灯闪光，表计指零。

2. 事故处理

（1）检查变压器本体有无异常，检查差动保护范围内的绝缘子是否有闪络、损坏，引线是否有短路。

（2）如果差动保护范围内的设备无明显故障，应检查继电保护及二次回路是否有故障，直流回路是否两点接地。

（3）经上述检查，无异常后，应在切除负荷后试送电一次，不成功时不准再送。

（4）如果是继电器、二次回路、直流两点接地造成的误动，应将差动保护退出运行，将变压器送电后处理，处理好后先投"信号"位置，如果不动作再投"跳闸"位置。

（5）差动保护及重瓦斯保护同时动作使变压器跳闸时，不经内部检查和试验，不得将变压器投入运行。

【思考与练习】

1. 试述变压器差动保护的保护范围。
2. 试述双电源双绕组变压器差动保护动作过程。
3. 变压器差动保护动作后有哪些现象？如何处理？

模块4　交流绝缘监察装置运行检查（ZY2200608004）

【模块描述】本模块包含交流绝缘监察装置的作用、发生单相接地故障时的分析、装置的构成、运行检查内容、故障处理等内容。通过概念描述、术语说明、原理分析、图解示意、要点归纳，掌握交流绝缘监察装置运行检查方法。

【正文】

一、作用

小电流接地系统（中性点不接地或经消弧线圈接地）发生单相接地故障时，电气设备可正常工作，并且可以允许继续运行2h左右。若是一相接地运行没有被及时发现并及时处理，由于其他两个非故障相对地电压升高，可能在薄弱环节引起另一相对地绝缘被击穿而造成相间短路。因此，变电站中须装设绝缘监察装置，以便在电网中发生一点接地时能及时发出预告信号，提醒运行人员及时处理。

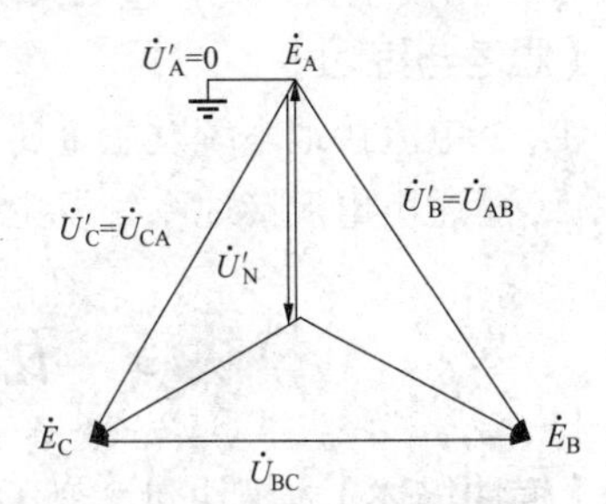

图ZY2200608004-1　A相接地后，各相电压和线电压的相量关系

二、发生单相接地故障时的分析

如图ZY2200608004-1所示，小电流接地系统A相发生金属性接地时，通过相量图分析可以得到以下结论：

接地相电压降低为零，非故障相的电压升高到线电压，即增加了$\sqrt{3}$倍，各相之间的线电压没有变化并保持三相对称。

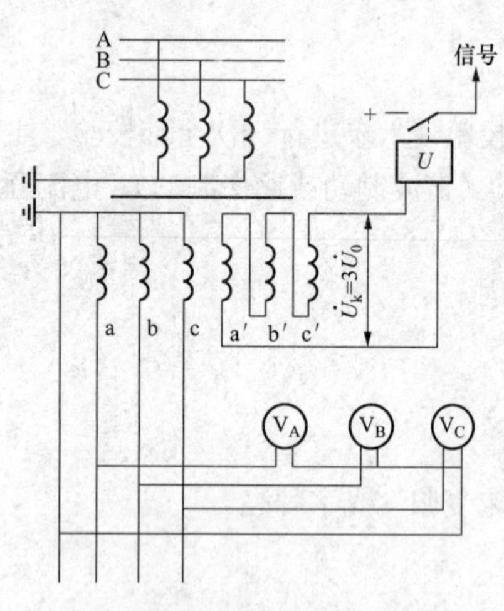

图 ZY2200608004-2 绝缘监察装置的原理接线图

三、装置的构成

绝缘监察装置包含测量和发信两部分。如图 ZY2200608004-2 所示，客户变电站 10kV 系统交流绝缘监察原理接线图。测量部分由三只相电压表组成。正常运行时三只相电压表的读数相等，接地时则从相电压表的读数反映出接地相电压为零，非接地相电压升高到$\sqrt{3}$倍。三相五柱式的母线电压互感器 TV，三组绕组分别接成 $Y_0/y_0/\triangle$形，即一次绕组及基本二次绕组接成星形，且中性点接地，辅助副绕组接成开口三角形，形成零序电压过滤器。在其二次绕组开口三角侧接一只过电压继电器即可构成接地信号装置。正常运行时，开口三角电压 U_k 为零，当系统发生单相接地时，开口三角输出 $U_k=3U_0=100V$，启动电压继电器动作于发出接地信号。

四、运行检查内容

（1）注意检查仪表盘的电压表的指示，定期对母线相电压、线电压进行切换检查；

（2）检查光字牌、警铃信号、掉牌信号继电器是否正常，可定期进行检查试验；

（3）注意区分变电站发生铁磁谐振时与发生单相接地时的现象区别，及时准确判断异常状态类型；

（4）注意检查熔断器、切换开关、继电器的触点等接触良好，连接片、小开关等元件在正确的位置上。

五、事故处理

1. 动作现象

（1）发生接地相的相电压表降低，非接地相相电压表变化不大，线电压表有摆动，幅值无明显变化；

（2）警铃响，“×××母线接地”光字牌点亮。

2. 事故处理

发生单相接地故障时，关键是及时查找接地点，一般采用拉路法进行查找。具体做法如下：

（1）当发生接地后，注意监测三相对地电压和线电压，根据表计指示和信号进行判断接地相。值班员在检查站内设备时，应穿绝缘靴，戴绝缘手套，做好安全措施。若接地点在站外，应请示调度，在其命令下试拉寻找，试拉时，至少应由两人以上进行。

（2）在拉路时，应注意监视电压表的变化和光字变化，当在拉某一条线路时，光字消失，电压恢复正常，则说明接地点在该线路，否则继续进行拉路查找。

（3）所内电压互感器、避雷器、开关、电流互感器等设备发生单相接地故障时，则应设法将其隔离，严禁使用闸刀拉开故障的电压互感器。

（4）当发生接地时，值班人员应记录故障现象、发现时间、接地相别、电压指示以及消除时间等。

【思考与练习】

1. 小电流接地系统发生金属性单相接地时变电站中有哪些现象？
2. 简述小电流接地系统发生单相接地线路查找的方法。

模块 5 瓦斯保护运行检查（ZY2200608005）

【模块描述】本模块包含变压器瓦斯保护配置原则、动作原理、整定原则、保护范围、运行检查内容、故障处理等内容。通过概念描述、术语说明、原理分析、图解示意、要点归纳，掌握变压器瓦斯保护运行检查方法。

【正文】

一、配置原则

根据《电力装置的继电保护和自动装置设计规范》（GB/T 50062—2008）规定：0.8MVA 及以上的油浸式变压器和 0.4MVA 及以上的车间内油浸式变压器，均应装设瓦斯保护。当壳内故障产生轻微瓦斯或油面下降时，应瞬时动作于信号；当产生大量瓦斯时，应动作于断开变压器各侧断路器。

二、动作原理

瓦斯保护的主要元件是瓦斯气体继电器，其外形如图 ZY2200608005-1 所示。目前广泛应用的是开口杯挡板式气体继电器。轻瓦斯保护的气体继电器由开口杯、干簧触点等组成，作用于信号。重瓦斯保护的气体继电器由挡板、弹簧、干簧触点等组成，作用于跳闸。在变压器正常运行时，气体继电器内充满绝缘油，开口杯浸在油内，处于上浮位置，两对干簧触点也处于断开状态。

图 ZY2200608005-1　瓦斯气体继电器外形图

在变压器油箱内部发生故障时，故障点局部发生过热，引起周围的变压器油膨胀，油内溶解的空气被逐出，形成气泡上升，同时油和其他绝缘材料在电弧和放电等的作用下电离而产生气体。当故障轻微时，排出的气体缓慢地上升而汇集到气体继电器的上部气室内，迫使其油面下降，开口杯随之下降到某一限定位置，其上部的磁铁压迫干簧触点吸合，发出轻瓦斯动作信号。若变压器因漏油而使油面继续下降，同样动作于信号。当变压器内部故障严重时，将产生强烈的气体，使变压器内部压力瞬时升高，将会产生很大的油流冲向储油柜挡板，挡板克服弹簧的阻力，带动磁铁向干簧触点方向移动，使干簧触点闭合，接通重瓦斯保护跳闸回路，跳开变压器各侧断路器，使变压器退出运行。

三、整定原则

轻瓦斯保护的动作值用气体容积表示，其整定要求继电器在 250～300ml 范围内可靠动作；重瓦斯保护的动作值用油流速度表示，依据变压器容量和冷却方式的不同，整定范围在 0.7～1.4m/s。

四、保护范围

变压器瓦斯保护是变压器主保护之一，它反映的是变压器油箱内的各种类型的故障和不正常的运行状态。但是，瓦斯保护不能反应变压器套管和引出线的故障，需与纵差动保护一起作为变压器的主保护。其反应的故障类型如下：

（1）变压器内部多相短路；

（2）变压器内部匝间和层间短路；

（3）匝间与铁心或外壳短路；

（4）变压器绕组内部断线；

（5）铁心故障、发热烧毁等；

（6）绝缘劣化和油面下降；

（7）分接开关接触不良或导线焊接不良。

五、运行检查内容

（1）变压器在带电状态下进行滤油、注油、大量放油、放气时，应当将重瓦斯保护从跳闸位置改接为信号位置。

（2）初次投入运行的变压器，要在空气排尽、带负荷运行 24h 无信号示警之后，才可以将重瓦斯投入到跳闸的位置。在空载运行或冲击性合闸时，应将重瓦斯投入到跳闸的位置。

（3）在运行过程中，须留心本来缺油的变压器的油面，防止在气温突然下降时，气体继电器的油面下降造成保护误操作。

（4）气体继电器的流速整定值应当记入继电保护记录簿。

（5）瓦斯气体继电器每4年进行一次全部定检，原则上配合变压器大修时同步进行。主要检查气密性、整定流速、气体动作容积、继电器触点、引出端对地绝缘等。

六、故障处理

1. 故障现象

轻瓦斯保护动作时，发出预告信号，警铃响，"轻瓦斯保护动作"光字牌亮。

重瓦斯保护动作时，发出事故信号，喇叭响，"瓦斯保护动作"光字牌亮，同时变压器各侧断路器动作跳闸，变压器退出运行。

2. 轻瓦斯保护动作后的处理

轻瓦斯保护动作后，应检查气体继电器里的气体的性质，从颜色、气味、可燃性判断是否发生故障。轻瓦斯保护动作，通常有下列原因：

（1）非变压器故障原因。例如因进行滤油、加油而使空气进入变压器内；因温度下降或漏油使油面缓慢降低；因外部穿越性短路电流的影响；因直流回路的故障而误发信号等。如确定为非变压器内部故障，在复归信号后，变压器可继续运行。

（2）变压器轻微故障而产生少量气体，复归信号后立即汇报。确认为变压器内部故障时，应将变压器退出运行，并进行必要的检修。

3. 重瓦斯保护动作后的处理

运行中的变压器发生瓦斯保护动作跳闸后，可能是变压器内部发生了严重故障，油面剧烈下降或故障电流在油箱中产生了大量气体；也可能是保护或二次回路或充油过程中发生了异常，导致了变压器重瓦斯保护动作。

发生重瓦斯保护后，首先应停止音响信号，并检查气体继电器的动作原因。收集气体继电器内的气体，根据气体量的多少、颜色、气体的可燃性来进一步判断故障性质。变压器发生重瓦斯保护动作跳闸后，不经详细检查、测量、处理，不得投入运行。

【思考与练习】

1. 试简述变压器瓦斯保护的保护范围。
2. 变压器瓦斯保护动作后应如何进行处理？

模块6 复合电压过流保护运行检查（ZY2200608006）

【模块描述】本模块包含复合电压过流保护配置原则、动作原理、整定原则、保护范围、运行检查内容、故障处理等内容。通过概念描述、术语说明、原理分析、图解示意、要点归纳，掌握复合电压过流保护运行检查方法。

【正文】

一、配置原则

根据《电力装置的继电保护和自动装置设计规范》（GB/T 50062—2008）规定，由外部相间短路引起的变压器过电流，应装设相应的保护装置。复合电压起动的过电流保护或低电压闭锁的过电流保护，宜用于升压变压器、系统联络变压器和过电流不符合灵敏性要求的降压变压器。

二、动作原理

复合电压起动的过电流保护原理接线图如图 ZY2200608006-1 所示，其中，复合电压起动元件由负序电压继电器 KVN 和低电压继电器 KV 组成，KV 的线圈经 KVN 的动断触点接至线电压。电流元件为三个接于相电流的电流继电器 KA1～KA3。时间继电器的 KT 只有在电流元件和电压元件均动作时才会起动。

当发生不对称短路时，故障相 KA 动作，负序电压滤过器 KUG 有输出，负序电压继电器 KVN 动作，断开加在低电压继电器 KV 上的电压，于是 KV 的动断触点闭合，起动中间继电器 KAM。电流元件和 KAM 都动作，接通 KT 的线圈，经延时起动出口继电器 KCO 跳开断路器 QF1 和 QF2。当三相短路时，短路瞬间将出现负序电压，此保护能够正常动作。

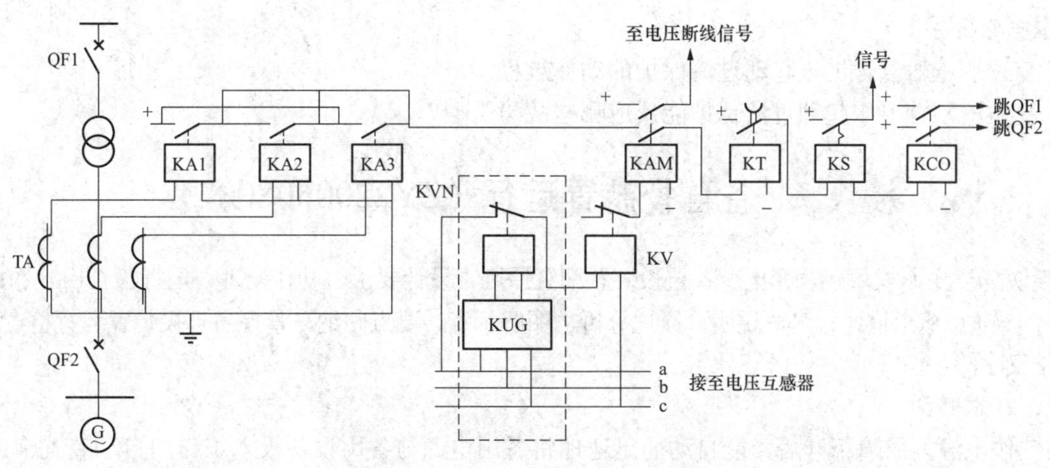

图 ZY2200608006-1　复合电压起动的过电流保护原理接线图

三、整定原则

电流继电器的动作电流按大于变压器额定电流整定，即 $I_{act}=\frac{K_{rel}}{K_{res}}I_N$，式中，$K_{rel}$ 为可靠系数，取 1.2；K_{res} 为返回系数，取 0.85。

负序电压继电器动作电压按躲开正常运行时最大不平衡电压整定，即 $U_{act}=0.06U_N$。

四、保护范围

（1）作为变压器主保护的后备保护，当变压器主保护拒动时，可反应变压器的各类相间短路故障。

（2）可以作为相邻母线或线路的后备保护。

五、运行检查内容

（1）运行时注意观察保护面板的各种信号信息，变压器控制屏的电流表、电压表及功率表的指示；

（2）注意巡视检查负序电压继电器、电流继电器的运行状况，观察继电器触点的接触情况。

（3）检查各类灯光信号、关字牌、蜂鸣器、警铃信号、掉牌继电器运行正常。

（4）注意检查直流回路、各类熔断器、小开关、连接片正常。

（5）检查复合电压起动过流保护校验周期。要求每两年进行一次部分校验，六年进行一次全部校验。

（6）作好各类异常信号、故障信号的记录。

六、故障处理

1. 动作现象

（1）警铃响，喇叭响，事故音响启动；

（2）主变压器“复合电压起动过流保护动作”光字牌亮。中央信号盘“掉牌未复归”光字牌亮；

（3）复合电压起动过流保护动作跳闸出口信号继电器掉牌；

（4）主变压器断路器跳闸，位置指示绿灯闪光，表计指零。

2. 事故处理

（1）检查断路器有无越级跳闸的，检查各出线断路器保护装置动作情况，各信号继电器有无掉牌，各操作机构有无卡死现象。

（2）如查明不是出线故障的越级跳闸，应将低压侧所有断路器全部拉开，检查低压母线与变压器本体有无异常情况。

（3）若查不出明显故障现象，可将变压器空载时试投一次，正常后在逐路恢复送电。若在试送某一出线断路器时又引起越级跳闸，则应停送该线，而将其余线路恢复送电。

（4）若在检查中发现低压母线有明显的故障点，而变压器本体无明显故障现象，应待母线故障消除后再试合闸送电。若检查变压器本身有明显故障现象时，则不能合闸送电，对变压器进行检修。

【思考与练习】

1. 简述变压器复合电压起动过流保护的动作过程。
2. 变压器复合电压起动过流保护能反应哪些故障类型？

模块 7　备自投装置运行（ZY2200608007）

【模块描述】本模块包含变电所备自投装置配置原则、设计要求、动作原理、运行检查内容、故障处理等内容。通过概念描述、术语说明、原理分析、图解示意、要点归纳，掌握备自投装置运行检查方法。

【正文】

一、基本概念

当工作电源因故障断开后，能自动而迅速地将备用电源与备用设备投入工作的自动装置称为备用电源自动投入装置，简称 ATS 装置。

二、配置原则

根据《电力装置的继电保护和自动装置设计规范》（GB/T 50062—2008）规定，下列情况可装设备用电源或备用设备的自动投入装置（以下简称自动投入装置）：

（1）由双电源供电的变电站和配电所，其中一个电源经常断开作为备用；

（2）发电厂、变电站和配电所内有互为备用的母线段；

（3）发电厂、变电站内有备用变压器；

（4）变电站内有两台变压器；

（5）生产过程中某些重要机组有备用机组。

三、设计要求

（1）应保证在工作电源或设备断开后，才投入备用电源。

（2）工作母线或设备上的电压，不论任何原因消失时，备自投装置均应动作。

（3）备自投装置应保证只动作一次。

（4）备自投装置的动作时间应使负荷的停电时间尽可能地短。

（5）当电压互感器二次侧熔断器熔断时，备自投装置不应动作。

（6）备用电源无电压时，备自投装置不应动作。

（7）应校验备自投装置动作时过负荷的情况，以及电动机自起动的情况，如备用电源过负荷超过允许限度而不能保证电动机自起动时，应在备自投装置动作时自动减负荷。如果备用电源投于故障，应使其保护加速动作。

四、动作原理

在要求供电可靠性较高的客户变配电所中，通常设有两路及以上的电源进线，一路主供工作电源，一路备用。在工作电源线路突然断电时，利用失压保护装置使该线路的断路器跳闸，而备用电源线路的断路器则在备用电源自动投入装置的作用下迅速合闸，保证对客户的不间断供电。

以内桥（分段）断路器备自投装置为例，如图 ZY2200608007-1 所示。

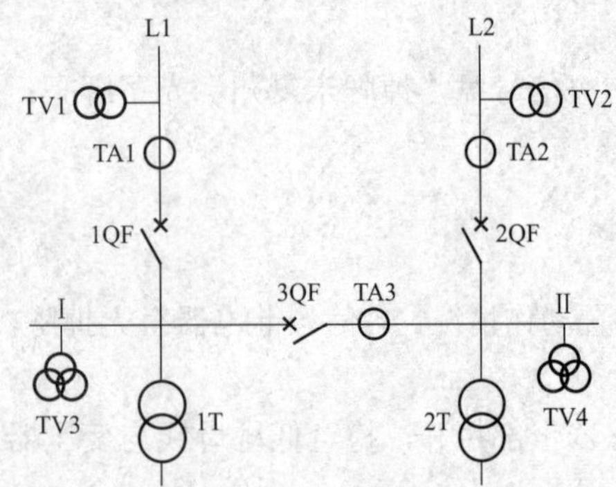

图 ZY2200608007-1　内桥（分段）接线备自投装置

正常运行时，内桥（分段）断路器 3QF 在断开状态，Ⅰ、Ⅱ段母线分别通过各自的供电设备或线路供电，1QF、2QF 在合位，L1 和 L2 互为备用电源（暗备用），当某一段母线因供电设备或线路故障跳开或偷跳时，此时若另一母线有电，则 3QF 自动合闸，从而实现互为备用。

五、运行检查内容

（1）注意检查运行母线电压、工作电源电压是否正常，当发现不正常时，应及时处理，防止备自投装置误动作。

（2）注意检查备自投装置连接片是否均已按要求加用。

（3）注意检查备自投装置的投退开关是否在“投入”位置。

（4）注意检查备自投装置的出口连接片是否在“投入”位置。

（5）注意检查备自投装置屏后交、直流电压小开关是否在“合上”位置。

（6）注意检查备自投装置面板上运行信号灯是否正常。

（7）注意检查备用电源（线路）是否处于热备用状态。

六、故障处理

1. 常见故障

备自投装置在失压后不动作或断路器合不上，应立即汇报，停用备自投装置。

若运行中出现“交流电压断线”或“直流电源消失”信号时，应立即汇报，停用备自投装置，等待修试人员处理。

2. 动作后的处理

（1）解除音响信号，复归掉牌信号。

（2）把断路器控制开关旋至对应位置。

（3）备自投装置动作不成功（即备用设备投入后又跳闸），不允许再进行试送。

（4）作好各种现象记录。

【思考与练习】

1. 简述变电站备用电源自投装置的配置原则。

2. 变电站备用电源自投装置设计时应满足哪些基本要求？

模块 8　自动重合闸装置运行（ZY2200608008）

【模块描述】本模块包含变电站自动重合闸装置配置原则、动作原理、与继电保护的配合方式、运行检查内容、故障处理等内容。通过概念描述、术语说明、原理分析、图解示意、要点归纳，掌握自动重合闸装置运行检查方法。

【正文】

一、配置原则

根据《电力装置的继电保护和自动装置设计规范》（GB/T 50062—2008）规定，3kV 及以上的架空线路和电缆与架空线路的混合线路，当用电设备无备用电源自动投入时，应装设自动重合闸装置。

二、动作原理

1. 动作要求

为了提高供电的可靠性，变电站普遍装设了自动重合闸装置。当线路故障是瞬时性故障，保护动作，跳开故障线路的断路器，自动重合闸动作，将跳开的断路器再合上，即恢复线路的正常供电。当线路发生永久性故障时，保护跳开故障线路断路器，自动重合闸重合后加速跳闸。

2. 三相一次自动重合闸逻辑图

如图 ZY2200608008-1 所示的三相一次自动重合闸逻辑图，它可以通过连接片的切换实现电流保护起动，断路器与控制开关的不对应起动，通过时间延迟环节 tzd.zch，实现重合闸动作。进行正常的操作以及充电时间不够时，将闭锁重合闸。

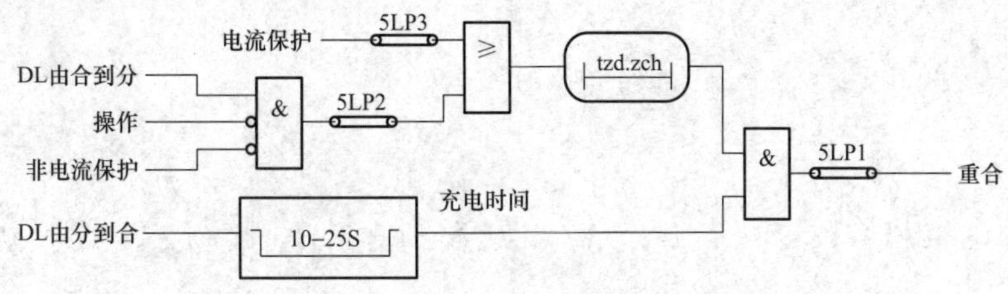

图 ZY2200608008-1　三相一次自动重合闸逻辑图

三、与继电保护的配合方式

1. 重合闸前加速保护

（1）重合闸前加速保护是当线路发生故障时，靠近电源侧的保护首先无选择性瞬时动作跳闸，而后借助自动重合闸来纠正这种非选择性动作。

（2）应用范围：重合闸前加速保护主要用于 35kV 及以下的发电厂和变电所引出的直配线上，以便快速切除故障，保证母线电压水平。

2. 重合闸后加速保护

（1）重合闸后加速保护，是在线路各段上都装设有选择性的保护和自动重合闸装置。当线路发生故障时，保护首先按有选择性的方式动作跳闸，然后进行自动重合闸。如果是永久性故障，则加速保护动作，瞬时切除故障。

（2）应用范围：自动重合闸后加速保护广泛用于高压输电线路上。

四、运行检查内容

（1）运行时注意检查重合闸的运行指示灯正常，重合闸继电器运行声音正常；

（2）注意检查重合闸与保护配合方式的连接片切换在对应位置；

（3）检查各类灯光信号、关字牌、蜂鸣器、警铃信号、掉牌继电器运行正常；

（4）对于双侧电源的重合闸的启动方式连接片注意切换在对应位置；

（5）注意检查直流回路、各类熔断器、小开关、连接片正常；

（6）重合闸装置要求每年进行一次部分校验，四年进行一次全部校验；

（7）作好各类异常信号、故障信号的记录。

五、故障处理

1. 故障现象

运行中的线路中三相一次重合闸所出现的异常现象主要是重合闸的拒动。

2. 事故处理

若重合闸发生拒动，重点检查以下几个方面：

（1）检查重合闸投切开关、重合闸连接片是否投入；

（2）检查重合闸继电器内部是否有故障，如充电电容器损坏，时间继电器、中间继电器触点接触不良等；

（3）检查断路器合闸回路是否沟通。

重合闸发生拒动，要找出原因，及时汇报，尽快解决。

【思考与练习】

1. 自动重合闸的启动方式有哪些？

2. 简述自动重合闸与保护的配合方式。

3. 自动重合闸设置时满足哪些基本要求？

第二十一章 过电压保护设备的检查与分析

模块 1 避雷器巡视检查（ZY2200609001）

【模块描述】本模块包含避雷器的分类、结构、原理、避雷器的巡视检查、特殊巡视检查的项目、危险点分析与预控措施、现场检查注意事项等内容。通过概念描述、术语说明、要点归纳，掌握避雷器巡视检查方法。

【正文】

变电站装设避雷器以限制雷电波侵入时的过电压，这是变电站防雷保护的基本措施之一。

一、分类、结构、原理

1. 常用避雷器分类

避雷器的分类方法很多，常用的避雷器有：

（1）保护间隙；

一般常用于电压不高且不太重要的线路上或农村线路上。

（2）管型避雷器；

常用于 10kV 配电线路上，作为变压器、开关、电容器、电缆头等电气设备的防雷保护。

（3）阀型避雷器；

常用于 3～550kV 电气线路、变配电设备、电动机、开关等的防雷。

（4）氧化锌避雷器。

常用于 0.25～550kV 电气系统及电气设备的防雷及过电压保护，也适用于低压侧的过电压保护。

2. 常用避雷器结构、原理

以阀型避雷器和氧化锌避雷器为例。

（1）阀型避雷器。

阀型避雷器分有并联电阻（FZ）和无并联电阻（FS）两种。阀型避雷器的主要元件是火花间隙、阀片和外瓷套，其他由顶盖、弹簧、导电带、小毡垫、橡皮垫圈等构成。

阀型避雷器工作原理是：线路中没有雷电波传来时，避雷器的火花间隙具有足够的对地绝缘强度，因此它不会被正常的工频电压击穿，这时阀片电阻就不通过电流。当线路中雷电波传来，出现过电压时，火花间隙很快被击穿，使雷电流通过阀片电阻流入大地，从而保护了设备。

（2）氧化锌避雷器。

复合外套氧化锌避雷器一般由下面几个主要部件组成：

1）串联的氧化锌非线性电阻片（或称阀片）组成阀芯。

2）玻璃纤维增强热固性树脂（FRP）构成的内绝缘和机械强度材料。

3）热硫化硅橡胶外伞套材料。

4）有机硅密封胶和粘合剂。

5）内电极、外接线端子及金具。

工作原理是：在正常的工作电压下，其主要部件氧化锌压敏电阻值很大，相当于绝缘状态。但在冲击电压作用下（大于压敏电压），压敏电阻呈低值被击穿，相当于短路状态。然而压敏电阻被击状态，是可以恢复的；当高于压敏电压的电压撤销后，它又恢复了高阻状态。因此，在电力线上如安装氧化锌避雷器后，当雷击时，雷电波的高电压使压敏电阻击穿，雷电流通过压敏电阻流入大地，使电源线上的电压控制在安全范围内，从而保护了电气设备的安全。

二、巡视检查

（1）上下引线头紧固，无断线等现象；

（2）内部应无异音；

（3）放电记录器动作情况；

（4）避雷器瓷质部分是否清洁，有无破损、裂纹及放电现象；

（5）避雷器基础是否下沉；

（6）避雷器接地引下体是否连接良好，有无锈蚀、有无开焊等异常；

（7）氧化锌避雷器注意检查泄漏电流表值，并加以记录对比分析，做好预防“热崩溃”隐患发生；

（8）雷雨过后立即检查放电记录器是否动作，避雷器整体有无异常；

（9）特殊气候情况下，大风时检查引线摆动情况，有无断股或搭挂物；暴雨后，基础有无下沉，绝缘部分有无闪络；大雪时，应检查积雪融化情况，对融化形成的冰溜及时进行清理；下冰雹后，检查绝缘部分有无裂纹或破损；严寒气候下，检查引线有无过紧现象。

三、特殊巡视检查

（1）雷雨后应检查雷电记录器动作情况，避雷器表面有无放电闪络痕迹。

（2）避雷器引下线是否松动。

（3）避雷器本身是否摆动、破裂。

（4）避雷器上法兰泄孔是否畅通。

四、注意事项

（1）正常运行中磁吹避雷器、氧化锌避雷器、电容器组和中性点不接地运行的变压器中性点避雷器不允许退出运行。

（2）避雷器正常电压下运行非巡视检查需要，人员尽可能避免进入避雷器设备区域。进入该区域工作的人员停留时间尽可能短，并不得触碰运行中避雷器接地体；在避雷器存在缺陷，或在阴天、雷雨天气情况下，人员远离避雷器在防爆及防反击范围外；雷雨天过后，对避雷器动作情况的检查应在判断雷雨确实过后安全情况下短时间靠近。

（3）巡视中如果发现下列情况之一，应立即停用避雷器，并汇报。

1）上引线断开或摆动幅度大，有造成事故的可能；

2）瓷套损坏严重或有放电现象；

3）内部有放电声；

4）本体发生严重倾斜。

五、危险点分析及控制措施

1. 危险点分析

（1）人身触电；

（2）摔伤、碰伤；

（3）意外伤人；

（4）雷雨天避雷器落雷反击伤人，避雷器爆炸伤人。

2. 控制措施

（1）巡视检查时应与带电设备保持足够的安全距离，10kV 及以下：0.7m；35kV：1m；110kV：1.5m；220kV：3m；330kV：4m。

（2）不得移开或越过遮栏。

（3）雷雨天气，需要巡视室外高压设备时，应穿绝缘靴，并不得靠近避雷器和避雷针。

（4）雷雨天气，户外应穿雨衣巡视设备，严禁撑伞巡视。

（5）注意行走安全，上下台阶、跨越沟道或配电室门口防鼠挡板时，防止摔、碰。

（6）及时清理杂物，保持通道畅通。

（7）巡视检查设备时应戴好安全帽。

（8）夜间巡视设备时携带照明器具，并两人同时进行，注意行走安全。

（9）大风、雪、雾、沙尘等恶劣天气巡视设备时，应两人同时进行，注意保持与带电体的安全距离和行走安全。

【思考与练习】

1. 简述氧化锌避雷器的工作原理。

2. 避雷器巡视检查项目有哪些?

模块 2　进线段保护装置检查（ZY2200609002）

【模块描述】本模块包含变电站进线段保护装置的构成和原理、检查内容、检查方法、危险点分析与预控措施、现场检查注意事项等内容。通过概念描述、术语说明、要点归纳，掌握变电站进线段保护装置检查方法。

【正文】

一、装置的构成和原理

1. 进线段保护装置的构成

进线段保护主要依靠装设阀型避雷器、避雷线等来解决。当在架空线路以外发生直击雷事故时，会大大降低雷电入侵波的陡度。根据防护对象的不同，避雷线分为单根避雷线、双根避雷线或多根避雷线。可根据防护对象的形状和体积具体确定采用不同截面积的避雷线。避雷线一般采用截面积不小于 $35mm^2$ 的镀锌钢绞线。

2. 进线段保护装置的原理

避雷线是避雷针的变形，其接闪原理是一致的，它的防护作用等同于在弧垂上每一点都是一根等高的避雷针。但由于重力的作用，避雷线是一段垂弧，只需确定待计算点的垂弧高度，便可按单支避雷针计算其两侧的保护范围。同样，在避雷线的端部保护范围，则按避雷线端部的等高单支针计算。其保护角宜在 20° 左右，以减少雷电绕击导线的次数。最大不应超过 30°。

二、装置的检查内容

1. 避雷器的检查

避雷器的检查项目参看模块 1“避雷器巡视检查（ZY2200609001）”。

2. 避雷针、避雷线的检查

（1）避雷针、线、放电间隙等无倾斜、断股、锈蚀等现象，接地引下线良好。

（2）各设备、构架的接地良好，接地引线与主接地网连接正常。

（3）避雷针有无变形，扭曲，焦黑的迹象。

（4）铭牌标志是否清晰。

3. 接地装置的检查

接地装置运行检查是日常巡视检查和季节检查的重要项目。

（1）检查接地装置的各连接点的接触是否良好，有无损伤、折断和腐蚀现象。

（2）对含有重酸、碱、盐等化学成分的土壤地带（一般可能为化工生产企业、药品生产企业及部分食品工业企业）应检查地面下 500mm 以上部位的接地体的腐蚀程度。

（3）在土壤电阻率最大时（一般为雨季前）测量接地装置的接地电阻，并对测量结果进行分析比较。

（4）检查接地线与接地网连接、接地线与接地干线连接是否完好。接地体被洪水冲刷露出地面，应及时进行恢复维修，其周围不得堆放有强烈腐蚀性的物质。

（5）接地体锈蚀严重无法修复时，应重新换装新接地体。

三、检查方法

对进线段保护装置的检查方法主要有：

（1）外观巡视检查。检查人员用眼看、耳听、鼻嗅、手摸等直观检查来发现异常。

（2）仪器仪表法。检查人员使用仪表、工具进行检查，发现进线段保护装置缺陷。例如对接地装置的接地电阻的测量可以通过接地电阻测量仪进行测量。

（3）远方监控法。运行人员可以通过变电站监控装置对进线段保护装置进行监控检查。

四、注意事项

（1）巡视检查时，必须严格遵守《国家电网公司电力安全工作规程（线路部分）》的有关规定，做到不漏巡、错巡。

（2）每天进行正常巡视检查，不允许进入运行设备的遮栏内。

（3）雷雨天气，不要进行进线段保护装置巡视，若要巡视时，应穿绝缘靴，戴安全帽。

（4）对接地装置的检查要注意以下几点：

1）大电流接地系统接地装置的接地电阻应小于 0.5Ω，小电流接地系统接地装置的接地电阻应小于 10Ω，变压器中性点的接地电阻不超过 4Ω，独立避雷针、避雷线的接地电阻不大于 10Ω。

2）接地装置若严重锈蚀应及时除锈、刷漆，或予以更换。

五、危险点分析及控制措施

1. 危险点分析

（1）人身触电；

（2）摔伤、碰伤；

（3）意外伤人。

2. 预控措施

（1）巡视检查时应与带电设备保持足够的安全距离，10kV 及以下：0.7m；

（2）注意行走安全，上下台阶、跨越沟道或配电室门口防鼠挡板时，防止摔、碰；

（3）及时清理杂物，保持通道畅通；

（4）巡视应 2 人及以上进行。巡视时应戴安全帽，穿工作服和绝缘靴，与接地点保持安全距离（户内 4m；户外 8m）。接触设备外壳必须戴绝缘手套；

（5）夜间或者光线较暗巡视设备时携带照明器具，并两人同时进行，注意行走安全。

【思考与练习】

1. 进线段过电压保护原理是什么？

2. 对接地装置接地电阻有哪些要求？

第二十二章　互感器检查与分析

模块1　低压电流互感器巡视检查（ZY2200610001）

【模块描述】本模块包含低压电流互感器巡视检查内容、检查项目、检查周期、危险点分析与预控措施、现场检查注意事项等内容。通过概念描述、术语说明、要点归纳，掌握低压电流互感器巡视检查方法。

【正文】

低压电流互感器主要用于计量和测量回路中。它的正常运行与计量或测量的准确度密切相关。

一、巡视检查项目及内容

（1）检查电流互感器的引线接头、连接点是否接触良好，有无过热、松动、断脱等现象。

（2）倾听电流互感器在运行中的声音。检查其有无异常声音和焦臭味，如果存在异常的声音时，应检查电流互感器是否发生了回路开路、绝缘损坏放电等现象。

（3）检查电流互感器外观，应清洁完整，有无破损、裂纹及放电现象。

（4）检查电流互感器的外壳接地情况，是否有松动及断裂现象，应良好、可靠、无松动断裂。

（5）注意观察负荷的平衡情况，有无过负荷。

（6）检查电流互感器的变比是否正确。

（7）检查电流互感器的极性连接是否正确。

（8）检查运行一次电流应在1/3～2/3额定值之间。

（9）检查电流互感器有无开路现象（一次或二次回路）。

（10）检查电流互感器有无短路现象（一次或二次回路）。

二、巡视检查周期

一般情况下，有人值班变配电所，每班巡视检查一次；无人值班变配电站，每周至少巡视检查一次。客户应结合实际情况和管理要求按期进行巡视检查，确保低压电流互感器的运行状况符合安全运行要求。

三、注意事项

（1）巡视时，必须严格遵守《国家电网公司电力安全工作规程（试行）》的有关规定，做到不漏巡、错巡；

（2）对新投入运行以及检修后运行的互感器，应加强重点巡视检查；

（3）过负荷时、恶劣天气下及设备发生事故后，应增加巡检次数；

（4）雷雨、恶劣天气巡视时，巡检时应做好必要的安全措施；

（5）电流互感器在过负荷时或发生故障后，应检查其绝缘有无破损、裂纹、放电痕迹和接头熔化现象；

（6）电流互感器的负荷电流，对独立式电流互感器应不超过其额定值，如长时间过负荷，可能使测量误差加大和绕组过热或损坏，应注意巡视检查；

（7）严禁电流互感器的二次绕组在运行中开路；

（8）巡视检查人员应按规定认真巡视检查设备，对设备异常状态和缺陷做到及时发现，认真分析，正确处理，做好记录并按信息汇报程序进行汇报。

四、危险点分析及控制措施

1. 危险点分析

（1）人身触电；

（2）摔伤、碰伤；

（3）意外伤人。

2. 预控措施

（1）巡视检查时应与带电设备保持足够的安全距离，10kV 及以下：0.7m；

（2）注意行走安全，上下台阶、跨越沟道或配电室门口防鼠挡板时，防止摔、碰；

（3）及时清理杂物，保持通道畅通；

（4）低压电流互感器电流回路开路时，应迅速转移负荷或者停电处理，防止发生意外伤人；

（5）低压电流互感器超负荷运行，造成设备温度异常高等可能对设备运行及人身安全构成威胁，应迅速转移负荷或者停电处理，防止发生意外；

（6）巡视检查设备时应戴好安全帽；

（7）夜间或者光线较暗巡视设备时携带照明器具，并两人同时进行，注意行走安全。

【思考与练习】

1. 低压电互感器巡视检查的项目及内容有哪些？

2. 低压电互感器巡视检查的注意事项有哪些？

模块 2 低压电流互感器常见故障分析、判断（ZY2200610002）

【模块描述】本模块包含低压电流互感器各种常见故障类型、特征、处理和现场操作注意事项等内容。通过概念描述、术语说明、要点归纳、案例介绍，掌握低压电流互感器常见故障分析处理方法。

【正文】

一、故障类型

（1）低压电流互感器运行温度异常、造成过热或烧毁互感器；

（2）低压电流互感器运行声音异常；

（3）低压电流互感器外部绝缘破裂；

（4）低压电流互感器二次回路开路；

（5）低压电流互感器接线端子出现过热、变色现象；

（6）低压电流互感器发出异常气味。

二、故障特征

（1）低压电流互感器过负荷运行或内部发生故障，导致互感器温度上升将互感器烧毁；

（2）低压电流互感器内部发生故障或二次回路存在开路等原因，其在运行时发出“吱吱”声或“啪啪”放电声；

（3）低压电流互感器外绝缘受损破裂，有可能发生放电现象，并产生异常气味；

（4）低压电流互感器二次回路开路，导致互感器本身发热，运行声音较大且有异常声音或有发热、冒烟等现象；

（5）一、二次接线端子接触不良、松动或者过负荷时，导致接线端子处温度上升、发热、变色（发红）而烧坏接线端子；

（6）低压电流互感器由于其他原因导致互感器烧毁，产生异常气味。

三、故障处理

（1）低压电流互感器运行中响声异常。

1）过负荷运行时，将负荷降至规定值以内；

2）如是二次回路开路采取短路措施进行处理；如是互感器本身接线端子或内部开路，应立即停止运行，进行检查；

3）互感器本体绝缘损坏产生放电现象，应停运更换互感器。

（2）低压电流互感器运行中温度异常、过热。

1）过负荷运行时，将负荷降至规定值以内；

2）如是二次回路开路采取短路措施进行处理；如是互感器本身接线端子或内部开路，应立即停止运行，进行检查；

3）互感器内部绝缘损坏，应停运更换互感器。

（3）低压电流互感器运行中二次回路开路。

1）如是二次回路断线或连接螺钉松动造成二次开路，采取短路措施进行处理或者停运互感器，连接好二次回路导线或紧固连接的螺钉；

2）当电流互感器二次侧开路后，应停电进行处理。如不允许停电时，应尽量减小一次侧负荷电流，然后在保证人身与带电体保持安全距离的前提下，采取短路措施进行处理。

（4）低压电流互感器正常运行时发出放电声。

1）电流互感器内部有严重放电现象，一般为互感器内部绝缘强度降低，此时应立即停电处理；

2）电流互感器二次回路开路，连接线松动、脱落、断线、接触不良等，此时应停电处理。紧固松动的连接线、接线端子；更换断线；处理接线端子使其接触良好。

（5）接线端子过热、变色。

电流互感器一、二次接线端子接触不良、松动或长时间过负荷，导致接线端子处温度上升、发热、接线端子处变色（发红）。将电流互感器停电处理，对接线端子接触面进行处理后，紧固电流互感器的一、二次接线端子；减少所带负荷，使其在规定范围内。

（6）异常气味。

电流互感器绝缘老化；互感器内部故障；二次回路开路造成互感器烧毁，检查二次回路接线，处理开路点，更换新的同型号电流互感器。

四、注意事项

（1）低压电流互感器电流回路开路时，迅速转移负荷或停电处理，防止发生意外伤害；

（2）低压电流互感器超负荷运行，造成温度异常升高等可能对设备运行及人身安全构成威胁，应迅速转移负荷或者停电处理，防止发生意外；

（3）在处理故障时一定要穿绝缘靴，戴绝缘手套和使用带绝缘把手的工具，并在监护人监护下开展工作；

（4）应与带电设备保持足够的安全距离，10kV 及以下：0.7m。

五、案例

案例：10kV 配电室低压电流互感器过热着火。

1. 故障现象

值班人员在进行正常夜间巡视检查时，发现配电室内有异常光亮，立即前往配电室进行查看。当打开配电室房门后，进入配电室发现配电室全是烟雾，马上进行全面检查，发现低压出线柜内低压电流互感器起火冒烟，马上将该负荷关停，将配电变压器停运，用灭火器将火熄灭。

2. 原因分析

停电后进行全面检查，发现该出线柜内的低压电流互感器已全部烧焦，一次侧连接线端子处有燃烧痕迹和放电痕迹，与互感器连接处的接线螺栓松动严重。这说明，互感器起火烧焦原因是互感器一次侧接线端子接触不好、接线螺栓松动严重、长时间过负荷运行过热引起的。

3. 结论

低压电流互感器一次侧接线端子接触不好而烧坏互感器。

4. 采取措施

（1）更换烧毁的电流互感器；

（2）严格执行设备巡视检查制度，认真作好设备缺陷和消除设备缺陷登记记录；

（3）严格执行对设备维护、检修制度。

【思考与练习】

1. 低压电流互感器故障异常现象有哪些？

2. 低压电流互感器声音异常可能有哪些原因造成？

模块 3 互感器的接线检查（ZY2200610003）

【模块描述】本模块介绍了电流互感器、电压互感器的接线方式、错误接线的类型、检查重点和现场操作注意事项等内容。通过概念描述、术语说明、原理分析、图解示意、要点归纳、案例介绍，掌握电流互感器、电压互感器接线的检查方法。

【正文】

一、接线方式

（一）电流互感器接线方式

1. 一相接线

一相接线的电流互感器如图 ZY2200610003-1 所示。

此种接线方式可以测量对称三相负载或相负荷平衡度小的三相装置中的一相电流。其二次侧电流线圈中流过的电流，能正确地反映对应相的实际电流。一般用在负荷平衡的三相电路中测量电流或作过负荷保护。

2. 二相不完全星形接线

二相不完全星形接线的电流互感器如图 ZY2200610003-2 所示。

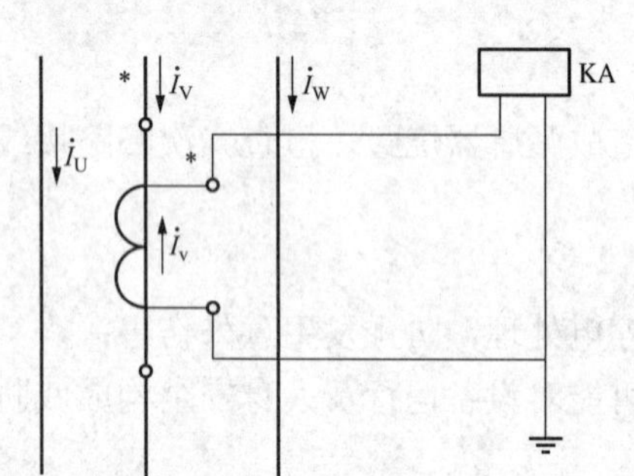

图 ZY2200610003-1 一相接线的电流互感器

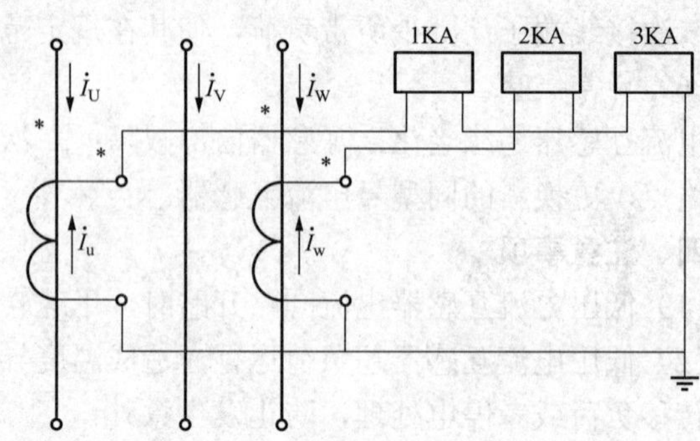

图 ZY2200610003-2 二相不完全星形接线的电流互感器

此种接线方式可以反映了三相的电流，一般用于三相三线制电路中，负荷是否平衡对接线无影响。

3. 两相电流差接线

两相电流差接线的电流互感器如图 ZY2200610003-3 所示。

此种接线方式其二次侧公共线流过的电流，等于两个相电流的电流差，为相电流的$\sqrt{3}$倍。一般用于 10kV 及以下三线三相制电路的继电保护中。

4. 三相完全星形接线

三相完全星形接线的电流互感器如图 ZY2200610003-4 所示。

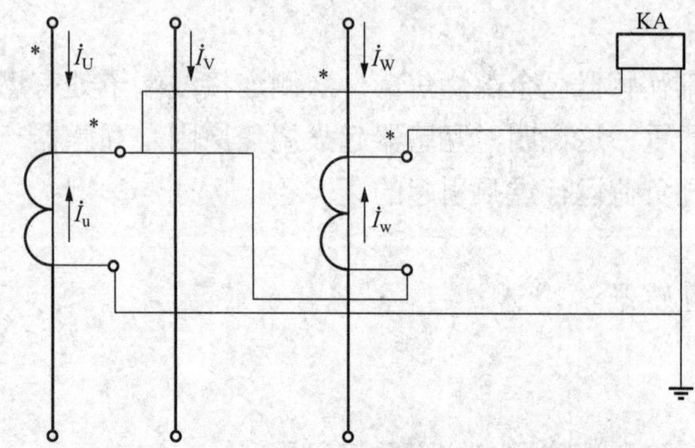

图 ZY2200610003-3 两相电流差接线的电流互感器

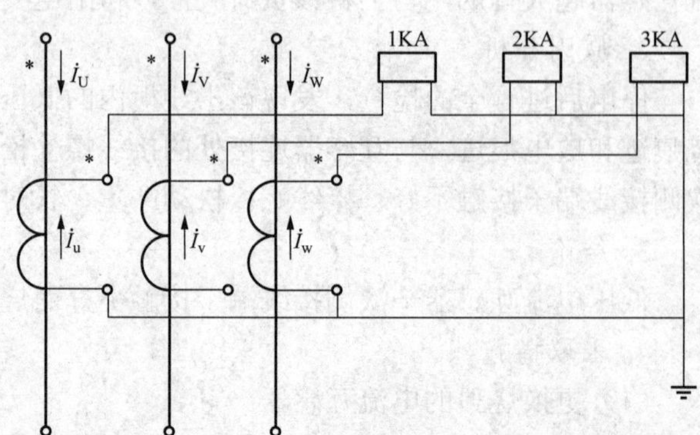

图 ZY2200610003-4 三相完全星形接线的电流互感器

模块 3 ZY2200610003

此种接线方式其二次侧三个电流线圈中流过的电流，能正确反映对应相的实际电流。一般用于三相四线制电路中。

（二）电压互感器方式

1. 单相电压互感器接线

单相电压互感器接线图如图 ZY2200610003-5 所示。

此种接线方式下仪表、继电器接于一个线电压。一般用于单相负载的测量和继电保护用。

2. 不完全星形接线

不完全星形接线的电压互感器如图 ZY2200610003-6 所示。

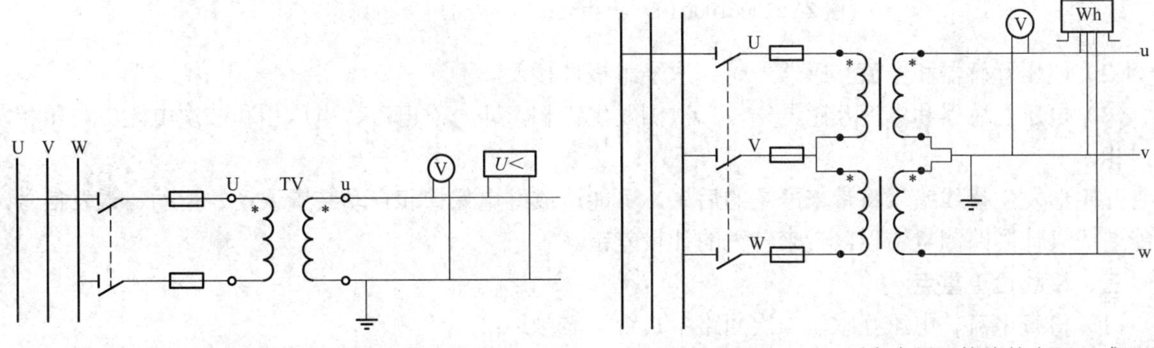

图 ZY2200610003-5　单相电压互感器接线图　　图 ZY2200610003-6　不完全星形接线的电压互感器

这种接线是由用两台单相互感器接成不完全星形，也称 V/v 接线，用来测量各相间电压，但不能测相对地电压，广泛应用在 20kV 以下中性点不接地或经消弧线圈接地的电网中。

3. 三相星形接线

三相星形接线的电压互感器如图 ZY2200610003-7 所示。

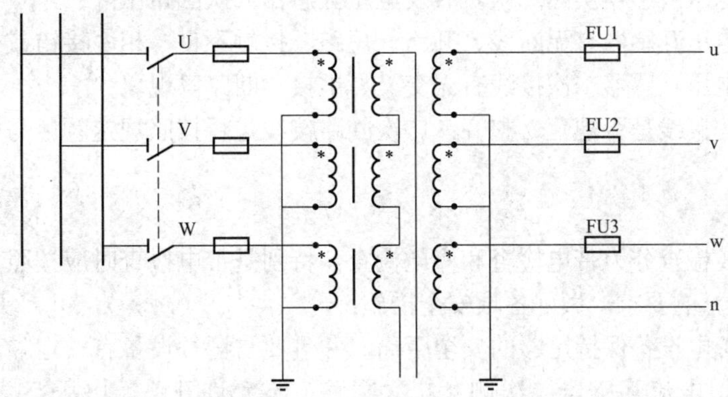

图 ZY2200610003-7　三相星形接线的电压互感器

这种接线是由三只三绕组单相电压互感器接成星形的接线方式。这三只电压互感器一次绕组是根据相电压设计的，它的三个基本二次绕组接成星形，可以测量相电压和线电压，其辅助二次绕组接成开口三角形，构成零序电压过滤器供保护继电器用。这种接线方式广泛地用于中性点直接接地的 110kV 及以上电力系统中。

4. 三相五绕组接线

三相五绕组接线的电压互感器如图 ZY2200610003-8 所示。

在小电流接地系统中（35kV 及以下装置），还广泛采用三相五柱式电压互感器，一次、二次绕组为 YN，yn（Y_0/y_0）接线方式，辅助二次绕组接成开口三角形，供绝缘监察装置使用。

二、错误接线类型

电流、电压互感器主要错误接线类型有：

（1）电压回路和电流回路的短路和断路。主要表现为电压互感器一、二次绕组熔断器熔断、二次侧短路，电流互感器一次侧断线、二次侧开路、二次侧短路等。

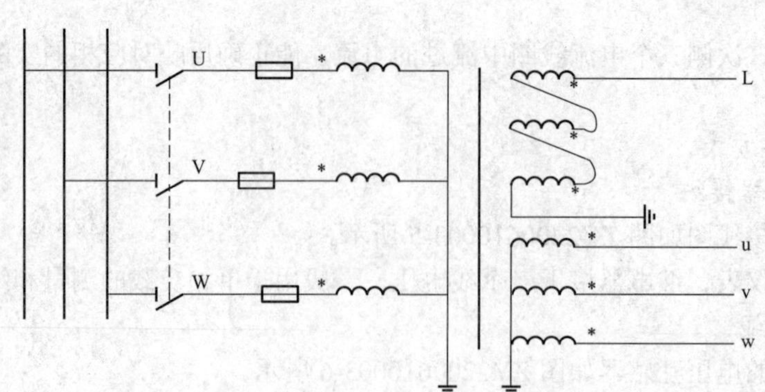

图 ZY2200610003-8 三相五绕组接线的电压互感器

（2）电压互感器和电流互感器一、二次绕组极性接反。

（3）电压互感器和电流互感器一、二次侧发生错相，即一次电流、电压相和二次电流、电压相发生错相。

互感器发生接线错误将带来严重的后果，可能造成继电保护和自动装置误动、拒动、误发信号，可能造成表计回路测量错误，带来较大的计量差错。

三、接线检查重点

（1）检查电流、电压互感器二次回路中是否可靠接地；

（2）测量电流互感器的每相电流及中性线电流，测量电压互感器的相电压、线电压；

（3）检查互感器二次回路导线的选择是否满足要求，一般规定电压二次回路导线截面不应小于 $2.5mm^2$；电流互感器二次回路导线，其截面一般规定不应小于 $4mm^2$；

（4）检查互感器的一次、二次连接部分接触是否良好，二次回路中间触点、熔断器、试验接线盒的接触情况，有无松动、接触不良、发热现象；

（5）检查电流、电压互感器实际二次负载及电压互感器二次回路压降；

（6）检查电流、电压互感器有无断线、开路、短路、接触不良、相序接错或极性反接；

（7）检查电流、电压互感器二次接线有无交叉、虚接、断路等现象；

（8）检查互感器的接线是否规范、整齐；二次回路接线是否按照规定颜色与以区分，二次接线是否标有号牌标识。

四、注意事项

（1）互感器的接线检查分为带电检查和停电检查，特别是带电检查时应按照《国家电网公司电力安全工作规程（试行）》的要求，做好各项安全措施；

（2）检查时应与带电设备保持足够的安全距离，并且要与运行设备有一定隔离措施。

（3）接线检查时，电流互感器二次侧（二次回路）不允许开路，电压互感器二次侧不允许短路；

（4）注意检查互感器的二次侧应可靠接地；

（5）接线检查时，应至少有两人进行，一人测量，另一人应做好监护；

（6）正确使用各种测量仪表，如万用表、相序表、相位伏安表等，选择合适的量程和量项。切忌测量时带电切换表计量程开关；

（7）注意作好各种测量数据的记录，掌握相量分析的方法判断互感器接线的正确与否。

五、案例

案例：电流互感器二次绕组极性接反造成变压器保护误动。

1. 故障现象

某客户变电站变压器差动保护连续两次误动作，造成设备停机事故，严重影响设备的正常运行。工作人员在运行中测量差动继电器执行元件之间的不平衡电流，测量的结果为 U 相 0.74A；V 相 0.68A；W 相 0.61A，均超过额定值 0.15A。这说明流入差动继电器的不平衡电流已经超过规定值，是造成误动作的主要原因。

2. 原因分析

停电后进行一步检查，发现是新投入运行的一条分路的电流互感器的二次绕组极性接反，应按照减极性接，错接成加极性，这样流入差动继电器的不平衡电流随该分路负荷的增加而增加，当增大到继电器动作整定值时，就造成了继电器误动作。更正错误接线后，对运行中不平衡电流进行测量，数据为 0.013A，已恢复正常。

3. 结论

差动回路电流互感器二次绕组极性接反造成变压器保护误动。

4. 采取措施

（1）调整极性，测量差动回路的电流，已正常运行；

（2）安装接线时，一定要按照图纸接线确保互感器二次绕组接线极性和相位正确，并且投运后一定要带负荷进行测试。

【思考与练习】

1. 电流互感器、电压互感器的接线方式有哪几种？
2. 电流互感器、电压互感器的错误接线有哪些主要类型？
3. 为什么电流互感器二次侧不能开路运行？

模块 4　互感器运行情况分析与常见故障及处理（ZY2200610004）

【模块描述】本模块介绍了电流互感器、电压互感器常见异常、故障类型、巡视检查项目及内容、异常、故障分析及处理、现场检查注意事项等内容。通过概念描述、术语说明、要点归纳、案例介绍，掌握互感器运行情况分析和常见故障分析处理方法。

【正文】

一、异常、故障类型

（1）互感器外观异常，如磁体开裂、线圈烧损等。

（2）互感器运行声音异常。

（3）互感器有冒烟现象或异常气味。

（4）互感器回路开路或断路。

（5）互感器熔丝熔断。

（6）互感器一、二次连接部接触不良。

（7）互感器有放电现象。

（8）互感器漏油或油位下降。

二、巡视检查项目及内容

1. 互感器基本巡视检查项目及内容

（1）检查互感器本体、瓷套是否清洁，有无受损、裂纹或放电痕迹。

（2）倾听互感器内部有无异常响声。

（3）检查注油互感器有无渗、漏油现象。

（4）检查注油互感器油色，油位是否正常。

（5）检查互感器一、二次连接部接触是否良好，有无开路、短路、断路、发热现象。

（6）检查接线端子有无锈蚀、松动等现象。

（7）检查二次接地、构架接地是否良好，基础有无下沉。

2. 电流互感器巡视检查项目及内容

（1）检查电流互感器各连接部接触是否良好，有无过热、发红、散股、断股、松动现象，示温片是否熔化。

（2）检查电流互感器的一、二次侧接线是否牢固可靠，有无松动、开路、短路现象。

（3）检查注油式电流互感器油色、油位是否正常，有无渗油及漏油现象。

（4）检查本体、瓷套、绝缘子是否清洁、完好，有无破损、裂纹及放电痕迹。

（5）检查运行中电流互感器声音是否正常，有无异声，异常气味（焦臭味）。

（6）检查互感器电流指示值是否在允许范围内，有无长时间过负荷运行。

（7）检查二次接地是否良好，二次回路中是否安装了开关和熔断器。

（8）检查端子箱（排）。接线端子接触是否良好，有无开路或打火现象。

（9）检查仪表指示是否正常。

3. 电压互感器的巡视检查项目及内容

（1）检查电压互感器的本体、瓷套管是否清洁、完好，有无裂纹、破损及放电痕迹。

（2）检查运行中的电压互感器声音是否正常，有无异常声音和气味。

（3）检查注油式电压互感器的油色和油位是否正常，有无渗油和漏油现象。

（4）检查一、二次回路接线是否牢固可靠，有无松动、开路、断路、接触不良现象。

（5）检查二次侧保护接地是否牢固，接触良好。

（6）检查电压互感器一、二次熔断器是否完好。

（7）检查一次隔离开关及辅助触头接触是否良好。

（8）检查端子箱（排）。接线端子接触是否良好，有无短路或打火现象。

（9）检查仪表指示是否正常。

三、异常、故障分析及处理

1. 电流互感器异常、故障分析

（1）电流互感器本体异常、故障分析。

1）电流互感器过热、冒烟现象。主要原因是负荷过大、一次侧接线接触不良、内部故障、二次回路开路等。

2）电流互感器运行声音异常现象。主要原因是内部故障、二次开路、严重过负荷等。

3）电流互感器外绝缘破裂有放电现象。主要原因是互感器的受损裂纹、绝缘强度降低、设备老化等。

4）注油式电流互感器油面过低。主要原因是存在严重渗油或漏油现象。

（2）电流互感器二次回路开路故障分析。

1）电流回路接线端子上的螺钉未拧紧，松动或脱落；连接线断线；接线端子锈蚀造成接触不良。

2）回路电流过大烧断二次导线。

3）电流切换开关接触不良。

4）端子箱、接线盒接线端子螺丝和垫片锈蚀严重。

2. 电流互感器异常、故障处理

（1）电流互感器运行中声音异常。

1）电流互感器过负荷运行。将负荷降至额定值以内。

2）电流互感器二次回路开路。在靠近电流互感器最近的端子排上将其二次回路短接。若短路后，开路现象仍未消除，则可能是互感器内部开路，应立即停止运行进行处理。

3）电流互感器本体、瓷套、绝缘子绝缘损坏而产生放电现象。更换本体、瓷套、绝缘子等受损部件或互感器。

4）电流互感器夹紧铁心的螺栓松动。紧固松动的螺栓。

（2）电流互感器运行中铁心过热。

1）电流互感器长时间过负荷运行。将负荷降低至额定值以内。

2）电流互感器二次回路开路。在靠近电流互感器最近的端子排上将其二次回路短接。若短路后，开路现象仍未消除，则可能是互感器内部开路，应立即停止运行进行处理。

（3）电流互感器二次回路开路。

1）电流互感器二次回路断线或连接端子松动、接触不良时，连接好二次回路导线或紧固连接端子。

2）发现电流互感器二次回路开路，应立即停电进行处理。

（4）注油式电流互感器漏油或油面过低。

1）电流互感器制造工艺、质量太差，更换合格的电流互感器。

2）电流互感器受到机械损伤。进行渗漏处理，渗漏严重的应更换电流互感器。

（5）电流互感器二次侧接地螺钉松动。停电紧固接地螺钉。

（6）电流互感器一次绕组烧坏。电流互感器匝间绝缘损坏或长期过负荷。更换线圈或更换合格的电流互感器。

（7）电流互感器一次连接部接触不良。停电紧固一次连接螺栓。

3. 电压互感器异常、故障分析

（1）电压互感器本体故障。

1）电压互感器外绝缘破裂有放电现象。主要原因是互感器的受损裂纹、绝缘强度降低、设备老化等。

2）电压互感器放电现象。主要原因是一次接线接触不良、内部故障、二次回路开路等。

3）电压互感器运行声音异常现象。主要原因是内部故障、二次开路等。

4）注油式电压互感器油面过低。主要原因存在严重渗油或漏油现象。

（2）电压互感器熔丝熔断。主要原因是所带负载过大、回路存在短路等。

（3）计量、仪表或继电保护指示异常。主要原因是二次回路接触不良、短路、开路等。

（4）电压互感器表面有火花放电现象。主要原因是互感器绝缘表面脏污、有裂纹。

（5）电压互感器内部有放电声、发热、冒烟、有焦臭味。主要原因是互感器内部绝缘强度降低或老化；发生单相接地或相间短路等。

（6）电压互感器高压熔断器熔断。

1）发生单相间歇性电弧接地；

2）产生铁磁谐振；

3）电压互感器本身内部出现单相接地或相间短路故障；

4）二次侧发生短路而未熔断，也可能造成高压熔断器熔断。

4. 电压互感器异常、故障处理

（1）电压互感器回路断线。

1）电压互感器高、低压侧熔断器熔断。低压侧熔断时，立即进行更换。如果再次熔断，查明原因后再更换。高压侧熔断时，断开电压互感器的隔离开关，同时检查低压侧熔断器有无熔断。排除互感器本体及二次回路故障后，更换熔体。

2）电压切换回路辅助触点或切换开关接触不良，造成回路断线。将电压互感器所带的保护与自动装置停止使用，对电压回路辅助触点及切换开关进行检查。

3）电压互感器二次回路断线。对回路进行检查，找出断线处及时修复。

（2）电压互感器内部故障。电压互感器匝间绝缘损坏、匝间短路。更换线圈或更换合格的电压互感器。

（3）电压互感器绝缘子闪络放电。

1）绝缘子表面有污垢，绝缘强度降低，造成表面击穿放电。更换闪络放电的绝缘子，并对未放电的绝缘子进行清扫。

2）绝缘子表面有污垢，当发生过电压时，表面闪络放电，造成绝缘子绝缘性能降低，更换绝缘子。

（4）电压互感器渗油。

1）电压互感器制造工艺、质量太差，更换合格的电压互感器。

2）电压互感器受到机械损伤。进行渗漏处理，渗漏严重的应更换电压互感器。

（5）电压互感器着火。

电压互感器着火时应立即切断电源，用干式灭火器或者砂子灭火。电压互感器着火烧坏的原因可能是极性接错或有操作过电压，应检查接线方式。

(6) 电压互感器一、二次回路开路。

将保护或自动装置停用。检查高低压熔断器是否熔断，连接线有无松动或脱落，电压切换回路的辅助接点或切换开关是否接触不良等。

(7) 电压互感器产生铁磁谐振。

其产生的过电压可能会击穿互感器的绝缘、造成电压互感器损坏、高压熔丝熔断。当出现电压互感器铁磁谐振的现象时，立即由上一级断路器切除，切忌使用刀开关，避免因电压过高造成弧光短路，危及人身或设备安全。切除后检查电压互感器有无过电压击穿现象。

四、注意事项

(1) 互感器异常、故障处理时，应严格遵守《国家电网公司电力安全工作规程（试行）》，作好各类安全措施。

(2) 互感器异常、故障处理时，应将其一次、二次全部断开，防止二次反送电。

(3) 严禁用隔离开关或熔断器拉开有故障的电压互感器。

(4) 当电流互感器二次侧开路后，应及时停电进行处理。如不允许停电时，应尽量减小一次侧负荷电流，在保证人身与带电体保持安全距离的前提下，用绝缘工具在开路点前用短路线把电流互感器二次回路短路消除开路点，最后拆除短路线。在处理时一定要穿绝缘靴，戴绝缘手套和带绝缘把手的工具，在监护人监护下开展工作。

(5) 停用电压互感器时严禁采用取出高压熔断器的办法，应使用电压互感器本身的隔离开关将其退出。

(6) 处理互感器故障时应与带电设备保持足够的安全距离，10kV 及以下：0.7m；35kV：1m；110kV：1.5m；220kV：3m。

(7) 互感器异常、故障处理时，严禁一个人进行处理，必须两人及以上。

(8) 巡视检查时发现互感器有异常或故障时，应迅速转移负荷或者停电处理，防止扩大事故范围。

五、案例

案例：电工操作不当，造成运行中的电流互感器二次开路事故。

1. 故障现象

某企业电工进行正常巡视时发现，低压配电室 6 号出线开关柜底部的电流互感器附近有一裸露线头伸出，该电工为防止其带电伤人，消除隐患，便用随身携带的尖嘴钳夹住裸露线头往接线螺钉里塞。可是这一塞，碰到了相邻相电流互感器，立即从该电流互感器处窜出一道火舌。

2. 原因分析

经现场检查发现，该相电流互感器烧毁，电能表接至电流互感器该相二次侧接线的导线脱落，接线端子压线螺钉处于松动状态。电工夹住的裸露线头为接至电能表的中线性，当该电工在往里塞的时候却误碰到了没有牢固连接的相邻相的电流互感器的二次接线，造成电流互感器二次回路开路，电流互感器二次绕组产生高压，引发电弧起火。

3. 结论

电流互感器二次回路开路未正确处理引发的事故。

4. 采取措施

(1) 主要原因是安装人员接线不符合要求，接线时只将线头插入接线端子而没有拧紧螺钉，造成接线脱落。在安装接线时要严格按照要求安装接线。

(2) 对于无用的导线应进行妥善处理，而不应随意裸露在外。

(3) 加强对设备的巡视检查，发现隐患及时处理。

【思考与练习】

1. 电流互感器常见故障类型有哪些？
2. 电压互感器常见故障类型有哪些？
3. 电压互感器运行中发生铁磁谐振时有哪些现象？如何处理？
4. 运行中的电流互感器发生二次开路时应如何处理？

第三十三章 电能计量装置的检查与分析

模块 1 单相电能计量装置运行检查、分析、故障处理（ZY2200611001）

【模块描述】本模块包含单相电能计量装置接线形式、铭牌参数、常见故障及异常、检查的重点等内容。通过概念描述、术语说明、原理分析、图解示意、要点归纳，掌握单相电能计量装置运行检查和故障处理方法。

【正文】

根据《供电营业规则》的规定“用户单相用电设备总容量不足 10kW 的可采用低压 220V 供电”，因此对于单相用电的客户须装设单相电能计量装置。

一、接线形式

单相电能计量装置接线形式有两种，一种是直接接入式；一种是通过互感器接入式。如图 ZY2200611001-1 所示。

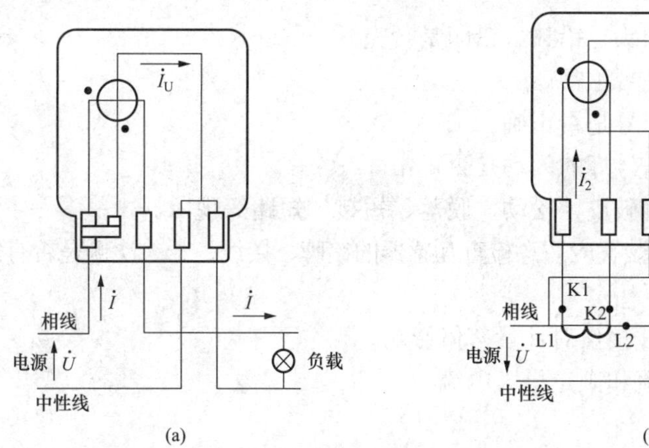

图 ZY2200611001-1 单相电能表直接接入或经电流互感器接入电路的接线图

（a）直接接入式；（b）通过互感器接入式

二、铭牌参数

电能表的铭牌主要包含以下内容：

（1）商标。

（2）计量许可证标志（CMC）。

（3）计量单位名称或符号，如：有功电能表为“千瓦时”或“kWh”；无功电能表为“千乏·时”或“kvarh”。

（4）电能表的名称及型号。

（5）基本电流和额定最大电流。基本电流（标定电流）是作为计算负荷的基数电流值，以 I_b 表示；额定最大电流是仪表能长期工作，误差与温升完全满足技术标准的最大电流值，以 I_{max} 表示。如 1.5（6）A 即电能表的基本电流值为 1.5A，额定最大电流为 6A。

（6）额定电压。指的是电能表正常运行的电压值，以 U_n 表示。

（7）额定频率。指的是电能表正常运行时电源的频率值，以赫兹（Hz）作为单位。

（8）电能表常数。指的是电能表记录的电能和相应的转数或脉冲数之间关系的常数。有功电能表以 r（imp）/kWh 形式表示；无功电能表 r（imp）/kvarh 形式表示。

（9）准确度等级。以记入圆圈中的等级数字表示，无标志时，电能表视为 2.0 级。

三、安装运行注意事项

（1）单相供电客户电能计量点应接近客户的负荷中心。计量表的安装位置应满足安全防护的要求和方便抄表。

（2）安装在用户处的电能计量装置，由用户负责保护封印完好、装置本身不受损坏或丢失。

（3）计费电能表装设后，用户应妥为保护，不应在表前堆放影响抄表、计量准确及安全的物品。如发生计费电能表丢失、损坏或过负荷烧坏等情况，用户应及时告知供电企业，以便供电企业采取措施。如因供电企业责任或不可抗力致使计费电能表出现或发生故障的，供电企业应负责换表，不收费用；其他原因引起的，用户应负担赔偿费或修理费。

（4）当发现电能计量装置异常时，客户应及时通知供电公司进行处理。

四、常见故障及异常

（1）相线与中性线对调。正常情况下运行没有问题，但用户若将用电设备接到相线与大地之间时（如经暖气管道等），将造成电能表少计或不计电量，带来窃电的隐患。

（2）电源线的进出线接反。此时，由于电流线圈同名端反接，故电能表要反转。

（3）电压连接片没接上。此时电压线圈上无电压，电能表不计量。

（4）电能表发生“串户”。电能表的客户号与客户房号不对应，易造成电费纠纷。

（5）电能表可能发生擦盘、卡字、死机、潜动等，影响正确计量。

五、检查的重点

（1）检查计量箱、表计的锁头、铅封、铅印是否完好。

（2）检查电能表运行声音是否正常。

（3）核对表号、资产号、户号是否正确。

（4）注意观察转动情况或信号灯的闪动是否正常。

（5）检查表计的导线是否有破皮、松动、脱落、短接、短路等现象。

（6）带有电流互感器的计量装置应注意检查互感器的铭牌、接线、一二次侧是否有短路、断路情况。

【思考与练习】

1. 单相电能表相线与中性线接反对计量有何影响？

2. 什么是电能表的标定电流和额定最大电流？

模块 2　三相四线电能计量装置运行检查、分析、故障处理（ZY2200611002）

【模块描述】本模块包含三相四线电能计量装置接线形式、安装运行注意事项、错接线分析、常见故障及异常、检查的重点等内容。通过概念描述、术语说明、原理分析、图解示意、要点归纳、案例分析，掌握三相四线电能计量装置运行检查和故障处理方法。

【正文】

根据 DL/T 825—2002《电能计量装置安装接线规则》规定：“低压供电方式为三相者应安装三相四线有功电能表，高压供电中性点有效接地系统应采用三相四线有功、无功电能表。”

一、接线形式

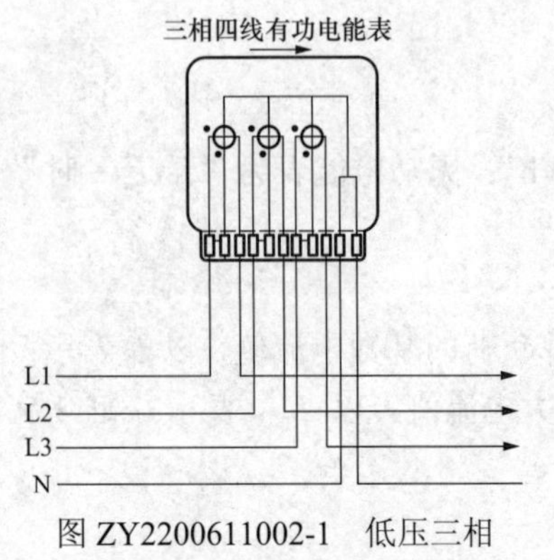

图 ZY2200611002-1　低压三相四线电能计量装置接线图

三相四线计量装置接线形式分为直接接入式和间接接入式。如图 ZY2200611002-1 和图 ZY2200611002-2 所示分别为低压、高压电能计量装置接线图。

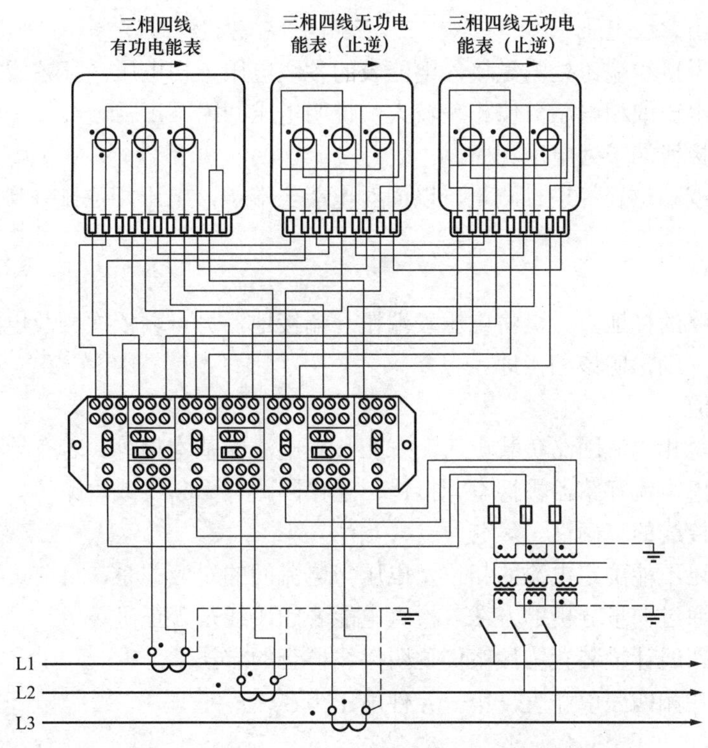

图 ZY2200611002-2　高压三相四线电能计量装置接线图

二、安装运行注意事项

（1）电能计量点应设定在供电设施与受电设施的产权分界处。如产权分界处不适宜装表的，对专线供电的高压客户，可在供电变电站的出线侧出口装表计量；对公用线路供电的高压客户，可在客户受电装置的低压侧计量。

（2）低压供电的客户，负荷电流为 50A 及以下时，电能计量装置接线宜采用直接接入式；负荷电流为 50A 以上时，宜采用经电流互感器接入式。

（3）三相四线制连接的电能计量装置，其 3 台电流互感器二次绕组与电能表之间宜采用六线连接。

（4）110kV 及以上的高压三相四线计量装置电压互感器二次回路，应不装设隔离开关辅助接点，但可装设熔断器。

（5）电能表应安装在电能计量柜（屏）上，每一回路的有功和无功电能表应垂直排列或水平排列，无功电能表应在有功电能表下方或右方，电能表下端应加有回路名称的标签，两只二相电能表相距的最小距离应大于 80mm，电能表与屏边的最小距离应大于 40mm。

（6）容量大于 50kVA 的客户应在计量点安装电能信息采集系统，实现电能信息实时采集与监控。

（7）安装在发、供电企业生产运行场所的电能计量装置，运行人员应负责监护，保证其封印完好，不受人为损坏。安装在用户处的电能计量装置，由用户负责保护封印完好，装置本身不受损坏或丢失。

三、错接线分析

1. 错接线主要类型

计量装置错接线的主要类型有：

（1）电压回路和电流回路发生短路或断路。

（2）电压互感器和电流互感器一、二次极性接反。

（3）电能表元件中没有接入规定相别的电压和电流。

电能计量装置接线发生错误后，电能表的圆盘转动现象一般可分为正转、反转、不转和转向不定 4 种情况，直接影响正确计量。

2. 带电检查接线的步骤

（1）测量各相电压、线电压。

用电压表在电能表接线端钮处测量接入电能表的各线电压、相电压。其各线电压或相电压的数值应接近相等。若各线电压或相电压数值相差较大，说明电压回路不正常。

（2）测量电能表接线端子处电压相序。

利用相序指示器或相位表等进行测量，以面对电能表端子，电压相位排列自左至右为 U、V、W 相时为正相序。

（3）检查接地点。

为了查明电压回路的接地点，可将电压表端钮一端接地，另一端依次触及电能表的各电压端钮，若端钮对地电压为零，则说明该相接地。

（4）测定负载电流。

用钳形表依次测每相电流回路负载电流，三相负载电流应基本相等。若有异常情况可结合测绘的相量图及负载情况考虑电流互感器极性有无接错，连接回路有无断线或短路等。

（5）检查电能表接线的正确性。

前面的 4 项检查还不能确定电流的相位及电压与电流间的对应关系，目前可采用相位伏安表检查电压与电流的相位，通过向量分析的方法，检查电能表的接线是否正确。

下面以一个三相四线计量装置错接案例说明接线检查的方法。

案例：已知一个三相四线电能表，第一元件电压为U_U。

测量及分析如下：

（1）测量电压：$U_{12}=U_{23}=U_{13}=380V$，$U_{10}=U_{20}=U_{30}=220V$，说明电压回路正常。

（2）确定中性线：由于$U_{10}=U_{20}=U_{30}=220V$，说明 0 为 N 线。

（3）测定相序：为正序，说明U_1对应U_U，U_2对应U_V，U_3对应U_W。

（4）测量电流：$I_1=5A$，$I_2=5A$，$I_3=5A$。

（5）测量相位：$\dot{U}_1$超前$\dot{I}_1$为 74°，$\dot{U}_2$超前$\dot{I}_2$为 250°，$\dot{U}_3$超前$\dot{I}_3$为 253°。

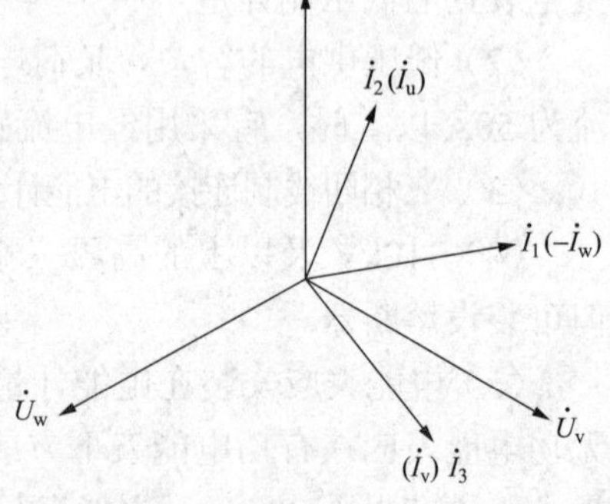

（6）画相量图分析：

I_1为$-I_w$，I_2为I_u，I_3为I_v。

结论：第一元件为U_U、$-I_w$，第二元件为U_V、I_u，第三元件为U_W、I_v。

四、常见故障及异常

三相四线电能计量装置由三个单相元件计量三相四线制电路电能，因此在运行时应注意检查每个计量元件和电流电压互感器。主要故障表现为：

（1）计量装置的电流、电压回路发生断路和短路，这样计量电量会造成少计量或不计量。

（2）计量装置的电流、电压回路发生极性接反，这样就会造成某个计量元件反转，造成少计电量。

（3）计量装置的电流、电压回路发生错接线。这样故障就要进行向量分析，计算出正确电量。

（4）电流、电压互感器发生故障。例如：铭牌与实际铭牌不符，熔断器熔断，一、二次侧接线发生短路、断路，一、二次侧发生错接线等。这些故障就要具体问题具体分析，利用向量分析的方法，算出正确电量。

（5）计量装置本身发生的故障。例如：擦盘、卡字、潜动、超差、黑屏、死机等，这些非人为的因素造成的故障，供电公司应加强核查和检定，耐心与客户沟通解释，按照客户实际运行的情况，计算出合理的电量。

五、检查的重点

（1）外观检查。

主要检查计量装置的铅封、铅印，计量柜（屏）的封闭性，电能表的铭牌、电能计量装置参数配置，电流、电压互感器的运行情况，一、二次接线情况。注意观察表盘的转向、转速或电子式表的脉冲指示灯的闪速，初步判断计量装置的运行状态是否正常。

（2）接线检查。

主要检查电流、电压连接导线是否有破皮、松动、脱落，线径是否符合技术标准，是否有短路、断路、接线错接等现象。这就需要用到万用表、相位伏安表等仪表进行测量，运用向量分析的方法进行判断。

（3）互感器的检查。

主要检查电流、电压互感器运行的声音是否正常，铭牌倍率与实际倍率是否相符，一、二次接线是否连接完好，二次侧是否有开路、短路情况，一、二次极性是否正确等。

（4）电能采集系统的检查。

按照国家电网公司要求，容量大于 50kVA 的客户应在计量点安装电能信息采集系统。因此为了保证电能采集系统正常工作，应检查电能表 RS-485 接口与电能采集系统的连接是否正常，采集系统的通道是否畅通，采集系统供电电源是否正常等。

【思考与练习】

1. 哪些场合应装设三相四线电能计量装置？
2. 若低压三相四线电能表一相电压回路断线，其计量结果应如何变化？

模块 3　三相三线电能计量装置检查、分析、故障处理（ZY2200611003）

【模块描述】本模块包含三相三线电能计量装置接线形式、安装运行注意事项、错接线分析、常见故障及异常、检查的重点等内容。通过概念描述、术语说明、原理分析、图解示意、要点归纳、案例分析，掌握三相三线电能计量装置运行检查和故障处理方法。

【正文】

根据 DL/T 448—2000《电能计量装置技术管理规程》规定：“接入中性点绝缘系统的电能计量装置，应采用三相三线有功、无功电能表。”这里中性点绝缘系统主要指变压器中性点不接地系统，一般指 35kV 及以下电压等级的计量。

一、接线形式

三相三线电能计量装置接线形式可分为直接接入式和间接接入式。如图 ZY2200611003-1 所示为三相三线电能计量装置的三种接线图。

二、安装运行注意事项

（1）中性点非有效接地系统一般采用三相三线有功、无功电能表，但经消弧线圈等接地的计费用户且年平均中性点电流（至少每季测试一次）大于 0.1%I_N（额定电流）时，也应采用三相四线有功、无功电能表。

（2）对三相三线制接线的电能计量装置，其两台电流互感器二次绕组与电能表之间宜采用四线连接。

（3）35kV 及以下贸易结算用电能计量装置中电压互感器二次回路，应不装设隔离开关辅助接点和熔断器。

（4）贸易结算用高压电能计量装置应装设电压失压计时器。未配置计量柜（箱）的，其互感器二次回路的所有接线端子、试验端子应能实施铅封。

（5）高压供电的客户，宜在高压侧计量；但对 10kV 供电且容量在 315kVA 及以下、35kV 供电且容量在 500kVA 及以下的，高压侧计量确有困难时，可在低压侧计量，即采用高供低计方式。

（6）客户一个受电点内若有不同电价类别的用电负荷时，应分别装设计费电能计量装置。

（7）客户用电计量均应配置专用的电能计量箱（柜）。计量箱（柜）前后门（板）应能加封、加锁，并能在不启封的前提下满足抄表需要。

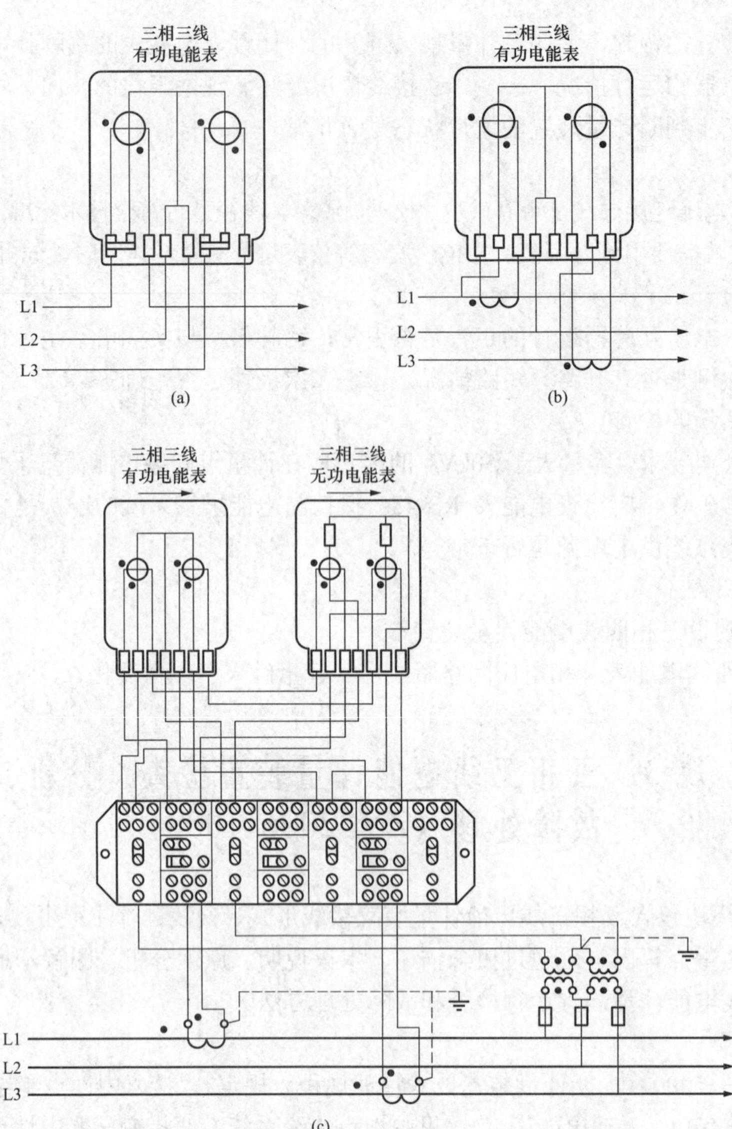

图 ZY2200611003-1　三相三线电能计量装置的三种接线图

（a）直接接入式；（b）通过电流互感器接入；（c）通过电流、电压互感器接入

三、错接线分析

三相三线电能计量装置的故障类型与三相四线制类似，但计量错接线分析起来比三相四线制要复杂。错接线的主要类型及接线检查方法在模块 ZY2200611002 已叙述，这里不作赘述。下面将举例分析三相三线计量装置错接线的检查方法。

案例：已知三相三线电能表、感性负荷，$\cos\varphi=0.866$，功率因数角为 30°。

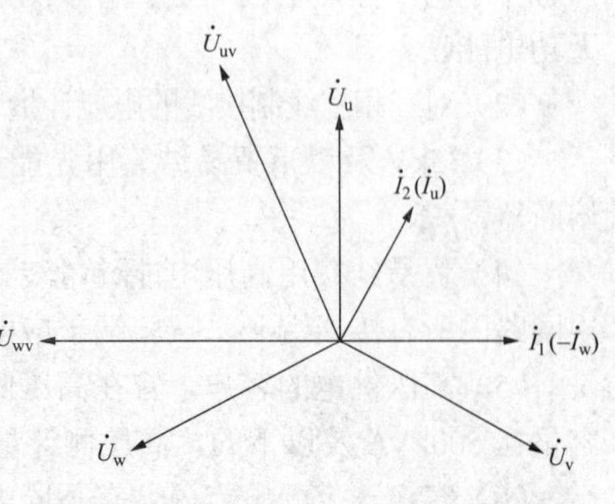

分析方法如下：

（1）测量电压：$U_{12}=U_{23}=U_{13}=100\text{V}$，说明电压回路正常。

（2）确定 V 相：$U_{10}=100\text{V}$，$U_{20}=0\text{V}$，$U_{30}=100\text{V}$，说明 2 为 v 相。

（3）测量相序：用相序表测为正相序，说明 $U_1=U_u$，$U_2=U_v$，$U_3=U_w$。

（4）测量电流：$I_1=I_2=5\text{A}$，电流大小没问题。

（5）测相位：用相位伏安表测量。U_{uv} 超前 I_1 为120°，U_{wv} 超前 I_2 为120°。

（6）画相量图分析：

$I_1 = -I_w$，$I_2 = I_u$。

结论：第一元件为U_{uv}、$-I_w$，第二元件为U_{wv}、I_u。

四、常见故障及异常

三相三线电能计量装置常见故障及异常情况类型与三相四线计量装置类似，主要包括电能表本身的各类故障，电流、电压互感器的故障，二次连接导线的超差以及各类错接线引起的故障和异常。用电检查人员应加强检查和监督，及时发现问题，合理解决。

五、检查的重点

（1）外观检查。

主要检查计量装置的铅封、铅印，计量柜（屏）的封闭性，电能表的铭牌电能计量装置参数配置，电流、电压互感器的运行是否正常，一、二次接线是否完好。注意观察表盘的转向、转速或电子式表的脉冲指示灯的闪速，初步判断计量装置的运行状态是否正常。

（2）检查计量方式的正确性与合理性。

（3）检查电流、电压互感器一次与二次接线的正确性。

（4）检查二次回路中间触点、熔断器、试验接线盒的接触情况。

（5）核对电流、电压互感器的铭牌倍率。

（6）检查电能表和互感器的检定证书。

（7）检查电能计量装置的接地系统。

（8）测量一次、二次回路绝缘电阻。采用500V绝缘电阻表进行测量，其绝缘电阻不应小于5MΩ。

（9）在现场实际接线状态下检查互感器的极性（或接线组别），并测定互感器的实际二次负载以及该负载下互感器的误差。

（10）测量电压互感器二次回路的电压降。

Ⅰ、Ⅱ类用于贸易结算的电能计量装置中，电压互感器二次回路电压降应不大于其额定二次电压的0.2%；其他电能计量装置中电压互感器二次回路电压降应不大于其额定二次电压的0.5%。

【思考与练习】

1. 哪些场合下应装设三相四线电能计量装置？

2. 试用向量分析法判断以下三相三线计量装置错接线类型。

故障现象：有功电能表正转。

已知条件：三相三线电能表、感性负荷，$\cos\varphi$=0.866，功率因数角为30°。

测量结果如下：

（1）测线电压：$U_{12} = U_{23} = U_{13} = 100\text{V}$。

（2）测相电压：$U_{10} = 100\text{V}$，$U_{20} = 0\text{V}$，$U_{30} = 100\text{V}$。

（3）测相序：用相序表测为止相序。

（4）测电流：$I_1 = I_2 = 5\text{A}$。

（5）测相位：U_{uv}超前I_1为60°，U_{wv}超前I_2为0°。

模块4 联合接线电能计量装置检查、分析、故障处理（ZY2200611004）

【模块描述】本模块包含联合接线电能计量装置接线形式、计量方式及配置要求、运行注意事项、常见故障及异常、检查的重点等内容。通过概念描述、术语说明、原理分析、图解示意、要点归纳，掌握联合接线电能计量装置运行检查和故障处理方法。

【正文】

所谓联合接线电能计量装置是指按照一定的计量方式连接起来的电能表（有功电能表、无功电能表）、互感器、二次连接线、联合接线端子盒以及计量柜（屏），能够计量不同的电价类别和不同方向的电能。

一、接线形式

1. 三相三线有功电能表与无功电能表经电流互感器分相接入的联合接线图

如图 ZY2200611004-1 所示，该种联合接线方式适用于低压三相三线电路中有功电能与无功电能的计量。

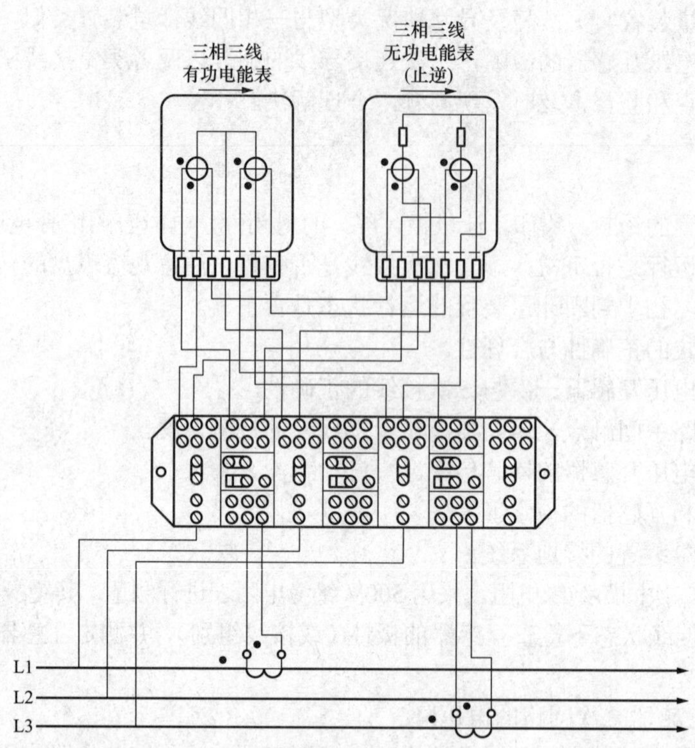

图 ZY2200611004-1　三相三线有功、无功电能表经电流互感器接入的联合接线图

2. 两块三相三线有功电能表与两块无功电能表经电流互感器与电压互感器接入的联合接线图

如图 ZY2200611004-2 所示，电流互感器为两相星形接线，电压互感器为 V/v 接线。该接线方式，适用于具有双方向感性负载的高压三相三线电路中有功电能与无功电能的计量。

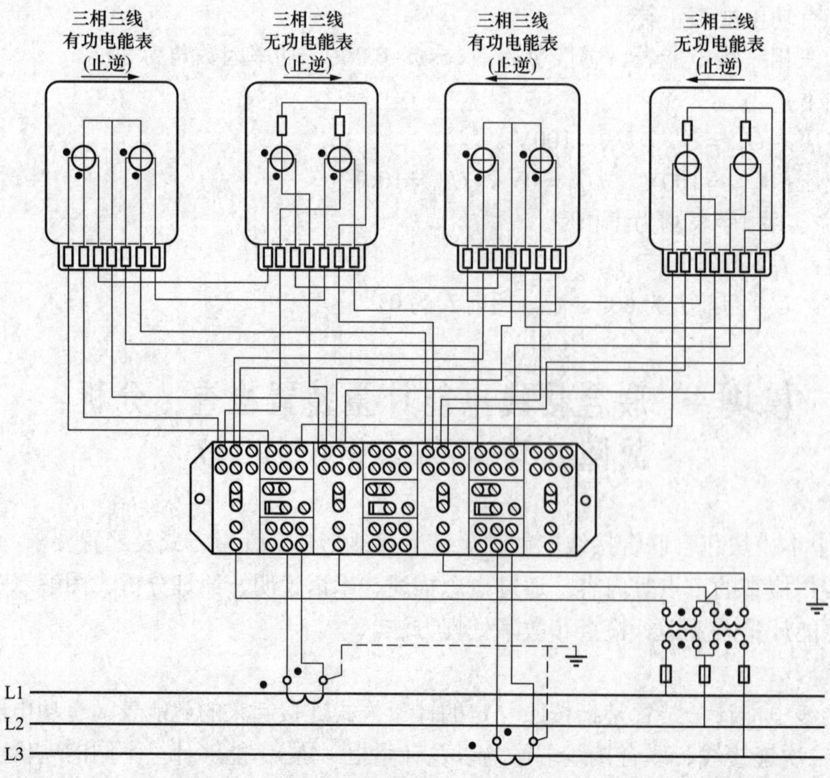

图 ZY2200611004-2　具有双方向送电与受电的高压三相三线电路中有功电能与无功电能计量的接线图

3. 三相四线有功电能表与无功电能表经电流互感器接入的联合接线图

如图 ZY2200611004-3 所示，该接线方式适用于低压三相四线电路中有功电能与无功电能的计量。

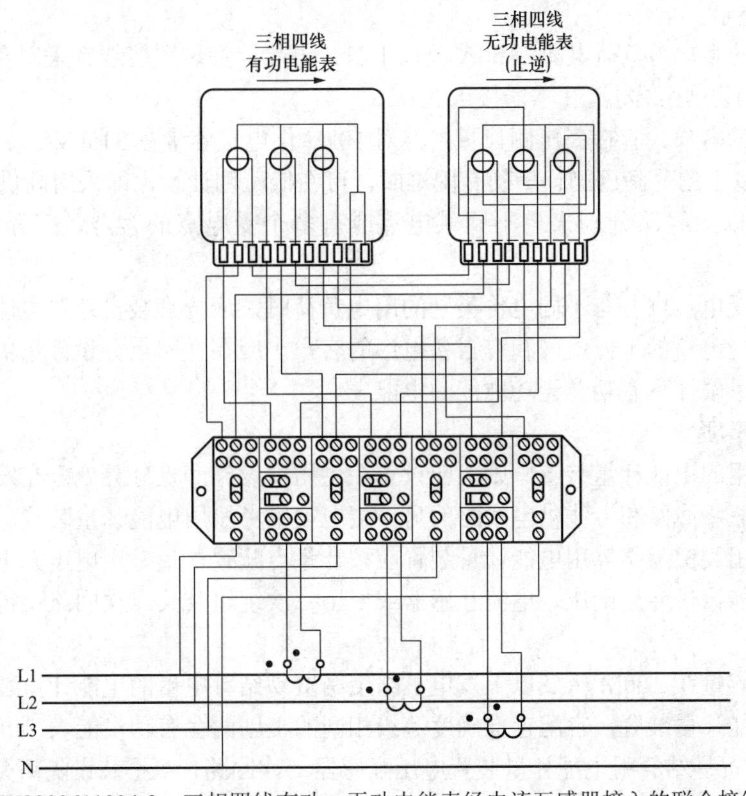

图 ZY2200611004-3　三相四线有功、无功电能表经电流互感器接入的联合接线图

4. 二块三相四线有功电能表与二块无功电能表经电流互感器接入的联合接线图

如图 ZY2200611004-4 所示，该接线方式适用于具有双方向感性负载的低压三相四线电路中有功电能与无功电能的计量。有功电能表及无功电能表均装有止逆器。

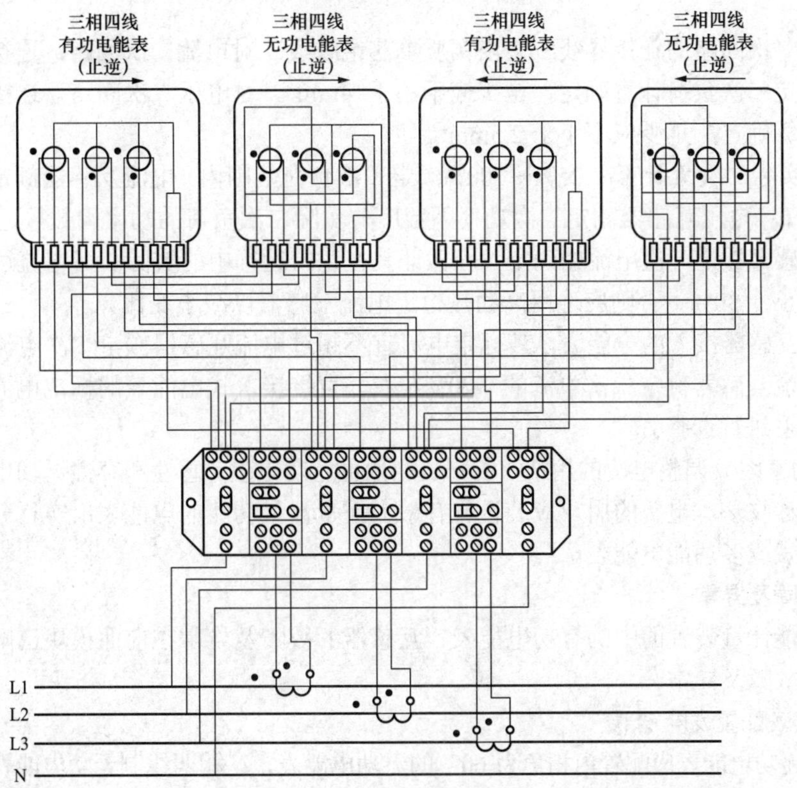

图 ZY2200611004-4　具有双方向送电与受电的三相四线电路中有功电能与无功电能计量的接线图

二、计量方式及配置要求

依据 DL/T 448—2000《电能计量装置技术管理规程》规定，联合接线电能计量装置的计量方式及配置有以下要求：

（1）低压供电的客户，负荷电流为 50A 及以下时，电能计量装置接线宜采用直接接入式；负荷电流为 50A 以上时，宜采用经电流互感器接入式。

（2）高压供电的客户，宜在高压侧计量；但对 10kV 供电且容量在 315kVA 及以下、35kV 供电且容量在 500kVA 及以下的，高压侧计量确有困难时，可在低压侧计量，即采用高供低计方式。

（3）有两路及以上线路分别来自不同供电点或有多个受电点的客户，应分别装设电能计量装置。

（4）客户一个受电点内若有不同电价类别的用电负荷时，应分别装设计费电能计量装置。

（5）对有供、受电量的地方电网和有自备电厂的客户，应在并网点分设计量供、受电量的电能计量装置，或采用四象限计量有功、无功电能的电能表。

三、运行注意事项

（1）贸易结算用的电能计量装置原则上应设置在供用电设施产权分界处；在发电企业上网线路、电网经营企业间的联络线路和专线供电线路的另一端应设置考核用电能计量装置。

（2）Ⅰ、Ⅱ、Ⅲ类贸易结算用电能计量装置应按计量点配置计量专用电压、电流互感互感器或者专用二次绕组。电能计量专用电压、电流互感器或专用二次绕组及其二次回路不得接入与电能计量无关的设备。

（3）计量单机容量在 100MW 及以上发电机组上网贸易结算电量的电能计量装置和电网经营企业之间购销电量的电能计量装置，宜配置准确度等级相同的主副两套有功电能表。

（4）35kV 以上贸易结算用电能计量装置电压互感器二次回路，应不装设隔离开关辅助接点，但可装设熔断器；35kV 及以下贸易结算用电能计量装置中电压互感器二次回路，应不装设隔离开关辅助接点和熔断器。

（5）安装在用户处的贸易结算用电能计量装置，10kV 及以下电压供电的用户，应配置全国统一标准的电能计量柜或电能计量箱；35kV 电压供电的用户，宜配置全国统一标准的电能计量柜或电能计量箱。

（6）互感器二次回路的连接导线应采用铜质单芯绝缘线。对电流二次回路，连接导线截面积应按电流互感器的额定二次负荷计算确定，至少应不小于 $4mm^2$。对电压二次回路，连接导线截面积应按允许的电压降计算确定，至少应不小于 $2.5mm^2$。

（7）互感器实际二次负荷应在 25%～100%额定二次负荷范围内；电流互感器额定二次负荷的功率因数应为 0.8～1.0；电压互感器额定二次功率因数应与实际二次负荷的功率因数接近。

（8）电流互感器额定一次电流的确定，应保证其在正常运行中的实际负荷电流达到额定值的 60%左右，至少应不小于 30%。否则应选用高动热稳定电流互感器以减小变比。

（9）经电流互感器接入的电能表，其标定电流宜不超过电流互感器额定二次电流的 30%，其额定最大电流应为电流互感器额定二次电流的 120%左右。直接接入式电能表的标定电流应按正常运行负荷电流的 30%左右进行选择。

（10）执行功率因数调整电费的用户，应安装能计量有功电量、感性和容性无功电量的电能计量装置；按最大需量计收基本电费的用户应装设具有最大需量计量功能的电能表；实行分时电价的用户应装设复费率电能表或多功能电能表。

四、常见故障及异常

联合接线电能计量装置的中的有功电能表、互感器的故障及异常在前面模块已阐述，这里主要介绍无功电能表的故障及异常。

1. 无功电能表配置发生错误

三相三线制无功电能表应配置内相角为 60° 的无功电能表，三相四线制无功电能表应配置跨相 90° 的无功电能表。

模块4 ZY2200611004

2. 无功电能表的接线错误

（1）内相角为 60° 的无功电能表正确接线为$\dot{U}_{VW}\dot{I}_U$，$\dot{U}_{UW}\dot{I}_W$。跨相 90° 的无功电能表正确接线为$\dot{U}_{VW}\dot{I}_U$，$\dot{U}_{WU}\dot{I}_V$，$\dot{U}_{UV}\dot{I}_W$。

（2）无功电能表的电流、电压线发生短路、断路。

（3）无功电能表的电流、电压线发生极性接反。

（4）无功电能表的电流、电压线没有接入相应相别，造成错接线。

3. 无功电能表本身发生的故障

例如：擦盘、卡字、卡盘、潜动、超差、脉冲信号灯闪动不正常、黑屏、死机等此类非人为的因素造成的故障。

4. 联合接线端子盒的故障

联合接线端子盒是二次接线的连接端子，容易造成接线插错端子，接触不好，电流连接片、电压连接片脱落、打错方向等故障，造成计量差错。

五、检查的重点

（1）检查互感器、电能表等全套计量装置的配置是否正确。重点检查互感器铭牌、有功表的铭牌、无功表的铭牌参数是否合适。

（2）检查计量点、计量方式（电能表与互感器的接线方式、电能表的类别、装设套数）；计量器具型号、规格、准确度等级、制造厂家、互感器二次回路及附件等的选择、电能计量柜（箱）的选用、安装条件等是否符合规程要求。

（3）注意检查全套计量装置的铅封、铅印、锁头是否完好，注意观察有功电能表的转速、转向，无功电能表的转速、转向，电子式电能表脉冲指示灯的闪烁是否正常。

（4）注意检查联合接线端子上的接线连接完好、紧固，电流连接片、电压连接片投入位置正确，电流、电压线排列整齐，无交叉，无破损，联合接线端子封印完好。

（5）注意检查电流、电压互感器实际二次负载及电压互感器二次回路压降的测量值不超出允许范围。

（6）注意检查电流、电压互感器的一、二次接地线是否完好，熔断器配置是否正确，运行是否正常。

【思考与练习】

1. 联合接线计量装置由哪些元件构成？

2. 试画出 35kV 双向电源的计量装置接线图。

模块 5　多功能电能表故障分析、处理（ZY2200611005）

【模块描述】本模块包含多功能电能表的功能、面板数据、运行注意事项、常见故障及异常、检查的重点等内容。通过概念描述、术语说明、原理分析、图解示意、要点归纳，掌握多功能电能表故障分析处理方法。

【正文】

根据 DL/T 614—2007《多功能电能表》对多功能电能表的定义："凡是由测量单元和数据处理单元等组成，除计量有功（无功）电能外，还具有分时、测量需量等两种以上功能，并能显示、储存和输出数据的电能表"，都可称为多功能电能表。

一、屏面数据介绍

典型的电子式多功能电能表外形如图 ZY2200611005-1 所示。它由底盒、上盖、面板、端盖、铅封螺钉、接线插孔等部分组成。

其显示单元基本上采用大屏幕液晶屏，可以显示有功电量、无功电量、分时电量、最大需量、电流、电压等多种功能参数，如图 ZY2200611005-2 所示。在电能表面板上装一个发光二极管，发光二极管的闪烁与功率成正比。

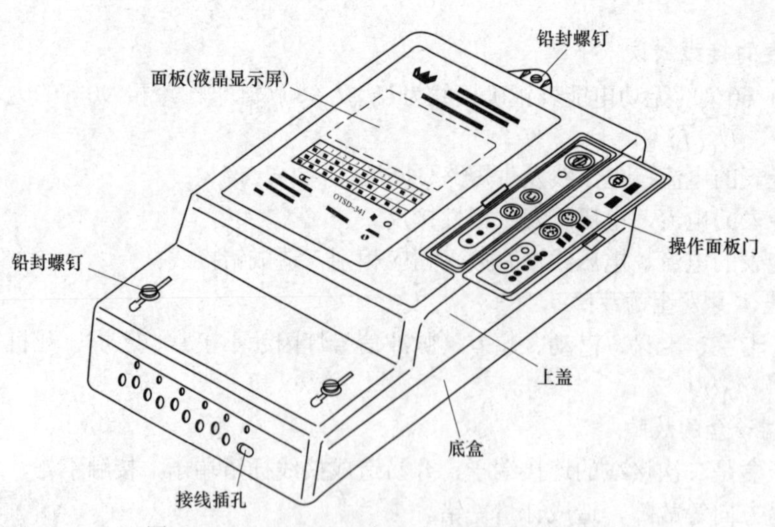

图 ZY2200611005-1 电子式多功能电能表外形

二、主要功能

（1）电能计量功能。

一块表能同时计量正向有功、反向有功、感性无功、容性无功、分时电能等。

（2）功率计量功能。

电子式多功能电能表计量出多种功率，供不同目的应用。

（3）电压、电流测量。

电子式多功能电能表可以测量出总电压、电流和分相电压、电流值，也可测量零序电流等参数。

图 ZY2200611005-2 液晶显示画面全屏

（4）时段控制功能。

在电子式多功能电能表内部设计了一个日计时误差相当准确的百年日历，实时时钟，能够显示实际时间——年、月、日、时、分、秒，并能将特定时间把电量存起来，进行分时计量。

（5）监控功能。

电子式多功能电能表具备强大的监控功能，它不断地监视外线路功率，超功率限额报警，超功率时间大于设定值时给出跳闸信号，并对自己的运行状态有很强的监视、控制和自检功能。

（6）数据显示。

各种不同生产厂家、不同类型的多功能电能表的显示方式和显示内容是不一样的。显示方式分为循环显示和固定画面显示两种。

（7）数据传输。

电子式多功能电能表可通过多种方式和外界进行数据交换，可实现本地或远程通信，实现本地或远方抄表和参数预置。

（8）脉冲输出。

多功能电能表通过辅助端子输出电量脉冲。一般包括正向有功脉冲输出、反向有功脉冲输出、感性无功脉冲输出和容性无功脉冲输出。

（9）预付费功能。

某些电子式多功能电能表还具有预付费功能，能通过专用介质（电钥匙或 IC 卡）预购电量或预购电费，欠费提供报警信号和跳闸信号。

（10）事件记录功能。

多功能电能表某些参数出现异常时，记录下发生异常情况的时间，异常情况下多功能表的状态，可监视多功能电表是否出现故障，使用条件是否正常，有没有窃电行为等。

（11）电压合格率记录。

电子式多功能电能表能够给出在线实时记录电压合格率数据。

（12）失压、断流记录。

（13）停电抄表功能。

三、运行管理注意事项

（1）多功能电能表运行的环境有较高的要求。一般要求环境温度在−10℃～+45℃之间，避免强磁场，避免阳光直射。

（2）多功能表应封闭在符合国家标准的计量箱或计量柜里。

（3）运行中的多功能表能够及时反应客户的各种电气参数和异常状态信息，用电检查人员应注意观察面板的各种参数，记录电能表指示的异常状态信息。

（4）运行中的多功能电能表应做好防雷和抗干扰措施。

四、常见故障及异常

（1）电能表超差。电能表内部发生故障，如：电能表某相霍尔元件损坏；电能表的功率校验接口与标准装置光电脉冲接口不匹配。

（2）时钟故障。电能表时钟故障，如不进分钟或显示错误，现场干扰造成时钟混乱等。

（3）电能表失压显示。可能是线路产生失压、电能表内部的互感器故障、电压互感器熔丝熔断等原因。

（4）脉冲输出不正常。电能表的脉冲接口芯片损坏；脉冲接口电路与终端输入电路不匹配。

（5）电能表不显示。电能表内部工作电源故障、液晶屏损坏等。

（6）显示不完整。液晶屏故障、液晶屏接触不良等。

（7）电能表潜动。电流互感器二次线路中存在感应的微弱电流。

（8）电能表数据突变。电能表存储器故障。

（9）电能表提示芯片故障。芯片已坏、电能表程序设置错误等。

五、检查的重点

（1）外观检查。

主要检查多功能表的铅封、铅印，计量柜（屏）的封闭性，电能表的铭牌、配置参数配置，电流、电压互感器的运行正常，一、二次接线完好。注意观察面板上的信号灯的指示信号、电子式电能表的脉冲指示灯的闪速等。

（2）显示参数检查。

多功能表的显示信息较多，显示完全部信息还需要等待轮显或手动翻屏。因此，应注意观察液晶屏上每个信息参数所代表的含义，及时发现异常情况。

（3）检查多功能表与负荷管理装置连接是否正常，注意观察与其相邻的负荷管理装置有无异常。

【思考与练习】

1. 什么是多功能电能表？其有哪些主要功能？

2. 多功能电能表常见故障有哪些？主要由哪些原因引起的？

国家电网公司
生产技能人员职业能力培训专用教材

第二十四章　电能计量装置退补电量、电费的计算

模块 1　直接表回路异常时装置退补电量的计算（ZY2200612001）

【模块描述】本模块包含《供电营业规则》的有关规定、直接表计量回路异常时退补电量的计算方法等内容。通过概念描述、公式推导、计算举例，掌握直接表回路异常时装置退补电量的计算方法。

【正文】

所谓直接表计量装置是未通过电流、电压互感器，电能表直接接入被测电路中，因此，在计算计量装置异常时的差错电量时，无需考虑电流、电压互感器的影响。

一、《供电营业规则》对退补电量的有关规定

电能计量装置发生差错，概括起来有两类原因，一类是非人为原因，一类是人为原因。这两种情况引起的差错电量，《供电营业规则》中都有明确的规定。

（1）电能表误差超出允许范围时，以“0”误差为基准，按验证后的误差值退补电量。退补时间按从上次校验或换装后投入之日起至误差更正之日止的二分之一时间计算。

（2）其他非人为原因致使计量记录不准时，以用户正常月份的用电量为基准，退补电量，退补时间按抄表记录确定。

（3）计费计量装置接线错误的，以其实际记录的电量为基数，按正确与错误接线的差额率退补电量，退补时间从上次校验或换装投入之日起至接线错误更正之日止。

二、计算方法与案例

1. 电能表超差时差错电量的计算

在进行退补电量计算时一定要分清楚到底是哪一类差错，若是电能计量装置超差出现的差错电量，应该按照《供电营业规则》第八十条进行处理。

例 1：一客户电能表，经计量检定部门现场校验，发现慢了 10%（非人为因数所致），已知该电能表自换装之日起至发现之日止，表计电量为 900 000kWh。问应补多少电量？

解：假设该用户正确计量电能为 W，则有

$$(1-10\%)W=900\,000$$

$$W=900\,000/(1-10\%)=1\,000\,000\text{（kWh）}$$

根据《供电营业规则》第八十条规定：电能表超差或非人为因素致计量不准，按投入之日起至误差更正之日止的二分之一时间计算退补电量，则应补电量

$$\Delta W=\frac{1}{2}\times(1\,000\,000-900\,000)=50\,000\text{（kWh）}$$

2. 发生接线错误时差错电量的计算

计量装置发生接线错误时的差错电量计算，应按照《供电营业规则》第八十一条进行处理。常见的计算方法是更正系数法。

更正系数法计算方法如下：

若计量装置在错误接线期间，计量电量为 W_x，同时期内电能表正确接线所记录的电量为 W_0，则更正系数为

$$G_x = \frac{W_0}{W_x} \qquad (ZY2200612001\text{-}1)$$

另外，在计量装置错接线期间的有功功率的表达式为 P_x，正确接线时的有功功率的表达式为 P_0，则更正系数又可表示为

$$G_x = \frac{P_0}{P_x}$$

所以

$$W_0 = G_x W_x \qquad (ZY2200612001\text{-}2)$$

如果电能表在错接线期间的相对误差为γ（%），则实际所消耗的电量应按下式计算

$$W_0 = \frac{W_x G_x}{1+\frac{\gamma}{100}} = W_x G_x\left(1-\frac{\gamma}{100}\right) \qquad (ZY2200612001\text{-}3)$$

$$\Delta W = W_0 - W_x = \left[G_x\left(1-\frac{\gamma}{100}\right)-1\right]W_x \qquad (ZY2200612001\text{-}4)$$

若 ΔW 为正值，表明少计算了电量，用户应补缴电费。若 ΔW 为负值，表明多计了电量，应退还用户电费。

例 2：有一只三相三线电能表，在 U 相电压回路断线的情况下运行了 4 个月，电能累计为 50 000kWh，功率因数为 0.866，求追退电量 ΔW。

解：

$$\cos\varphi=0.866,\ \varphi=30°$$

U 相断线时，电能表计量的功率表达式

$$P_x = U_{WV} I_W \cos(30° - \varphi) = UI$$

更正系数　$G_x = \frac{P_0}{P_x} = \frac{\sqrt{3}UI\cos\varphi}{UI} = \sqrt{3}\cos\varphi = \frac{3}{2}$

实际电量　$W_0 = G_x W_x = \frac{3}{2}\times 50\,000 = 75\,000$（kWh）

应补电量　ΔW=75 000−50 000=25 000（kWh）

例 3：某低压电力客户，采用低压三相四线制计量，在定期检查中发现 U 相电压断线，该期间抄见电量为 10 万 kWh，试求应向该客户追补多少电量？

解：三相电能表的正确接线计量功率为

$$P_0 = 3U_\varphi I_\varphi \cos\varphi$$

三相电能表的错误接线计量功率为 $P_x = 2U_\varphi I_\varphi \cos\varphi$

更正系数　$G_x = \frac{P_0}{P_x} = \frac{3U_\varphi I_\varphi\cos\varphi}{2U_\varphi I_\varphi\cos\varphi} = \frac{3}{2}$

实际电量　$W_0 = G_x W_x = \frac{3}{2}\times 10 = 15$（万 kWh）

应补电量　ΔW=15−10=5（万 kWh）

三、注意事项

无论是计量装置超差还是接线错误，客户应按照电能表的记录或正常月份的电量先行交纳电费，等正确结果出来后，再进行退补。

【思考与练习】

1. 居民用户电能表常数为 3000r/kWh，测试负荷为 100W，电能表 1 转需多长时间？如果测得 1 转的时间为 11s，误差应是多少？

2. 有一只三相四线有功电能表，V 相电流互感器反接达一年之久，累计电量为 2000kWh，求差错电量（假定三相负载平衡）。

3. 某居民用户反映电能表不准，检查人员查明电能表准确度等级为 2.0 级，电能表常数为 3600r/kWh，

当用户点一盏 60W 灯泡时，用秒表测得电能表转 6r 用电时间为 1min。试求该表的相对误差为多少，并判断该表是否准确。

4. 有一只三相三线电能表，在 U 相电压回路断线的情况下运行了 4 个月，电能累计为 50 000kWh，功率因数为 0.866，求追退电量 ΔW。

模块 2　间接表回路异常时装置退补电量的计算（ZY2200612002）

【模块描述】本模块包含《供电营业规则》的有关规定、间接表计量回路异常时退补电量的计算方法等内容。通过概念描述、公式推导、图解示意、计算举例，掌握间接表回路异常时计量装置退补电量的计算方法。

【正文】

所谓间接表计量装置是指在高电压、大电流电路中，电能表通过电流、电压互感器接入被测电路中，因此，在计算计量装置异常的差错电量时，不但要考虑电能表的误差，还应考虑电流、电压互感器的影响。

一、《供电营业规则》的有关规定

《供电营业规则》中将计量装置的异常造成的误差分为非人为原因和人为的原因两大类。

第八十条　由于计费计量的互感器、电能表的误差及其连接线电压降超出允许范围或其他非人为原因致使计量记录不准时，供电企业应按下列规定退补相应电量的电费：

1. 互感器或电能表误差超出允许范围时，以"0"误差为基准，按验证后的误差值退补电量。退补时间从上次校验或换装后投入之日起至误差更正之日止的二分之一时间计算。

2. 连接线的电压降超出允许范围时，以允许电压降为基准，按验证后实际值与允许值之差补收电量。补收时间从连接线投入或负荷增加之日起至电压降更正之日止。

3. 其他非人为原因致使计量记录不准时，以用户正常月份的用电量为基准，退补电量，退补时间按抄表记录确定。

第八十一条　用电计量装置接线错误、保险熔断、倍率不符等原因，使电能计量或计算出现差错时，供电企业应按下列规定退补相应电量的电费：

1. 计费计量装置接线错误的，以其实际记录的电量为基数，按正确与错误接线的差额率退补电量，退补时间从上次校验或换装投入之日起至接线错误更正之日止。

2. 电压互感器保险熔断的，按规定计算方法计算值补收相应电量的电费；无法计算的，以用户正常月份用电量为基准，按正常月与故障月的差额补收相应电量的电费，补收时间按抄表记录或按失压自动记录仪记录确定。

3. 计算电量的倍率或铭牌倍率与实际不符的，以实际倍率为基准，按正确与错误倍率的差值退补电量，退补时间以抄表记录为准确定。

二、计算方法与案例

若计量装置的异常为非人为原因造成的，则应按照《供电营业规则》第八十条处理。若是人为的原因造成的，则应按照《供电营业规则》第八十一条处理。

计量装置差错错接造成的差错电量的计算方法一般可以用更正系数法来计算。

例 1：某厂更换电压互感器时，误将电流互感器公用线断开（V/v 接线三相三线制），运行了 3 个月，电能表计得电量为 2000kWh，求此期间实际消耗的电量？

解：原理接线图如图 ZY2200612002-1 所示。

依据接线图可知：电流互感器公共线断开时，两元件电流串联，阻抗增加一倍，且第一元件电流为 $\frac{1}{2}\dot{I}_{uw}$，电压为 $\dot{U}_{uv}$；第二元件电流为 $\frac{1}{2}\dot{I}_{wu}$，电压为 $\dot{U}_{wv}$。

作其相量图得功率表达式为

第一元件：$P_1=\frac{1}{2}U_{uv}I_{uw}\cos(60^\circ+\varphi)$；

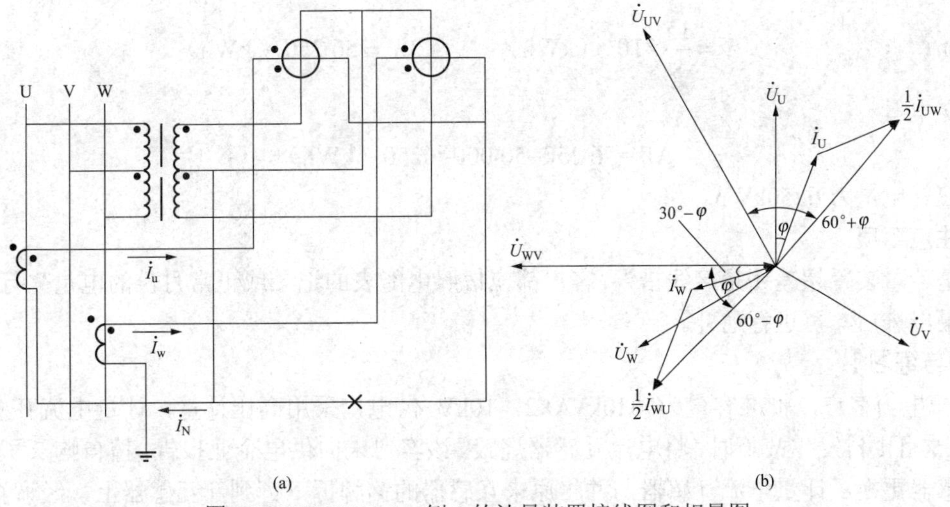

图 ZY2200612002-1 例 1 的计量装置接线图和相量图

（a）接线图；（b）相量图

第二元件：$P_2=\frac{1}{2}U_{wv}I_{wu}\cos(60^\circ-\varphi)$；

假设三相电压对称，三相负荷平衡，则

$$\begin{aligned}P_x=P_1+P_2&=\frac{1}{2}U_{uv}I_{uw}\cos(60^\circ+\varphi)+\frac{1}{2}U_{wv}I_{wu}\cos(60^\circ-\varphi)\\&=\frac{\sqrt{3}}{2}UI[\cos(60^\circ+\varphi)+\cos(60^\circ-\varphi)]\\&=\frac{\sqrt{3}}{2}UI\times2\cos60^\circ\cos\varphi\\&=\frac{\sqrt{3}}{2}UI\cos\varphi\end{aligned}$$

$$G_x=\frac{P_0}{P_x}=\frac{\sqrt{3}UI\cos\varphi}{\frac{\sqrt{3}}{2}UI\cos\varphi}=2$$

$$W_0=G_xW_x=2\times2000=4000\ \text{（kWh）}$$

答：此期间实际消耗电量为 4000kWh。

例 2：某低压三相用户，安装的是三相四线有功电能表，三相电流互感器（TA）铭牌上变比均为 300/5，由于安装前对表计进行了校试，而互感器未校试，运行一个月后对电流互感器进行检定发现：V 相 TA 比差为−40%，角差合格，W 相 TA 比差为+10%，角差合格，U 相 TA 合格，已知运行中的平均功率因数为 0.85，故障期间抄录电量为 500kWh，试求应退补的电量。

解：先求更正系数

$$G_x=\frac{3UI\cos\varphi}{UI\cos\varphi+(1-0.4)UI\cos\varphi+(1+0.1)UI\cos\varphi}=1.11$$

差错电量

$$\Delta W=(G_x-1)W_x=\text{（1.11−1）}\times500\times300/5=3300\text{（kWh）}$$

答：退补电量 3300kWh。

例 3：某用户装有一块三相四线电能表，并装有三台变比 200/5 的电流互感器（TA），其中一台电流互感器因过载烧坏，用户在供电部门未到时自行更换 300/5 的电流互感器，半年后才发现。在此期间，该装置计量有功电量为 50 000kWh，假设三相负荷平衡，求应补电量为多少？

解：由于三相负荷平衡，设每一相计量电量为 X（kWh），则三相电量为 $3X$（kWh），列方程

$$200/5\times\left(\frac{X}{200/5}+\frac{X}{200/5}+\frac{X}{300/5}\right)=50\,000$$

$$X=\frac{15}{8}\times10^4\text{（kWh）}\qquad 3X=56\,250\text{（kWh）}$$

应补交电量

$$\Delta W=56\,250-50\,000=6250\text{（kWh）}$$

答：应补电量为 6250kWh。

三、注意事项

无论是计量装置超差还是接线错误，客户都应按照电能表的记录或正常月份的电量先行交纳电费，等正确结果出来后，再进行退补。

【思考与练习】

1. 某一电力客户，批准容量为 630kVA×2，10kV 供电，采用高压计量，计量电流互感器变比为 75/5，当年 5 月 1 日发生故障时，将电流互感器烧毁。该客户未向供电企业报告，擅自购买了两只 100/5 的电流互感器更换了计量电流互感器，并将原来互感器的铭牌拆下钉到新互感器上，经调查，5 月 1 日至 7 月 31 日，该客户抄见电量为 60 万 kWh，该户平均电价为 0.60 元/kWh。问：

（1）该客户的行为属于什么行为?

（2）用电检查人员应该如何处理?

（3）试计算应该追补的电量、电费及违约使用电费?

2. 某电力用户 10/0.4kV 供电，计量为高供高计，有功电能表为三相三线二元件电能表，供电企业轮换表计，运行一个月后发现错误接线，经现场检查接线，一元件为 $\dot{U}_{uv}-\dot{I}_{u}$，另一元件为 $\dot{U}_{wv}\dot{I}_{w}$，该户加权平均功率因数为 0.866，错接线期间抄见电量为 20 000kWh。请计算应追退多少电量?

3. 某用户用一块三相三线电能表计量，原抄见底码为 3250，一个月后抄见底码为 1250，经检查错误接线的功率表达式为 $-2UI\cos(30°+\varphi)$，该用户月平均功率因数为 0.9，电流互感器变比为 150/5，电压互感器变比为 6600/1100，请确定退补电量。

模块 3 执行单一制电价退补电费的计算（ZY2200612003）

【模块描述】本模块包含电费计算规则、有关退补电费计算的几点规定等内容。通过概念描述、公式推导、计算举例，掌握执行单一制电价退补电费的计算方法。

【正文】

一、电费计算规则

1. 单一制非力率考核用户

电费=电度电费=电量×电价

2. 单一制力率考核用户

电费=电度电费+力率调整电费

功率因数的标准值及其适用范围：

（1）功率因数标准 0.90，适用于 160kVA 以上的高压供电工业用户、装有带负荷调整电压装置的高压供电电力用户和 3200kVA 及以上高压供电电力排灌站。

（2）功率因数标准 0.85，适用于 100kVA（kW）及以上的其他工业用户、非工业用户、非居民照明用户、商业用户、临时用电户和 100kVA（kW）及以上的电力排灌站、趸售用户。

（3）功率因数标准 0.80，适用于 100kVA（kW）及以上的农业用电。

力率调整电费计算见“功率因数调整电费办法”（[1983] 水电财字第 215 号文件）。

二、退补电费的计算

（1）单一制非力率考核的用户退补电费的计算应首先计算出正确电量，然后用正确电量乘以电价，即可计算出正确的电费进行退补。计算正确电量的方法一般可以用到更正系数法。

（2）单一制力率考核用户退补电费的计算，不但要考虑计量装置接线错误后对有功表电能表的影响，而且要考虑对无功电能表产生的影响，从而引起功率因数的变化，对力率调整电费也将产生影响。

只有计算出正确的电费，才能对用户进行电费退补。

三、计算案例

例 1：某用户装设三相四线制电能表一只，经检查发现其在 U 相电压断线时运行了 1 个月，电能表计度电量为 4000kWh，该户为一般工商业用电，电价为 0.812 5 元/ kWh，该用户的实际电费是多少？

更正系数
$$G_x = \frac{P_0}{P_x} = \frac{3UI\cos\varphi}{2UI\cos\varphi} = \frac{3}{2}$$

实际电量
$$W_0 = G_x W_x = \frac{3}{2} \times 4000 = 6000 \text{（kWh）}$$

实际缴纳电费　6000×0.812 5=4875（元）

答：该用户的实际电费是 4875 元。

例 2：某 10kV 三相三线高压用户，变压器容量 200kVA，高供高计，电流互感器 50/5，在运行的过程中发现电流互感器 W 相接反，运行时间 1 个月，多功能表有功电量显示−12kWh，无功电量显示 20.7kvarh，试计算本月电费。（电度电价 0.584 3 元/ kWh）

解：电流互感器 W 相接反时的有功电量
$$P_x = U_{uv} I_u \cos(30+\varphi) + U_{wv} I_w \cos(150+\varphi)$$

更正系数
$$G_{X-P} = \frac{\sqrt{3}UI\cos\varphi}{P_x} = -\sqrt{3}\mathrm{ctan}\varphi$$

有功实际电量
$$W_p = W_x G_{X-P} = -\sqrt{3}\mathrm{ctan}\varphi\, W_x$$

电流互感器 W 相接反时的无功电量
$$Q_x = U_{vw} I_u \sin(150-\varphi) + U_{uw} I_w \sin(30-\varphi)$$
$$G_{X-Q} = \frac{\sqrt{3}UI\sin\varphi}{Q_x} = \sqrt{3}\tan\varphi$$
$$W_q = W_{qx}\, G_{X-Q} = \sqrt{3}\tan\varphi\, W_{qx}$$

又
$$W_q = \tan\varphi\, W_p$$

所以
$$\frac{W_q}{W_p} = \frac{\sqrt{3}\tan\varphi}{-\sqrt{3}\mathrm{ctan}\varphi} \times \frac{W_{qx}}{W_x} = \tan\varphi$$
$$\tan\varphi = -\frac{W_x}{W_{qx}} = -(-12)/20.7 = 0.652$$
$$\cos\varphi = 0.87$$

该用户功率因数考核标准是 0.9，力率调整电费为 1.5%。

该用户电度电费为　$-\sqrt{3}\mathrm{ctan}\varphi(-12)$×50/5×10/0.1×0.584 3−211 428（元）

该用户力率调整电费为　211 428×1.5%=317.22（元）

本月该用户合计电费为　211 428＋317.22=211 745.22（元）

答：本月该用户合计电费为 211 745.22 元。

【思考与练习】

1. 某客户的三相三线电能表，月初表示数为 10，月末表示数为 30，经检查 U 相电流互感器接反，其所用电压互感器变比为 10/0.1，电流互感器变比为 30/5，$\cos\varphi = 0.866$，应追补多少电费？（电度电价为 0.812 5 元/ kWh）

2. 在用电检查中，发现一客户有功电能表和无功电能表同时出错，经过错接线检查，发现 $\dot{U}_{uv}$ 正，$\dot{U}_{wv}$ 反，电压相序 vwu，两个电流相序分别为 $-\dot{I}_u$ 、$\dot{I}_w$。此期间有功电能表计量的实际度数 W_P' 为 120 000kWh，无功电能表计量的实际度数 W_Q' 为−92 500kvarh，试计算实际的功率因数是多少？

模块 3

ZY2200612003

模块 4　执行两部制电价退补电费的计算（ZY2200612004）

【模块描述】本模块包含电费计算规则、有关退补电费计算的几点规定等内容。通过概念描述、公式推导、计算举例，掌握执行两部制电价退补电费的计算方法。

【正文】

一、电费计算规则

1. 适用范围

两部制电价用户适用范围：凡以电力为原动力，或以电力冶炼、烘焙、熔焊、电解、电化的一切工业生产，且受电变压器总容量（含直接接入电网的高压电动机，电动机千瓦数视同千伏安）在 315 千伏安及以上者。

2. 电费计算规则

电费=电度电费+基本电费+力率调整电费

其中：电度电费=计费有功电量×电价

按变压器容量计算的基本电费：

基本电费=计费容量×容量基本电价单价

按用户最大需量计算的基本电费：

基本电费=计费需量×需量基本电价单价

力率调整电费计算见“功率因数调整电费办法”（[1983] 水电财字第 215 号文件）。

二、退补电费的计算

（1）两部制电价用户，当计量装置发生故障时，对有功电量将产生影响，从而影响电度电费。例如电能表接线错误，就要计算正确电量，然后才能计算出正确的电度电费。

（2）执行两部制电价的用户，一般安装多功能电能表，当计量装置故障时，不但影响有功计量，无功计量也受到影响，用户的功率因数也有影响，那么力率调整电费也受到影响。那么首先也要计算出正确的功率因数，才能正确计算力率调整电费值。

（3）若变压器容量计收基本电费，计量装置故障，对基本电费无影响。若按最大需量计收基本电费，计量装置故障也影响最大需量的计量，所以基本电费也将受到影响。因此，应该算出正确的最大需量，才能计算出正确的基本电费。

只有计算出正确的电费，才能对用户进行电费退补。

三、计算案例

某 10kV 大工业用户，变压器容量为 630kVA，高供高计，装设多功能电能表一只，电流互感器变比为 50/5，在运行的过程中发现电流互感器 W 相电流接反，运行时间 1 个月，多功能电能表有功电量显示–12kWh，无功电量显示 20.7kvarh，该用户销售电价为 0.602 0 元/ kWh（其中含城市附加 0.004 元/ kWh，地方水库移民 0.000 5 元/ kWh，可再生能源附加 0.002 元/ kWh）。该用户是按照最大需量方式计收基本电费，读取多功能电能表中的最大需量读数，需量表综合倍率为 1040，需量表读数为–0.14，核定需量为 400kW，基本电价为 38 元/ kW·月，试计算该用户实际电费。

解：电流互感器 W 相接反时的有功电量

$$P_{\mathrm{x}} = U_{\mathrm{uv}} I_{\mathrm{u}} \cos(30+\varphi) + U_{\mathrm{wv}} I_{\mathrm{w}} \cos(150+\varphi)$$

更正系数

$$G_{\mathrm{X-P}} = \frac{\sqrt{3} UI \cos\varphi}{P_{\mathrm{x}}} = -\sqrt{3} \mathrm{ctan}\varphi$$

有功实际电量

$$W_{\mathrm{p}} = W_{\mathrm{x}} G_{\mathrm{X-P}} = -\sqrt{3} \mathrm{ctan}\varphi \, W_{\mathrm{x}}$$

电流互感器 W 相接反时的无功电量

$$Q_x = U_{vw} I_u \sin(150-\varphi) + U_{uw} I_w \sin(30-\varphi)$$

$$G_{X-Q} = \frac{\sqrt{3}UI\sin\varphi}{Q_x} = \sqrt{3}\tan\varphi$$

$$W_q = W_{qx}\ G_{X-Q} = \sqrt{3}\tan\varphi\ W_{qx}$$

又

$$W_q = \tan\varphi\ W_p$$

所以

$$\frac{W_q}{W_p} = \frac{\sqrt{3}\tan\varphi}{-\sqrt{3}\text{ctan}\varphi} \times \frac{W_{qx}}{W_x} = \tan\varphi$$

$$\tan\varphi = -\frac{W_x}{W_{qx}} = -(-12)/20.7 = 0.652$$

$$\cos\varphi = 0.87$$

（1）计算电度电费 F1。

$$F1 = -\sqrt{3}\text{ctan}\varphi\ W_x\ K_I K_U \times 0.602\ 0 = -\sqrt{3} \times 1.72 \times (-12) \times 50/5 \times 10/0.1 \times 0.602\ 0$$
$$= 21\ 672（元）$$

（2）计算基本电费 F2。

由于受到计量装置错接线的影响，有功功率

更正系数

$$G_{X-P} = \frac{\sqrt{3}UI\cos\varphi}{P_x} = -\sqrt{3}\text{ctan}\varphi = -3$$

因此需量表的正确读数为：$-3\times(-0.14)=0.42$

最大需量应为：$1040\times0.42=436.8$（kW）

基本电费：F2=核定需量×基本电价+超出核定需量值×2×基本电价

=400×38+(436.8–400)×2×38=17 997（元）

（3）计算力率调整电费 F3。

实际 $\cos\varphi=0.87$ 时，该用户执行考核标准为 0.9，力率调整电费为 1.5%。

所以　F3=［基本电费+电度电费（扣减各类附加）］×力率调整标准

各类附加电费：$-\sqrt{3}\times1.72\times(-12)\times50/5\times10/0.1\times(0.004+0.000\ 5+0.002)=253.5$（元）

因此　F3=(17 997+21 672–253.5)×1.5%=591.23（元）

所以该用户本月电费合计：F=电度电费 F1+基本电费 F2+力率调整电费 F3

=21 672+17 997+591.23=40 260.23（元）

【思考与练习】

1. 哪些用户执行两部制电价？其电费构成包括哪几部分？

2. 某 10kV 大工业用户，变压器容量为 630kVA，高供高计，装设多功能电能表一只，电流互感器变比为 50/5，在运行的过程中发现电流互感器 W 相电流接反，运行时间 1 个月，多功能电能表有功电量显示–12kWh，无功电量显示 20.7kvarh，该用户销售电价为 0.602 0 元/ kWh（其中含城市附加 0.004 元/ kWh，地方水库移民 0.000 5 元/kWh，可再生能源附加 0.002 元/kWh）。若该用户是按照该 630kVA 变压器容量计收基本电费，执行标准 28 元/kVA·月，则该用户本月实际电费是多少？

模块 5　执行多种电价混合电价退补电费的计算（ZY2200612005）

【模块描述】本模块包含电费计算规则、有关退补电费计算的规定等内容。通过概念描述、公式推导、计算举例，掌握执行多种电价混合电价退补电费的计算方法。

【正文】

一、电费计算规则

用户电费由电度电费、基本电费、功率因数调整电费三部分构成。根据用户的电价模式不同，基本电费和功率因数调整电费有不同的适用范围，但电度电费总是包含其中的。

1. 电度电费

$$电度电费=\sum［计费有功电量(i)\times 电度电价单价(i)］$$

其中，电度电价单价（i）包含不同着不同类别的电价。

2. 基本电费

按变压器容量计算的基本电费

$$基本电费=计费容量\times 容量基本电价单价$$

按用户最大需量计算的基本电费

$$基本电费=计费需量\times 需量基本电价单价$$

3. 功率因数调整电费

根据“功率因数调整电费办法”（［1983］水电财字第215号文件）

$$功率因数调整电费=(基本电费+电度电费-代收代征部分)\times 功率因数调整电费增减率$$

二、退补电费的计算

当计量装置故障时，要对用户的电费进行退补，首先必须计算出正确的电费。

（1）当用户执行分时电价时，若计量装置故障，应计算出每个时段的正确电量，然后按照每个时段的不同电价，计算出正确的电度电费。

（2）根据DL/T 448—2000《电能计量装置技术管理规程》，不同的电价类别应分别安装计量装置。当计量装置故障时，应计算出不同电价类别的正确电量，然后按照不同类别的电价，计算出正确的电度电费。

（3）计量装置故障对基本电费和功率因数调整电费的计算在本章模块4已介绍，在本模块中不再赘述。

三、计算案例

例1：某三相四线制低压用户，电流互感器变比为50/5，发现该电流互感器U相接反运行1个月，电能表显示总电量为200kWh，谷电量为120kWh，该用户分平段和谷段计量，平段电价0.550 3元，谷段电价0.300 3元，计算本月电费及退补电费。

解：根据题意更正系数为 $G_X=\dfrac{3UI\cos\varphi}{UI\sin\varphi}=3$

实际电量

$$W_0=G_XW_X=3\times 200\times 50/5=6000（kWh）$$

平段电量

$$6000\times(200-120)/200=2400（kWh）$$

谷段电量

$$6000\times 120/200=3600（kWh）$$

本月电费为

$$2400\times 0.550\,3+3600\times 0.300\,3=2401.80（元）$$

本月补电费为

$$2401.80-(80\times 0.550\,3+120\times 0.300\,3)\times 50/5=1601.20（元）$$

答：本月电费为2401.80元，退补电费为1601.20元

例2：某工业客户变压器总容量360kVA，10kV供电，计量方式为高供高计，总表电流互感器为40/5，本月抄表总表指数有功电量为215（其中峰77，谷70，平68），无功指数为−69，下有一个照明分表，照明指数2179，用电检查人员在进行检查时，发现该户总表电流互感器二次u相断线，试计算

该用户本月应退补的电费。（大工业电价：峰 0.895 8 元/kWh，谷 0.374 7 元/kWh，平 0.602 0 元/kWh。居民照明电价 0.550 3 元/kWh。基本电费按变压器容量收取，28 元/kVA·月，不考虑代征费用）

解：若未发现该户总表电流互感器二次 u 相断线，按照运行正常时计算该户电费如下：

（一）抄见电量

1. 总表抄见电量

TV=10 000/100=100

TA=40/5= 8

倍率=TV×TA=800

有功抄见电量= 215×800=172 000（kWh）

峰段抄见电量= 77×800=61 600（kWh）

谷段抄见电量= 70×800=56 000（kWh）

平段抄见电量=68×800= 54 400（kWh）

无功抄见电量= 69×800=55 200（kvarh）

2. 居民照明抄见电量

有功抄见电量= 2179（kWh）

（二）计费电量

峰应扣电量=2179×(61 600/172 000)= 780（kWh）

谷应扣电量=2179×(56 000/172 000)= 709（kWh）

平应扣电量=2179−780−709=690（kWh）

则：

峰计费电量=61 600−780=60 820（kWh）

谷计费电量=56 000−709=55 291（kWh）

平计费电量=54 400−690=53 710（kWh）

总有功电量=169 821（kWh）

（三）电度电费

1. 居民照明

有功电度电费=2179×0.550 3=1199.10（元）

2. 工业电度电费

峰段电度电费=60 820× 0.895 8=54 482.56（元）

谷段电度电费=55 291×0.374 7=20 717.54（元）

平段电度电费=53 710×0.602 0=32 333.42（元）

电费合计=峰段电度电费+谷段电度电费+平段电度电费=107 533.52（元）

（四）基本电费

基本电费=360×28=10 080（元）

（五）力调电费

1. 计算力率

$$\cos\varphi = \frac{W_{\mathrm{P}}}{\sqrt{W_{\mathrm{P}}^2 + W_{\mathrm{Q}}^2}} = \frac{215}{\sqrt{215^2 + 69^2}} = 0.95$$

考核标准为 0.9，功率因数调整电费增减率为−0.75%。

2. 力调电费

调整电费=(基本电费+电度电费−各项代征费)×增减率

力调电费=(10 080+107 533.52)×(−0.75%)= −882.1（元）

（六）应缴电费

应缴电费=10 080+1199.10+107 533.52−882.1=117 930.52（元）

当用电检查人员发现该户多功能表 u 相电流回路断线时，计算电费如下：

（一）更正系数及功率因数计算

有功表的更正系数 $G_x=\dfrac{\sqrt{3}UI\cos\varphi}{UI\cos(30-\varphi)}$

有功表的正确电量 $W_p=G_xW_x$

无功表的更正系数 $G_{x-q}=\dfrac{\sqrt{3}UI\sin\varphi}{UI\sin(210-\varphi)}=-\dfrac{\sqrt{3}UI\sin\varphi}{UI\sin(30-\varphi)}$

无功表的正确电量 $W_q=G_{x-q}W_{x-q}$

又

$$\frac{W_q}{W_p}=\tan\varphi=\frac{G_{x-q}}{G_x}\times\frac{W_{x-q}}{W_x}=-\tan\varphi\frac{\cos(30-\varphi)}{\sin(30-\varphi)}\times\frac{W_{x-q}}{W_x}$$

$$\frac{\sin(30-\varphi)}{\cos(30-\varphi)}=-\frac{W_{x-q}}{W_x}$$

$$\tan(30-\varphi)=-\frac{W_{x-q}}{W_x}=-(-69)/215=0.32$$

$$\varphi=12°,\quad \cos\varphi=0.97$$

因此，有功表的更正系数

$$G_x=\frac{\sqrt{3}UI\cos\varphi}{UI\cos(30-\varphi)}=1.77$$

（二）电度电费

大工业电度电费=更正系数×差错大工业电费＝1.77×107 533.52=190 169.06（元）

居民照明电费不受影响，有功电度电费=2179×0.550 3=1199.10（元）

（三）力调电费

1. 计算力率

$$\cos\varphi=0.97$$

考核标准为 0.9，功率因数调整电费增减率为 −0.75%。

2. 力调电费

调整电费=(基本电费+电度电费−各项代征费)×增减率

力调电费=(10 080+190 169.06)×(−0.75%)= −1501.87（元）

（四）应缴电费

应缴电费=10 080+1199.10+190 169.06− 1501.87= 199 946.29（元）

补交电费=199 946.29−117 930.52＝82 015.77（元）

【思考与练习】

1. 大工业用户的电费由哪几部分构成？其计算原则是什么？

2. 某新装工业用户 10kV 供电，受电变压器容量 160kVA，高供高计，高压侧接多功能表 1 只，电流互感器变比为 30/5，低压侧接照明分表，本月抄表总表有功指数 345，无功指数 133，照明表指数 519。首次检表发现该表有功表超差 8%，无功表超差 5%，试计算本月电费、退补电费。（一般工商业电价 0.797 5 元/ kWh、居民照明 0.565 3 元/kWh，不考虑各类代征费用）

第二十五章 其他检查项目

模块1 常用安全工器具的检查（ZY2200613001）

【模块描述】本模块包含使用绝缘安全工器具应具备的基本条件、低压绝缘安全工器具、一般防护安全工器具、常用安全工器具的检查重点和试验周期、安全工器具的保管等内容。通过术语说明、要点归纳、列表说明，掌握常用安全工器具的检查和维护方法。

【正文】

一、绝缘安全工器具使用应具备的基本条件

（1）安全工器具使用前应进行外观检查，其绝缘部分应无裂纹、老化、绝缘层脱落和严重伤痕等现象，固定连接部分无松动、锈蚀、断裂等现象。对其绝缘部分的外观检查有异常时，应进行绝缘试验，合格后方可使用。

（2）各类安全工器具应经过国家规定的型式试验、出厂试验和使用中的周期性试验。经试验合格的安全工器具应在不妨碍绝缘性能且醒目的部位粘贴合格证，各类安全工器具必须在合格有效期内使用。

二、低压绝缘安全工器具介绍

1. 低压验电器

低压验电器俗称为试电笔，是一种轻便型低压电压指示器，通常有氖管式验电笔和数字式验电笔两种，主要是用来检验低压电气设备和线路是否带电的一种常用安全工具。

（1）氖管式验电笔。氖管式验电笔的结构通常由笔尖（工作触头）、降压电阻、氖管、弹簧和笔身等组成。使用时，手拿验电器以一个手指触及金属盖或中心螺钉，金属笔尖与被检查的带电部分接触，如氖灯发亮说明设备带电。灯愈亮则电压愈高，愈暗则电压愈低，当发现氖灯闪烁时，表明回路接头接触不良或松动。

低压试电笔在使用时不得随便拔掉或损坏验电笔工作触头金属部位的绝缘套保护管，防止在测量电源时，手指误碰工作触头金属部位，造成触电伤害事故的发生。

（2）数字式验电笔。数字式验电笔由笔尖（工作触头）、笔身、指示灯、电压显示、电压感应通电检测按钮、电压直接检测按钮、电池等组成，适用于检测低压设备交直流电压数值。

使用前首先将右手指按断点检测按钮，并将左手触及笔尖时，若指示灯发亮，则表示正常工作。若指示灯不亮，则应更换电池。测试交流电时，切勿按电子感应按钮。将笔尖插入相线孔时，指示灯发亮，则表示被测体带有电压。需要显示电压数值时，则按检测按钮，最后显示数字为所测电压值。

2. 绝缘手套

绝缘手套属于辅助安全用具，它用特种橡胶制成，电气设备倒闸操作时应佩戴绝缘手套，但它不能直接接触带电部位。使用绝缘手套的注意事项如下：

（1）使用前应检查有无漏气或裂口等。

（2）戴绝缘手套时应将外衣袖口放入手套的伸长部分。

（3）绝缘手套不得挪作它用，普通的医疗、化验用的手套不能代替绝缘手套。

（4）绝缘手套用后应擦净晾干，撒上一些滑石粉，以免粘连，然后放在通风、阴凉的柜子里。

（5）绝缘手套每半年定期试验一次。

3. 绝缘靴（鞋）

绝缘靴（鞋）是用特种橡胶制成，是在任何电压等级的电气设备上工作时用来与地保持绝缘的辅

助安全工具，是防护跨步电压的基本安全工具。

使用绝缘靴（鞋）的注意事项如下：

（1）使用前应检查有无龟纹老化、裂口现象。

（2）绝缘靴（鞋）要放在柜子里或支架上。

（3）绝缘靴（鞋）每半年定期试验一次。

4. 绝缘站台、绝缘垫和绝缘毯

绝缘站台用干燥的木板或木条制成，站台四角用绝缘子做台脚。绝缘站台定期试验周期为三年一次。

绝缘垫和绝缘毯都是用特种橡胶制成，表面有防滑槽纹，其厚度不应小于5mm。绝缘垫（毯）一般铺设在高、低压开关柜前，作为固定的辅助安全用具。

三、一般防护安全工器具

一般防护安全工器具是指防护工作人员发生事故的工器具，如安全帽、安全带、脚扣、防护眼镜等。

1. 安全帽

安全帽是一种用来保护工作人员头部免受外力冲击伤害的帽具。安全帽使用前，应检查帽壳、帽衬、帽箍、顶衬、下颚带等附件完好无损。使用时，应将下颚带系好，防止工作中前倾后仰或其他原因造成滑落。

2. 安全带

安全带是预防高处作业人员坠落伤亡的个人防护用具，由腰带、围杆带、金属配件等组成。安全绳是安全带上面的保护人体不坠落的系绳。安全带的腰带和保险带、绳应有足够的机械强度，材质应有耐磨性，卡环（钩）应具有保险装置。保险带、绳使用长度在3m以上的应加缓冲器。

3. 脚扣（或登高板）

脚扣（或登高板）是用钢或合金材料制作的攀登电杆的工具。金属部分变形和绳（带）损失者禁止使用。特殊天气使用脚扣和登高板应采取防滑措施。

4. 防护眼镜

防护眼镜是在维护电气设备和进行检修工作时，保护工作人员不受电弧伤害以及防止异物落入眼内的 防护用具。

四、常用安全工具的检查重点和试验周期

常用安全工具的检查重点和试验周期如表ZY2200613001-1所示。

表ZY2200613001-1　　常用安全工具的检查重点和试验周期

序号	名称	项目	周期	要求			说明
1	安全带	静负荷试验	1年	种类	试验静拉力（N）	载荷时间（min）	牛皮带试验周期为0.5年
				围杆带	2205	5	
				围杆绳	2205	5	
				护腰带	1470	5	
				安全绳	2205	5	
2	安全帽	冲击性能试验	按规定年限	受冲击力小于4900N			使用寿命：从制造日起，塑料帽≤2.5年，玻璃钢帽≤3.5年
		耐穿刺性能试验	按规定年限	钢锥不接触表面			
3	绝缘胶垫	工频耐压试验	1年	电压等级	工频耐压（kV）	持续时间（min）	使用于带电设备区域
				高压	15	1	
				低压	3.5	1	

续表

序号	名称	项目	周期	要　求				说　明
4	绝缘靴	工频耐压试验	半年	工频耐压（kV）	持续时间（min）	泄漏电流（mA）		
				15	1	≤7.5		
5	绝缘手套	工频耐压试验	半年	工频耐压（kV）	持续时间（min）	泄漏电流（mA）	工频耐压（kV）	
				高压	8	1	≤9	
				低压	2.5	1	≤2.5	
6	脚扣	静负荷试验	1年	施加1176N静压力，持续时间5min				

五、安全工器具的保管

（1）安全工器具应统一存放在工具房（工具柜）内，房内应保持干燥、通风良好。安全工器具不得与其他工具、材料混放。

（2）绝缘靴、绝缘手套等橡胶绝缘用具应放置在避光的工具柜内，上面不得堆压任何物品。手套应套放在支架上，水平放置时，手套内应涂以滑石粉，以防粘黏。

（3）所有安全工器具应按定置要求存放，对号入座。

（4）个人保管的安全帽、安全带等工器具，应有固定的存放地点，做到摆放整齐。

（5）绝缘工具在储存、运输时不得与酸、碱、油类和化学药品接触，并要防止阳光直射或雨淋。

【思考与练习】

1. 低压验电笔的使用范围和注意事项有哪些？
2. 安全帽使用时有哪些注意安全事项？
3. 安全工器具的保管有哪些规定？

模块2　10kV变电站安全工器具的检查（ZY2200613002）

【模块描述】本模块包含对10kV变电站安全工器具的分类、绝缘安全工器具、一般防护安全工器具、临时接地线、遮栏和标示牌、安全工器具的检查重点和试验周期等内容。通过术语说明、要点归纳、列表说明，掌握10kV变电站安全工器具的检查和维护方法。

【正文】

一、10kV安全工器具的分类

安全工器具一般分为绝缘安全工器具、一般防护安全工器具、安全围栏（网）和标示牌三大类。绝缘安全工器具又分为基本绝缘安全工器具和辅助绝缘安全工器具两种。

二、绝缘安全工器具

（一）基本绝缘安全工器具

指能够直接操作带电设备、接触或可能接触带电体的工器具，如电容型验电器、绝缘杆、绝缘隔板、绝缘罩、携带型短路接地线、个人保安接地线、核相器等。

1. 电容型验电器

电容型验电器是通过检测流过验电器对地杂散电容中的电流，检验高压电气设备、线路是否带有运行电压的装置。电容型验电器一般由接触电极、验电指示器、连接件、绝缘杆和护手环等组成。

2. 绝缘杆

绝缘杆是用于短时间对带电设备进行操作或测量的绝缘工具，如接通或断开高压隔离开关、跌落式熔断器等。绝缘杆由合成材料制成，结构一般分为工作部分、绝缘部分和手握部分。使用时，作业人员手不得越过护环或手持部分的界限。雨天在户外操作电气设备时，操作杆的绝缘部分应有防雨罩或使用带绝缘子的操作杆。使用时人体应与带电设备保持安全距离，并注意防止绝缘杆被人体或设备短接，以保持有效的绝缘长度。

3. 绝缘隔板和绝缘罩

绝缘隔板是由绝缘材料制成，用于隔离带电部件、限制工作人员活动范围的绝缘平板。绝缘罩是由绝缘材料制成，用于遮蔽带电导体或非带电导体的保护罩。它们只允许在 35kV 及以下电压的电气设备上使用，并应有足够的绝缘和机械强度。用于 10kV 电压等级时，绝缘隔板的厚度不应小于 3 mm，用于 35kV 电压等级不应小于 4mm。现场带电安放绝缘隔板及绝缘罩时，应戴绝缘手套、使用绝缘操作杆，必要时可用绝缘绳索将其固定。

4. 携带型短路接地线

携带型短路接地线是用于防止设备、线路突然来电，消除感应电压，放尽剩余电荷的临时接地装置。接地线的两端夹具应保证接地线与导体和接地装置都能接触良好、拆装方便，有足够的机械强度，并在大短路电流通过时不致松脱。携带型接地线使用前应检查是否完好，如发现绞线松股、断股、护套严重破损、夹具断裂松动等均不得使用。

5. 个人保护接地线

个人保护接地线（俗称“小地线”）用于防止感应电压危害的个人用接地装置。

6. 核相器

核相器是用于鉴别待连接设备、电气回路是否相位相同的装置。

（二）辅助绝缘安全工器具

辅助绝缘安全工器具是指绝缘强度并不能完全承受电气设备或线路的工作电压，只是用于加强基本绝缘安全工器具的保安作用，防止接触电压、跨步电压、泄漏电流电弧对操作人员的伤害。特别注意不能用辅助绝缘安全工器具直接接触高压设备带电部分。辅助绝缘安全工器具包括绝缘手套、绝缘靴（鞋）、绝缘胶垫等。

三、一般防护安全工器具

一般防护安全工器具（一般防护用具）是指防护工作人员发生事故的工器具，如安全帽、安全带、梯子、安全绳、脚扣等。

四、临时接地线、遮栏和标示牌

1. 临时接地线

临时接地线装设在被检修区段两端的电源线路上，用来防止突然来电，防止邻近高压线路的感应电。临时接地线也用作线路或设备上残留电荷放电的安全器材。

临时接地线主要由软导线和接线夹组成。三根短的软导线用来连接三相导体，一根长的软导线用来连接接地装置。临时接地线夹必须坚固有力，软导线应采用截面积为 25mm^2 以上的软铜线，各部分连接必须牢固。

2. 遮栏

遮栏主要用来防止工作人员无意碰到或过分接近带电体，也用作检修安全距离不够时的安全隔离装置。遮栏用干燥的木材或其他绝缘材料制成。在过道和入口灯处可采用栅栏。遮栏和栅栏必须安装牢固，并不得影响工作。遮栏高度及其与带电体的距离应符合屏护的安全要求。

3. 标示牌

标示牌用绝缘材料制成。其作用是警告工作人员不得过分接近带电部分，指明工作人员准确的工作地点，提醒工作人员应当注意的问题，以及禁止向某段线路送电等。标示牌式样如下表 ZY2200613002-1 所示。

表 ZY2200613002-1　　标示牌式样

名　称	悬　挂　处	式样和要求		
		尺寸（mm×mm）	颜 色	字　样
禁止合闸，有人工作！	一经合闸即可送电到施工设备的断路器和隔离开关操作把手上	200×160 和 80×65	白底，红色圆形斜杆，黑色禁止标志符号	黑字
禁止合闸，线路有人工作！	线路断路器和隔离开关把手上	200×160 和 80×65	白底，红色圆形斜杆，黑色禁止标志符号	黑字

续表

名　称	悬　挂　处	式样和要求		
		尺寸（mm×mm）	颜 色	字　样
禁止分闸！	接地刀闸与检修设备之间的断路器操作把手上	200×160 和 80×65	白底，红色圆形斜杆，黑色禁止标志符号	黑字
在此工作！	工作地点或检修设备上	250×250 或 80×80	衬底为绿色，中有直径为 200mm 和 65mm 的白圆圈	黑字，写于白圆圈中
止步，高压危险！	施工地点临近带电设备的遮栏上；室外工作地点的围栏上；禁止通行的过道上；高压试验地点；室外构架上；工作地点临近带电设备的横梁上	300×240 和 200×160	白底，黑色正三角形及标志符号，衬底为黄色	黑字
从此上下！	工作人员可以上下的铁架、爬梯上	250×250	衬底为绿色，中间有直径为 200mm 的白圆圈	黑字，写于白圆圈中
从此进出！	室外工作地点围栏的出入口处	250×250	衬底为绿色，中间有直径为 200mm 的白圆圈	黑字，写于白圆圈中
禁止攀登，高压危险！	高压配电装置构架的爬梯上，变压器、电抗器等设备的爬梯上	500×400 和 200×160	白底，红色圆形斜杆，黑色禁止标志符号	黑字

五、10kV 安全工器具检查重点和试验周期

10kV 安全工器具检查重点和试验周期如表 ZY2200613002-2 所示。

表 ZY2200613002-2　　10kV 安全工器具检查重点和试验周期

<table>
<tr><th>序号</th><th>器具</th><th>项目</th><th>周期</th><th colspan="4">要　求</th><th>说　明</th></tr>
<tr><td rowspan="10">1</td><td rowspan="10">电容型验电器</td><td>启动电压试验</td><td>1 年</td><td colspan="4">启动电压值不高于额定电压的 40%，不低于额定电压的 15%</td><td>试验时接触电极应与试验电极相接触</td></tr>
<tr><td rowspan="9">工频耐压试验</td><td rowspan="9">1 年</td><td rowspan="2">额定电压（kV）</td><td rowspan="2">试验长度（m）</td><td colspan="2">工频耐压（kV）</td><td rowspan="9"></td></tr>
<tr><td>1min</td><td>5min</td></tr>
<tr><td>10</td><td>0.7</td><td>45</td><td>—</td></tr>
<tr><td>35</td><td>0.9</td><td>95</td><td>—</td></tr>
<tr><td>63</td><td>1.0</td><td>175</td><td>—</td></tr>
<tr><td>110</td><td>1.3</td><td>220</td><td>—</td></tr>
<tr><td>220</td><td>2.1</td><td>440</td><td>—</td></tr>
<tr><td>330</td><td>3.2</td><td>—</td><td>380</td></tr>
<tr><td>500</td><td>4.1</td><td>—</td><td>580</td></tr>
<tr><td rowspan="10">2</td><td rowspan="10">携带型短路接地线</td><td>成组直流电阻试验</td><td>不超过 5 年</td><td colspan="4">在各接线鼻之间测量直流电阻，对于 25、35、50、70、95、120mm^2 的各种截面，平均每米的电阻值应分别小于 0.79、0.56、0.40、0.28、0.21、0.16MΩ</td><td>同一批次抽测不少于 2 条，接线鼻与软导线压接的应作该试验</td></tr>
<tr><td rowspan="9">操作棒的工频耐压试验</td><td rowspan="9">4 年</td><td rowspan="2">额定电压（kV）</td><td rowspan="2">试验长度（m）</td><td colspan="2">工频耐压（kV）</td><td rowspan="9">试验电压加在护环与紧固头之间</td></tr>
<tr><td>1min</td><td>5min</td></tr>
<tr><td>10</td><td></td><td>45</td><td>—</td></tr>
<tr><td>35</td><td></td><td>95</td><td>—</td></tr>
<tr><td>63</td><td></td><td>175</td><td>—</td></tr>
<tr><td>110</td><td></td><td>220</td><td>—</td></tr>
<tr><td>220</td><td></td><td>440</td><td>—</td></tr>
<tr><td>330</td><td></td><td>—</td><td>380</td></tr>
<tr><td>500</td><td></td><td>—</td><td>580</td></tr>
<tr><td>3</td><td>个人保安线</td><td>成组直流电阻试验</td><td>不超过 5 年</td><td colspan="4">在各接线鼻之间测量直流电阻，对于 10、16、25mm^2 各种截面，平均每米的电阻值应小于 1.98、1.24、0.79MΩ</td><td>同一批次抽测不少于两条</td></tr>
</table>

续表

序号	器具	项目	周期	要求				说明
4	绝缘杆	工频耐压试验	1年	额定电压（kV）	试验长度（m）	工频耐压（kV）1min	工频耐压（kV）5min	
				10	0.7	45	—	
				35	0.9	95	—	
				63	1.0	175	—	
				110	1.3	220	—	
				220	2.1	440	—	
				330	3.2	—	380	
				500	4.1	—	580	
5	核相器	连接导线绝缘强度试验	必要时	额定电压（kV）	工频耐压（kV）	持续时间（min）		浸在电阻率小于100Ω•m的水中
				10	8	5		
				35	28	5		
		绝缘部分工频耐压试验	1年	额定电压（kV）	试验长度（m）	工频耐压（kV）	持续时间（min）	
				10	0.7	45	1	
				35	0.9	95	1	
		电阻管泄漏电流试验	半年	额定电压（kV）	工频耐压（kV）	持续时间（min）	泄漏电流（mA）	
				10	10	1	≤2	
				35	35	1	≤2	
		动作电压试验	1年	最低动作电压应达0.25倍额定电压				
6	绝缘罩	工频耐压试验	1年	额定电压（kV）	工频耐压（kV）	时间（min）		
				6～10	30	1		
				35	80	1		
7	绝缘隔板	表面工频耐压试验	1年	额定电压（kV）	工频耐压（kV）	持续时间（min）		电极间距离300mm
				6～35	60	1		
		工频耐压试验	1年	额定电压（kV）	工频耐压（kV）	持续时间（min）		
				6～10	30	1		
				35	80	1		
8	绝缘胶垫	工频耐压试验	1年	电压等级	工频耐压（kV）	持续时间（min）		使用于带电设备区域
				高压	15	1		
				低压	3.5	1		
9	绝缘靴	工频耐压试验	半年	工频耐压（kV）	持续时间（min）	泄漏电流（mA）		
				15	1	≤7.5		
10	绝缘手套	工频耐压试验	半年	工频耐压（kV）	持续时间（min）	泄漏电流（mA）	工频耐压（kV）	
				高压	8	1	≤9	
				低压	2.5	1	≤2.5	
11	导电鞋	直流电阻测试	穿用不超过200h	电阻值小于100kΩ				

注　接地线如用于各电源侧和有可能倒送电的各侧均已停电、接地的线路时，其操作棒预防性试验的工频耐压可只做10kV级，且试验周期可延长到不超过5年一次。

【思考与练习】

1. 10kV 基本绝缘安全工器具有哪些？

2. 一般防护安全工器具包括哪几种？

3. 试述安全带的使用注意事项。

模块 3　35～110kV 变电站安全工器具检查（ZY2200613003）

【模块描述】本模块包含 35～110kV 变电站常用绝缘安全工器具分类、一般防护安全工器具、登高工器具、常用安全工器具的检查与使用要求、安全工器具试验项目、标准和周期等内容。通过术语说明、要点归纳、列表说明，掌握 35～110kV 变电站常用安全工器具的检查和维护方法。

【正文】

35～110kV 变电站的常用安全工器具包括：高压验电器、绝缘操作杆、接地线、登高工具、防电弧服、绝缘手套和绝缘靴等。

一、高压验电器

高压验电器在结构上一般由指示器和支持器两部分组成。高压验电时，若指示器发出报警指示（声、光、旋转等），则说明电气设备带电。

使用高压验电器的注意事项如下：

（1）验电前，应在有电的设备上试验，验证验电器良好。

（2）验电时，验电器应逐渐靠近带电部分，直到氖灯发亮为止，不要直接接触带电部分。

（3）验电时，验电器不装接地线，以免操作时接地线碰到带电设备造成接地短路或触电事故。如在木杆或木构架上验电，不接地不能指示者，验电器可加装接地线。

（4）验电时应戴绝缘手套，并使用相应电压等级的验电器。

（5）验电器不应受邻近带电体影响而错误指示，验电时应注意防止短路。

二、绝缘安全用具

绝缘安全用具包括绝缘杆、绝缘夹钳、绝缘靴、绝缘手套、绝缘垫和绝缘站台。绝缘安全用具分为基本安全用具和辅助安全用具。前者的绝缘强度能长时间承受电气设备的工作电压，能直接用来操作电气设备；后者的绝缘强度不足以承受电气设备的工作电压，只能加强基本安全用具的作用。

1. 绝缘杆和绝缘夹钳

绝缘杆和绝缘夹钳都是基本安全用具。绝缘夹钳只用于 35kV 及其以下的电气操作。绝缘杆和绝缘夹钳都由工作部分、绝缘部分和握手部分组成。绝缘部分和握手部分用浸过绝缘漆的木材、硬塑料、胶木或玻璃钢制成，其间有护环分开。

配备不同工作部分的绝缘杆可用来操作高压隔离开关，操作跌落式熔断器，安装和拆除临时接地线以及进行测量和试验等工作。绝缘夹钳主要用来拆除和安装熔断器及进行其他类似工作。

2. 绝缘手套和绝缘靴

绝缘手套和绝缘靴用橡胶制成。二者都作为辅助安全用具，绝缘手套可作为低压工作的安全用具，绝缘靴可作为防护跨步电压的安全用具。

3. 绝缘垫和绝缘站台

绝缘垫和绝缘站台只作为辅助安全用具。

绝缘垫用厚度 5mm 以上、表面有防滑条纹的橡胶制成，其最小尺寸不宜小于 0.8m×0.8m。

三、一般防护安全工器具

一般防护安全工器具（一般防护用具）是指防护工作人员发生事故的工器具，如安全帽、安全带、梯子、安全绳、脚扣、防静电服（静电感应防护服）、防电弧服、导电鞋（防静电鞋）、防护眼镜、过滤式防毒面具、正压式消防空气呼吸器、耐酸手套、耐酸服及耐酸靴等。

（1）防静电服是用于在有静电的场所降低人体电位、避免服装上带高电位引起的其他危害的特种服装。

（2）防电弧服是一种用绝缘和防护的隔层制成的保护穿着者身体的防护服装，用于减轻或避免电弧发生时散发出的大量热能辐射和飞溅熔化物的伤害。

（3）防护眼镜是在维护电气设备和进行检修工作时，保护工作人员不受电弧灼伤以及防止异物落入眼内的防护用具。

（4）过滤式防毒面具是用于有氧环境中使用的呼吸器。

（5）正压式消防空气呼吸器是用于无氧环境中的呼吸器。

四、登高安全用具

登高安全用具包括梯子、高凳、脚扣、登脚板、安全腰带等专用用具。这些登高工具在使用前要检查其完好性，使用时要注意防止滑倒、脱扣，造成坠落伤害。

五、安全工器具的检查与使用要求

电力安全工器具检查与使用在《国家电网公司电力安全工器具管理规定》中有明确的规定。具体要求如下：

（1）定期组织安全工器具的使用方法的培训，凡在工作中需要使用电力安全工器具的工作人员，都必须定期接受培训。

（2）安全工器具的使用必须符合《国家电网公司电力安全工作规程（试行）》等标准规范的要求。

（3）安全工器具使用前要进行外观检查。

（4）对安全工器具的机械、绝缘性能发生疑问时，应进行试验，合格后方能使用。

（5）绝缘安全工器具使用前应擦拭干净。

（6）使用绝缘安全工器具时应戴绝缘手套。

六、安全工器具试验项目、标准和试验周期

依据《国家电网公司电力安全工作规程（试行）》各类安全工器具试验项目、标准和试验周期如表ZY2200613003-1、表ZY2200613003-2和表ZY2200613003-3所示。

表ZY2200613003-1　　安全用具试验标准

名称	电压（kV）	试验标准			试验周期（年）
		耐压试验电压（kV）	耐压试验持续时间（s）	泄漏电流（mA）	
绝缘杆、绝缘夹钳	≤35	3倍额定电压，且≥40	300	—	1
绝缘挡板、绝缘罩	35	—	200	—	1
绝缘手套	高压	8	60	≤9	0.5
	低压	≤2.5	60	≤2.5	0.5
绝缘靴	高压	15	60	≤7.5	0.5
绝缘鞋	≤1	3.5	60	≤2	0.5
绝缘垫	>1	15	以2～3cm/s的速度拉过	≤15	2
	≤1	5		≤15	2
绝缘站台	各种电压	45	120	—	3
绝缘柄工具	低压	3	60	—	0.5
高压验电器	≤10	40	300	—	0.5
	≤35	105	300	—	0.5

表ZY2200613003-2　　登高工器具试验标准表

序号	名称	项目	周期	要求			说明
				种类	试验静拉力（N）	载荷时间（min）	
1	安全带	静负荷试验	1年	围杆带	2205	5	牛皮带试验周期为0.5年
				围杆绳	2205	5	
				护腰带	1470	5	
				安全绳	2205	5	

续表

序号	名称	项　目	周期	要　　求	说　明
2	安全帽	冲击性能试验	按规定年限	受冲击力小于 4900N	使用寿命：从制造日起，塑料帽≤2.5年，玻璃钢帽≤3.5年
		耐穿刺性能试验	按规定年限	钢锥不接触表面	
3	脚扣	静负荷试验	1年	施加 1176N 静压力，持续时间 5min	
4	升降板	静负荷试验	0.5年	施加 2205N 静压力，持续时间 5min	
5	竹（木）梯	静负荷试验	0.5年	施加 1765N 静压力，持续时间 5min	
6	软梯	静负荷试验	0.5年	施加 4900N 静压力，持续时间 5min	

表 ZY2200613003-3　　绝缘工具最小有效绝缘长度

电压等级（kV）	有效绝缘长度（m）	
	绝缘操作杆	绝缘承力工具、绝缘绳索
10	0.7	0.4
35	0.9	0.6
66	1.0	0.7
110	1.3	1.0
220	2.1	1.8
330	3.1	2.8
500	4.0	3.7

【思考与练习】

1. 高压验电器使用时应注意哪些事项？
2. 简述安全工器具检查与使用的总体要求。

模块 4　运行值班人员资质审查（ZY2200613006）

【模块描述】本模块包含《电力监管条例》、《电力供应与使用条例》及《电工进网作业许可证管理办法》的有关规定、资质等级及审查内容、申请与注册有关规定等内容。通过术语说明、要点归纳，掌握运行值班人员资质审查方法。

【正文】

根据《电工进网作业许可证管理办法》（电监会 15 号令）的要求，客户变电站的值班运行人员，必须进行技术业务培训，经考试合格持有国家电监会颁发的电工进网作业许可证并注册，方能正式担任变配电所的值班运行工作。未取得电工进网作业许可证或者电工进网作业许可证未注册的人员，不得进网作业。

一、有关规定

《电力监管条例》、《电力供应与使用条例》及《电工进网作业许可证管理办法》对客户运行值班人员资质的有如下规定：

（1）进网作业电工是指在受电装置或者送电装置上，从事电气安装、试验、检修、运行等作业的人员。

（2）国家电力监管委员会负责组织全国电工进网作业许可考试，指导、监督全国电工进网作业许可证的颁发和管理。

（3）国家电力监管委员会派出机构（以下称许可机关）负责辖区内电工进网作业许可的考试、受理、审查、决定、注册和日常监督检查。

二、资质等级

电工进网作业许可证分为低压、高压、特种三个类别。

取得低压类电工进网作业许可证的，可以从事0.4kV以下电压等级电气安装、检修、运行等低压作业。

取得高压类电工进网作业许可证的，可以从事所有电压等级电气安装、检修、运行等作业。

取得特种类电工进网作业许可证的，可以在受电装置或者送电装置上从事电气试验、二次安装调试、电缆作业等特种作业。

进网作业电工应当在电工进网作业许可证确定的作业范围内从事进网作业。

三、申请与注册有关规定

1. 申请

申请电工进网作业许可证，应当在许可机关规定的时间内以书面形式提出。

2. 注册

（1）电工进网作业许可证应当到许可机关注册。注册分为初始注册和续期注册。注册有效期为3年。

（2）注册有效期届满，被许可人需要继续从事进网作业的，应当在注册有效期届满前30日内向许可机关提出续期注册申请。逾期未办理续期注册手续的，视为未注册，不得从事进网作业。

（3）注册有效期届满，被许可人中止从事进网作业，需要再从事进网作业的，应当经许可机关续期注册，方可从事进网作业。

四、资质审查主要内容

（1）进网作业电工是否持有许可证并在许可范围内从业。

（2）持证电工是否按规定办理继续教育和续期注册。

（3）进网作业电工是否存在伪造、涂改、倒卖、出租、出借许可证，或以其他形式非法转让许可证的行为。

（4）电工用人单位是否安排无证人员、超越许可范围或未按要求续期注册地人员进网作业。

五、供电企业的检查

依据《用电检查管理办法》，供电企业的用电检查人员应对客户值班人员进网作业电工的资格进行检查。

【思考与练习】

1. 电工进网作业许可证分为哪几个类别？
2. 电工进网作业许可证资质审查的主要内容是什么？

模块5 操作票、工作票执行情况检查（ZY2200613007）

【模块描述】本模块包含线路、变电站工作票与操作票种类、管理要求、填写要求与注意事项等内容。通过术语说明、要点归纳，掌握操作票、工作票执行情况检查方法。

【正文】

一、工作票、操作票的种类

1. 工作票

（1）在电气设备上的工作，应填用工作票或事故应急抢修单有：

1）变电站（发电厂）第一种工作票。

2）电力电缆第一种工作票。

3）变电站（发电厂）第二种工作票。

4）电力电缆第二种工作票。

5）变电站（发电厂）带电作业工作票。

6）变电站（发电厂）事故应急抢修单。

（2）在电力线路上工作，应填用的工作票有：

1）电力线路第一种工作票。

2）电力电缆第一种工作票。

3）电力线路第二种工作票。

4）电力电缆第二种工作票。

5）电力线路带电作业工作票。

6）电力线路事故应急抢修单。

7）口头或电话命令。

2. 操作票

操作票的种类有变电站倒闸操作票和电力线路倒闸操作票。

二、工作票、操作票管理要求

（1）变电站工作票、操作票管理应遵循《国家电网公司电力安全工作规程（变电部分）》和《国家电网公司电力安全工作规程（线路部分）》中的有关规定。工作票签发人应由各运行单位熟悉人员技术水平、熟悉设备情况、熟悉安全规程的生产领导、技术人员人员担任。工作票签发人、工作负责人、工作许可人名单应由安全监察部门每年审查并书面公布。

（2）“两票”的保存期至少为一年。

（3）“两票”管理要先把住执行前的审核关，考核重点应放在执行过程中，严禁无票作业、无票操作。

三、工作票的填写要求及注意事项

（1）工作票使用前必须统一格式、按顺序编号，一个年度之内不能有重复编号。

（2）第一种工作票应在工作前一日预先送达运行人员，可直接送达或通过传真、局域网传送，但传真的工作票许可应待正式工作票到达后履行。第二种工作票、带电作业工作票可在当日工作开始前送达。

（3）工作票应使用钢笔或圆珠笔填写与签发，一式两份，内容应正确，字迹工整、清楚，不得任意涂改。

（4）用计算机生成或打印的工作票应使用统一的票面格式，必须由工作票签发人审核无误，手工或电子签名后方可执行。

（5）针对作业内容和现场实际，编制相应的危险点分析及控制单，与工作票一起送到变电站。二次回路有工作应按安全规程有关规定填写《二次工作安全措施票》。

（6）运行人员审核工作票合格后，根据工作票安全措施栏内填写的应拉开断路器和隔离开关，应装设地线、应合接地开关等，与实际所做的现场措施核实后，在相应的已执行栏内打“√”，并在“补充工作地点保留带电部分和安全措施”栏内填写相应内容，经核对无误后，方能办理工作许可手续。

（7）工作票执行后加盖“已执行”章。

（8）使用过的工作票一张由变电站保存，每月由专人统一整理、收存；另一张工作票按本单位规定收存。

（9）一张工作票中，工作票签发人、工作负责人、工作票许可人三者不得互相兼任。工作负责人可以填写工作票。

（10）工作票的填写应符合安全规程有关规定。

（11）工作票使用的术语按照倒闸操作术语要求填写。

（12）变电站所使用的其他种类工作票按《国家电网公司电力安全工作规程（变电部分）》和《国家电网公司电力安全工作规程（线路部分）》要求执行。

（13）对使用计算机生成工作票，应制订相应的管理制度并应严格执行。

四、操作票的填写要求及注意事项

（1）除事故处理、拉合断路器（开关）的单一操作、拉开接地刀闸或全站仅有的一组接地线外的倒闸操作，均应使用操作票。事故处理的善后操作应使用操作票。

（2）变电站倒闸操作票使用前应统一编号，每个变电站在一个年度内不得使用重复号，操作票应按编号顺序使用。

（3）操作票应填写设备的双重名称。

（4）操作票填写完毕后，要进行模拟操作，无误后，方可到现场进行操作。

（5）操作票在执行中不得颠倒顺序，也不能增减步骤、跳步、隔步，如需改变应重新填写操作票。

（6）在操作中每执行完一个操作项后，应在该项后面“执行”栏内划执行打“√”。整个操作任务完成后，在操作票上加盖“已执行”章。

（7）执行后的操作票应按期移交，每月由专人进行整理收存。

（8）若一个操作任务连续使用几页操作票，则在前一页“备注”栏内写“接下页”，在后一页的“操作任务”栏内写“接上页”，也可以写页的编号。

（9）操作票因故作废应在“操作任务”栏内盖“作废”章，若一个任务使用几页操作票均作废，则应在作废各页均盖“作废”章，并在作废操作票页“备注”栏内注明作废原因，当作废页数较多且作废原因注明内容较多时，可自第二张作废页开始只在“备注”栏中注明“作废原因同上页”。

（10）在操作票执行过程中因故中断操作，则应在已操作完的步骤下面盖“已执行”章，并在“备注”栏内注明中断原因。若此任务还有几页未操作的票，则应在未执行的各页“操作任务”栏盖“未执行”章。

（11）“操作任务”栏写满后，继续在“操作项目”栏内填写，任务写完后，空一行再写操作步骤。

（12）断路器、隔离开关、接地开关、接地线、连接片、切换把手、保护直流、操作直流、信号直流、电流回路切换连片（每组连片）等均应视为独立的操作对象，填写操作票时不允许并项，应列单独的操作项。

（13）填入操作票中的检查项目在填写操作票时要单列一项。

（14）填写操作票严禁并项、添项及用勾划的方法颠倒操作顺序。

（15）操作票填写要字迹工整、清楚，不得任意涂改。

（16）手工填写的操作票应统一印刷，未填写的操作票应预先统一编号。

（17）对使用计算机生成操作票，各单位应制订相应的管理制度并严格执行。

【思考与练习】

1. 用电检查人员对客户变电站操作票的检查有哪些要点？

2. 用电检查人员对客户变电站工作票的检查有哪些要点？

第二十六章　巡视检查的相关规定

模块 1　用电检查相关规定（ZY2200614001）

【模块描述】本模块包含《用电检查管理办法》中关于检查内容和范围、检查程序、检查纪律等相关规定。通过条文解释、要点归纳，掌握用电检查相关规定。

【正文】

《用电检查管理办法》是原电力工业部于 1996 年 9 月 1 日颁布实施的，其目的以事实为依据，以国家有关电力供应与使用的法规、方针、政策以及国家和电力行业的标准为准则，规范供电企业的用电检查行为，保障正常供用电秩序和公共安全。

一、检查内容和范围

1. 用电检查内容

供电企业应按照规定对本供电营业区内的客户进行用电检查，客户应当接受检查并为供电企业的用电检查提供方便。用电检查的内容是：

（1）客户执行国家有关电力供应与使用的法规、方针、政策、标准、规章制度情况；

（2）客户受（送）电装置工程施工质量检验；

（3）客户受（送）电装置中电气设备运行安全状况；

（4）客户保安电源和非电性质的保安措施；

（5）客户反事故措施；

（6）客户进网作业电工的资格、进网作业安全状况及作业安全措施；

（7）客户执行计划用电、节约用电情况；

（8）计量装置、电力负荷控制装置、继电保护和自动装置、调度通信等安全运行状况；

（9）供用电合同及有关协议履行的情况；

（10）受电端电能质量状况；

（11）违章用电和窃电行为；

（12）并网电源、自备电源并网安全状况。

2. 用电检查范围

用电检查的主要范围是客户受电装置，但被检查的客户有下列情况之一者，检查的范围可延伸至相应目标所在处：

（1）有多类电价的；

（2）有自备电源设备（包括自备发电厂）的；

（3）有二次变压设备的；

（4）有违章现象需延伸检查的；

（5）有影响电能质量的用电设备的；

（6）发生影响电力系统事故需作调查的；

（7）客户要求帮助检查的；

（8）法律规定的其他检查。

客户对其设备的安全负责。用电检查人员不承担因被检查设备不安全引起的任何直接损坏或损害的赔偿责任。

二、检查程序

(1) 供电企业用电检查人员实施现场检查时，用电检查员的人数不得少于两人。

第十七条 执行用电检查任务前，用电检查人员应按规定填写《用电检查工作单》，经审核批准后，方能赴客户执行检查任务。检查工作终结后，用电检查人员应将《用电检查工作单》交回存档。

(2) 用电检查人员在执行检查任务时，应向被检查的客户出示《用电检查证》，客户不得拒绝检查，并应派员随同配合检查。

(3) 经现场确认客户的设备状况，电工作业行为、运行管理等方面有不符合安全规定的，或者在电力使用上有明显违反国家有关规定的，用电检查人员应开具《用电检查结果通知书》或《违章用电、窃电通知书》一式两份，一份送达客户代表签收，一份存档备查。

(4) 现场检查确认有危害供用电安全或扰乱供用电秩序行为的，用电检查人员应按下列规定，在现场予以制止。拒绝接受供电企业按规定处理的，可按国家规定的程序停止供电，并请求电力管理部门依法处理，或向司法机关起诉，依法追究其法律责任。

1) 在电价低的供电线路上，擅自接用电价高的用电设备或擅自改变用电类别用电的，应责成客户拆除擅自接用的用电设备，或改正其用电类别，停止侵害，并按规定追收其差额电费和加收电费。

2) 擅自超过注册或合同约定的容量用电的，应责成客户拆除或封存私增电力设备，停止侵害，并按规定追收基本电费和加收电费。

3) 超过计划分配的电力、电量指标用电的，应责成其停止超用，按国家有关规定限制其所用电力并扣还其超用电量或按规定加收电费。

4) 擅自使用已在供电企业办理暂停手续的电力设备或启用已被供电企业封存的电力设备的应再次封存该电力设备，制止其使用，并按规定追收基本电费和加收电费。

5) 擅自迁移、更动或操作供用电企业用电计量装置、电力负荷控制装置、供电设施、以及合同（协议）约定由供电企业调度范围的客户受电设备的，应责成其改正，并按规定加收电费。

6) 未经供电企业许可，擅自引入（或供出）电源或者将自备电源擅自并网的，应责成客户当即拆除接线，停止侵害，并按规定加收电费。

(5) 现场检查确认有窃电行为的，用电检查人员应当场予以中止供电，制止其侵害，并按规定追补电费和加收电费。拒绝接受处理的，应报请电力管理部门依法给予行政处罚；情节严重，违反治安管理处罚规定的，由公安机关依法给予治安处罚；构成犯罪的，由司法机关依法追究刑事责任。

三、检查纪律

(1) 用电检查人员应认真履行用电检查职责，赴客户执行用电检查任务时，应随身携带《用电检查证》，并按《用电检查工作单》规定项目和内容进行检查。

(2) 用电检查人员在执行用电检查任务时，应遵守客户的保卫保密规定，不得在检查现场替代客户进行电工作业。

(3) 用电检查人员必须遵纪守法，依法检查，廉洁奉公，不徇私舞弊，不以电谋私。违反本条规定者，依据有关规定给予经济的、行政的处分；构成犯罪的，依法追究其刑事责任。

【思考与练习】

1. 用电检查内容和范围有哪些？
2. 现场检查确认有危害供用电或扰乱用电秩序行为的应当怎样处理？
3. 用电检查人员的检查纪律是怎样规定要求的？

模块 2 低压客户配电房巡视（ZY2200614002）

【模块描述】本模块包含低压配电房巡视检查资格要求、检查程序、检查内容、注意事项等内容。通过条文解释、要点归纳、案例示意，掌握低压客户配电房巡视方法。

【正文】

一、巡视检查资格要求

根据《用电检查管理办法》规定，对低压 0.4kV 及以下电压受电的客户的用电检查时，检查人员必须取得三级及以上用电检查员资格。由于供电电压等级 1kV 以下的客户均为低压客户，所以对包含 0.4kV 以上至 1kV 以下电压等级的低压客户进行用电检查时，检查人员必须取得二级及以上用电检查员资格。

二、巡视检查程序

（1）供电企业用电检查人员实施现场检查时，用电检查员的人数不得少于两人。

（2）执行用电检查任务前，用电检查人员应按规定填写《用电检查工作单》，经审核批准后，方能赴用户执行检查任务。检查工作终结后，用电检查人员应将《用电检查工作单》交回存档。

（3）用电检查人员在执行检查任务时，应向被检查的客户出示《用电检查证》，客户不得拒绝检查，并应派员随同配合检查。

（4）经现场检查确认用户的设备状况、电工作业行为、运行管理等方面有不符合安全规定的，或者在电力使用上有明显违反国家有关规定的，用电检查人员应开具《用电检查结果通知书》或《违章用电、窃电通知书》一式两份，一份送达用户并由用户代表签收，一份存档备查。

（5）现场检查确认有危害供用电安全或扰乱供用电秩序行为的，用电检查人员应按下列规定，在现场予以制止。拒绝接受供电企业按规定处理的，可按国家规定的程序停止供电，并请求电力管理部门依法处理，或向司法机关起诉，依法追究其法律责任。

（6）现场检查确认有窃电行为的，用电检查人员应当场予以中止供电，制止其侵害，并按规定追补电费和加收电费。拒绝接受处理的，应报请电力管理部门依法给予行政处罚；情节严重，违反治安管理处罚规定的，由公安机关依法予以治安处罚；构成犯罪的，由司法机关依法追究刑事责任。

（7）现场检查发现客户有不符合安全规定的方面，或者在电力使用上有明显违反国家有关规定的，用电检查人员应开具《用电检查结果通知书》（见表 ZY2200614002-1）或《违章用电、窃电处理通知书》（见表 ZY2200614002-2）一式两份，一份送达客户并由客户代表签收，一份存档备查，同时通知客户限期整改或处理。

三、巡视检查内容

1. 低压配电房安全状况检查

主要检查低压客户的室内配线、配电室配线、用电设备等是否有威胁人身设备安全的隐患，其主要设备的绝缘电阻以及重复接地电阻是否定期测试。

2. 低压柜、配电盘的检查

（1）外观检查低压柜、配电盘等设备运行是否正常，有无变色和异味；

（2）操作机构是否灵活；

（3）接线是否牢固等；

（4）指示仪表是否正常。

3. 计量装置

（1）计量柜（箱）封印、计量地点、计量方式；

（2）计量装置运行有无异常、接线是否正确牢固；

（3）计量用电能表出厂编号、型号、规格及资产号是否与台账相符；

（4）计量互感器外观是否变色，有异味；

（5）计量用互感器变比、型号、编号及资产号等信息是否与台账相符；

（6）远程集抄装置是否正常等。

4. 安全工器具、消防器材

配电房应配置相应的安全工器具和消防器材，所有安全工器具的试验合格时间均必须在试验周期内。

5. 其他方面

（1）客户实际用电性质与报装时的用电性质是否相符；

（2）客户实际用电设备的总负荷与报装时备案的报装容量是否相符，存在私增容问题没有；

（3）客户执行电价与实际用电性质是否相符；

（4）供用电合同约定的其他项目与实际是否相符等。

四、巡视检查注意事项

（1）用电检查人员应认真履行用电检查职责，赴用户执行用电检查任务时，应随身携带《用电检查证》，并按《用电检查工作单》规定项目和内容进行检查。

（2）用电检查人员巡查低压配电设备时，必须遵守《电业安全工作规程》，保持安全距离，做好安全防护措施。

（3）用电检查人员在执行用电检查任务时，应遵守用户的保卫保密规定，不得在检查现场替代用户进行电工作业。

（4）检查时发现设备有异常情况时，应协助客户分析原因，帮助客户解决问题。

（5）用电检查人员执行检查任务时，应依法检查，廉洁奉公，不徇私舞弊，不以电谋私。

五、案例

案例 1：某供电公司用电检查人员对王家园村××豆制品加工厂检查时发现存在安全隐患，用电检查人员立即填写《用电检查结果通知书》（见表 ZY2200614002-1）通知客户进行整改。

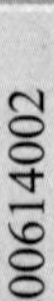

表 ZY2200614002-1　　用电检查结果通知书

××供电公司用电检查结果通知书

编号：2009130

客户名称：××豆制品加工厂　　地址：××市××县王家园村

检查时间：2009 年 3 月 26 日

经　××　供电公司用电检查人员　×××、×××

×××　（检查证号：B0256、B0286 、B0290　）

对你方进行用电检查，你方在电力使用上存在如下问题：

（1）低压配电房堆放杂物；

（2）低压配电盘开关虚线，有放电痕迹，存在安全隐患。

现正式通知你方：2009 年 4月 2 日之前将上述隐患处理，并清理打扫配电房。

否则，我方将按照《供电营业规则》第六十六条　规定上报电力管理部门，中止供电。

同时，由此引起的一切后果及责任由你方承担。

客户签收盖章：×××　　签收时间：2009 年 3 月 26 日

说明：本通知书一式两份。一份交客户，一份用电检查部门存档。

案例 2：某供电公司用电检查人员对××粮食加工厂检查时发现客户绕越计量装置用电，属窃电行为，用电检查人员立即填写《违约用电、窃电处理通知单》（见表 ZY2200614002-2）进行现场处理。

表 ZY2200614002-2　　违约用电、窃电处理通知单

编号：2009103

<table>
<tr><td>户名</td><td>××粮食加工厂</td><td>地址</td><td>南郊区五一路 45 号</td><td>用电类别</td><td>非普工业</td><td rowspan="3">客户签章：
××粮食加工厂</td></tr>
<tr><td rowspan="2">违约或窃电的情况</td><td colspan="3" rowspan="2">客户将用电设备绕越计量装置，直接用电，现场检查客户用电设备 5kW，具体窃电时间无法确定</td><td>现行电价</td><td>0.52 元</td></tr>
<tr><td>违约设备应执行电价</td><td>0.52 元</td></tr>
<tr><td colspan="3">计算方式及处理意见</td><td rowspan="6">处理结果</td><td></td><td>追补电费</td><td>违约使用电费</td></tr>
<tr><td colspan="3" rowspan="5">根据《供电营业规则》第一百零二条规定：供电企业对查获的窃电者，应予制止并可当场中止供电，窃电者应所窃电量补交电费，并承担补交电费三倍的违约使用电费；
根据《供电营业规则》第一百零三条规定：
1. 在供电企业的供电设施上，擅自接线用电的，所窃电量按私接设备容量（千伏安视同千瓦）乘以实际使用时间计算确定；
2. 以其他行为窃电的，所窃电量按计费电能表标定电流值（对装有限流器的，按限流器整定电流值）所指的容量（千伏安视同千瓦）乘以实际窃用的时间计算确定。窃电时间无查明时，窃电日数至少以一百八十天计算，每日窃电时间：电力用户按 12 小时计算；照明用户按 6 小时计算。
计算：
追补电费：5×12×180×0.52=5616（元）
违约使用电费：5616×3=16 848（元）</td><td>金额</td><td>5616 元</td><td>16 848 元</td></tr>
<tr><td>收据号码</td><td>0956238</td><td></td></tr>
<tr><td>收款日期</td><td>2009 年 3 月 26 日</td><td></td></tr>
<tr><td colspan="3">处理人 ×××2009 年 3 月 26 日</td></tr>
<tr><td>处理备注</td><td colspan="2"></td></tr>
</table>

主管：×××　　检查人：×××、×××　　2009 年 3 月 26 日

说明：本通知单一式两份，一份交客户签收，一份用电检查部门存档。

【思考与练习】

1. 低压客户配电房巡视检查的用电检查人员应取得哪一级用电检查资格？

2. 巡视检查中发现客户有违约、窃电行为，用电检查人员应如何处理？

模块 3　10kV 客户变电站巡视（ZY2200614003）

【模块描述】本模块包含 10kV 客户变电站巡视检查资格要求、检查程序、检查内容、注意事项等内容。通过条文解释、要点归纳、案例示意，掌握 10kV 客户变电站巡视方法。

【正文】

一、巡视检查资格要求

根据《用电检查管理办法》规定，对 10kV 客户变电站巡视检查时，检查人员必须取得二级及以上用电检查员资格。二级用电检查员能担任 10kV 及以下电压供电客户的用电检查工作。

二、巡视检查程序

10kV 客户变电站的巡视检查程序可参见模块 2“低压客户配电房巡视（ZY2200614002）”。

三、巡视检查内容

10kV 客户变电站的巡视检查分为周期性检查和非周期性检查，周期性检查又叫定期检查。

（一）周期性检查

1. 检查的周期

10kV 且用电容量在 315kVA 及以上专用变客户，每半年一次；10kV 且用电容量在 315kVA 以下专用变客户，每年一次；煤矿等高危行业应每 3 个月检查一次。

2. 检查内容

（1）核对客户基本情况。重点核对客户户名、地址、用电类别、用电负责人、停送电联系人、调度联系电话、受电电源、设备编号、电气设备主接线、受电设备参数（如用电容量、互感器变比等）；生产班次、生产工艺流程、负荷构成、负荷变化情况；非并网自备电源的接线与联锁、容量等情况。

（2）检查客户执行国家有关电力法规、方针、政策、标准、规章制度情况。

（3）检查客户进网作业电工资质，进网作业安全状况及作业安全措施。

（4）检查《供用电合同》及有关协议履行和变更情况。

（5）检查客户变电所（站）内各种规章制度、管理运行制度及安全防护措施的执行情况。

（6）检查客户变电所（站）安全防护措施情况。如防小动物、防雨雪、防火、防触电等措施。安全用具、临时接地线、消防器具是否齐全且试验合格。

（7）检查客户供电事故应急预案的编制及演练情况，督促客户制定电力故障反事故措施。

（8）检查操作票、工作票及工作许可制度执行情况。

（9）检查电能计量装置及运行情况，检查计量配置是否合理。

（10）检查客户受电端电能质量状况，针对影响电能质量的冲击性、非线性、非对称性负荷，采取相应监测、治理措施。

（11）检查客户无功补偿设备投运情况和功率因数情况，督促客户达到《供电营业规则》第四十一条规定当电网高峰负荷时客户应达到功率因数值。

（12）检查多回路电源（含自备发电机）闭锁装置及反送电措施。

（13）检查客户高压电气设备的周期试验情况、保护整定值是否合理及继电保护和自动装置周期校验情况。

（14）督促客户对国家明令淘汰的用电设备进行更新、改造。

（15）检查客户对前次检查发现设备安全缺陷的处理情况和其他需要采取改进措施的落实情况。

（16）了解客户生产工艺流程，检查客户是否存在可执行错、避峰用电的用电设备，以及相关的节能措施。

（17）检查供电企业是否与客户签订有关错、避峰用电协议，以及客户在电网负荷高峰期错、避峰用电的执行情况。

（18）检查系统及客户电气设备安全运行情况，是否具备防止反送电事故措施。

（19）检查客户是否存在违约用电、窃电行为。

（20）法律规定的其他检查。

（二）非周期性检查

非周期性检查是对周期检查的补充，其检查内容主要包括：季节性检查、客户事故调查、客户供电工程中间检查和竣工验收检查、特殊性检查。

1. 季节性检查

季节性检查是指每年的春季、秋季安全检查以及根据工作需要安排的专项检查。检查内容包括：

（1）防污检查：检查重污秽区客户反污措施的落实，推广防污新技术，督促客户改善电气设备绝缘质量，防止污闪事故发生。

（2）防雷检查：在雷雨季节到来之前，检查客户设备的接地系统、避雷针、避雷器等设施的安全完好性。

（3）防汛检查：汛期到来之前，检查所辖区域客户防洪电气设备的检修、预试工作是否落实，电源是否可靠，防汛的组织及技术措施是否完善。

（4）防冻检查：冬季到来之前，检查客户电气设备、消防设施防冻等情况。

2. 客户事故调查

客户事故调查是指客户电气设备发生事故后，进行事故调查、分析并汇报有关部门。

3. 客户供电工程中间检查和竣工验收检查

客户供电工程中间检查和竣工验收检查是指客户新装供电工程接入系统电网运行或原供电工程发生变更、改造，供电企业对客户受（送）电装置工程施工是否符合国家和电力行业施工规范要求，是否符合并网所需的安全、计量、调度等管理要求进行的巡视检验。

4. 特殊性检查

特殊性检查是为完成政府组织的大型政治活动、大型集会、庆祝、大型娱乐活动、重要节日等保电工作，或上级安排特殊性工作，对特定范围内客户 10kV 变电站开展的专门巡视检查，检查内容及检查时间可根据特定环境自行确定。

四、巡视检查注意事项

（1）用电检查人员检查时，检查人员不得少于 2 人，并携带用电检查证和《用电检查工作单》；

（2）用电检查人员不得代替客户操作；

（3）进入巡视检查现场应按照《电业安全工作规程》做好安全防护措施；

（4）巡检 10kV 的高压客户时，应注意检查高压成套设备的“五防”闭锁装置，多路电源的管理情况，以及电气设备交接性试验报告、预防性试验报告等；

（5）用电检查人员不得违反客户的保密制度；

（6）需要检查带电设备时，必须停电进行；

（7）检查地下隐蔽设备时，不得带电进行；

（8）检查负荷管理设备、电能量采集设备时必须有专业人员进行，保证其运行完好；

（9）客户对其设备的安全负责，用电检查人员不承担因被检查设备不安全引起的任何直接损坏或损害的赔偿责任。

五、案例

案例 1： 某供电公司的用电检查人员对××煤矿进行检查时，发现该煤矿电气设备存在安全隐患，随后用电检查人员书面下发《用电检查结果通知书》（见表 ZY2200614003-1）要求客户限期整改，但客户在限期内未按照《用电检查结果通知》要求整改的，供电企业可根据《供电营业规则》第六十六条对客户中止供电，中止供电时，提前七天将《客户停电通知书》（表 ZY2200614003-2）送达客户，并报××市电力管理部门。

表 ZY2200614003-1　　用电检查结果通知书

××供电公司用电检查结果通知书

编号：2009133

客户名称：××煤矿　　地址：××区××乡××村村北

检查时间：2009 年 7 月 17 日

经 ×× 供电公司用电检查人员 ×××、×××

×××（检查证号：B0256、B0236 、B0292）

对你方进行用电检查，你方在电力使用上存在如下问题：

（1）私自为××石料厂转供电；

（2）用电设备未做试验；

（3）未按政府要求制定本矿的应急预案；

（4）未按要求配置自备应急发电机。

现正式通知你方：2009 年 7 月 31 日之前，将上述问题尽快处理完毕。

否则，我方将按照《供电营业规则》第六十六条规定上报电力管理部门，中止供电。

同时，由此引起的一切后果及责任由你方承担。

客户签收盖章：×××　　签收时间：2009 年 7 月 17 日

说明：本通知一式两份。一份交客户，一份用电检查部门存档。

模块 3

ZY2200614003

表 ZY2200614003-2　　　　　客户停电通知书

编号：2009013

户　　名	××煤矿	户　　号	0300008639
用电地址	××区××乡××村村北	停限电容量	815kVA
停限电原因	私自转供电，未按要求配置自备应急发电机，用电设备未做试验，未按政府要求制定本矿的应急预案		
执行停限电依据	供用电营业规则第六十六条		
停限电设备名称编号	对 500kVA×1、315kVA×1 变压器进行停电		
客户停限电范围	停电变压器所带电气设备		
停限电期限	2009 年 8 月 8 日到处理完成“停限电原因”栏中所有要求		
对客户要求	未经批准不得私自接电		
供电单位负责人批准	负责人签字：×××　　2009 年 8 月 1 日（公章）××供电公司		
送达人	送达人签字：××× 送达时间：　　2009 年 8 月 1 日 10 时 30 分		
客户签收	签收人签字：×××　　2009 年 8 月 1 日		
说　　明	1. 本通知单一联交客户，一联留存。 2. 本通知单在停限电日前七天送达客户的行政负责人或电气负责人签收。		

案例 2：某供电公司用电检查人员×××、×××对××水泥厂检查时发现该客户私自增容用电 1000kVA，用电检查人员立即应书面下发《违约用电、窃电通知书》（表 ZY2200614003-3）进行现场处理。

表 ZY2200614003-3　　　　　违约用电、窃电处理通知单

编号：2008035

<table>
<tr><td>户名</td><td>××水泥集团有限责任公司</td><td>地址</td><td>××区××村村南</td><td>用电类别</td><td>大工业</td><td rowspan="3">客户签章：
××水泥集团有限责任公司</td></tr>
<tr><td rowspan="2">违电约的或情窃况</td><td rowspan="2" colspan="3">擅自超过合同约定的容量用电，私增容量 1000kVA</td><td>现行电价</td><td>大工业</td></tr>
<tr><td>违约设备应执行电价</td><td>大工业</td></tr>
<tr><td colspan="3">计算方式及处理意见</td><td rowspan="7">处理结果</td><td></td><td>追补电费</td><td>违约使用电费</td></tr>
<tr><td colspan="3" rowspan="6">根据《供用电营业规则》第一百条第二项的规定：
私自超过合同约定的容量用电的，除应拆除私增容设备外，属于两部制电价的用户，应补交私增设备容量使用月数的基本电费，并承担三倍私增容量基本电费的违约使用电费。
计算：
追补基本电费
1000×25×2+1000×25/30×20=66 675（元）
违约使用电费：
66 675×3=200 025（元）</td><td>金　额</td><td>66 675 元</td><td>200 025 元</td></tr>
<tr><td>收据号码</td><td>082118199</td><td></td></tr>
<tr><td>收款日期</td><td>2008 年 7 月 14 日</td><td></td></tr>
<tr><td colspan="3">处理人 ×××　　2008 年 7 月 14 日</td></tr>
<tr><td>处理备注</td><td colspan="2"></td></tr>
</table>

主管：×××　　　　检查人：×××、×××　　　　2008 年 7 月 14 日

说明：本登记单一式两份，一份交客户签收，一份留用电检查部门存档。

【思考与练习】

1. 10kV 客户变电站巡视检查时，用电检查人员应出示哪一级《用电检查证》？
2. 对 10kV 客户变电站周期性检查的内容有哪些？
3. 对 10kV 客户变电站非周期性检查的主要内容有哪些？

模块4　35～110kV 客户变电站巡视检查（ZY2200614004）

【模块描述】本模块包含 35～110kV 客户变电站巡视检查资格要求、检查程序、检查内容、注意事项等内容。通过条文解释、要点归纳、案例示意，掌握 35～110kV 客户变电站巡视方法。

【正文】

一、巡视检查资格要求

根据《用电检查管理办法》规定，对 35～110kV 客户变电站巡视检查时，检查人员必须取得一级用电检查员资格。

二、巡视检查程序

对 35～110kV 客户变电所巡视检查时，所涉及的巡视检查程序可参见第六部分第二十六章模块 2 “低压客户配电房巡视（ZY2200614002）”。具有 35～110kV 客户变电站的企业管理制度比较严格，用电检查人员入场巡检时，应遵守客户的管理规定，按要求办理进厂和检查手续。

三、巡视检查内容

35～110kV 客户变电站的巡视检查同样分为周期性检查和非周期性检查。用电检查人员进行周期性检查，每季度至少检查一次。

对 35～110kV 客户变电站的巡视检查内容，除包括模块 3 “10kV 客户变电站巡视（ZY2200614003）”的内容外，在周期性检查时，还应检查以下内容：

1. 35～110kV 高压电气设备的检查

高压成套设备必须装置“五防”闭锁，符合《防止电气误操作装置管理规定》（能源部［1990］110 号）。对多路电源供电的用电客户，其进线断路器、隔离开关及电气连锁装置必须安全可靠，并严格按供用电双方签订的调度协议进行倒闸操作。

2. 35～110kV 电气试验（校验）报告的检查

（1）客户对电气设备进行交接试验时，其标准应符合《电气设备交接试验标准》（GB 50150—2006）规定。

（2）客户必须按规程要求定期进行电气设备和保护装置的试验和调试，其标准应符合《电力设备预防性试验规程》（DL/T 596—1996）和《继电保护和安全自动装置技术规程》（GB/T 14285—2006）规定。

（3）用电检查人员应检查客户主要电气设备、保护及自动装置的配置情况，督促客户严格按周期对电气设备及自动装置，进行试验和校验。用电检查人员必须认真审核试验结果。

3. 大客户的供用电合同的检查

（1）检查客户实际使用容量是否与合同容量相符，用电客户是否有私自增容的情况。

（2）检查双电源客户的运行方式，是否将冷备用变压器私自转为热备用。

（3）检查客户用电性质是否与合同相符。

（4）检查客户是否有私自转供电情况。

（5）检查电价执行是否正确，各类用电量（或定比定量）是否符合合同的规定。

（6）检查客户计量装置计量是否正确。

（7）检查客户是否按合同规定缴纳电费。用电客户未按合同规定缴纳电费，用电检查人员应协助催收。

4. 客户自备电源检查

（1）凡有自备发电机的客户必须制定并严格执行现场倒闸操作规程。

（2）未经用电检查人员同意，客户不得改变自备发电机与供电系统的一、二次接线，不得向其他用电客户供电。

（3）为防止在电网停电时用电客户自备发电机组向电网反送电，不论是新投运还是已投入运行的自备发电机组，均要求在电网与发电机接口处安装可靠闭锁装置。

（4）用电检查部门对装有非并网自备发电机并持有《自备发电机使用许可证》的客户应单独建立台账进行管理。

5. 客户双（多）电源检查

（1）双（多）电源客户投入运行前，必须作核相检查，以防非同相并列。

（2）高低压双（多）电源客户凡不允许并列电源运行者，须装设可靠的联锁装置。

（3）双（多）电源客户其主、备电源均不得擅自向其他用电客户转供电，亦不得将主、备电源自行变更。客户不得超过批准的备用用电容量用电。

（4）无联锁装置的高压双（多）电源客户需同供电企业调度部门签订调度协议。其倒闸操作必须按照调度协议执行。高低压双（多）电源用电客户的运行方式和倒闸方式应同供电部门在供用电合同中予以明确。

（5）双（多）电源用电客户的电气值班人员，必须熟悉“双（多）电源管理办法”的要求及调度协议内容、设备调度权限的划分及运行方式的有关规定。

（6）双（多）电源用电客户必须向供电企业的调度部门和用电检查部门报送值班人员名单。如值班人员有变动时，必须书面通知供电企业的调度和用电检查部门。

（7）高压双（多）电源用电客户的变电值班室，必须装设专用电话并保障其畅通。

（8）低压双电源用电客户不允许并列，用电客户有自备发电机者自备电源与电网联接处必须装设双投刀闸，不得使用电气闭锁。

四、巡视检查注意事项

巡视检查 35～110kV 客户变电站时，请参照模块 3“10kV 客户变电站巡视（ZY2200614003）”的内容，对重要客户检查注意以下几个方面：

（1）高危客户、重要客户、大客户均应建立客户安全用电档案；

（2）督促客户按期进行电气设备大、小修和预防性试验；

（3）检查负荷管理装置是否正常运行；

（4）提供安全用电咨询服务，指导客户整改安全隐患，协助客户制定安全措施、反事故措施，联合开展反事故演习。

【思考与练习】

1. 对 35～110kV 客户变电站巡视检查时，用电检查人员应出示哪一级《用电检查证》？

2. 对 35～110kV 客户变电站巡视检查的主要内容有哪些？

第七部分

电气设备试验过程的技术要求

第三十七章　互感器二次负载的测量与计算

模块1　电流互感器二次负载的测量与计算（ZY2200701001）

【模块描述】本模块包含测量用电流互感器二次负载的计算、二次负载的技术要求、二次负载的变化对电流互感器误差的影响、二次负载的测量、测试报告及结果分析、危险点与预控措施等内容。通过概念描述、术语说明、公式推导、图表示意、要点归纳，掌握电流互感器二次负载的测量与计算方法。

【正文】

电流互感器二次所接仪表、导线和二次回路接触电阻，称为二次负载，用欧姆值或视在功率值数表示。

一、二次负载的计算

由于电流互感器的二次额定电流 I_{2n} 已标准化，二次负载 S_2 主要取决于外阻抗 Z_b。Z_b 包括以下三部分：所有仪表中串联线圈的总阻抗 Z_m，二次绕组导线电阻 R_L，接头的接触电阻 R_K，接触电阻 R_K 一般为 0.05～0.1Ω，即

$$Z_b=Z_m+R_L+R_K$$

这样电流互感器的二次负载计算公式为

$$S_2=I_{2n}^2\ (Z_m+R_L+R_K) \qquad \text{(ZY2200701001-1)}$$

二、对二次负载的技术要求

运行中互感器实际二次负载应在25%～100%额定二次负载范围内，电流互感器额定二次负载的功率因数应为0.8～1.0。

三、二次负载对误差的影响

1. 二次负载对误差的影响

电流互感器误差公式为

$$\varepsilon=\frac{-K_{IN}\dot{I}_2-\dot{I}_1}{\dot{I}_1}\times100\%$$

可知

$$\varepsilon=\frac{-K_{IN}\dot{I}_2-\dot{I}_1}{\dot{I}_1}\times100\%=-\frac{\dot{I}_m}{\dot{I}_1}\times100\%=-\frac{-\dot{E}_1/Z_m}{-\dot{E}_2'/Z_f'}\times100\%=-\frac{Z_f'}{Z_m}\times100\% \qquad \text{(ZY2200701001-2)}$$

式中　I_m——励磁电流；

Z_m——励磁阻抗；

Z_f'——二次阻抗的折算值。

从式（ZY2200701001-2）可知，互感器误差与二次负载的大小成正比，实际上当二次负载增大时，铁心的磁密增大，导磁率也略为减少，所以，互感器的误差随着二次负荷的增大而增大。

2. 二次负载的功率因数对误差的影响

在二次负载 Z_f 的 $\cos\varphi$ 中，功率因数角 φ 为 Z_f 的阻抗角。如下式所示

$$f=-\frac{I_m}{I_1}\sin(\theta+\varphi)=-\frac{I_m}{I_1}\sin(\theta+\varphi)\times100\% \qquad \text{(ZY2200701001-3)}$$

$$\delta = \frac{I_m}{I_1}\cos(\theta + \varphi) \times 3438' \qquad (ZY2200701001\text{-}4)$$

式中 f——比差；

δ——角差；

I_m——励磁电流；

φ——Z_f 的阻抗角；

θ——损耗角。

随着二次负载的功率因数角 φ 的增大，将引起互感器的比值差增大，相位差减小。

四、二次负载的测量

1. 测量步骤

（1）计量设备的检查。检查二次回路标识是否正确齐全。

（2）测量仪器的检查。保证测量仪器完好。

（3）执行二次工作票。执行二次工作安全措施票中的措施。

（4）测量仪接线。

（5）进行测量。对测量结果进行分析比较。

（6）测量报告记录签字。

（7）测量完毕后拆除测量仪接线、临时电源线。

（8）加封确认。对计量装置加封印并签字确认。

（9）清理工作现场。

2. 二次负载测试仪的使用

以 RSQF-C 二次负载测试仪为例介绍电流互感器二次负载测试的方法。

该测试仪仪器具有很高的测量准确度、读数分辨率及长期工作的稳定性。采用汉字菜单操作方式，使用方便且测试数据可以保存。该仪器除了可测试电压互感器、电流互感器二次负载外，还可以测试全部电参量（电压、电流、相位、频率、有功、无功、视在功率、功率因素等）。

（1）接线。

测量电流互感器二次负载时，必须将仪器安装在电流互感器二次出口的附近。取出仪器附带的电压取样线和钳型互感器，按图 ZY2200701001-1 所示进行接线：

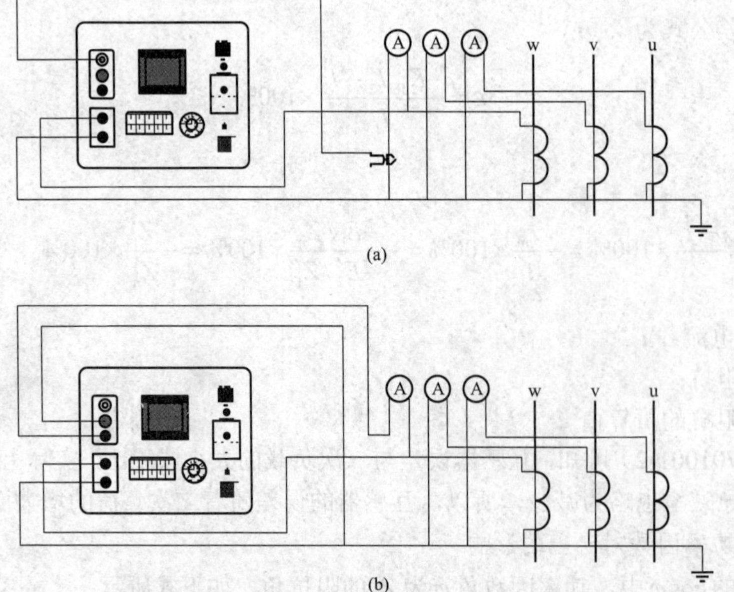

图 ZY2200701001-1 测量 TA 二次负载接线图

（a）钳形夹接入；（b）直接接入

（2）测量。

选择“TA 二次负载测量”按下“确认”键，液晶屏显示如图 ZY2200701001-2 所示。

按“选择”键选择被测 TA 额定电流值后，按下“确认”键，液晶屏显示测量界面。其中测量仪显示的测试结果有 Sn、Z、cosφ、S、U、I、Q、P。

TA额定选择

☞ 额定电流5A

额定电流1A

图 ZY2200701001-2　液晶屏显示内容

五、测试报告及结果分析

对电流互感器二次负载的测试结果，按照表 ZY2200701001-1 要求填写测试报告，并进行结果分析。

表 ZY2200701001-1　　电流互感器二次负载测试报告单

一、送检单位：×××

变电站	×××变电站	开关号	1103
计量点类别	I	电能表资产号	HD4503
回路类别	电流互感器二次回路	额定电流变比	600A/5A

二、测试时使用的标准器具

名　称	二次负载测试仪	型　号	RSQF-C
出厂编号	071174	准确度等级	1.0

三、测试条件

温度（℃）	22	湿度（%）	62

四、负荷测试

回　路 项　目	U 回路	V 回路	W 回路
电压（U）（V）	1.302	1.036	1.350
电流（I）（A）	0.824	0.828	0.856
电阻（R）（Ω）	1.572	1.253	1.577
电抗（K）（Ω）	−0.009	−0.010	−0.018
视在功率（S）（VA）	39.3	31.3	39.4
电网频率（Hz）	50.01	50.01	50.01
功率因数（cosφ）	1.0	1.0	1.0

五、测试结果

结论及说明	型号为 LVQB-126W2 额定二次容量为 50VA，0.2S 级电流互感器，实测负载在 25%～100%额定二次负载范围内，能满足其精度要求		
测试日期	2008 年 3 月 11 日		
测试人	×××	审核人	×××

若测得实际二次负荷小于 25%额定二次负荷，则电流互感器的额定二次容量选得太大。

若测得实际二次负荷大于 100%额定二次负荷，则可能有以下原因：

（1）电流互感器的额定二次容量选得太小。

（2）电流二次回路中电流表、有功、无功功率表、有功、无功电能表及遥测设备等诸多元件，共用一组电流互感器，中间过渡点多。

六、危险点分析及控制措施

（1）走错间隔或屏位。

1）核对工作点（间隔或屏位）名称。

2）在工作地点设备上挂"在此工作"标识牌，在相邻和同屏运行设备上挂"运行中"布帘。

（2）误触误碰。工作监护人要做好作业全过程的监护，及时纠正工作班成员违反安规的行为。

（3）人身触电。

1）高压场地与带电设备保持足够的安全距离。

2）确保测量线与带电设备保持足够的安全距离。

3）使用测试仪时电源侧必须安装漏电保护设备。

（4）电流互感器二次开路引起人体伤害。

1）严防电流互感器二次侧开路。

2）测试人员在全部测试过程中应精力集中，在变换测试设备时应看清带电位置，并与带电设备保持足够的安全距离。

（5）防止误接线。接线时应实行两人检查制，一人操作，一人监护。

【思考与练习】

1. 什么是电流互感器二次负载？
2. 简述互感器的误差与二次负荷的关系？
3. 如何计算电流互感器二次负载？
4. 互感器二次负荷的功率因数对误差的影响有哪些？

模块2　电压互感器二次回路压降测量与计算（ZY2200701002）

【模块描述】本模块包含电能计量装置综合误差、电压互感器二次回路产生压降的原因、二次回路压降的技术要求、二次回路压降的误差计算、减少二次回路压降的措施、二次回路压降的测量、测试报告及结果分析、危险点与预控措施等内容。通过概念描述、术语说明、公式推导、图表示意、要点归纳，掌握电压互感器二次回路压降的测量与计算方法。

【正文】

一、综合误差

电能计量装置的综合误差包括电能表的误差，互感器合成误差，二次回路压降引起的误差，即

$$e = e_b + e_h + e_d \qquad \text{(ZY2200701002-1)}$$

式中　e_b——电能表误差；

e_h——互感器合成误差；

e_d——电压互感器二次回路压降引起的误差。

二、二次回路产生压降的原因

电能表电压线圈上的电压取自电压互感器，由于回路中熔断器、开关、电缆、接触电阻等的电压降，使电能表端电压和电压互感器出口电压在数值和相位上不一致，造成电压互感二次回路压降误差。

三、对二次回路压降的技术要求

根据 DL/T 448—2000《电能计量装置技术管理规程》规定：Ⅰ、Ⅱ类用于贸易结算的电能计量装置中电压互感器二次回路电压降应不大于其额定二次电压的 0.2%，其他电能计量装置中电压互感器二次回路电压降应不大于其额定二次电压的 0.5%。

四、二次回路压降的误差计算

（1）三相三线电路中电压互感器二次导线引起的压降可按下式计算：

$$\Delta U_{uv}=\frac{U_{uv}}{100}\sqrt{f_{uv}^2+(0.029\,1\delta_{uv})^2} \qquad (ZY2200701002\text{-}2)$$

$$\Delta U_{wv}=\frac{U_{wv}}{100}\sqrt{f_{wv}^2+(0.029\,1\delta_{wv})^2} \qquad (ZY2200701002\text{-}3)$$

（2）三相三线电路中电压互感器二次导线引起的计量误差，可按下式计算：

$$\varepsilon_r=\left[\frac{f_{uv}+f_{wv}}{2}+\frac{\delta_{wv}-\delta_{uv}}{119.087}+\left(\frac{f_{wv}-f_{uv}}{3.464\,1}-\frac{\delta_{uv}+\delta_{uv}}{68.755}\right)\tan\varphi\right](\%) \qquad (ZY2200701002\text{-}4)$$

式中，f_{uv}（或f_{wv}）、δ_{uv}（或δ_{wv}）为电能表端电压U'_{uv}（或U'_{wv}）相对于电压互感器端电压U_{uv}（或U_{wv}）的比差和角差。

（3）三相四线电路中电压互感器二次导线引起的压降可按下式计算：

$$\Delta U_u=\frac{U_u}{100}\sqrt{f_u^2+(0.029\,1\delta_u)^2} \qquad (ZY2200701002\text{-}5)$$

$$\Delta U_v=\frac{U_v}{100}\sqrt{f_v^2+(0.029\,1\delta_v)^2} \qquad (ZY2200701002\text{-}6)$$

$$\Delta U_w=\frac{U_w}{100}\sqrt{f_w^2+(0.029\,1\delta_w)^2} \qquad (ZY2200701002\text{-}7)$$

（4）三相四线电路中电压互感器二次导线带来的计量误差，可按下式计算：

$$\varepsilon_r=\left[\frac{f_u+f_v+f_w}{3}-0.009\,7(\delta_u+\delta_v+\delta_w)\tan\varphi\right](\%) \qquad (ZY2200701002\text{-}8)$$

式中，f_u、f_v、f_w和δ_u、δ_v、δ_w为电能表端电压U'_u、U'_v、U'_w相对于电压互感器端电压U_u、U_v、U_w的比差和角差。

五、减少二次回路压降的措施

减少二次回路压降的总体原则是减少二次回路阻抗和负载。一般采取以下措施：

（1）增大二次回路导线的线径，可以减小二次电阻；

（2）减小二次回路导线的长度，降低连接导线的电阻；

（3）取消回路中的一些过渡器件，如熔断器、接线端子、空气开关等；

（4）定期对开关、熔断器、端子的接触部分进行检查、维护，减小接触电阻。

六、二次回路压降的测量

1. 测量步骤

（1）计量设备的检查。检查计量屏及互感器端子箱（端子排）设备标识和电缆牌是否正确齐全。

（2）测量仪器的检查。保证电压互感器二次压降测量仪器完好。

（3）测量仪接线。指定人员进行临时电源接线、测量仪接线，工作负责人检查接线。

（4）进行测量。对测量结果进行分析比较。若有问题立即查找原因并尽快解决。

（5）测量报告记录签字。

（6）测量完毕后拆除测量仪接线、临时电源线。

（7）加封确认。对计量装置加封印并签字确认。

（8）清理工作现场。

2. 二次回路压降测试仪的使用

以 SXP-8 二次压降测试仪为例介绍电压互感器二次回路压降的测量方法。

（1）接线。

始端方法，线车与仪器分开，测试时接线如图 ZY2200701002-1 所示。

末端方法，线车与仪器在一起时，接线如图 ZY2200701002-2 所示。

（2）测量。

根据所选的接线方式用“选择”键选择相应的方式，按下“确认”键，液晶屏显示如图ZY2200701002-3所示。

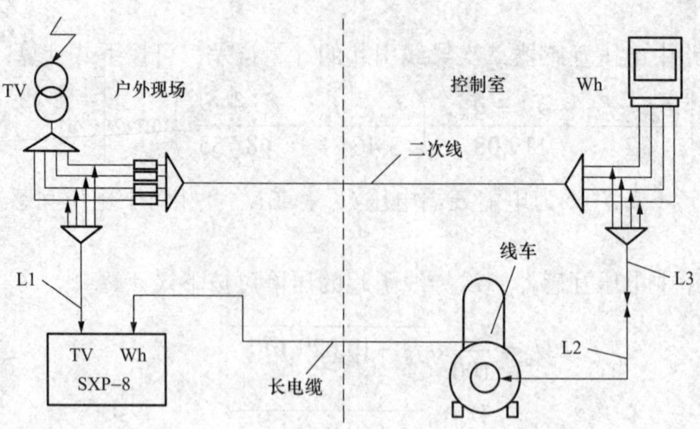

图 ZY2200701002-1 始端方法，线车与仪器分开电压互感器二次压降测试接线图

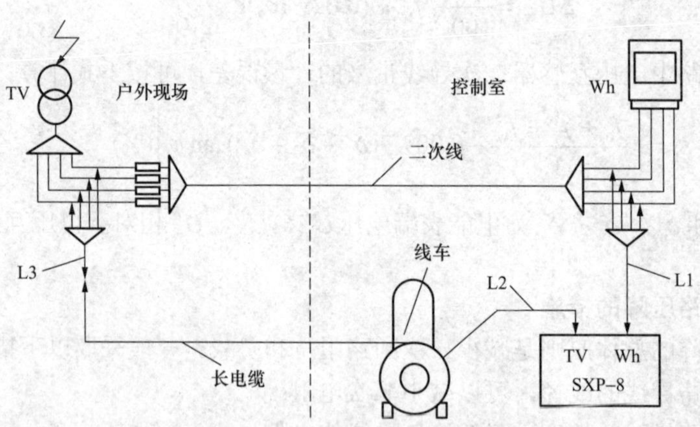

图 ZY2200701002-2 末端方法，线车与仪器在一起时，压互感器二次压降测试接线图

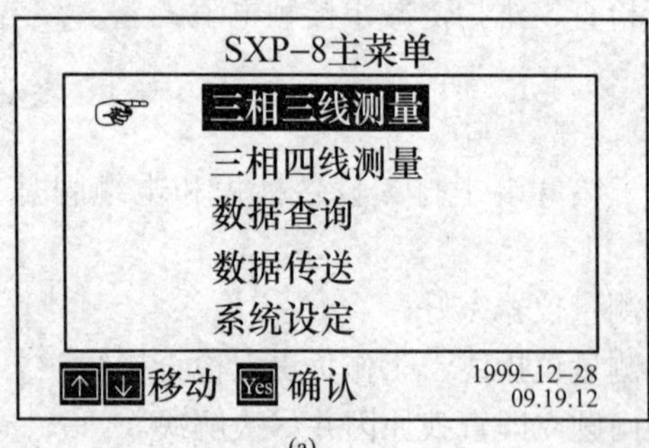

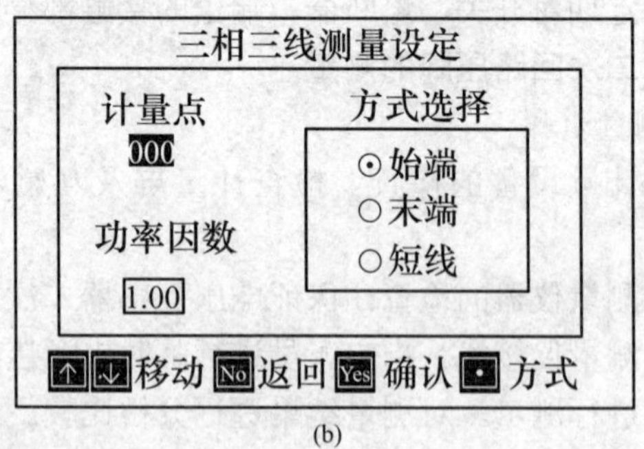

(a)　(b)

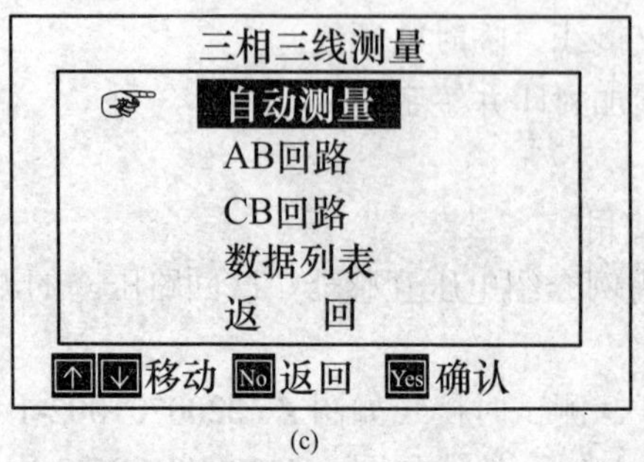

(c)

图 ZY2200701002-3 液晶屏显示

（a）SXP-8 主菜单；（b）三相三线测量设定；（c）三相三线测量

测量参数类型的选择：

选择“自动测量”，按下“确认”键，液晶屏显示测量界面，测量仪显示的测量测试结果如图ZY2200701002-4所示。

STTU:013
COSϕ:LOO　三相三线自动测量

LOOP	AB	CB
f(%)	−0.532	−0.533
δ(′)	−0.3	−0.5
Δμ(%)	0.532	0.533
UPT(V)	84.7	85.2
UWh(V)	84.2	84.7
FREQ:50.01Hz	γ:−0.535%	
DATE:　1999−11−30　10:30:00		

No 返回　Yes 确认

图 ZY2200701002-4　三相三线自动测量

七、测试报告及结果分析

对电压互感器二次压降的测试结果，按照表ZY2200701002-1要求填写测试报告，并进行结果分析。

表 ZY2200701002-1　　电压互感器二次压降测试报告单

一、送检单位：×××

变电站	×××变电站	开关号	11003
计量点类别	I	电能表资产号	HD2003
额定电压变比	110kV/100V	电缆截面长度（mm^2/m）	10/120

二、测试时使用的标准器具

名　称	二次压降测试仪	名　称	万用表
出厂编号	0710714	出厂编号	99267958
型号	SXP-8	型号	VC9801A+
准确度等级	1		

三、测试条件

温度（℃）	23	湿度（%）	70

四、电压测试

类　别 / 电　压	U_u（U_{uv}）	U_v	U_w（U_{wv}）
始端电压（V）	57.7	57.8	57.7
末端电压（V）	57.7	57.8	57.7

五、误差测试

类　别 / 误　差	U_u（U_{uv}）	U_v	U_w（U_{wv}）
比差（f）（%）	−0.119	−0.108	−0.055
角差（δ）（′）	+3.3	+2.8	+3.8
PT 二次压降ΔU	0.153%	0.135 %	0.124%

六、二次导线引起的计量误差　功率因数：0.97

测试值ε（%）	−0.118

七、测试结果

结论及说明	电压降不大于其额定二次电压的 0.2%，合格		
测试日期	2008 年 3 月 17 日		
测试人	×××	审核人	×××

若二次回路电压降测量结果超出规定值，可能有以下原因：

（1）回路中的一些过渡器件连接不紧；

（2）二次回路中的隔离开关辅助触点、二次保险等元件氧化；

（3）二次负荷太大，回路有电流表、有功、无功功率表、有功、无功电能表、遥测及保护等诸多元件，共用一组电压互感器，计量电压回路应设专用电压互感器或独立电压回路不与保护、测量同回路；

（4）电压互感器额定二次容量选得太小。

（5）电压互感器端子箱至电能表盘的二次线截面过小，造成导线阻抗较大。

八、危险点分析及控制措施

（1）走错间隔或屏位。

1）核对工作点（间隔或屏位）名称。

2）在工作地点设备上挂“在此工作”标识牌，在相邻和同屏运行设备上挂“运行中”布帘。

（2）误触误碰。工作监护人要做好作业全过程的监护，及时纠正工作班成员违反安规的行为。

（3）人身触电。

1）高压场地与带电设备保持足够的安全距离。

2）确保测量线与带电设备保持足够的安全距离。

3）使用检验设备时电源侧必须安装漏电保护设备。

（4）电压互感器二次回路短路或接地引起人体伤害。

1）严防电压互感器二次回路短路或接地。

2）接临时负载时，应装有专用的隔离开关（刀闸）和熔断器。

3）工作时应有专人监护，严禁将回路的安全接地点断开。

（5）防止误接线。接线时应实行两人检查制，一人操作，一人监护。

【思考与练习】

1. 什么是电能计量装置的综合误差？电能计量装置的综合误差包括哪些内容？

2. 简述电压互感器二次回路产生压降的原因。

3. 减少电压互感器二次回路压降的方法有哪些？

第二十八章 电气设备的试验记录、试验报告分析

模块 1 高、低压电气设备交接试验报告分析（ZY2200702001）

【模块描述】本模块包含电气设备交接性试验报告分析审查要点、主要电气设备的试验报告、试验项目和技术标准等内容。通过概念描述、术语说明、列表示意、要点归纳、案例讲解，掌握高、低压电气设备交接试验报告分析方法。

【正文】

电气设备的交接性试验项目和标准应完全符合《电气设备交接试验标准》（GB 50150—2006）的规定。

一、电气设备交接性试验报告分析审查要点

（1）出具试验报告的单位是否具有电监会颁发的“承装（修、试）电力设施许可证”，并具有相应的资格等级。

（2）设备铭牌内容是否完备，主要性能参数是否记录齐全。

（3）试验环境（温度、湿度）、试验时间（静置时间达到后方可取油等）是否符合《电气装置安装工程施工及验收规范》以及《电气装置安装工程电气设备交接试验标准》（GB 50150—2006）的规定。

（4）试验数据应符合《电气装置安装工程电气设备交接试验标准》（GB 50150—2006）的要求，部分数据还应与设备出厂参数相比较，结果应符合交接标准及厂家技术要求的规定。

（5）对不符合要求的数据，应有备注，或要求生产厂家出具有效力的保证函之类的纸质材料，附于报告之后。

（6）报告应有明确结论，或说明原因。

（7）试验负责人、审核人及监理签字应齐全，还应注意审核签字日期与试验日期的逻辑关系。

（8）试验报告应完整，单份报告中应无缺项、无漏项；整份报告中，工程中所有一次设备均应有相关试验数据支撑，否则不具备投运条件。

二、主要电气设备的试验报告

根据客户设备的不同电压等级，供电企业在工程验收时应重点检查以下电气设备的试验报告：

（1）电力变压器的交接性试验报告。

（2）互感器的交接性试验报告。

（3）真空断路器的交接性试验报告。

（4）电力电缆线路的交接性试验报告。

（5）电力电容器的交接性试验报告。

（6）避雷器的交接性试验报告。

（7）二次回路的交接性试验报告。

（8）1kV 及以下电压等级配电装置和馈电线路的交接性报告。

（9）接地装置的交接性试验报告。

（10）低压电器的交接性试验报告。

三、试验项目和技术标准

1. 电力变压器

电力变压器的试验项目，应包括下列内容：

（1）绝缘油试验或 SF_6 气体试验；
（2）测量绕组连同套管的直流电阻；
（3）检查所有分接头的电压比；
（4）检查变压器的三相接线组别和单相变压器引出线的极性；
（5）测量与铁心绝缘的各紧固件（连接片可拆开者）及铁心（有外引接地线的）绝缘电阻；
（6）非纯瓷套管的试验；
（7）有载调压切换装置的检查和试验；
（8）测量绕组连同套管的绝缘电阻、吸收比或极化指数；
（9）测量绕组连同套管的介质损耗角正切值 $\tan\delta$；
（10）测量绕组连同套管的直流泄漏电流；
（11）变压器绕组变形试验；
（12）绕组连同套管的交流耐压试验；
（13）绕组连同套管的长时感应电压试验带局部放电试验；
（14）额定电压下的冲击合闸试验；
（15）检查相位；
（16）测量噪声。

各项目的技术标准应满足《电气设备交接试验标准》（GB 50150—2006）第 7 章的要求。

2. 互感器

互感器的试验项目，应包括下列内容：

（1）测量绕组的绝缘电阻；
（2）测量 35kV 及以上电压等级互感器的介质损耗角正切值 $\tan\delta$；
（3）局部放电试验；
（4）交流耐压试验；
（5）绝缘介质性能试验；
（6）测量绕组的直流电阻；
（7）检查接线组别和极性；
（8）误差测量；
（9）测量电流互感器的励磁特性曲线；
（10）测量电磁式电压互感器的励磁特性；
（11）电容式电压互感器（CVT）的检测；
（12）密封性能检查；
（13）测量铁心夹紧螺栓的绝缘电阻。

各项目的技术标准应满足《电气设备交接试验标准》（GB 50150—2006）第 9 章的要求。

3. 真空断路器

真空断路器的试验项目，应包括下列内容：

（1）测量绝缘电阻；
（2）测量每相导电回路的电阻；
（3）交流耐压试验；
（4）测量断路器主触头的分、合闸时间，测量分、合闸的同期性，测量合闸时触头的弹跳时间；
（5）测量分、合闸线圈及合闸接触器线圈的绝缘电阻和直流电阻；
（6）断路器操动机构的试验。

各项目的技术标准应满足《电气设备交接试验标准》（GB 50150—2006）第 12 章的要求。

4. 电力电缆线路的交接性试验项目和技术标准

电力电缆的试验项目，包括下列内容：

（1）测量绝缘电阻；

（2）直流耐压试验及泄漏电流测量；

（3）交流耐压试验；

（4）测量金属屏蔽层电阻和导体电阻比；

（5）检查电缆线路两端的相位；

（6）充油电缆的绝缘油试验；

（7）交叉互联系统试验。

各项目的技术标准应满足《电气设备交接试验标准》（GB 50150—2006）第18章的要求。

5. 电力电容器

电容器的试验项目，应包括下列内容：

（1）测量绝缘电阻；

（2）测量耦合电容器、断路器电容器的介质损耗角正切值 $\tan\delta$ 及电容值；

（3）耦合电容器的局部放电试验；

（4）并联电容器交流耐压试验；

（5）冲击合闸试验。

各项目的技术标准应满足《电气设备交接试验标准》（GB 50150—2006）第19章的要求。

6. 避雷器

金属氧化物避雷器的试验项目，应包括下列内容：

（1）测量金属氧化物避雷器及基座绝缘电阻；

（2）测量金属氧化物避雷器的工频参考电压和持续电流；

（3）测量金属氧化物避雷器直流参考电压和0.75倍直流参考电压下的泄漏电流；

（4）检查放电计数器动作情况及监视电流表指示；

（5）工频放电电压试验。

各项目的技术标准应满足《电气设备交接试验标准》（GB 50150—2006）第21章的要求。

7. 二次回路的交接性试验项目和技术标准

测量绝缘电阻，应符合下列规定：

（1）小母线在断开所有其他并联支路时，不应小于10MΩ。

（2）二次回路的每一支路和断路器、隔离开关的操动机构的电源回路等，均不应小于1MΩ。在比较潮湿的地方，可不小于0.5MΩ。

交流耐压试验，应符合下列规定：

（1）试验电压为1000V。当回路绝缘电阻值在10MΩ以上时，可采用2500V绝缘电阻表代替，试验持续时间为1min，或符合产品技术规定。

（2）48V及以下电压等级回路可不作交流耐压试验。

8. 1kV及以下电压等级配电装置和馈电线路的交接性试验项目和技术标准

测量绝缘电阻，应符合下列规定：

（1）配电装置及馈电线路的绝缘电阻值不应小于0.5MΩ；

（2）测量馈电线路绝缘电阻时，应将断路器（或熔断器）、用电设备、电器和仪表等断开。

动力配电装置的交流耐压试验，应符合下述规定：

（1）试验电压为1000V。当回路绝缘电阻值在10MΩ以上时，可采用2500V绝缘电阻表代替，试验持续时间为1min，或符合产品技术规定。

（2）交流耐压试验为各相对地，48V及以下电压等级配电装置不作耐压试验。

检查配电装置内不同电源的馈线间或馈线两侧的相位应一致。

9. 接地装置的交接性试验项目和技术标准

电气设备和防雷设施的接地装置的试验项目应包括下列内容：

（1）接地网电气完整性测试；

（2）接地阻抗。

测试连接与同一接地网的各相邻设备接地线之间的电气导通情况，以直流电阻值表示。直流电阻值不应大于 0.2Ω。

接地阻抗值应符合设计要求，当设计没有规定时应符合表 ZY2200702001-1 的要求。

表 ZY2200702001-1　　　接地阻抗规定值

接地网类型	要　　求
有效接地系统	$Z\leqslant 2000/I$ 或 $Z\leqslant 0.5\Omega$（当 $I>4000$A 时） 式中　I——经接地装置流入地中的短路电流，A； 　　　Z——考虑季节变化的最大接地阻抗，Ω。 注：当接地阻抗不符合以上要求时，可通过技术经济比较增大接地阻抗，但不得大于 5Ω。同时应结合地面电位测量对接地装置综合分析。为防止转移电位引起的危害，应采取隔离措施
非有效接地系统	① 当接地网与 1kV 及以下电压等级设备共用接地时，接地阻抗 $Z\leqslant 120/I$； ② 当接地网仅用于 1kV 以上设备时，接地阻抗 $Z\leqslant 250/I$； ③ 上述两种情况下，接地阻抗一般不得大于 10Ω
1kV 以下电力设备	使用同一接地装置的所有这类电力设备，当总容量≥100kVA 时，接地阻抗不宜大于 4Ω，如总容量＜100kVA 时，则接地阻抗允许大于 4Ω，但不大于 10
独立微波站	接地阻抗不宜大于 5Ω
独立避雷针	接地阻抗不宜大于 10Ω 注：当与接地网连在一起时可不单独测量
发电厂烟囱附近的吸风机及该处装设的集中接地装置	接地阻抗不宜大于 10Ω 注：当与接地网连在一起时可不单独测量
独立的燃油、易爆气体储罐及其管道	接地阻抗不宜大于 30Ω（无独立避雷针保护的露天储罐不应超过 10Ω）
露天配电装置的集中接地装置及独立避雷针（线）	接地阻抗不宜大于 10Ω
有架空地线的线路杆塔	当杆塔高度在 40m 以下时，按下列要求；当杆塔高度≥40m 时，则取下列值的 50%，但当土壤电阻率大于 2000Ω·m 时，接地阻抗难以达到 15Ω 时，可放宽至 20Ω。 土壤电阻率≤500Ω·m 时，接地阻抗 10Ω； 土壤电阻率 500～1000Ω·m 时，接地阻抗 20Ω； 土壤电阻率 1000～2000Ω·m 时，接地阻抗 25Ω； 土壤电阻率＞2000Ω·m 时，接地阻抗 30Ω
与架空线直接连接的旋转电动机进线段上避雷器	不宜大于 3Ω
无架空地线的线路杆塔	① 非有效接地系统的钢筋混凝土杆、金属杆：接地阻抗不宜大于 30Ω； ② 中性点不接地的低压电力网线路的钢筋混凝土杆、金属杆：接地阻抗不宜大于 50Ω； ③ 低压进户线绝缘子铁脚的接地阻抗：接地阻抗不宜大于 30Ω

10. 低压电器的交接性试验项目和技术标准

低压电器包括电压为 60～1200V 的刀开关、转换开关、熔断器、自动开关、接触器、控制器、主令电器、起动器、电阻器、变阻器及电磁铁等。

低压电器的试验项目，应包括下列内容：

（1）测量低压电器连同所连接电缆及二次回路的绝缘电阻；

（2）电压线圈动作值校验；

（3）低压电器动作情况检查；

（4）低压电器采用的脱扣器的整定；

（5）测量电阻器和变阻器的直流电阻；

（6）低压电器连同所连接电缆及二次回路的交流耐压试验。

测量低压电器连同所连接电缆及二次回路的绝缘电阻值，不应小于 1MΩ；在比较潮湿的地方，可不小于 0.5MΩ。

电压线圈动作值的校验，应符合下述规定：线圈的吸合电压不应大于额定电压的 85%，释放电压不应小于额定电压的 5%；短时工作的合闸线圈应在额定电压的 85%～110% 范围内，分励线圈应在额定电压的 75%～110% 的范围内均能可靠工作。

低压电器动作情况的检查，应符合下述规定：对采用电动机或液压、气压传动方式操作的电器，除产品另有规定外，当电压、液压或气压在额定值的 85%～110% 范围内，电器应可靠工作。

低压电器采用的脱扣器的整定，各类过电流脱扣器、失压和分励脱扣器、延时装置等，应按使用要求进行整定。

测量电阻器和变阻器的直流电阻值，其差值应分别符合产品技术条件的规定。电阻值应满足回路使用的要求。

低压电器连同所连接电缆及二次回路的交流耐压试验，应符合下述规定：试验电压为 1000V。当回路的绝缘电阻值在 10MΩ 以上时，可采用 2500V 绝缘电阻表代替，试验持续时间为 1min。

四、试验报告案例

案例 1：电力电缆试验报告

电 力 电 缆 试 验 报 告

××变电站工程　　　　变（试）1-08

安装单元	1 号电容器	产品型号	YJV32-26/35
额定电压	35kV	制造日期	2007
制造厂家	××电缆厂	备　　注	—

1. 绝缘电阻检测

试验日期：2007.4.10　　天气：晴　　温度：25℃　　湿度：45%

仪表名称及编号：AVO 摇表 1742 号

试验人员：

主绝缘	绝缘电阻（MΩ）		
	A 对地	B 对地	C 对地
耐压前	40 000	54 000	45 000
耐压后	40 000	50 000	50 000
护套绝缘（500V）	A 相护套对地	B 相护套对地	C 相护套对地
	32 000	35 000	40 000

2. 交流耐压试验及两端相位检查

试验日期：2007.4.10　　天气：晴　　温度：25℃　　湿度：45%

仪表名称及编号：ST3598 变频谐振仪

试验人员：

相别	试验电压（kV）	试验频率（Hz）	时间（分钟）	两端相位检查
A 相	52	66.96	60	正确
B 相	52	66.96	60	正确
C 相	52	66.96	60	正确

3. 结论：合格

试验负责人：________________　　日期：________________

审　　核：________________　　日期：________________

案例 2：变压器试验报告

油浸式变压器试验报告

变（试）1-07

××变电站工程　　1 号所用变 2-1

安装单元：1 号所用变压器	生产厂家：××变压器公司
产品型号：S9-250/38.5	出厂日期：2006.9
出厂编号：060178	额定电压：38.5/0.4kV
额定容量：250kVA	接线组别：D，yn11

1. 绝缘电阻检测

试验日期：2007.1.30	天气：晴	温度：10℃	湿度：50%
仪表名称及编号：AVO 摇表 1742 号			
试验人员：			
高压对低压及地（MΩ）：10 000			
低压对高压及地（MΩ）：15 000			

2. 绕组连同套管的交流耐压试验

试验日期：2007.3.3	天气：晴	温度：10℃	湿度：45%
仪表名称及编号：试验变 024 号			
试验人员：			
1 分钟交流耐压（kV）：68			

3. 绝缘油交流耐压试验

试验日期：2007.3.3	天气：晴	温度：10℃	湿度：45%
仪表名称及编号：试验变 024 号			
试验人员：			
绝缘油耐压（kV）：40			

4. 绕组连同套管直流电阻检测

试验日期：2007.1.30	天气：晴	温度：10℃	湿度：50%
仪表名称及编号：直阻测试仪 200128 号			
试验人员：			
高压侧	A—B（Ω）	B—C（Ω）	C—A（Ω）
档位Ⅰ	80.8	81.2	81.1
档位Ⅱ	76.6	76.7	77.0
档位Ⅲ	72.2	72.5	72.7
低压侧	a—o（mΩ）	b—o（mΩ）	c—o（mΩ）
	3.263	3.264	3.308

1 号所用变 2-2

5. 电压比检测

试验日期：2007.1.30	天气：晴	温度：10℃	湿度：50%
仪表名称及编号：QJ-35 型变比仪 9206209 号			
试验人员：			

项　目	AB/ab		BC/bc		CA/ca	
	标准变比	误差（%）	标准变比	误差（%）	标准变比	误差（%）
I	101.05	–0.04	101.05	–0.05	101.05	–0.04
II	96.25	–0.05	96.25	–0.05	96.25	–0.05
III	91.45	–0.05	91.45	–0.07	91.45	–0.07

6. 变压器接线组别检测

试验日期：2007.1.30	天气：晴	温度：10℃	湿度：50%
仪表名称及编号：QJ-35 型变比仪 9206209 号			
试验人员：			

接线组别（铭牌）	D，yn11
实测结果	D，yn11

7. 结论：合格

试验负责人：＿＿＿＿＿＿＿＿　　日期：＿＿＿＿＿＿＿＿

审　　核：＿＿＿＿＿＿＿＿　　日期：＿＿＿＿＿＿＿＿

监理工程师：＿＿＿＿＿＿＿＿　　日期：＿＿＿＿＿＿＿＿

案例 3：断路器试验报告

真空断路器试验报告

变（试）1-02

××变电站工程　　1 号变 2-1

安装单元	1 号主变压器	额定电压（kV）	40.5
产品型号	ZN12-40.5	产品编号	041323
额定电流（A）	2000	制造厂家	××公司
出厂日期	2006.12	—	—

1. 绝缘电阻检测

试验日期：2007.3.10	天气：多云	温度：8℃	湿度：45%
仪表名称及编号：AVO 摇表 1742 号			
试验人员：			

绝缘电阻（MΩ）	A	B	C
	12 000	16 000	10 000

2. 回路电阻检测

试验日期：2007.3.10	天气：多云	温度：8℃	湿度：45%
仪表名称及编号：回路电阻测试仪 3080 号			
试验人员：			

回路电阻（μΩ）	A	B	C
	36	29	29

3. 操作线圈及其低电压跳合闸性能检测

试验日期：2007.3.10	天气：多云	温度：8℃	湿度：45%
仪表名称及编号：AVO 摇表 1742 号、开关测试仪 A38 号			
试验人员：			
试验项目	合闸线圈	分闸线圈一	分闸线圈二
直流电阻（Ω）	245	176	—
绝缘电阻（MΩ）	200	360	—
动作电压（V）	187	143	—
不动作电压（V）		66	

4. 断路器动作时间、同期、弹跳时间检测

试验日期：2007.3.10	天气：多云	温度：8℃	湿度：45%
仪表名称及编号：开关测试仪 A38 号			
试验人员：			
项　目	合闸（ms）	跳闸（ms）	弹跳时间（ms）
A	61.8	44.8	0
B	61.0	45.6	0
C	61.6	44.8	0
同期差	0.8	0.8	—

1 号变 2-2

5. 断路器交流耐压试验

试验日期：2007.4.15	天气：晴	温度：26℃	湿度：45%
仪表名称及编号：试验变 024 号			
试验人员：			
项　目	合闸对地（kV）	断口间（kV）	
A	95	95	
B	95	95	
C	95	95	

6. 结论：合格

试验负责人：＿＿＿＿＿＿　　日期：＿＿＿＿＿＿

审　　核：＿＿＿＿＿＿　　日期：＿＿＿＿＿＿

监理工程师：＿＿＿＿＿＿　　日期：＿＿＿＿＿＿

【思考与练习】

1. 什么是电气设备的交接性试验？交接性试验的作用有哪些？
2. 验收供配电工程时主要检查哪些电气设备的试验报告？
3. 电力变压器的交接性试验项目有哪些？应满足哪些标准？
4. 互感器的交接性试验项目有哪些？应满足哪些标准？

附录A 《用电检查》培训模块教材各等级引用关系表

部分名称	章	模块名称（模块编码）	模块描述	等级 I	等级 II	等级 III
常用测量仪表、仪器的使用与维护	常用测量仪表的使用和维护	绝缘电阻表的使用（ZY2200101002）	本模块包含绝缘电阻表的选择、测量前的准备、测量方法等内容。通过结构介绍、原理分析、图解示意及应用说明，掌握绝缘电阻表的使用方法	√		
		钳形电流表的使用（ZY2200101003）	本模块包含钳形电流表的原理、使用方法与注意事项等内容。通过结构介绍、原理分析、图解示意及应用说明，掌握钳形电流表的使用方法	√		
		相序表的使用（ZY2200101004）	本模块包含相序表的原理、使用方法与注意事项等内容。通过结构介绍、原理分析、图解示意及应用说明，掌握相序表的使用方法	√		
		相位伏安表的使用（ZY2200101005）	本模块包含相位伏安表的原理、使用方法与注意事项等内容。通过结构介绍、原理分析、图解示意及应用说明，掌握相位伏安表的使用方法			√
		单、双臂电桥的使用和维护（ZY2200102003）	本模块包含单、双臂电桥的原理、使用方法及维护事项等内容。通过结构介绍、原理分析、图解示意及应用说明，掌握单、双臂电桥的使用和维护方法			√
业务扩充管理	客户供电方案制定	业扩内容及流程（ZY2200201001）	本模块包含业务扩充的含义、业务扩充的范围及主要内容。通过概念描述、术语说明、要点归纳、流程示例介绍，掌握业务扩充的主要内容及流程	√		
		客户用电申请（ZY2200201002）	本模块包含客户用电申请的方式、用电申请受理注意事项等内容。通过用电申请表填写的示例，掌握客户用电申请受理的内容和方法		√	
		低压供电方案的制定（ZY2200201003）	本模块包含供电方案的含义、低压供电方案的审批权限、答复时限和有效期、制定方案的依据、低压供电方案的制定等内容。通过概念描述、术语说明、要点归纳、案例分析，掌握制定低压供电方案的方法	√		
		10kV供电方案的制定（ZY2200201004）	本模块包含制定10kV供电方案应遵循的原则、供电方案的主要内容和注意事项等内容。通过概念描述、术语说明、要点归纳、案例分析，掌握10kV供电方案制定的内容和方法		√	
		35kV及以上供电方案的制定（ZY2200201005）	本模块包含制定35kV供电方案应遵循的原则、供电方案的主要内容和注意事项等内容。通过概念描述、术语说明、要点归纳，掌握35kV供电方案制定的内容和方法			√
		客户自备电源审查（ZY2200201006）	本模块包含客户自备电源概述、自备电源的类型、自备电源审查的主要内容和注意事项等内容。通过概念描述、术语说明、要点归纳、案例分析，掌握客户自备电源审查的内容和方法			√
	客户图纸审查	低压受电工程设计审查（ZY2200202001）	本模块包含低压受电工程设计审查应提供的资料、设计审查的要点、设计审查依据的标准、规程，审查意见的填写及答复等内容。通过概念描述、术语说明、要点归纳、案例分析，掌握低压受电工程设计审查的内容和方法	√		
		10kV受电工程设计审查（ZY2200202002）	本模块包含10kV受电工程设计审查应提供的资料、设计审查的要点、审查依据的标准、规程，设计审查意见的填写及答复等内容。通过概念描述、术语说明、要点归纳、案例分析，掌握10kV受电工程设计审查的内容和方法		√	

续表

部分名称	章	模块名称（模块编码）	模块描述	等级 I	等级 II	等级 III
业务扩充管理	客户图纸审查	35kV及以上受电工程设计审查（ZY2200202003）	本模块包含35kV及以上受电工程设计审查应提供的资料、设计审查的要点、审查依据的标准、规程，设计审查意见的填写及答复等内容。通过概念描述、术语说明、要点归纳、案例分析，掌握35kV及以上受电工程设计审查的内容和方法			√
	客户工程验收	低压受电工程验收（ZY2200203001）	本模块包含低压受电工程验收的组织与实施、工程验收的主要内容和注意事项、工程验收依据的标准、规程等内容。通过概念描述、术语说明、要点归纳、案例分析，掌握低压受电工程验收的内容和方法	√		
		10kV受电工程验收（ZY2200203002）	本模块包含10kV受电工程验收资料的审查、土建验收、中间检查、竣工验收及注意事项、检查验收意见的填写及答复等内容。通过概念描述、术语说明、要点归纳，掌握10kV受电工程验收的内容和方法		√	
		35kV及以上受电工程验收（ZY2200203003）	本模块包含35kV及以上受电工程验收资料的审查、土建验收、中间检查、竣工验收及注意事项、检查验收意见的填写及答复等内容。通过概念描述、术语说明、要点归纳，掌握35kV及以上受电工程验收的内容和方法			√
	客户工程启动投运	10kV启动方案的编制（ZY2200204001）	本模块包含启动方案的含义、10kV启动方案的编制原则、启动方案的主要内容及注意事项等内容。通过概念描述、术语说明、要点归纳、案例分析，掌握10kV启动方案的编制方法		√	
		35kV及以上启动方案的编制（ZY2200204002）	本模块包含35kV及以上启动方案的编制原则、启动方案的主要内容及注意事项等内容。通过概念描述、术语说明、要点归纳、案例分析，掌握35kV及以上启动方案的编制方法			√
		高压客户受电工程启动投运（ZY2200204003）	本模块包含高压客户工程启动投运前的准备、工程启动投运的组织、工程启动投运的内容及注意事项等内容。通过概念描述、术语说明、要点归纳，掌握高压客户受电工程启动投运的内容和方法		√	
供用电合同	供用电合同分类和管理	供用电合同的定义、分类、适用范围、基本内容（ZY2200301001）	本模块包含供用电合同的含义、分类、适用范围、基本内容等内容。通过概念描述、术语说明、要点归纳，掌握供用电合同的基本知识	√		
		供用电合同管理（ZY2200301002）	本模块包含供用电合同管理的重要性、主要内容、监督执行等内容。通过概念描述、术语说明、流程讲解、要点归纳、案例分析，掌握供用电合同管理的内容和方法		√	
	供用电合同的签订	低压供用电合同的签订（ZY2200302001）	本模块包含签订供用电合同的法律依据、合同签约合法当事人、用电人签订合同前应提供的材料、合同签订的时限要求及注意事项等内容。通过概念描述、术语说明、流程讲解、要点归纳、案例分析，掌握低压供用电合同签订的内容和方法	√		
		高压供用电合同的签订（ZY2200302002）	本模块包含签订供用电合同的法律依据、合同签约合法当事人、用电人签订合同前应提供的材料、合同签订的时限要求及注意事项等内容。通过概念描述、术语说明、流程讲解、要点归纳、案例分析，掌握高压供用电合同签订的内容和方法		√	
		转供电合同的签订（ZY2200302003）	本模块包含转供电的含义、转供电合同的主要内容、签订转供电合同需注意的事项等内容。通过概念描述、术语说明、流程讲解、要点归纳、案例分析，掌握转供电合同签订的内容和方法			√
		临时供电合同、电网调度协议的签订（ZY2200302004）	本模块包含临时供电的含义、临时供电合同的主要内容及签订合同需注意的事项，电网调度协议的含义、主要内容及签订需注意的事项等内容。通过概念描述、术语说明、流程讲解、要点归纳、案例分析，掌握临时供电合同和电网调度协议签订的内容和方法			√

续表

部分名称	章	模块名称 （模块编码）	模块描述	等级		
				Ⅰ	Ⅱ	Ⅲ
供用电合同	供用电合同的签订	趸售供用电合同的签订 （ZY2200302005）	本模块包含趸售电的含义、趸售电合同的主要内容及签订需注意的事项等内容。通过概念描述、术语说明、流程讲解、要点归纳、案例分析，掌握趸售电合同签订的内容和方法			√
	供用电合同的变更	低压供用电合同的变更 （ZY2200303001）	本模块包含低压供用电合同变更的依据、变更程序和注意事项等内容。通过概念描述、术语说明、流程讲解、要点归纳、案例分析，掌握低压供用电合同变更的方法	√		
		高压客户供用电合同的变更 （ZY2200303002）	本模块包含高压供用电合同变更的条件、合同变更的业务流程、合同的终止、合同的续订及注意事项等内容。通过概念描述、术语说明、要点归纳、案例分析，掌握高压供用电合同的变更的方法		√	
配网降损与电能质量	电能损耗	线损基本概念 （ZY2200401001）	本模块包含线损基本概念。通过对线损组成，产生原因的介绍，了解降低线损的技术措施，组织措施，掌握降低线损的各种方法，分析线损偏大产生的影响	√		
		线损计算 （ZY2200401002）	本模块包含线损理论计算的基本方法。通过对输电网线损计算理论计算、配电网线损理论计算范围的确定，计算软件的选定，掌握线损理论计算的条件、对象及各种典型情况的处理原则		√	
		降低线损措施 （ZY2200401003）	本模块包含降低技术线损和管理线损的措施等内容。通过概念描述、术语说明、要点归纳，掌握降低线损的方法		√	
	窃电查处	查处窃电的技术措施与组织措施 （ZY2200402001）	本模块包含查处窃电、违约用电的方法，防窃电、违约用电的技术措施和组织措施，窃电、违约用电的检查方法，查处窃电、违约用电过程中的注意事项，窃电、违约用电的处理方法，查处窃电、违约用电的法律法规等内容。通过概念描述、术语说明、条文解释、要点归纳，掌握查处窃电、违约用电的方法		√	
	谐波及其测量	谐波产生的原因及其危害 （ZY2200403001）	本模块包含谐波的定义，谐波的产生以及谐波的危害等内容。通过概念描述、术语说明、原理分析，了解谐波的产生原因及其危害	√		
		谐波管理 （ZY2200403002）	本模块包含供电网谐波管理的有关技术标准和管理措施等内容。通过概念描述、术语说明、要点归纳，掌握谐波管理方法		√	
		谐波测试方法 （ZY2200403003）	本模块包含谐波测试项目、测试方法、测试报告分析及注意事项等内容。通过项术语说明、要点归纳、案例示意，掌握谐波的测试方法			√
业务咨询与变更用电	业务咨询	低压电力客户业务咨询 （ZY2200501001）	本模块包含用电业务咨询的主要内容、服务规范要求、居民客户用电业务咨询，低压电力客户用电咨询及注意事项等内容。通过概念描述、术语说明、要点归纳，掌握低压电力客户用电业务咨询的内容和方法	√		
		高压电力客户电力咨询 （ZY2200501002）	本模块包含高压电力客户业务咨询的主要内容和注意事项等内容。通过概念描述、术语说明、要点归纳、案例示意，掌握高压电力客户业务咨询的内容和方法		√	
	变更用电	低压电力客户变更用电 （ZY2200502001）	本模块包含变更用电的定义、分类、办理流程及注意事项等内容。通过概念描述、术语说明、流程讲解、要点归纳，掌握变更用电业务的内容、流程和处理方法	√		
		高压电力客户变更用电 （ZY2200502002）	本模块包含高压电力客户变更用电的分类流程及注意事项等内容。通过概念描述、术语说明、流程讲解、要点归纳，掌握高压电力客户变更用电的分类流程和处理方法		√	
客户用电服务	电气设备的安全运行	低压电气设备的安全运行 （ZY2200601001）	本模块包括低压线路和低压电气设备运行要求、客户用电档案和资料管理、客户用电事故处理与调查等内容。通过概念描述、术语说明、要点归纳，掌握低压电气设备的安全运行	√		

续表

部分名称	章	模块名称（模块编码）	模块描述	等级 I	等级 II	等级 III
客户用电服务	电气设备的安全运行	10kV 电气设备的安全运行（ZY2200601007）	本模块包含 10kV 线路、变电设备安全运行要求，对线路、变电设备检查内容以及注意事项等内容。通过概念描述、术语说明、要点归纳，掌握 10kV 线路、电气设备的安全运行		√	
		35kV 电气设备的安全运行（ZY2200601002）	本模块包含 35kV 线路、变电设施安全运行要求，对线路、变电设备设施巡视、检查内容以及注意事项等内容。通过概念描述、术语说明、要点归纳，掌握 35kV 电气设备的安全运行			√
		保证安全的组织技术措施（ZY2200601003）	本模块包括在电气设备上安全工作的组织措施及保证安全的技术措施等内容。通过概念描述、术语说明、要点归纳，掌握保证安全的组织技术措施	√		
		客户施工检修现场的安全服务（ZY2200601004）	本模块包含客户施工现场安全要求及特点、检修现场的安全要求及措施等内容。通过概念描述、术语说明、要点归纳，掌握在客户施工现场和检修现场提供安全服务的方法		√	
		季节性反事故措施（ZY2200601005）	本模块包含季节性反事故措施概述以及组织技术措施等内容。通过概念描述、术语说明、要点归纳，掌握制定季节性反事故措施的方法		√	
		双电源客户防止误并列及反送电的防范措施（ZY2200601006）	本模块包含双电源客户装设条件、审批手续、常用备用电源切换装置等内容。通过概念描述、术语说明、原理分析、要点归纳，掌握双电源客户防误并列及反送电的防范措施及管理程序		√	
	客户的事故处理与调查分析	10kV 及以下客户的事故处理与调查分析（ZY2200602001）	本模块包含电力事故分类、电力事故调查、分析及处理方法等内容。通过概念描述、术语说明、要点归纳，掌握 10kV 及以下客户的事故处理与调查分析方法		√	
		35kV 及以上客户的用电事故处理与调查分析（ZY2200602002）	本模块包含事故调查的流程、35kV 电力事故调查、事故原因分析、防范措施及事故调查报告的编写等内容。通过概念描述、术语说明、要点归纳，掌握 35kV 及以上客户的事故处理与调查分析方法			√
	保电措施的制定	10kV 及以上重要客户、重大活动保电措施的制定（ZY2200603001）	本模块包含 10kV 重要客户、重大活动保电制度协调机制，制定保电工作方案、事故处理预案、供用电应急预案等服务措施等内容。通过概念描述、术语说明、要点归纳，熟悉 10kV 重要客户、重大活动保电措施的制定		√	
		35kV 及以上重要客户、重大活动保电措施的制定（ZY2200603002）	本模块包含 35kV 及以上重要客户、重大活动保电的特殊要求，保电方案制定的原则，保电方案制定的实例等内容。通过概念描述、术语说明、要点归纳，熟悉 35kV 及以上重要客户、重大活动保电措施的制定			√
	客户用电设备检修	低压客户用电设备检修管理（ZY2200604001）	本模块包含用电检查人员对客户电气设备安全运行检查的责任、检修的定义及其意义、设备类型、检修前准备工作、开关电器的检修项目等内容。通过概念描述、术语说明、要点归纳，掌握低压客户用电设备检修管理	√		
		高压客户检修项目的确定与管理（ZY2200604002）	本模块包含高压客户变电站主要设备类型、检修项目、检修技术标准、资料记录及档案管理等内容。通过概念描述、术语说明、要点归纳，熟悉高压客户变电站检修项目		√	
	变压器及电动机检查与处理	低压电动机的检查（ZY2200606001）	本模块包含低压电动机使用前的准备工作、起动时的注意事项、运行中监视与维护等内容。通过流程介绍、要点归纳，掌握低压电动机的检查方法	√		

续表

部分名称	章	模块名称（模块编码）	模 块 描 述	等级		
				Ⅰ	Ⅱ	Ⅲ
客户用电服务	变压器及电动机检查与处理	低压电动机故障分析、判断、处理（ZY2200606002）	本模块包含低压电动机常见故障类型、常见故障现象及分析、判断处理等内容。通过术语说明、要点归纳、案例分析，掌握低压电动机故障判断方法	√		
		变压器巡视与检查（ZY2200606003）	本模块包含有载调压分接开关的结构及工作原理，变压器有载调压原理及优点，变压器运行中的巡视与检查，定期巡视检查内容，特殊巡视检查条件，现场危险点分析及控制措施等内容。通过结构介绍、原理分析、图解示意，要点归纳，掌握变压器巡视与检查方法		√	
		变压器的异常分析、判断、处理（ZY2200606004）	本模块包含变压器常见异常及故障类型、异常及故障判断、异常及故障处理、现场检查注意事项等内容。通过概念描述、术语说明、要点归纳、列表说明，掌握变压器异常及故障分析、判断、处理方法		√	
		变压器、母线停送电操作票填写及操作（ZY2200606005）	本模块包含操作票填写要求及注意事项、变压器和母线停送电操作原则和注意事项等内容。通过概念描述、术语说明、要点归纳、图表说明、案例分析，掌握变压器、母线停送电操作原则和程序，能正确填写操作票			√
	开关电器检查与分析	低压开关的巡视与检查（ZY2200607001）	本模块包含各类低压开关巡视检查的项目及注意事项等内容。通过概念描述、术语说明、要点归纳，掌握低压开关的巡视与检查方法	√		
		低压开关的故障分析、判断、处理（ZY2200607002）	本模块包含低压开关常见故障原因、故障类型和现象、故障分析、判断、处理和现场操作注意事项等内容。通过概念描述、术语说明、要点归纳、案例介绍，掌握低压开关各种常见故障分析、判断和处理方法	√		
		负荷开关的操作（ZY2200607003）	本模块包含负荷开关的铭牌、特点及操作程序、要求和注意事项等内容。通过概念描述、结构介绍、术语说明、要点归纳、图解示意、案例介绍，掌握负荷开关的操作原则和方法		√	
		跌落式熔断器的操作（ZY2200607004）	本模块包含跌落式熔断器操作检查及调整的项目、危险点分析及预控措施、操作前的准备、操作程序、操作注意事项等内容。通过概念描述、术语说明、要点归纳、图解示意、案例介绍，掌握跌落式熔断器操作方法		√	
		高压断路器的操作（ZY2200607005）	本模块包含高压断路器操作原则、危险点分析及预控措施、操作前准备、操作步骤及要求、操作注意事项等内容。通过概念描述、术语说明、要点归纳、图解示意、案例介绍，掌握高压断路器的操作方法		√	
		高压开关巡视检查（ZY2200607006）	本模块包含各类高压开关巡视检查项目及标准、特殊巡视检查项目、危险点分析及预控措施、操作注意事项等内容。通过概念描述、术语说明、要点归纳、图解示意、案例介绍，掌握高压开关巡视检查方法		√	
		断路器异常、故障分析处理（ZY2200607007）	本模块包含断路器常见异常、故障类型、现象，原因分析，处理和现场操作注意事项等内容。通过概念描述、术语说明、要点归纳、案例介绍，掌握断路器异常、故障分析处理方法			√
		隔离开关的异常分析处理（ZY2200607008）	本模块包含隔离开关常见异常、故障类型、现象、原因分析、处理和现场操作注意事项等内容。通过概念描述、术语说明、要点归纳、案例介绍，掌握隔离开关异常、故障分析处理方法			√
	继电保护装置检查与分析	速断、过流保护运行检查（ZY2200608001）	本模块包含线路电流型保护（速断、过流）配置原则、整定原则、保护范围、运行检查内容、异常分析、事故处理等内容。通过概念描述、术语说明、要点归纳，掌握线路电流型保护（速断、过流）运行检查方法		√	

续表

部分名称	章	模块名称 （模块编码）	模块描述	等级		
				Ⅰ	Ⅱ	Ⅲ
客户用电服务	继电保护装置检查与分析	反时限电流保护运行检查 （ZY2200608002）	本模块包含线路反时限电流型保护配置原则、整定原则、保护范围、运行检查内容、故障处理等内容。通过概念描述、术语说明、要点归纳，掌握线路反时限电流型保护运行检查方法		√	
		差动保护运行检查 （ZY2200608003）	本模块包含变压器差动保护配置原则、动作原理、整定原则、保护范围、运行检查内容、故障处理等内容。通过概念描述、术语说明、原理分析、图解示意、要点归纳，掌握变压器差动保护运行检查方法		√	
		交流绝缘监察装置运行检查 （ZY2200608004）	本模块包含交流绝缘监察装置的作用、发生单相接地故障时的分析、装置的构成、运行检查内容、故障处理等内容。通过概念描述、术语说明、原理分析、图解示意、要点归纳，掌握交流绝缘监察装置运行检查方法		√	
		瓦斯保护运行检查 （ZY2200608005）	本模块包含变压器瓦斯保护配置原则、动作原理、整定原则、保护范围、运行检查内容、故障处理等内容。通过概念描述、术语说明、原理分析、图解示意、要点归纳，掌握变压器瓦斯保护运行检查方法		√	
		复合电压过流保护运行检查 （ZY2200608006）	本模块包含复合电压过流保护配置原则、动作原理、整定原则、保护范围、运行检查内容、故障处理等内容。通过概念描述、术语说明、原理分析、图解示意、要点归纳，掌握复合电压过流保护运行检查方法		√	
		备自投装置运行 （ZY2200608007）	本模块包含变电所备自投装置配置原则、设计要求、动作原理、运行检查内容、故障处理等内容。通过概念描述、术语说明、原理分析、图解示意、要点归纳，掌握备自投装置运行检查方法			√
		自动重合闸装置运行 （ZY2200608008）	本模块包含变电站自动重合闸装置配置原则、动作原理、与继电保护的配合方式、运行检查内容、故障处理等内容。通过概念描述、术语说明、原理分析、图解示意、要点归纳，掌握自动重合闸装置运行检查方法			√
	过电压保护设备的检查与分析	避雷器巡视检查 （ZY2200609001）	本模块包含避雷器的分类、结构、原理、避雷器的巡视检查、特殊巡视检查的项目、危险点分析与预控措施、现场检查注意事项等内容。通过概念描述、术语说明、要点归纳，掌握避雷器巡视检查方法			√
		进线段保护装置检查 （ZY2200609002）	本模块包含变电站进线段保护装置的构成和原理、检查内容、检查方法、危险点分析与预控措施、现场检查注意事项等内容。通过概念描述、术语说明、要点归纳，掌握变电站进线段保护装置检查方法			√
	互感器检查与分析	低压电流互感器巡视检查 （ZY2200610001）	本模块包含低压电流互感器巡视检查内容、检查项目、检查周期、危险点分析与预控措施、现场检查注意事项等内容。通过概念描述、术语说明、要点归纳，掌握低压电流互感器巡视检查方法	√		
		低压电流互感器常见故障分析、判断 （ZY2200610002）	本模块包含低压电流互感器各种常见故障类型、特征、处理和现场操作注意事项等内容。通过概念描述、术语说明、要点归纳、案例介绍，掌握低压电流互感器常见故障分析处理方法	√		
		互感器的接线检查 （ZY2200610003）	本模块介绍了电流互感器、电压互感器的接线方式、错误接线的类型、检查重点和现场操作注意事项等内容。通过概念描述、术语说明、原理分析、图解示意、要点归纳、案例介绍，掌握电流互感器、电压互感器接线的检查方法		√	
		互感器运行情况分析与常见故障及处理 （ZY2200610004）	本模块介绍了电流互感器、电压互感器常见异常、故障类型、巡视检查项目及内容、异常、故障分析及处理、现场检查注意事项等内容。通过概念描述、术语说明、要点归纳、案例介绍，掌握互感器运行情况分析和常见故障分析处理方法		√	

续表

部分名称	章	模块名称（模块编码）	模块描述	等级 I	等级 II	等级 III
客户用电服务	电能计量装置的检查与分析	单相电能计量装置运行检查、分析、故障处理（ZY2200611001）	本模块包含单相电能计量装置接线形式、铭牌参数、常见故障及异常、检查的重点等内容。通过概念描述、术语说明、原理分析、图解示意、要点归纳，掌握单相电能计量装置运行检查和故障处理方法	√		
		三相四线电能计量装置运行检查、分析、故障处理（ZY2200611002）	本模块包含三相四线电能计量装置接线形式、安装运行注意事项、错接线分析、常见故障及异常、检查的重点等内容。通过概念描述、术语说明、原理分析、图解示意、要点归纳、案例分析，掌握三相四线电能计量装置运行检查和故障处理方法	√		
		三相三线电能计量装置检查、分析、故障处理（ZY2200611003）	本模块包含三相三线电能计量装置接线形式、安装运行注意事项、错接线分析、常见故障及异常、检查的重点等内容。通过概念描述、术语说明、原理分析、图解示意、要点归纳、案例分析，掌握三相三线电能计量装置运行检查和故障处理方法		√	
		联合接线电能计量装置检查、分析、故障处理（ZY2200611004）	本模块包含联合接线电能计量装置接线形式、计量方式及配置要求、运行注意事项、常见故障及异常、检查的重点等内容。通过概念描述、术语说明、原理分析、图解示意、要点归纳，掌握联合接线电能计量装置运行检查和故障处理方法		√	
		多功能电能表故障分析、处理（ZY2200611005）	本模块包含多功能电能表的功能、面板数据、运行注意事项、常见故障及异常、检查的重点等内容。通过概念描述、术语说明、原理分析、图解示意、要点归纳，掌握多功能电能表故障分析处理方法			√
	电能计量装置退补电量、电费的计算	直接表回路异常时装置退补电量的计算（ZY2200612001）	本模块包含《供电营业规则》的有关规定、直接表计量回路异常时退补电量的计算方法等内容。通过概念描述、公式推导、计算举例，掌握直接表回路异常时装置退补电量的计算方法	√		
		间接表回路异常时装置退补电量的计算（ZY2200612002）	本模块包含《供电营业规则》的有关规定、间接表计量回路异常时退补电量的计算方法等内容。通过概念描述、公式推导、图解示意、计算举例，掌握间接表回路异常时计量装置退补电量的计算方法		√	
		执行单一制电价退补电费的计算（ZY2200612003）	本模块包含电费计算规则、有关退补电费计算的几点规定等内容。通过概念描述、公式推导、计算举例，掌握执行单一制电价退补电费的计算方法		√	
		执行两部制电价退补电费的计算（ZY2200612004）	本模块包含电费计算规则、有关退补电费计算的几点规定等内容。通过概念描述、公式推导、计算举例，掌握执行两部制电价退补电费的计算方法			√
	电能计量装置退补电量、电费的计算	执行多种电价混合电价退补电费的计算（ZY2200612005）	本模块包含电费计算规则、有关退补电费计算的规定等内容。通过概念描述、公式推导、计算举例，掌握执行多种电价混合电价退补电费的计算方法			√
	其他检查项目	常用安全工器具的检查（ZY2200613001）	本模块包含使用绝缘安全工器具应具备的基本条件、低压绝缘安全工器具、一般防护安全工器具、常用安全工器具的检查重点和试验周期、安全工器具的保管等内容。通过术语说明、要点归纳、列表说明，掌握常用安全工器具的检查和维护方法	√		
		10kV变电站安全工器具的检查（ZY2200613002）	本模块包含对10kV变电站安全工器具的分类、绝缘安全工器具、一般防护安全工器具、临时接地线、遮栏和标示牌、安全工器具的检查重点和试验周期等内容。通过术语说明、要点归纳、列表说明，掌握10kV变电站安全工器具的检查和维护方法		√	
		35～110kV变电站安全工器具检查（ZY2200613003）	本模块包含35～110kV变电站常用绝缘安全工器具分类、一般防护安全工器具、登高工器具、常用安全工器具的检查与使用要求、安全工器具试验项目、标准和周期等内容。通过术语说明、要点归纳、列表说明，掌握35～110kV变电站常用安全工器具的检查和维护方法			√

续表

部分名称	章	模块名称（模块编码）	模块描述	等级 I	等级 II	等级 III
客户用电服务	其他检查项目	运行值班人员资质审查（ZY2200613006）	本模块包含《电力监管条例》、《电力供应与使用条例》及《电工进网作业许可证管理办法》的有关规定、资质等级及审查内容、申请与注册有关规定等内容。通过术语说明、要点归纳，掌握运行值班人员资质审查方法	√		
		操作票、工作票执行情况检查（ZY2200613007）	本模块包含线路、变电站工作票与操作票种类、管理要求、填写要求与注意事项等内容。通过术语说明、要点归纳，掌握操作票、工作票执行情况检查方法		√	
	巡视检查的相关规定	用电检查相关规定（ZY2200614001）	本模块包含《用电检查管理办法》中关于检查内容和范围、检查程序、检查纪律等相关规定。通过条文解释、要点归纳，掌握用电检查相关规定	√		
		低压客户配电房巡视（ZY2200614002）	本模块包含低压配电房巡视检查资格要求、检查程序、检查内容、注意事项等内容。通过条文解释、要点归纳、案例示意，掌握低压客户配电房巡视方法	√		
		10kV客户变电站巡视（ZY2200614003）	本模块包含10kV客户变电站巡视检查资格要求、检查程序、检查内容、注意事项等内容。通过条文解释、要点归纳、案例示意，掌握10kV客户变电站巡视方法		√	
		35～110kV客户变电站巡视检查（ZY2200614004）	本模块包含35～110kV客户变电站巡视检查资格要求、检查程序、检查内容、注意事项等内容。通过条文解释、要点归纳、案例示意，掌握35～110kV客户变电站巡视方法			√
电气设备试验过程的技术要求	互感器二次负载的测量与计算	电流互感器二次负载的测量与计算（ZY2200701001）	本模块包含测量用电流互感器二次负载的计算、二次负载的技术要求、二次负载的变化对电流互感器误差的影响、二次负载的测量、测试报告及结果分析、危险点与预控措施等内容。通过概念描述、术语说明、公式推导、图表示意、要点归纳，掌握电流互感器二次负载的测量与计算方法			√
		电压互感器二次回路压降测量与计算（ZY2200701002）	本模块包含电能计量装置综合误差、电压互感器二次回路产生压降的原因、二次回路压降的技术要求、二次回路压降的误差计算、减少二次回路压降的措施、二次回路压降的测量、测试报告及结果分析、危险点与预控措施等内容。通过概念描述、术语说明、公式推导、图表示意、要点归纳，掌握电压互感器二次回路压降的测量与计算方法			√
	电气设备的试验记录、试验报告分析	高、低压电气设备交接试验报告分析（ZY2200702001）	本模块包含电气设备交接性试验报告分析审查要点、主要电气设备的试验报告、试验项目和技术标准等内容。通过概念描述、术语说明、列表示意、要点归纳、案例讲解，掌握高、低压电气设备交接试验报告分析方法		√	

参考文献

[1] 贺令辉. 电工仪表与测量 （第 1 版）. 北京：中国电力出版社，2005
[2] 张银奎，徐玉峰. 新大纲供电所农电工岗位培训教材. 北京：中国水利水电出版社，2006
[3] 国家电力公司. 电力营销基本业务与技能 （第 1 版）. 北京：中国电力出版社，2002
[4] 国家电力公司. 电力市场营销 （第 1 版）. 北京：中国电力出版社，2002
[5] 刘利华，吴琦. 二、三级用电检查资格考核培训教材 （第 1 版）. 北京：中国水利水电出版社，2006
[6] 刘利华，吴琦. 二、三级用电检查资格考试习题及解答 （第 1 版）. 北京：中国水利水电出版社，2006
[7] 王孔良等. 用电管理 （第 2 版）. 北京：中国电力出版社，2002
[8] 中国电机工程学会城市供电专业委员会组编. 供用电工人技能手册（用电检查）. 北京：中国电力出版社，2006
[9] 谭金超等. 电力供应与市场营销手册. 北京：中国电力出版社，2005
[10] 中国航空工业设计研究院组编. 工业与民用配电设计手册（第三版）. 北京：中国电力出版社，2005
[11] 中国电力规划设计协会编. 注册电气工程师执业资格专业考试相关标准汇编（供配电专业）. 北京：中国电力出版社，2005
[12] 中国计划出版社编. 新编电气装置安装工程施工及验收规范. 北京：中国计划出版社，2007
[13] 国家电力公司. 电力营销法律法规知识 （第 1 版）. 北京：中国电力出版社，2002
[14] 吴琦等. 农网降损管理. 北京：《中国电力企业管理》增刊，2006
[15] 李景村. 防治窃电实用技术. 北京：中国水利水电出版社，2002
[16] 陈化钢. 企业供配电 （第 1 版）. 北京：中国水利水电出版社，2001
[17] 吴琦. 供电网谐波分析及抑制措施. 合肥：安徽水利水电职业技术学院学报，2003
[18] 李珞新. 用电管理. 北京：中国电力出版社，2007
[19] 吴琦，李惊涛. 抄表核算收费员岗位业务与技能培训教材. 北京：中国电力出版社，2009
[20] 吴义纯，吴琦. 两元件无功电能表错接线时更正系数的计算. 合肥：合肥工业大学学报，2008
[21] 华田生. 发电厂和变电所电气设备的运行. 北京：中国电力出版社，2000
[22] 国家电力公司发输电运营部. 用电检查实用手册. 北京：中国电力出版社，2001
[23] 李国胜. 电能计量及用电检查实用技术. 北京：中国电力出版社，2009
[24] 江苏省电力公司. 变电运行技能培训教材（35kV 变电所）. 北京：2005
[25] 唐小波，李天然，钱旭盛. 变电所运行与管理. 北京：化学工业出版社，2008
[26] 国家电网公司. 高压开关设备管理规范. 北京：中国电力出版社，2006
[27] 样本勇，胡永红. 供用电设备与系统. 北京：中国电力出版社，2007
[28] 郑尧，李兆华，谭金超，李斌，谭玉玲. 电能计量技术手册. 北京：中国电力出版社，2000
[29] 电力工业部综合管理司. 用电检查技术标准汇编. 北京：中国电力出版社，2000
[30] 吴琦. 电能计量技能考核培训教材配套习题与解答. 北京：中国电力出版社，2008
[31] 吴琦，赵磊. 电能计量装置错接线情况下的电费计算. 北京：农村电气化，2009
[32] 山西省电力公司组编. 供电企业岗位技能培训教材 业扩报装. 北京：中国电力出版社， 2009
[33] 中国电力规划设计协会. 电力勘测设计技术管理制度（DLGJ159. 1～9）. 北京：中国电力出版社，2001
[34] 中华人民共和国建设部. 工程设计资质标准. 北京：中国建筑工业出版社，2007
[35] 陈向群. 电能计量技能考核培训教材. 北京：中国电力出版社，2003
[36] 陈化钢. 电力设备预防性试验方法及其诊断技术. 北京：中国电力出版社，2001